단기완성
에너지관리기능사
과년도 출제문제 해설

김영배 편저

일진사

머 리 말

현대 사회에서 에너지 산업은 매우 중요한 비중을 차지하고 있습니다. 특히, 지하자원이 넉넉하지 못한 우리에게는 국가적인 차원에서 지속적인 관심과 투자를 하고 있는 분야입니다.

이러한 정부 시책에 맞춰 국가기술 자격시험도 큰 변화를 가져오게 되었습니다. 기존의 「보일러기능사」 자격종목이 「에너지관리기능사」로 변경되었습니다.

이에 본 저자는 보일러 취급, 시공 관련 분야에서 근무하시거나 관심을 가지고 국가기술 자격 취득을 준비하는 분들을 위하여 단기간에 자격증을 취득할 수 있도록 핵심 이론을 일목요연하게 정리하였고, 과년도 기출문제만으로도 충분히 이해할 수 있도록 자세한 해설을 달아주어 학습효과를 최대한 높였습니다.

오랜 강의 경험과 현장 실무 경력을 바탕으로 최선을 다했으나 부족한 부분들은 계속해서 수정·보완할 것을 약속드리며, 아울러 독자 여러분과 이 분야의 전문가의 아낌없는 격려와 지도편달을 바라며 독자 여러분의 합격의 영광이 있으시길 기원합니다.

끝으로 이 책의 출간을 위하여 적극적인 후원을 해 주신 도서출판 **일진사** 임직원 여러분께 진심으로 감사드립니다.

저자 씀

❋ 에너지관리 기능사 출제기준 (필기) ❋

직무분야	환경에너지	중직무분야	에너지기상	자격종목	에너지관리기능사	적용기간	2012.1.1 ~ 2015.12.31

○ 직무내용 : 건축물 및 산업용 보일러와 부대설비의 운영을 위하여 기기의 설치, 배관, 용접 등의 작업과 보일러 연료와 열을 효율적이고 경제적으로 사용하기 위한 관리, 운전, 정비 등의 업무를 수행

필기검정방법	객관식	문제수	60	시험시간	1시간

필기과목명	문제수	주요항목	세부항목
보일러설비 및 구조, 보일러시공 및 취급, 안전관리 및 배관일반, 에너지 이용합리화 관계 법규	60	1. 열 및 증기	(1) 열에 대한 기초 이론 (2) 증기에 대한 기초 이론
		2. 보일러의 종류 및 특성	(1) 보일러의 개요 및 분류 (2) 보일러의 종류 및 특성
		3. 보일러 부속장치 및 부속품	(1) 급수장치 (2) 송기장치 (3) 열교환장치 (4) 안전장치 및 부속품 (5) 기타 부속장치
		4. 보일러 열효율 및 열정산	(1) 보일러 열효율 (2) 보일러 열정산 (3) 보일러 용량
		5. 연료 및 연소장치	(1) 연료의 종류와 특성 (2) 연소방법 및 연소장치 (3) 연소계산 (4) 통풍장치 및 집진장치
		6. 보일러 자동제어	(1) 자동제어의 개요 (2) 보일러 자동제어
		7. 난방부하	(1) 부하의 계산 (2) 난방설비 (3) 난방기기

필기과목명	문제수	주요항목	세부항목
		8. 배관공작	(1) 배관재료 (2) 배관공작 (3) 배관 도시
		9. 배관시공	(1) 난방 배관시공 (2) 연료 배관시공
		10. 보온 및 단열재	(1) 보온재 (2) 단열재 (3) 열전달 (4) 시공방법
		11. 보일러 설치시공 및 검사기준	(1) 보일러 설치시공기준 (2) 보일러 설치검사기준 (3) 보일러 계속사용 검사기준 (4) 보일러 개조검사기준 (5) 보일러 설치장소 변경 검사기준
		12. 보일러 취급	(1) 보일러 운전 및 조작 (2) 보일러 가동 전의 준비 사항 (3) 점화 및 운전 중의 취급 (4) 보일러 정지시의 취급 (5) 보일러 보존 (6) 보일러 용수관리
		13. 보일러 안전관리	(1) 안전관리의 개요 (2) 연소 및 연소장치의 안전관리 (3) 보일러 손상과 방지대책 (4) 브일러 사고 및 방지대책
		14. 에너지관계법규	(1) 에너지법 (2) 에너지이용합리화법 (3) 열사용기자재관리규칙 (4) 건설산업기본법 (5) 저탄소 녹색성장 기본법 (6) 신에너지 및 재생에너지 개발이용 보급 촉진법

차 례

문제 풀이를 위한 핵심이론

제1장 보일러 설비 및 구조 ·· 9
제2장 보일러 시공 및 취급 ·· 45
제3장 안전관리 및 배관일반 ······································ 59

과년도 출제 문제

2008년도 출제 문제 ··· 71
2009년도 출제 문제 ··· 106
2010년도 출제 문제 ··· 132
2011년도 출제 문제 ··· 167
2012년도 출제 문제 ··· 201
2013년도 출제 문제 ··· 239
2014년도 출제 문제 ··· 277

에너지관리기능사 필기

문제 풀이를 위한
핵심이론

▶ 보일러 설비 및 구조
▶ 보일러 시공 및 취급
▶ 안전관리 및 배관일반

제1장 보일러 설비 및 구조

1. 열 및 증기

1-1 온도

(1) 섭씨온도(℃)와 화씨온도(℉)와의 관계식

① $(℉ - 32) \times \dfrac{5}{9} = ℃$ ② $℃ \times \dfrac{9}{5} + 32 = ℉$

(2) 절대 온도

열역학적으로 물체가 도달할 수 있는 최저온도를 기준으로 한 온도이며, 섭씨온도 및 화씨온도에 대한 절대 온도는 다음과 같다.

① $K = ℃ + 273 (273.15)$ ② $°R = ℉ + 460 (459.67)$

1-2 압력

압력(pressure)이란 단위면적당 수직방향으로 작용하는 힘의 세기를 말하며, 압력 = $\dfrac{힘}{면적}$ 이다.

(1) 표준대기압 (atm)

$1 \text{ atm} = 760 \text{ mmHg} = 760 \text{ torr} = 76 \text{ cmHg}$
$= 29.92 \text{ inHg} = 1.0332 \text{ kgf/cm}^2 = 10332 \text{ kgf/m}^2$
$= 10.332 \text{ mH}_2\text{O} (= 10.332 \text{ mAq}) = 1033.2 \text{ cmH}_2\text{O} = 10332 \text{ mmH}_2\text{O}$
$= 14.7 \text{ lb/in}^2 (= 14.7 \text{ psi}) = 1013 \text{ mmbar} = 1.013 \text{ bar} = 101325 \text{ Pa} = 101325 \text{ N/m}^2$
$= 101.325 \text{ kPa} = 0.101325 \text{ MPa}$

(2) 대기압, 게이지 압력, 절대 압력과의 관계

절대 압력 = 대기압 + 게이지 압력
절대 압력 − 대기압 = 게이지 압력
절대 압력 − 게이지 압력 = 대기압

1-3 열량

열은 물질의 분자운동에 의한 에너지의 한 형태이며, 물체가 보유하는 열의 양(즉, 에너지의 양)을 열량(quantity of heat)이라고 한다.

(1) 1 kcal (kilo-calorie)
표준대기압 하에서 순수한 물 1 kg을 14.5℃에서 15.5℃로 1℃ 높이는 데 필요한 열량

(2) 1 BTU (british thermal unit)
순수한 물 1 lb를 61.5°F에서 62.5°F로 1°F 높이는 데 필요한 열량

(3) 1 CHU (centigrade heat unit)
순수한 물 1 lb를 14.5℃에서 15.5℃로 1℃ 높이는 데 필요한 열량

(4) 열량을 구하는 식

$$Q = G \cdot C \cdot (t_2 - t_1) = G \cdot C \cdot \Delta t$$

여기서, Q : 열량(kcal, cal) C : 비열(kcal/kg·℃, cal/g·℃)
G : 질량(kg) t_2 : 상승된 온도(℃)
t_1 : 최초온도(℃) Δt : 온도차(℃)

1-4 비열 및 열용량

(1) 비열 (specific heat)
어떤 물질 1 kg을 1℃ 높이는 데 필요한 열량
① 비열의 단위 : kcal/kg·℃ (cal/g·℃), CHU/lb·℃, BTU/lb·°F
② 비열
  (가) 정압비열(C_p) : 압력을 일정하게 하였을 때 비열
  (나) 정적비열(C_v) : 부피를 일정하게 하였을 때 비열
③ 비열비(k) : 정압비열과 정적비열의 비

$$비열비(k) = \frac{정압비열(C_p)}{정적비열(C_v)} > 1$$

> **참고** ① 비열비(k)는 항상 1보다 크다(∵ $C_p > C_v$ 이므로).
> ② 고체 및 액체 중에서는 물의 비열이 가장 크며, 기체 중에서는 수소(H)의 비열이 가장 크다.

(2) 열용량 (heat capacity)

열용량이란 어떤 물체의 온도를 1℃ 높이는 데 필요한 열량
① 열용량 = 질량×비열
② 열용량의 단위 : kcal/℃ (cal/℃)

1-5 열의 이동방법 (방식)

열의 이동 방법에는 전도, 대류, 복사(방사)의 세 종류가 있다.

(1) 전도 (푸리에의 법칙)
고체 내에서만의 열의 이동

(2) 대류 (뉴턴의 냉각법칙)
유체(공기, 물, 기름 등)의 열의 이동

(3) 복사 (스테판-볼츠만의 법칙)
중간 열매체를 통하지 않고 열이 이동

> **참고** ① 열전도율의 단위 : kcal/m·h·℃
> ② 열전달률 및 열관류율(열통과율)의 단위 : kcal/m²·h·℃

1-6 증기의 성질

(1) 증기의 변화 (1 atm 하에서)
① 현열(=포화수 엔탈피=액체열=감열)
② 잠열(=기화잠열=증발잠열=숨은열)
③ 건포화증기 엔탈피

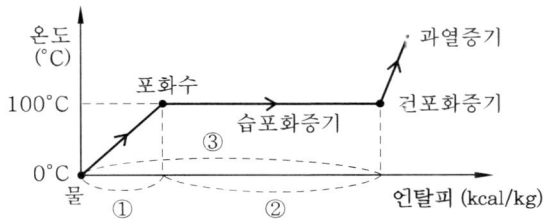

> **참고** 증기(steam)의 변화과정 : 포화수 → 습포화증기 → 건포화증기 → 과열증기

(2) 현열, 잠열, 전열량

① **현열** (sensible heat, 포화수 엔탈피=액체열) : 물체의 상(相) 변화는 일으키지 않고 온도변화만을 일으키는 데 필요한 열량이며, 표준대기압 하에서 물 1 kg의 현열은 $Q = G \cdot C \cdot \Delta t$에서 100 kcal/kg이다.

② **잠열** (latant heat, 증발열=기화열=숨은열) : 물체의 온도변화는 일으키지 않고 상(相)변화만을 일으키는 데 필요한 열량이며, 표준대기압 하에서 물 1 kg의 잠열은 539(538.8) kcal/kg이다.

> **참고** 얼음이 녹아서 물로 되는 데 필요한 열을 융해열이라고 하며 잠열의 일종이다. 얼음의 융해열은 80 cal/g(=80 kcal/kg) 이다.

③ **엔탈피** (entalphy, 전열량) : 물체(수증기, 물, 얼음)가 갖는 단위중량당 열량이며, 내부에너지와 외부에너지와의 합이다.
  (개) 건포화증기 엔탈피=현열+잠열(kcal/kg)
  (내) 습포화증기 엔탈피=현열+잠열×건도(kcal/kg)
  (대) 과열증기 엔탈피=현열+잠열+과열증기의 비열×(과열증기온도−포화증기온도) (kcal/kg)

> **참고** 1 atm 하에서 건포화증기 엔탈피=100+539=639 kcal

④ **임계점** : 물이 증발현상 없이 바로 증기로 변하는 현상(즉, 액체, 기체가 공존할 수 없는 현상) → 증발 시작과 끝이 바로 이루어지는 상태
  (개) 임계압력=225.65 kgf/cm²=22 MPa
  (내) 임계온도=374.15℃
  (대) 임계점에서의 증발잠열=0 kcal/kg

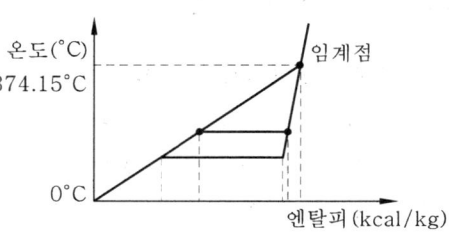

⑤ **증기의 압력을 높이면 변하는 현상**
  (개) 포화수 온도가 상승한다.
  (내) 현열이 증대한다.
  (대) 잠열이 감소한다.
  (래) 건포화증기 엔탈피가 증가한다.
  (매) 증기의 비체적이 증대한다.
  (배) 포화수의 비중이 감소한다.
  (새) 연료 소비량이 증가한다.

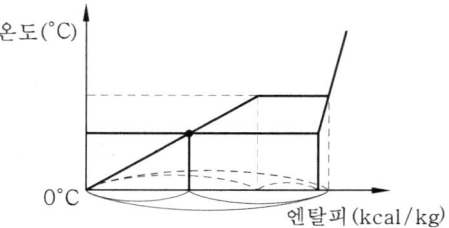

(3) 포화증기와 과열증기

① **포화증기**(saturated steam) : 포화수를 가열하여 생긴 증기를 말하며 습포화증기와 건포화증기가 있다.

㈎ 습포화증기 : 수분을 함유한 포화증기
㈏ 건포화증기 : 수분이 완전 제거된 포화증기
② **과열증기**(super heated steam) : 건포화증기의 압력은 일정하게(등압 하에서) 유지시키고 가열하여 온도를 높인 증기를 말한다.

과열도(℃) = 과열증기온도(℃) − 포화증기온도(℃)

2. 보일러의 종류 및 특성

보일러의 구성 3대 요소는 보일러 본체, 연소장치, 부속장치(부속설비)이다.

2-1 구조에 따른 보일러의 종류

보일러의 종류			
원통형 (둥근형) 보일러	입형(직립형) 보일러		입형 횡관 보일러, 입형 연관 보일러, 코크란 보일러
	횡형(수평형) 보일러	노통 보일러	코니시 보일러, 랭커셔 보일러
		연관 보일러	횡연관 보일러, 기관차 보일러, 케와니 보일러
		노통연관 보일러	스코치 보일러, 하우덴 존슨 보일러, 노통연관 패키지 보일러
수관식 보일러	자연순환식 수관 보일러		배브콕 보일러, 스네기지 보일러, 타쿠마 보일러, 2동 수관 보일러, 2동 D형 수관 보일러, 야로우 보일러, 3동 A형 수관 보일러
	강제순환식 수관 보일러		라몬트 보일러, 벨록스 보일러
	관류 보일러		벤슨 보일러, 슐처 보일러, 소형 관류 보일러, 엣모스 보일러, 람진 보일러
특수 보일러	주철제 섹셔널 보일러		주철제 증기 보일러, 주철제 온수 보일러
	특수 열매체 (액체)보일러		• 열매체의 종류 : 수은, 다우섬, 카네크롤, 모빌섬 • 종류 : 수은 보일러, 다우섬 보일러, 세큐리티 보일러
	폐열 보일러		하이네 보일러, 리 보일러
	간접가열식 (2중증발)보일러		슈미트 보일러, 뢰플러 보일러
	특수 연료 보일러		특수 연료의 종류 : 버케이스, 바크, 흑액, 소다회수
	전기 보일러		−

2-2 입형(수직형) 보일러의 특징

(1) 장점
① 설치면적을 적게 차지한다.
② 설치비가 싸다.
③ 구조가 간단하고 취급이 용이하다.
④ 급수처리가 까다롭지 않다.
⑤ 내분식이므로 벽돌 쌓음이 필요 없다.

(2) 단점
① 연소효율이 낮다.
② 전열효율이 낮다.
③ 보일러 효율이 낮다.
④ 청소 및 검사가 불편하다.
⑤ 증기부가 좁아 습증기의 발생이 심하다.

2-3 원통형 보일러(노통 보일러, 횡연관 보일러, 노통 연관 보일러)의 특징

(1) 장점
① 보유수량이 많아 부하(負荷)변동에 응하기 쉽다.
② 구조가 간단하여 제작 및 취급이 간편하다.
③ 청소, 점검, 보수가 용이하다.
④ 양질의 물을 공급해야 하지만 수관 보일러나 관류 보일러에 비해 급수처리가 그다지 까다롭지 않다.
⑤ 보일러 수명이 길다.

(2) 단점
① 전열면적에 비해 보유수량이 많아 증기 발생에 소요되는 시간이 길다.
② 보유수량이 많아 파열 시 피해가 크다.
③ 고압, 대용량에 부적당하다.
④ 내분식이므로 연소실의 크기와 형상에 제한을 받으므로 연료의 종류와 질에 구애를 받는다 (단, 횡연관 보일러는 외분식이므로 연료의 제한을 적게 받는다).
⑤ 보유수량에 비해 전열면적이 작아서 보일러 효율이 수관 보일러에 비해 낮다.

2-4 수관 보일러의 특징

(1) 장점
① 보일러 수의 순환이 좋고 관류 보일러 다음으로 보일러 효율이 제일 좋다.
② 수관의 관지름이 적고 보유수량에 비해 전열면적이 커서 고압, 대용량에 적당하다.
③ 보유수량이 적어서 파열 시 피해가 적다(원통형 보일러에 비하여).
④ 보유수량은 적고 전열면적이 커서 증발이 빠르며 급수요에 응하기 쉽다.
⑤ 외분식이므로 연소실의 크기와 형상을 자유로이 할 수 있어 연료의 질에 크게 구애를 받지 않는다.

(2) 단점
① 보유수량에 비해 전열면적이 크므로 압력변화가 크고, 따라서 부하변동에 응하기 어렵다.
② 증발량이 많아서 수위변동이 심하므로 급수조절에 유의해야 한다.
③ 스케일(scale)의 생성으로 인하여 급수처리를 철저히 해야 한다.
④ 일반적으로 구조가 복잡하므로 청소, 검사, 보수가 불편하다.
⑤ 취급자의 기술 숙련을 필요로 하며 제작이 어려워 가격이 원통형 보일러에 비해 비싸다.

2-5 주철제 보일러의 특징

(1) 장점
① 내식성이 우수하다(부식에 강하다).
② 섹션의 증감으로 용량조절이 용이하다.
③ 저압이므로 파열 시 피해가 적다.
④ 주형으로 제작하기 때문에 복잡한 구조로 설계할 수 있다.
⑤ 조립식이므로 운반 및 설치가 편리하다.

(2) 단점
① 주철은 인장 및 충격에 약하다.
② 고압 및 대용량에 부적당하다.
③ 내부청소 및 검사가 곤란하다(구조가 복잡하므로).
④ 열에 의한 부동팽창 때문에 균열이 생기기 쉽다.
⑤ 보일러 효율이 낮다.

3. 보일러의 부속장치

3-1 안전장치의 종류

(1) 안전밸브

① 안전밸브에 관한 규정

㈎ 안전밸브의 개수 : 증기 보일러에서는 2개 이상의 안전밸브를 설치해야 한다. 다만, 전열면적 50 m² 이하의 증기 보일러에서는 1개 이상으로 하며, U자형 입관을 부착한 보일러는 안전밸브를 부착하지 않아도 된다.

㈏ 안전밸브 및 압력 방출장치의 크기 : 안전밸브 및 압력 방출장치의 크기는 호칭지름 25 A 이상으로 하여야 한다(증기 보일러에서). 다만, 다음 보일러에는 호칭지름 20 A 이상으로 할 수 있다.

　㉮ 최고사용압력이 0.1 MPa 이하인 보일러
　㉯ 최고사용압력이 0.5 MPa 이하인 보일러로 동체의 안지름이 500 mm 이하이며 동체의 길이가 1000 mm 이하인 보일러
　㉰ 최고사용압력이 0.5 MPa 이하인 보일러로 전열면적이 2 m² 이하인 보일러
　㉱ 최대증발량이 5 t/h 이하인 관류 보일러
　㉲ 소용량 보일러(소용량 강철제 보일러, 소용량 주철제 보일러)

② 온수 발생 보일러(액상식 열매체 보일러 포함)의 방출밸브 및 안전밸브의 크기

㈎ 액상식 열매체 보일러 및 온도 393 K(120℃) 이하의 온수 보일러에는 방출밸브를 설치하며, 그 지름은 20 mm 이상으로 하고 보일러의 최고사용압력에 그 10 %(그 값이 0.035 MPa 미만인 경우에는 0.035 MPa로 한다)를 더한 값을 초과하지 않도록 지름과 개수를 정하여야 한다.

㈏ 온도 393 K(120℃)를 초과하는 온수 보일러에는 안전밸브를 설치하여야 한다. 그 크기는 호칭지름 20 mm 이상으로 한다.

> **참고** 방출밸브는 스프링식 안전밸브와 구조가 비슷하며 온수 보일러에서 안전밸브 대용으로 사용된다.

(2) 방폭문

연소실(노) 또는 연소 계통에서 미연소가스(탄소가 불완전연소하여 생긴 일산화탄소 등) 폭발사고 시 그 생성가스를 자동으로 외부에 배출시켜 보일러 손상 및 안전사고를 예방하는 장치로서 스프링식(강철제 보일러에 사용)과 스윙식(주철제 보일러에 사용)이 있다.

(3) 가용마개 (가용전, 용융마개)

과거 석탄과 같은 고체 연료를 사용한 노통 보일러 노통 입구 상부에 설치 사용한 안전장치로서, 주석(Sn)과 납(Pb)의 합금 금속으로 용융점이 낮은 점을 이용하여 이상감수로 노통이 과열되어 파열되기 이전에 먼저 녹아내려 위험을 알려주는 장치이다.

(4) 압력제한기 (압력차단기, 압력차단장치)

보일러 내부 증기압력이 스프링 조정압력보다 높을 경우 제한기 내부의 벨로스가 신축하여 수은 등 스위치를 작동하게 하여 전자밸브로 하여금 자동으로 연료 공급을 중단하게 함으로써 압력초과로 인한 보일러 파열사고를 방지해 주는 안전장치이다.

> **참고** 설정압이 낮은 것부터 높은 순(작동순서)으로 열거하던 ① 압력조절기, ② 압력제한기, ③ 안전밸브 순이다.

(5) 고·저수위 경보기 (수위검출기, 저수위 경보장치)

보일러 드럼 내의 수위가 최저수위(안전수위) 이하로 내려가기 직전에 1차적으로 50~100초 동안 경보를 발하고, 수위가 더 내려가면 2차적으로 전자밸브로 하여금 자동으로 연료 공급을 차단시켜 이상감수로 인한 과열 및 보일러 파열사고를 미연에 방지해 주는 안전장치이다.

① 설치 개요
  ㈎ 최고사용압력 0.1 MPa을 초과하는 증기 보일러에는 다음의 저수위 안전장치를 설치해야 한다(다만, 소용량 보일러는 제외한다).
    ㉮ 보일러를 안전하게 쓸 수 있는 수위(이하 '안전수위' 라 한다)의 최저수위까지 내려가기 직전에 자동적으로 경보가 울리는 장치(70dB 이상)
    ㉯ 보일러의 수위가 안전수위까지 내려가기 직전에 연소실 내에 공급하는 연료를 자동적으로 차단하는 장치
  ㈏ 열매체 보일러 및 사용온도가 393 K(120℃) 이상인 온수 보일러에는 작동 유체의 온도가 최고사용온도를 초과하지 않도록 온도-연소제어장치를 설치해야 한다.
  ㈐ 최고사용압력이 0.1 MPa(수두압, 10 m)을 초과하는 주철제 온수 보일러에는 온수 온도가 388 K(115℃)을 초과할 때는 연료 공급을 차단하든가, 파일럿 연소를 할 수 있는 장치를 설치해야 한다.
② 고·저수위 경보기의 종류 (수위검출기의 종류)
  ㈎ 기계식 : 부표(float)의 위치변위에 따라 밸브가 열려 경보를 발한다.
  ㈏ 전기식
    ㉮ 부표(플로트) 식
      • 맥도널식 : 부표의 위치변위에 따라 수은 스위치를 작동시켜 경보를 발하고 전자 밸브로 하여금 연료 공급을 차단시킨다.

- 자석식 : 부표의 위치변위에 따라 자석으로 하여금 수은 스위치를 작동시켜 경보를 발하고 전자밸브로 하여금 연료 공급을 차단시킨다.
  ④ 전극식 : 보일러 수(水)의 전기전도성을 이용한 것이다.

> **참고** ① 전극식 저수위 경보기에서 전극봉은 3개월마다 청소하여야 한다.
> ② 플로트식은 6개월마다 수은 스위치의 상태와 접점 단자 상태를 조사하고 플로트실을 분해, 정비하여야 한다.

③ **수위제어방식**
  ㈎ 1요소식(단요소식) : 보일러 드럼 내의 수위만을 검출하여 제어하는 방식
  ㈏ 2요소식 : 수위와 증기유량을 동시에 검출하여 제어하는 방식
  ㈐ 3요소식 : 수위, 증기유량, 급수유량을 검출하여 제어하는 방식

(6) 화염검출기

연소실 내의 화염상태가 불안정하거나 실화 시에 전자밸브로 하여금 자동으로 연료 공급을 차단시켜 역화(back fire)나 가스 폭발사고를 사전에 방지해 주는 안전장치로서 화염(불꽃)검출기(flame project)의 종류는 다음과 같다.

① **플레임 아이 (flame eye)** : 화염의 발광체를 이용한 것이며 화염의 복사선을 광전관이 잡아 화염의 유무를 검출해 준다(자외선 광전관, 적외선 광전관, 황화카드뮴 셀, 황화납 셀이 있다). → 가스 및 기름 버너에서 주로 사용한다.

> **참고** 플레임 아이는 불꽃의 중심을 향하여 설치해야 하며, 장치 주위 온도는 50℃ 이상이 되지 않도록 해야 하고 광전관식은 유리나 렌즈를 매주 1회 이상 청소하여 감도를 유지해야 한다.

② **플레임 로드 (flame road)** : 화염의 이온화를 이용한 것이며 고온의 가스는 양이온과 자유전자로 전리되어 있다. 여기에 전극을 접촉시키면 전류가 흐르므로 전류의 유무에 의하여 화염의 상태를 파악한다(플레임 로드는 화염이 갖는 도전성을 이용한 도전식과 로드와 버너와의 화염에 접하는 면적 차이에 의한 정류효과를 이용한 정류식이 있다). → 연소시간이 짧은 가스 점화 버너에서 주로 사용한다.

> **참고** 플레임 로드는 화염검출기 중 가장 높은 온도에서 사용할 수 있으며, 검출부가 불꽃에 직접 접하므로 소손에 유의하고 자주 청소를 해 주어야 한다.

③ **스택 스위치 (stack switch)** : 연소가스의 발열체를 이용한 것이며 연도를 흐르는 가스온도에 따라 바이메탈(감열소자)의 신축으로 화염의 유무를 검출해 준다. → 가격이 싸고 구조도 간단하지만 거의 사용하지 않는다.

> **참고** ① 스택 스위치는 화염검출의 응답이 느리므로 많이 사용하고 있지 않으며, 주로 소용량 온수 보일러에서 사용한다.
> ② 화염검출기에서 화염 검출방법에는 열적 검출방법, 광학적 검출방법, 전기전도적 검출방법이 있다.

(7) 전자밸브

전자밸브(솔레노이드 밸브, solenoid valve)는 보일러 가동 중 정전 시, 압력 초과 시, 이상 감수 시, 화염 실화 시, 송풍기 고장 시 등 이상 발생 시에 급히 자동으로 연료 공급을 차단시켜 주는 안전장치이다 (연계장치 : 저수위 경보기, 압력 제한기, 화염 검출기, 송풍기).

3-2 지시 기구 장치

(1) 압력계

① **압력계의 종류**
  (가) 탄성식 압력계의 종류
    ㉮ 부르동관식 압력계 : 정도는 낮으나 고압 측정용이므로 보일러에서 가장 많이 사용한다.
    ㉯ 벨로스식 압력계
    ㉰ 다이어프램식 압력계
  (나) 액주식 압력계의 종류
    ㉮ U자관식 압력계
    ㉯ 단관식 압력계
    ㉰ 경사관식 압력계 : 압력계 중 정도가 가장 높으며, 미세한 압력 측정에 적합하다.
    ㉱ 링 밸런스식(환상 천평식) 압력계

② **압력계 부착방법**
  (가) 압력계 최대 지시 눈금은 보일러 최고사용압력의 1.5배 이상, 3배 이하이어야 한다.
  (나) 압력계와 연결되는 증기관이 강관일 경우에는 안지름 12.7 mm 이상, 동관 또는 황동관일 경우에는 안지름 6.5 mm 이상이어야 한다.
  (다) 증기관으로 통하는 증기온도가 483 K(210℃)을 넘으면 반드시 강관을 사용해야 한다(동관이나 황동관을 사용할 수 없다).
  (라) 눈금판의 눈금이 잘 보이는 위치에 설치한다(2개 이상).
  (마) 압력계 콕은 핸들이 증기관과 나란히 놓일 때 열린 상태가 되어야 한다.
  (바) 압력계를 보호하기 위하여 사이펀관을 거쳐 물이 압력계로 들어가게 한다.

> **참고** 동관이나 황동관은 고온(약 300℃)에서 산화하기가 쉽다.

③ 사이펀(siphon)관
  ㈎ 사이펀관은 고온의 증기로부터 부르동관식 압력계의 부르동관을 보호하기 위하여 설치 사용한다.
  ㈏ 사이펀관의 안지름은 6.5 mm 이상이어야 한다.
  ㈐ 사이펀관 내부의 응축수 온도는 277~338 K(4~65℃)으로 유지하는 것이 바람직하다.
④ 압력계 검사 시기
  ㈎ 2개의 압력계 지침이 서로 다르게 나타날 때
  ㈏ 보일러 가동 중 포밍, 프라이밍 현상이 일어날 때
  ㈐ 압력계 지침이 의심스러울 때
  ㈑ 보일러 휴관 후 재사용할 때
  ㈒ 신설 보일러인 경우에는 가동 후 압력이 오르기 시작할 때

> **참고** ① 보일러 및 압력용기에 가장 많이 사용하는 압력계는 부르동관식 압력계이다(고압 측정용이므로).
> ② 다른 탄성체 압력계(부르동관식, 벨로스식, 다이어프램식)의 교정용, 검사용으로 사용되는 압력계는 기준 분동식 압력계이다.
> ③ 보일러 운전 도중 압력계의 정상작동을 확인하는 방법은 3방 콕으로 압력계 지침이 0이 되는가를 확인하는 것이다.

(2) 수면계

① **수면계(water gauge)의 개수** : 증기 보일러에는 2개(소용량 및 소형 관류 보일러는 1개) 이상의 유리 수면계를 부착하여야 한다. 다만, 최고사용압력 1 MPa 이하로서 동체 안지름 750 mm 미만의 것 중 1개는 다른 종류의 수면 측정장치로 하여도 무방하다. 특히, 압력이 높은 보일러에서는 2개 이상의 원격 지시 수면계를 시설하는 경우에 한하여 유리 수면계를 1개 이상으로 할 수가 있다.

> **참고** ① 다른 종류의 수면 측정장치는 검수콕 3개를 말한다(최고수위, 정상수위, 안전 저수위 부분에 각각 1개씩 설치).
> ② 온수 보일러와 단관식 관류 보일러에는 수면계가 필요 없다.

② **수면계의 종류**
  ㈎ 원형 유리관식 수면계 : 최고사용압력 1 MPa 이하용이다.
  ㈏ 평형 반사식 수면계 : 최고사용압력 2.5 MPa 이하용이며 보일러에서 가장 많이 사용한다.
  ㈐ 평형 투시식 수면계 : 최고사용압력 4.5 MPa 이하용과 7.5 MPa 이하용이 있다.
  ㈑ 2색 수면계 : 평형 투시식 수면계에 청색 전구와 적색 전구를 설치하여 식별이 잘 되도록 한 것이다.
  ㈒ 멀티포트식 수면계 : 초고압용(21 MPa 이하용) 수면계이다.

③ **수면계 부착방법** : 수면계 유리관 최하부와 보일러 안전 저수위가 일치되도록 부착한다.

보일러의 종별	수면계 부착 위치(안전 저수위)
직립형 보일러(입형 보일러)	연소실 천장판 최고부위(플랜지부를 제외) 75 mm 상방
직립형(입형) 연관 보일러	연소실 천장판 최고부위, 연관 길이 $\frac{1}{3}$
수평 연관 보일러(횡연관)	연관의 최고부위 75 mm 상방
노통 연관 보일러(혼식 보일러)	연관의 최고부위 75 mm 상방(다만, 연관 최고부보다 노통 윗면이 높은 것으로서는 노통 최고부위(플랜지를 제외) 100 mm 상방)
노통 보일러	노통 최고부위(플랜지를 제외) 100 mm 상방

④ **수면계의 점검 시기**
　㈎ 2개의 수면계 수위가 서로 다르게 나타날 때
　㈏ 보일러 가동 중 포밍, 프라이밍 현상이 일어나 수위 교란이 일어날 때
　㈐ 수면계 수위에 의심이 갈 때
　㈑ 보일러 가동 후 압력이 오르기 시작할 때
　㈒ 보일러 가동 직전
　㈓ 수면계를 수리 또는 교체한 후
　㈔ 수면계 수위가 둔할 때

3-3 송기 (증기 공급) 장치

(1) 비수방지관

주로 원통형(둥근형) 보일러에서 사용하였으며, 드럼 내 증기 취출구에 부착하여 증기 속에 포함된 수분 취출을 방지해 주는 관으로 비수방지관(antipriming pipe)에 뚫린 구멍의 총면적이 증기 취출구 증기관 면적보다 1.5배 이상이어야 한다.

(2) 기수분리기

기수분리기(steam seperater)는 수관 보일러 기수 드럼에 부착하여 사용하고 발생되는 증기 속의 수분을 분리해 주는 장치이며, 종류는 다음과 같다.

기수분리기의 종류	원 리
사이클론형	원심력을 이용
스크러버형	파형의 강판을 다수 조합
건조 스크린형	금속망판을 이용
배플형	급격한 방향 전환을 이용

(3) 감압밸브

① **설치목적(설치이유)**
  ㈎ 고압의 증기를 저압의 증기로 바꾸기 위하여
  ㈏ 저압 측의 압력을 항상 일정하게 유지하기 위하여
  ㈐ 부하변동에 따른 증기의 소비량을 절감하기 위하여

② **종류**
  ㈎ 스프링식   ㈏ 추식   ㈐ 다이어프램식

③ **감압밸브(reducing valve) 설치 시 필요 부착품**
  ㈎ 고압 측 : 여과기, 정지밸브, 압력계
  ㈏ 저압 측 : 안전밸브, 정지밸브, 압력계

> **참고** 감압밸브를 작동방식에 따라 분류하면
> ① 피스톤식 ② 벨로스식 ③ 다이어프램식이 있다.

(4) 신축이음장치

배관의 신축으로 인한 무리를 완화시켜 주고 관 부속품의 고장을 방지하기 위하여 설치한다.

① **슬리브형(sleeve type)** : 조인트 본체와 파이프로 되어 있는데, 관의 신축이 본체 속에 미끄러지는 슬리브 파이프에 흡수되는 단식과 복식의 2형식이 있으며 주로 저압 증기 배관에 사용한다.

② **만곡관형(곡관형, loop type)** : 강관을 휨 가공하여 제작하였으며, 허용길이가 가장 크고 고압 옥외 배관에 많이 사용하며 루프형과 밴드형이 있다.

③ **벨로스형(파형, bellows type)** : 벨로스가 신축을 흡수하여 열응력을 받지 않으나 벨로스 내에 물이 고이면 부식을 많이 일으키고, 일명 팩리스(packless) 신축 조인트라고도 한다.

④ **스위블형(swivel type)** : 2개 이상의 엘보를 사용하여 나사의 회전을 이용한 것이며 방열기 입구 측 배관에 설치 사용한다(나사맞춤이 헐거워져 누설의 우려가 크다). 회전이음, 지블이음이라 불린다.

(5) 증기 트랩

증기 트랩(steam trap)은 장치 내의 응축수를 제거해 주는 장치이다.

① **증기 트랩의 구비조건**
  ㈎ 내구력이 있을 것(마모나 부식에 견딜 것)
  ㈏ 마찰저항이 적을 것
  ㈐ 동작이 확실할 것(압력 및 유량이 소정 내에서 변화해도)
  ㈑ 공기를 뺄 수 있을 것
  ㈒ 사용 중지 후에도 물이 빠질 수 있을 것
  ㈓ 워터해머에 강할 것

② 작동 원리에 따른 증기 트랩의 종류

작동 원리에 따른 종류	작 동 원 리	구조상에 따른 종류
기계식 트랩 (mechanical trap)	증기와 응축수와의 비중차를 이용 (플로트 또는 버킷의 부력을 이용)	상향 버킷식 하향 버킷식 레버 플로트식 자유(free) 플로트식
온도조절식 트랩 (trermostatic trap)	증기와 응축수와의 온도차를 이용 (금속의 신축을 이용)	바이메탈식 벨로스식
열역학식 트랩 (thermodynamic trap)	열역학적 특성을 이용한 것이며 증기와 응축수와의 속도 차이 즉, 운동에너지 차이에 의해 작동한다.	오리피스식 디스크식(=충격식)

(6) 스팀 어큐뮬레이터

스팀 어큐뮬레이터(steam accumulator, 증기축열기)는 저부하 시에 잉여증기를 일시 저장하였다가 과부하 시에 증기를 방출하여 증기 부족을 보충시키는 장치이며, 송기 계통에 설치하는 변압식과 급수 계통에 설치하는 정압식이 있다.

(7) 플래시 탱크

탱크 외부로부터 탱크 내부보다 높은 압력 또는 온수보다 높은 열수를 받아들여 증기를 발생하는 제2종 압력 용기이다.

3-4 열교환 (폐열회수) 장치

폐열(여열) 회수장치란 고온의 연소가스가 보유하는 폐열(여열)을 이용하여 보일러 효율을 향상시키는 특수 부속장치로서 설치 순서에 따라 과열기, 재열기, 절탄기(economizer), 공기예열기가 있다.

(1) 과열기

보일러에서 발생한 고도의 질 습포화증기를 압력은 일정하게 유지하면서 온도만을 높여 과열증기로 바꾸어주는 장치이다(고압, 대용량, 동력용 보일러에서 사용).

① 과열기의 종류
  ㈎ 전열방식에 따른 과열기의 종류(설치장소에 따른 과열기)
    ㉮ 접촉(대류) 과열기 : 연소가스의 대류열을 이용한 것(연도에 설치)
    ㉯ 복사 과열기 : 연소실 측벽에 설치하여 복사열을 이용한 것
    ㉰ 복사 접촉 과열기 : 복사열과 대류열을 동시에 이용한 것
  ㈏ 열가스(연소가스)의 흐름방향에 따른 과열기의 종류
    ㉮ 병류형(병류식) : 연소가스와 과열기 내 증기의 흐름방향과 같으며 가스에 의한

소손(부식)은 적으나 열의 이용도가 낮다.
ⓝ 향류형(향류식) : 연소가스와 과열기 내 증기의 흐름방향이 반대이며 열의 이용도는 좋으나 가스에 의한 소손이 크다.
ⓓ 혼류형(혼류식) : 병류형과 향류형을 조합한 것이며 열의 이용도가 양호하고 가스에 의한 소손도 적다.
② 과열증기 온도 조절방법
㈎ 과열 저감기를 사용한다.
㈏ 과열기를 통과하는 연소가스의 양을 댐퍼(damper)로 조절한다.
㈐ 연소실 내의 화염의 위치를 바꾼다.
㈑ 절탄기 출구 측 저온의 가스를 재순환시킨다.
㈒ 과열기 전용 화로를 설치한다.
㈓ 과열증기에 습증기를 분무한다.

> **참고** 과열 저감기란 과열기 속에 냉수를 분사시키거나 과열증기 일부를 급수와 열교환시키는 장치이다.

③ 폐열 회수장치에서의 피해
㈎ 폐열 회수장치 중 고온부식이 가장 많이 일어날 수 있는 장치는 과열기이며 그 다음이 재열기이다(고온부식을 일으키는 성분은 연료 중의 바나듐(V)이다).
㈏ 폐열 회수장치 중 저온부식이 가장 많이 일어날 수 있는 장치는 공기예열기이며 그 다음이 절탄기이다(저온부식을 일으키는 성분은 연료 중의 황(S)이다).

(2) 재열기

고압(1차) 터빈에서 팽창을 끝낸 포화상태에 가까워진 증기를 연소가스의 폐열(여열)을 이용하여 재차 열을 가하여 과열증기로 만들어 저압(2차) 터빈으로 보내어 나머지 일을 시키는 데 사용된다. 재열기(reheater)는 열원에 따라 열가스재열기와 증기재열기로 나뉜다.

(3) 절탄기

절탄기(節炭器, economizer, 급수예열기＝급수가열기)란 연소가스의 폐열(여열)을 이용하여 보일러 급수를 예열시키는 장치이다.

> **참고** 절탄기는 급수 가열도에 따라 증발식과 비증발식(주로 사용)으로 구분한다.

(4) 공기예열기

연도로 흐르는 연소가스의 폐열(여열)을 이용하여 연소실에 공급되는 연소용 공기(2차 공기)를 예열시키는 장치로서 연도 끝 부분에 설치한다.

> **참고** ① 1차 공기란 연료의 무화용 공기이다.
> ② 2차 공기란 연료의 연소용 공기이다.

① **공기예열기의 일반적인 종류**
  (가) 전열식 공기예열기 : 관형과 판형이 있다.
  (나) 증기식 공기예열기 : 증기로 공기를 가열하는 형식이다.
  (다) 재생식 (축열식) 공기예열기 : 전열 요소의 운동에 따라 회전식, 고정식, 이동식이 있다.

② **전열 방법에 따른 공기예열기의 종류**
  (가) 전도식
  (나) 재생식
  (다) 히터 파이프식

3-5 급수장치

(1) 급수장치의 개요

① **급수밸브와 급수체크밸브** : 급수장치의 급수관에는 보일러에 인접하여 급수밸브와 이에 가까이 체크밸브를 설치해야 하며, 최고사용압력이 0.1 MPa 미만인 보일러에서는 체크밸브를 생략할 수 있다.

② **급수밸브와 급수체크밸브의 크기** : 급수밸브와 급수체크밸브의 크기는 20 A 이상이어야 한다(단, 전열면적이 10 m² 이하인 경우에는 15 A 이상으로 할 수 있다).

(2) 급수장치의 종류

① **급수펌프의 종류**
  (가) 원심펌프 : 임펠러(impeller)의 원심력을 이용한 펌프이며 프라이밍을 해 주어야 하는 단점이 있으며 임펠러에 안내 깃(guide vane)이 없는 벌류트(volute) 펌프와 임펠러에 안내 깃을 부착하여 수압을 높게 한 터빈(turbine) 펌프가 있다.

> **참고** 터빈 펌프는 중·고압 및 고양정용으로 사용된다.

  (나) 왕복동식 펌프(reciprocating pump) : 피스톤과 플런저의 왕복운동에 의한 것이며, 워싱턴 펌프, 위어 펌프, 플런저 펌프가 있다.

② **인젝터** : 인젝터(injector)의 동력은 증기이다(증기의 분사력을 이용하며 보일러 보조 급수장치로 사용).

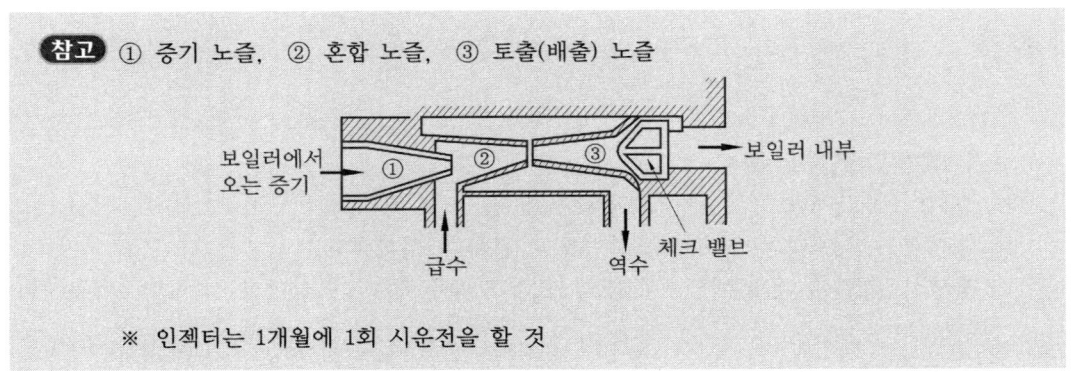

참고 ① 증기 노즐, ② 혼합 노즐, ③ 토출(배출) 노즐

※ 인젝터는 1개월에 1회 시운전을 할 것

 (개) 인젝터의 장·단점
  ㉮ 장점
   • 소형이며 구조가 간단하다.
   • 설치장소를 적게 차지한다.
   • 증기는 필요하나 별도의 동력이 필요없다.
   • 취급이 간단하고 급수를 예열시켜 공급한다.
  ㉯ 단점
   • 급수효율이 매우 낮다(40~50 % 정도)
   • 인젝터 본체가 과열되면 작동이 불가능하다.
   • 급수온도가 높으면 작동이 불가능하다.
   • 증기압력이 너무 높거나 낮아지면 작동이 불가능하다.
   • 급수에 이물질로 노즐이 막히기 쉽다.
 (나) 인젝터 작동 불량(고장)의 원인
  ㉮ 급수온도가 너무 높을 때(323 K 이상)
  ㉯ 증기압력이 너무 낮거나(0.2 MPa 이하), 너무 높을 때(1 MPa 이상)
  ㉰ 인젝터 자체가 과열되었을 때
  ㉱ 관 또는 밸브로부터 공기가 누입되었을 때
  ㉲ 내부 노즐에 이물질이 부착하였거나 노즐이 확대되었을 때
  ㉳ 체크밸브가 고장일 때
  ㉴ 증기에 수분이 많이 포함되었을 때

(3) 급수내관

보일러 급수 시 동판의 국부적 냉각으로 부동팽창의 영향을 줄이기 위하여 구경 약 38~75 mm 정도의 관에 좌우로 구멍을 뚫고 그 구멍으로 보일러 드럼 내에 분포시키며, 보일러 안전 저수위보다 50 mm(5 cm) 아래에 설치한다.

3-6 기타 부속장치

(1) 분출장치

보일러 수(水)의 농축을 방지하여 물의 순환을 좋게 하고 스케일 생성을 방지해 주는 수저 분출장치와 유지분, 부유물을 제거하여 포밍, 프라이밍을 방지해 주는 수면 분출장치(blow off attachment)가 있다.

① 분출장치의 종류(설치장소에 따라)
　(가) 수면 분출장치 : 수면에 떠 있는 유지분, 먼지 등의 부유성 물질을 제거한다(부착위치 : 정상수위보다 1.27 cm 낮게 설치). → 수면 분출장치는 연속 분출장치이다.
　(나) 수저 분출장치 : 동 저면에 있는 스케일이나 침전물, 농축된 물 등을 밖으로 분출하여 제거한다(동 밑부분에 부착). → 수저 분출장치는 단속 분출장치이다.

② 분출의 목적
　(가) 포밍, 프라이밍을 방지하기 위하여
　(나) 스케일 고착 및 슬러지 생성을 방지하기 위하여
　(다) 보일러 수의 pH를 조절하기 위하여
　(라) 불순물로 인한 보일러 수의 농축을 방지하고 물의 순환을 양호하게 하기 위하여
　(마) 고수위를 방지하기 위하여
　(바) 보일러 세관 후 폐액을 배출시키기 위하여

③ 분출 시기
　(가) 포밍, 프라이밍 현상을 일으킬 때
　(나) 야간에 쉬는 보일러는 매일 아침 가동 전
　(다) 주야 연속 사용하는 보일러인 경우에는 부하가 가장 가벼울 때
　(라) 고수위일 때
　(마) 보일러 수가 정지해서 불순물이 침전하였을 때

④ 분출밸브의 크기 및 개수
　(가) 보일러에서는 적어도 밑에 분출관과 분출밸브 또는 분출콕을 설치(단, 관류 보일러는 제외)한다.
　(나) 분출밸브의 크기는 25 A 이상이어야 한다(25 A 이상~65 A 이하)(단, 전열면적이 10 m^2 이하인 경우에는 20 A 이상으로 할 수 있다).
　(다) 최고사용압력 0.7 MPa 이상의 보일러의 분출관은 분출밸브 2개나 분출밸브와 분출콕을 직렬로 설치(단, 차량용 및 이동식의 보일러에서는 제외)한다.

(2) 수트 블로어 장치

보일러 전열면 외부나 수관 주위에 부착해 있는 그을음이나 재를 불어 제거시키는 장치이며 증기나 압축공기가 주로 사용된다. 압축공기식이 편리하지만 설비비, 운전비 면에서 증기분사식이 유리하다.

> **참고** ① 수트(soot : 그을음) : 1~20 μm의 유리 탄소 즉, 미연의 탄소 미립자이다.
> ② 수트 블로어(soot blower)의 분사 형식에는 증기 분사식, 공기 분사식, 물 분사식이 있다.

① **수트 블로어(매연 분출 장치)의 종류**
  (개) 롱 레트랙터블형 : 긴 분사관에는 보통 그 선단부 근처에 2개의 노즐을 마주보는 방향으로 설치하고 그 분사관을 사용 시에 연소가스 통로 내에 진입시키는 것과 함께 회전을 주며 동시에 증기 또는 공기를 분사시켜 이물질을 제거한다. 보일러 고온부인 과열기나 수관 등의 고온의 열가스 통로 부분에 사용한다.
  (내) 쇼트 레트랙터블형 : 분사관이 짧으며 1개의 노즐을 설치하여 연소실 노벽에 부착되어 있는 이물질을 제거한다.
  (대) 건형 : 보일러 노벽 부분에 타고 남은 찌꺼기를 제거하는 데 주로 사용하며 짧은 분사관을 가지고 있으며 분사관이 전·후진하고 회전을 하지 않는 형식이다. 미분탄 및 폐열 보일러 같은 연재가 많은 보일러에 사용한다.
  (래) 정치 회전형(로터리형=회전형) : 절탄기나 공기예열기, 보일러 전열면 등에 많이 사용되는 정치 회전식이다. 분사관을 정위치에 고정시키고 많은 노즐을 내부에 설치하여 관을 회전시켜 처리하는 장치이다.
  (매) 공기예열기 클리너형 : 자동식과 수동식이 있으며, 긴 연통관 끝에 분사관이 장치되어 예열관 내에 직각으로 증기를 뿜어 처리하는 장치이며 관형 공기예열기용에 사용되는 특수형이다.
② **수트 블로어(그을음 제거기) 사용 시 주의사항**
  (개) 댐퍼를 완전히 열고 통풍력을 크게 한다.
  (내) 작업하기 전에는 반드시 드레인을 행한다.
  (대) 한 장소에 오래 불지 않도록 한다.
  (래) 가능한 한 건조한 증기를 사용한다.
  (매) 보일러 부하가 50 % 이하일 때는 사용을 금한다.

4. 보일러 열효율 및 열정산

4-1 보일러 열효율

(1) 상당(환산) 증발량

상당(환산) 증발량이란 표준기압하에서 100℃ 포화수를 같은 온도의 포화증기로 1시간 동안 변화시킬 수 있는 증발량(kg)을 말한다.

$$\text{상당(환산) 증발량} = \frac{\text{매시 증발량}(\text{발생증기의 엔탈피} - \text{급수의 엔탈피})}{539} \, [\text{kg/h}]$$

$$\text{증발계수(증발력)} = \frac{\text{발생증기의 엔탈피} - \text{급수의 엔탈피}}{539}$$

(2) 보일러 마력

① 표준상태(0℃, 760 mmHg)에서 100℃의 물 15.65 kg을 1시간 동안 같은 온도인 증기로 바꿀 수 있는 능력을 갖는 보일러
② 상당(환산) 증발량 값이 15.65 kg/h인 보일러
③ 열출력(열량)이 8435kcal/h인 보일러

$$\text{보일러 마력} = \frac{\text{상당(환산) 증발량}}{15.65} [\text{보일러 마력}]$$

(3) 전열면 증발률 (증발률)

전열면 1 m² 당 1시간 동안의 증발량(kg)을 말한다.

$$\text{증발률} = \frac{\text{매시 실제증발량}(\text{kg/h})}{\text{전열면적}(\text{m}^2)} [\text{kg/m}^2 \cdot \text{h}]$$

(4) 증발배수 (실제 증발배수)와 상당 (환산) 증발배수

① 증발배수(실제 증발배수) $= \dfrac{\text{매시 실제증발량}(\text{kg/h})}{\text{매시 연료소모량}(\text{kg/h})}$ [kg/kg 연료][kg/Nm³ 연료]

② 환산(상당) 증발배수 $= \dfrac{\text{환산(상당)증발량}(\text{kg/h})}{\text{매시 연료소모량}(\text{kg/h})}$ [kg/kg 연료][kg/Nm³ 연료]

(5) 연소실 열발생률

연소실 열발생률을 연소실 열부하라고도 하며, 연소실 용적을 $V[\text{m}^3]$, 연료의 저위발열량을 $H_l[\text{kcal/kg}]$, 매시 연료사용량을 $G_f[\text{kg/h}]$ 라고 하면,

$$\text{연소실 열발생률} = \frac{G_f \times (H_l + \text{공기의 현열} + \text{연료의 현열})}{V} [\text{kcal/m}^3 \cdot \text{h}]$$

(6) 보일러 부하율

$$\text{보일러 부하율} = \frac{\text{매시 실제증발량}(\text{kg/h})}{\text{매시 최대증발량}(\text{kg/h})} \times 100\%$$

(7) 보일러 효율

① **열 계산 기준** : 보일러 효율 시험 시 열 계산 기준은 다음과 같다.
　(가) 측정시간은 2시간 이상으로 하되, 측정은 10분마다 한다.

(나) 열 계산은 사용한 연료 1 kg에 대하여 한다.
(다) 연료의 발열량은 (B−C 유) 9750 kcal/kg으로 한다.
(라) 연료의 비중은 0.963으로 한다.
(마) 측정 시 압력변동은 ±7 % 이내로 한다.

② **보일러 효율 구하는 식**
  (가) 보일러 효율 = 연소효율 × 전열효율
  (나) 보일러 효율 = $\dfrac{\text{매시 증발량(발생증기의 엔탈피} - \text{급수의 엔탈피)}}{\text{매시 연료사용량} \times \text{연료의 저위발열량}} \times 100\%$
  (다) 보일러 효율 = $\dfrac{\text{상당(환산) 증발량} \times 539}{\text{매시 연료사용량} \times \text{연료의 저위발열량}} \times 100\%$
  (라) 열정산에 의한 보일러 효율의 정산방식
    ㉮ 입·출열법에 따른 보일러 효율
    보일러 효율 = $\left(\dfrac{\text{유효출열}}{\text{총입열}}\right) \times 100\%$
    ㉯ 열손실법에 따른 보일러 효율
    보일러 효율 = $\left(\dfrac{\text{총입열} - \text{손실출열합}}{\text{총입열}}\right) \times 100\% = \left(1 - \dfrac{\text{손실출열합}}{\text{총입열}}\right) \times 100\%$

4-2 보일러 열정산

(1) 열정산의 개요

① **열정산의 정의** : 열정산(heat balance)이란 열장치에 공급된 열량(총입열)과 소비된 열량(출열)과의 관계를 명백히 하는 것이며, 어떠한 경우에도 입열의 총량과 출열의 총량은 같아야 한다.

② **열정산의 목적**
  (가) 열의 손실을 파악하기 위하여
  (나) 열설비 성능을 파악하기 위하여 (보일러 효율을 알기 위하여)
  (다) 열의 행방을 파악하기 위하여
  (라) 조업 방법을 개선하고 연료의 경제를 도모하기 위하여

(2) 열정산 방법

① **보일러 열정산 시 입열 항목**
  (가) 연료의 발열량 : 연료 1 kg이 완전연소 시 발생되는 열로서 H_l로 표시하며 입열 (input heat) 항목 중 가장 크다. 또한 연료의 연소열($H_l \times G_f$)도 입열 항목이다.
  (나) 연료의 현열 : 연료를 외기온도 이상으로 가열하였을 경우에 보유한 열
  (다) 공기의 현열 : 연소용 공기를 외기온도 이상으로 가열하였을 경우에 보유한 열
  (라) 노내 분입증기의 보유열 : 연료 연소 시 노내로 분입되는 증기가 보유한 열

② **보일러 열정산 시 출열 항목** : 출열에는 유효출열(발생증기가 보유한 열)과 손실출열이 있으며 손실출열 항목은 다음과 같다.
  ㈎ 배기가스의 보유열(손실출열 중 가장 크다.)
  ㈏ 불완전연소에 의한 손실열
  ㈐ 미연분에 의한 손실열
  ㈑ 복사(방사)의 의한 손실열

5. 연료 및 연소장치

5-1 연료의 종류와 특성

(1) 연료의 개요

① **연료의 구비조건**
  ㈎ 연소가 용이하고 발열량이 클 것
  ㈏ 저장, 운반, 취급이 용이할 것
  ㈐ 저장 또는 사용 시 위험성이 적을 것
  ㈑ 점화 및 소화가 쉬울 것
  ㈒ 연소 시 배출물(회분 등)이 적을 것
  ㈓ 가격이 싸고 양이 풍부할 것
  ㈔ 적은 과잉공기량으로 완전연소가 가능할 것
  ㈕ 인체에 유독성이 적고 매연 발생 등 공해 요인이 적을 것

② **연료의 조성**
  ㈎ 원소 분석에 의하면 연료의 조성은 탄소(C), 수소(H), 산소(O), 황(S), 질소(N) 이다.
    ㉮ 주성분 : C, H, O
    ㉯ 가연성분 : C, H, S
    ㉰ 불순물 : W(수분), A(회분), N, P 등
  ㈏ 연소의 3대 조건(요건)
    ㉮ 가연물   ㉯ 공기 또는 산소   ㉰ 점화원(불씨)

(2) 연료의 종류와 특징

① **액체 연료의 특징**
  ㈎ 장점
    ㉮ 연소효율 및 열효율이 높다.
    ㉯ 과잉공기량이 적다.

㈐ 품질이 균일하며 발열량이 높다.
㈑ 저장, 운반이 용이하고 점화, 소화 및 연소조절이 용이하다.
㈒ 구입 시 일정한 품질을 얻기 쉽다.
㈓ 계량 기록이 용이하다.
㈔ 회분 생성이 적다.

㈏ 단점
㉮ 연소온도가 높기 때문에 국부적인 과열을 일으키기 쉽다.
㉯ 화재, 역화(back fire)의 위험이 크다.
㉰ 버너의 종류에 따라 연소할 때 소음이 난다.
㉱ 국내 자원이 없고 수입에만 의존한다.

② 액체 연료의 종류

액체 연료	인화점(℃)	착화점(℃)	고위 발열량(kcal/kg)
가솔린(휘발유)	$-43 \sim -20$	300	약 11500
등유	$30 \sim 60$	254	약 11000
경유	$50 \sim 70$	257	약 10500
중유	$60 \sim 150$	$530 \sim 580$	약 10000

참고
① 중유의 예열온도 = 인화점 -5 ℃
② 중유의 유동점 = 응고점 $+2.5$ ℃
③

중유의 점도가 낮을 경우 (예열온도가 너무 높을 경우)	중유의 점도가 높을 경우 (예열온도가 너무 낮을 경우)
• 분사량 과다로 매연 발생 • 불완전연소의 원인 • 역화(back fire)의 원인 • 연료소비량 과다 • 관내에서 기름이 열분해를 일으킴	• 송유가 곤란 • 분무성 및 무화성 불량 • 연소상태 불량 • 카본(탄화물) 생성의 원인 • 연소 시 화염의 스파크 발생 • 그을음 생성 및 분진 발생 • 점화 불량의 원인

④ 중유는 점도에 따라 A중유, B중유, C중유로 구분된다.
⑤ A중유는 예열이 필요 없으며, B중유는 $50 \sim 60$℃, C중유는 $80 \sim 105$℃ 정도로 예열시켜 점도를 낮추어 사용한다.

③ 기체 연료의 특징
㈎ 장점
㉮ 자동제어에 의한 연소에 적합하다.
㉯ 노(爐) 내의 온도분포를 쉽게 조절할 수 있다.
㉰ 연소효율이 높아 적은 과잉공기로 완전연소가 가능하다.

㉣ 연소용 공기뿐만 아니라 연료 자체도 예열할 수 있어 저발열량의 연료로도 고온을 얻을 수 있다.
㉤ 노벽, 전열면, 연도 등을 오손시키지 않는다.
㉥ 연소조절 및 점화, 소화가 용이하다.
㉦ 회분이나 매연 등이 없어 청결하다.
(나) 단점
㉠ 누출되기 쉽고, 화재 및 폭발 위험성이 크다.
㉡ 수송 및 저장이 불편하다.
㉢ 시설비, 유지비가 많이 든다.
㉣ 발열량당 다른 연료에 비해 가격이 비싸다.

④ **기체 연료의 종류**
(가) 석유계 기체 연료
㉠ 천연가스(NG)
- 습성가스 : 주성분은 CH_4, C_2H_6
- 건성가스 : 주성분은 CH_4
㉡ 액화천연가스(LNG)
- 주성분 : CH_4 (메탄)
- 발열량 : 10000 kcal/Nm^3
㉢ 액화석유가스(LPG)
- 주성분 : C_3H_8 (프로판), C_4H_{10} (부탄), C_3H_6 (프로필렌)
- 발열량 : 25000~30000 kcal/Nm^3 (12500 kcal/kg)
㉣ 오일가스
(나) 석탄계 기체 연료
㉠ 석탄가스
- 주성분 : H_2, CH_4, CO
- 발열량 : 5000 kcal/Nm^3
㉡ 발생로가스
- 주성분 : N_2, CO, H_2
- 발열량 : 1000~1600 kcal/Nm^3
㉢ 수성가스
- 주성분 : H_2, CO, N_2
- 발열량 : 2700 kcal/Nm^3
㉣ 도시가스
- 주성분 : NG, LPG, LNG, 수성가스, 오일가스
- 발열량 : 4500 kcal/Nm^3

5-2 연소방법 및 연소장치

(1) 연소반응

① **산화반응**: 발열반응이 이에 해당된다.

예) $C + O_2 \longrightarrow CO_2 + 97200$ kcal/kmol

$H_2 + \dfrac{1}{2} O_2 \longrightarrow H_2O + 68000$ kcal/kmol

$S + O_2 \longrightarrow SO_2 + 80000$ kcal/kmol

(2) 연소온도 (화염온도)

연료의 연소가 시작되면 발생하는 열량과 외부로의 방산열량이 평형을 유지하면서 연소가 지속되는 온도를 말한다.

① **연소온도에 영향을 미치는 요인**

(가) 공기비: 공기비가 클수록 연소가스량이 많아지므로 연소온도는 낮아진다(가장 큰 영향을 미친다).

(나) 산소농도: 공기 중에 산소농도가 높으면 공기량이 적어져서 연소가스량도 적어지므로 연소온도가 높아진다.

(다) 연료의 저위발열량: 연료의 발열량이 높을수록 연소온도는 높아진다.

> **참고** 연료 연소 시 연소온도를 높게 하기 위한 조건
> ① 발열량이 높은 연료를 사용할 것
> ② 연료 또는 공기를 예열해서 공급할 것(연소속도를 증가시키기 위하여)
> ③ 연료를 될 수 있는 한 완전연소시킬 것
> ④ 과잉공기량을 될 수 있는 한 적게 할 것
> ⑤ 복사열 손실을 줄일 것

② **완전연소의 구비조건**

(가) 연소실 온도를 고온으로 유지시킬 것

(나) 연료 및 연소용 공기를 예열하여 공급할 것

(다) 연료와 연소용 공기의 혼합을 잘 시킬 것

(라) 연소실 용적은 연료가 완전연소되는 데 필요한 용적 이상일 것

(마) 가능한 한 질이 좋은 연료를 사용할 것

(바) 연료를 착화온도 이상으로 유지할 것

(사) 통풍력을 좋게 할 것

(3) 연소용 공기량

① **이론공기량**(A_o): 연료를 완전연소시키는 데 필요한 최소한의 공기량을 이론공기량이라 한다.

② **실제공기량**(A) : 이론공기량(A_o)만으로는 실제로 연료를 완전연소시키는 것은 불가능하므로 이론공기량보다 더 많은 공기를 공급하게 된다. 이와 같이 연료를 완전연소시키기 위하여 실제로 노내에 공급한 공기량을 실제공기량(A)이라 한다.

③ **과잉공기량**($A - A_o$) : 이론공기량보다 노내에 더 공급된 여분의 공기를 말하며, 과잉공기량=실제공기량(A)−이론공기량(A_o)이다. 또는, 과잉공기량=$(m-1)A_o$으로 표시할 수 있다.

④ **공기비**(m, 공기과잉계수) : 실제공기량(A)과 이론공기량(A_o)과의 비를 말하며,

$$공기비(m) = \frac{A}{A_o} = \frac{A_o + 과잉공기량}{A_o} = 1 + \frac{과잉공기량}{A_o} = 1 + \frac{A - A_o}{A_o}$$ 이다.

또한, $m = \frac{A}{A_o}$에서 $A = mA_o(m > 1)$이다.

⑤ **과잉공기율(%)** : 이론공기량에 대한 과잉공기량을 %로 표시한 것이며, 과잉공기율(%)=$(m-1) \times 100$이다. 또한, $(m-1)$은 과잉공기비이다.

> **참고** 공기비(m) 구하는 식
>
> ① $m = \dfrac{21}{21 - O_2\%}$ ② $m = \dfrac{CO_2max\%}{CO_2\%}$

(4) 화학적 성상에 따른 화염의 종류
① **산화염** : 과잉공기의 상태로 연소시킬 경우 다량의 산소(O_2)가 함유된 화염
② **환원염** : 공기가 부족한 상태로 연소시킬 경우 발생한 일산화탄소(CO) 등의 미연분을 함유한 화염

(5) 연소의 형태
① **고체 연료의 연소 형태**
  (가) 표면연소 : 코크스, 목탄   (나) 분해연소 : 석탄, 장작
② **액체 연료의 연소 형태**
  (가) 증발연소 : 가솔린, 등유, 경유   (나) 분해연소 : 중유, 타르 중유
③ **기체 연료의 연소 형태**
  (가) 확산 연소
  (나) 예혼합 연소 : 연소 효율은 좋으나 역화의 위험성이 있다.

(6) 연료의 연소 방식
① **고체 연료의 연소 방식**
  (가) 화격자 연소 방식   (나) 미분탄 연소 방식   (다) 유동층 연소 방식
② **액체 연료의 연소 방식**
  (가) 무화 연소 방식   (나) 기화 연소 방식

③ **기체 연료의 연소 방식**
   (개) 확산 연소 방식 : 포트형 버너, 선회형 버너, 방사형 버너 사용
   (내) 예혼합 연소 방식 : 고압 버너, 저압 버너, 송풍 버너 사용

> **참고** 연료유(중유)의 각종 첨가제
> ① 슬러지 분산제(안정제) : 슬러지를 용해 또는 분산시킨다.
> ② 탈수제 : 수분을 분리 침강시킨다.
> ③ 연소 촉진제 : 연료의 분무를 순조롭게 한다.
> ④ 유동점 강하제 : 유동점을 내린다.
> ⑤ 회분 개질제 : 고온부식을 억제한다.

(7) 오일 버너의 종류 및 특징

오일 버너 종류	유압 (MPa)	분무(무화) 각도	유 조절 범위	무화 방식	특 징
압력 (유압) 분무식 버너	0.5~2	40°~90°	1:3	유압으로 무화	• 분사량이 많아서(3000 L/h) 대용량에 적합하다. • 유 조절 범위(1:3)가 좁아서 부하 변동이 큰 보일러에는 부적합하다 (버너 가동수를 가감하는 방법이 가장 좋다). • 오일 버너 중 유압이 가장 높고 분무각도가 가장 넓다. • 유압이 0.5 MPa 이하인 경우에는 무화 상태가 불량하다. • 유량 Q는 유압 P의 평방근에 비례한다 ($Q = \sqrt{P}$).
고압 기류식 (고압 증기, 공기 분무식) 버너	0.2~0.8	30°	1:10	압이 있는 (0.2~0.8 MPa) 이류체 (증기 또는 공기)를 이용하여 무화	• 분무(무화) 각도가 가장 좁다. • 중질유(C중유) 연소에 적합하다. • 유 조절 범위가 가장 넓어 부하 변동이 큰 보일러에 적합하다. • 분사량이 많아서 대용량에 적합하다. • 연소 시 소음 발생을 일으킨다.
회전식 (로터리) 버너	0.03~0.05	40°~80°	1:5	고속으로 회전하는 분무컵(무화컵)의 원심력을 이용하여 무화	• 분무컵(무화컵)의 회전수는 3500~10000 rpm 정도 • 중·소형 보일러에서 가장 많이 사용되고 있다. • 자동연소제어에 적합하다. • 연소상태가 안정적이다.
건(gun) 타입 버너	0.7 정도	–	–	유압과 공기압을 이용하여 무화	• 버너에 송풍기가 부착되어 있으며, 유압식과 기류식을 합친 형식이다. • 전자동식이며, 소형이다. • 연소상태가 안정적이다.

(8) 가스 버너(외부 혼합식)의 종류

① **링(ring)형 가스 버너**: 버너 타일과 비슷한 지름의 링에 다수의 노즐을 설치한 가스 버너이다.

② **멀티스폿(다분기관)형 가스 버너**: 링형 가스 버너와 비슷하지만 노즐부의 수열면적을 작게 한 것이며, LPG용 버너로 적당하다.

③ **스크롤형 가스 버너**: 가스를 스크롤(소용돌이) 내에서 선회분사시켜 가스와 공기의 혼합이 잘 되도록 한 가스 버너이다.

④ **건(센터 파이어)형 가스 버너**: 2중관으로 구성되어 중심부에서는 유류가 분사되고 바깥쪽에서는 가스가 분사되는 형태로 유류와 가스를 동시에 연소시킬 수 있는 버너이다.

> **참고** 가스 버너의 특징
> ① 연소장치가 간단하고 보수가 양호하다.
> ② 고부하 연소가 가능하다.
> ③ 저질 가스의 사용에도 유효하다.
> ④ 가스와 공기의 조절비 제어가 간단하다.
> ⑤ 연소 조절범위가 넓다.

5-3 연소 계산

(1) 고체 및 액체 연료의 연소

연료의 성분 중 가연성 성분인 C, H, S의 반응식

① **탄소(C)가 완전연소 시 반응식**

$$C + O_2 \longrightarrow CO_2 + 97200 \text{ kcal/kmol}$$

1 kmol　　1 kmol　　　　1 kmol
(12 kg)　　(32 kg)　　　　(44 kg)
　　　　(22.4 Nm³)　　(22.4 Nm³)

② **탄소(C)가 불완전연소 시 반응식**

$$C + \frac{1}{2}O_2 \longrightarrow CO + 29200 \text{ kcal/kmol}$$

1 kmol　　0.5 kmol　　　1 kmol
(12 kg)　　(16 kg)　　　　(28 kg)
　　　　(11.2 Nm³)　　(22.4 Nm³)

③ **수소(H)의 연소 반응식**

$$H_2 + \frac{1}{2}O_2 \longrightarrow H_2O + 68000 \text{ kcal/kmol}$$

1 kmol　　0.5 kmol　　　1 kmol
(2 kg)　　(16 kg)　　　　(18 kg)
　　　　(11.2 Nm³)　　(22.4 Nm³)

④ 유황(S)의 연소 반응식

$$S + O_2 \longrightarrow SO_2 + 80000 \text{ kcal/kmol}$$

1 kmol   1 kmol   1 kmol
(32 kg)   (32 kg)   (64 kg)
        (22.4 Nm³)   (22.4 Nm³)

(2) 단순기체 (C_mH_n)의 연소 반응식

$$C_mH_n + \left(m + \frac{n}{4}\right)O_2 \rightarrow mCO_2 + \left(\frac{n}{2}\right)H_2O$$

(3) 기체 연료의 연소 반응식

① 메탄(CH_4)의 연소 반응식

$$CH_4 + 2O_2 \longrightarrow CO_2 + 2H_2O$$

1 kmol = 22.4 Nm³ = 16 kg   2 × 22.4 Nm³   22.4 Nm³   2 × 22.4 Nm³

② 프로판(C_3H_8)의 연소 반응식

$$C_3H_8 + 5O_2 \longrightarrow 3CO_2 + 4H_2O$$

1 kmol = 22.4 Nm³ = 44 kg   5 × 22.4 Nm³   3 × 22.4 Nm³   4 × 22.4 Nm³

③ 부탄(C_4H_{10})의 연소 반응식

$$C_4H_{10} + 6.5O_2 \longrightarrow 4CO_2 + 5H_2O$$

1 kmol = 22.4 Nm³ = 58 kg   6.5 × 22.4 Nm³   4 × 22.4 Nm³   5 × 22.4 Nm³

5-4 발열량 계산 및 측정 방법

(1) 발열량

① **발열량의 단위** : 고체 및 액체 연료의 발열량 단위는 kcal/kg, 기체 연료의 발열량 단위는 kcal/Nm³이며, 발열량은 열정산 시 원칙적으로 고(총)발열량으로 한다. 저(진)발열량을 사용하는 경우에는 기존 발열량을 분명하게 명기해야 한다.

② **발열량의 종류** : 수증기의 증발잠열을 포함한 고위(=고=총) 발열량과, 고위발열량에서 수증기 증발잠열을 제외한 저위(=저=진) 발열량이 있다.

  (가) 고위발열량 = 저위발열량 + 600(9H + W) [kcal/kg]
  (나) 저위발열량 = 고위발열량 − 600(9H + W) [kcal/kg]
     여기서, H : 수소, W : 수분, 600(9H + W) : 수증기의 증발잠열

5-5 통풍장치 및 집진장치

(1) 통풍장치의 개요

① **통풍 방식** : 통풍방식에는 자연통풍방식과 강제(인공)통풍방식의 두 종류가 있으며, 강제(인공)통풍방식은 노의 조작법에 따라 압입(가압)통풍, 흡입(흡인=유인=흡출)통풍, 평형통풍으로 구분한다.

(가) 자연통풍(natural draft) : 연도에서 연소가스와 외부공기의 밀도차에 의해서 생기는 압력차를 이용하는 것으로 연돌에 의존하며, 노내압은 부압상태이고 배기가스의 유속은 3~4 m/s 정도이다.

(나) 압입통풍(forced draft) : 가압통풍이라고도 하는데, 노 앞에 설치된 송풍기에 의해 연소용 공기를 노 안으로 압입하는 방식으로 노내의 압력이 대기압보다 높으므로 그 구조가 가스의 기밀을 유지하여야 하며 노내압은 정압이고 배기가스의 유속은 8 m/s 정도이다.

(다) 흡입통풍(induced draft) : 유인통풍이라고도 하며 연소가스를 송풍기로 빨아들여 연도 끝에서 배출하도록 하는 방식으로 노내의 압력은 대기압보다 낮으며(부압상태) 배기가스의 유속은 10 m/s 정도이다.

(라) 평형통풍(balanced draft) : 노 앞과 연도 끝에 통풍팬을 달아서 노내의 압력을 임의로 조정할 수 있는 방식으로 항상 안전한 연소를 할 수 있으나 설비비가 많이 들고 강한 통풍력을 얻을 수 있으며 배기가스의 유속은 10 m/s 이상이다.

② **통풍력(draft power)**

(가) 통풍력이 증가되는 조건(배기가 잘 되는 조건)
  ㉮ 연돌이 높고 단면적이 클수록 증가된다.
  ㉯ 외기의 온도가 낮고 연소가스의 온도가 높을수록 증가된다.
  ㉰ 연도의 길이가 짧고 굴곡부가 적을수록 증가된다.
  ㉱ 공기의 습도가 낮을수록 증가된다.
  ㉲ 연도 및 연돌로 냉기의 침입이 없어야 증가된다.
  ㉳ 연도 및 연돌의 벽에서 연소가스의 열방사가 적어야 증가된다.
  ㉴ 외기의 비중량이 크고 배기가스의 비중량이 적을수록 증가된다.
  ㉵ 송풍기의 용량을 증대시킨다.

(나) 이론 통풍력 계산 : 연돌 높이 H[m], 외기의 비중량 r_a[kg/m^3], 배기가스의 비중량 r_g[kg/m^3], 외기의 절대온도 T_a [K], 배기가스의 평균절대온도 T_g [K], 통풍력 Z[mmH$_2$O] [mmAq]라면

  ㉮ $Z = H(r_a - r_g)$[mmH$_2$O] [mmAq]
  ㉯ $Z = 355 \times H\left(\dfrac{1}{T_a} - \dfrac{1}{T_g}\right)$[mmH$_2$O] [mmAq]

㉡ $Z = 273 \times H \left(\dfrac{r_a}{T_a} - \dfrac{r_g}{T_g} \right)$ [mmH$_2$O] [mmAq]

③ **원심식 송풍기의 종류 및 특징**

종 류	특 징
터보형 송풍기	① 후향 날개로 되어 있다 (16~24개). ② 효율이 좋으며(60~75%) 고압, 대용량에 적합하다. ③ 적은 동력으로 운전할 수 있으며 가압(압입) 송풍기로 사용한다.
플레이트형 송풍기	① 방사형 날개로 되어 있다 (6~12개). ② 효율이 50~60% 정도이며, 대용량에 적합하다. ③ 흡입(흡인) 송풍기로 가장 많이 사용한다.
다익형(시로코형) 송풍기	① 전향 날개로 되어 있다 (60~90개). ② 풍량은 많으나 효율이 낮다 (40~50%). ③ 흡입 송풍기로 적당하나 고압, 고온에는 사용이 불가능하다.

④ **송풍기의 용량** : 송풍량 $Q[\mathrm{m}^3/\mathrm{s}]$, 풍압 $H[\mathrm{mmH_2O}][\mathrm{kg/m^2}]$, 송풍기의 효율을 η이라면

㈎ 송풍기 마력 = $\dfrac{Q \times H}{75 \times \eta}$ [hp] [PS]

㈏ 송풍기 동력 = $\dfrac{Q \times H}{102 \times \eta}$ [kW]

(2) 집진장치의 종류

분 류	종 류	집진 원리	특 징
건식 집진장치	중력 집진장치	분진을 자연 침강하게 하여 분리시킨다.	• 압력손실은 적으나(10~15mmAq 정도) 집진효율이 매우 낮다.
	관성력 집진장치	급격한 방향 전환을 주어 관성력을 이용하여 분진을 분리시킨다.	• 압력손실은 적으나(50~70mmAq 정도) 집진효율이 낮다. • 충돌식과 반전식이 있다.
	원심식 집진장치	원심력을 이용하여 분진을 분리시킨다.	• 종류 : 사이클론 집진장치, 멀티클론 집진장치, 블로 다운형 집진장치 • 구조가 간단하지만 압력손실이 크다. • 입자가 클수록 집진효율이 좋아진다.
	여과 집진장치	여과재료(여포, 여지)를 이용하여 분진을 포집 제거시킨다.	• 압력손실은 크지만, 고농도 함진가스 처리에 적합하다. • 대표적으로 백 필터 집진장치가 있다. • 여과재의 형상에 따라 원통식, 평판식, 역기류 분사식이 있다.

습식 (세정) 집진장치	① 가압수식 ② 저 유수식 ③ 회전식	함진가스를 세정액과 충돌 또는 접촉시켜 흡착을 이용하여 제거시킨다.	• 처리 용량이 크며 유독성 가스를 제거할 수 있다. • 급수장치 및 수 처리 장치가 필요하다. • 가압수식 종류 : 벤투리 스크러버, 사이클론 스크러버, 제트 스크러버, 충전탑 • 저 유수식 종류 : 전류형 스크러버, 에어 텀블러, 피 보디 스크러버 • 회전식 종류 : 타이젠 와셔, 임펄스 스크러버
전기식 집진장치	코트렐 집진장치	코로나 방전 효과를 이용하여 제거시킨다.	• 집진효율이 매우 높다(90~95.5%). • 미세한 입자도 포집할 수 있으며, 입자가 적을수록 집진효율이 좋아진다. • 처리 용량이 크며 압력손실이 적으나 설비비, 유지비가 비싸다. • 고온가스 처리에 적합하다.

5-6 보일러 자동제어

(1) 자동제어의 종류

① **목표값에 따른 분류**
  (가) 정치 제어(constant valve control) : 목표값이 일정한 제어를 말한다.
  (나) 추치 제어 : 목표값이 변화되는 자동제어로서 목표값을 측정하면서 제어량을 목표값에 맞추는 제어방식이다.
    ㉮ 추종 제어(follow up control) : 목표값이 시간적(임의적)으로 변화하는 제어로서 이것을 일명 자기조정제어라고도 한다.
    ㉯ 비율 제어(rate control) : 목표값이 다른 양과 일정한 비율관계에서 변화되는 추치제어를 말한다(유량 비율제어, 공기비 제어가 이에 해당된다).
    ㉰ 프로그램 제어(program control) : 목표값이 이미 정해진 계획에 따라 시간적으로 변화하는 제어를 말한다.
  (다) 캐스케이드 제어 : 측정제어라고도 하며 2개의 제어계를 조합하여 제어량을 1차 조절계로 측정하고, 그 조작 출력으로 2차 조절계의 목표값을 설정한다. 캐스케이드 제어는 단일 루프제어에 비하여 외란의 영향을 줄이고, 계 전체의 지연을 적게 하여 효과를 높이는 데 유효하기 때문에 출력 측에 낭비 시간이나 큰 지연이 있는 프로세스 제어에 잘 이용되고 있다.

② **제어동작에 따른 분류**
  (가) 불연속 동작

㉮ 2위치 동작(ON-OFF 동작) : 제어량이 설정값에 어긋나면 조작부를 전폐하여 운전을 정지하거나, 반대로 전개하여 운동을 시동하는 동작을 말한다.
- 편차의 정부(+, -)에 의해 조작신호가 최대, 최소가 되는 제어동작이다.
- 반응속도가 빠른 프로세스에서 시간 지연과 부하변화가 크고 빈도가 많은 경우에 적합하다.

㉯ 다위치 동작 : 제어량이 변화했을 때 제어장치의 조작위치가 3위치 이상이 있어 제어량 편차의 크기에 따라 그 중 하나의 위치를 택하는 것이다.

㉰ 불연속 속도 동작(부동제어) : 제어량 편차의 과소에 의하여 조작단을 일정한 속도로 정작동, 역작동 방향으로 움직이게 하는 동작이다.

(나) 연속동작

㉮ 비례(P) 동작 : 제어량의 편차에 비례하는 동작이며 잔류편차(offset)가 생긴다.

㉯ 적분(I) 동작 : 편차의 크기와 지속시간에 비례하는 동작이며 잔류 편차를 제거해 주지만 안정성이 떨어지고 진동을 일으킨다.

㉰ 미분(D) 동작 : 편차가 변화하는 속도에 비례하는 동작이며 진동이 제어되어 안정된다.

(2) 제어기기 일반

① 신호 전송방법(신호 전달방식)

(가) 공기식

장 점	단 점
• 전송거리는 100~150 m 정도 • 위험성이 있는 곳에 사용 • 온도제어에 적합하다. • 배관 작업이 용이하고 보존이 용이하다.	• 신호 전송에 시간 지연이 있다. • 조작에 지연이 생긴다. • 제습·제진의 공기가 필요하다.

(나) 유압식

장 점	단 점
• 전송거리는 300 m 정도 • 조작력이 크고 전송에 지연이 적다. • 조작부의 동특성이 좁다.	• 기름의 누설로 인화 위험성이 있다. • 배관이 까다롭다. • 주위 온도의 영향을 받는다.

(다) 전기식

장 점	단 점
• 전송거리는 10km까지 가능 • 전송에 시간 지연이 없다. • 복잡한 신호에 적합하다. • 배관 설비가 용이하다.	• 고온·다습한 곳은 곤란하다. • 보수 및 취급에 기술을 요한다. • 조작 속도가 빠른 비례 조작부를 만들기가 곤란하다.

② **수위 제어 방식** : 보일러 드럼 내부의 수위를 일정하게 유지하도록 하는 제어장치로서 급수량을 조절하는 방법은 다음과 같다.
  ㈎ 1요소식 : 수위만 검출
  ㈏ 2요소식 : 수위와 증기유량 검출
  ㈐ 3요소식 : 수위, 증기유량, 급수유량 검출
③ **수위 검출 기구**
  ㈎ U자관식 압력계 방법
  ㈏ 차압식 압력계 방법
  ㈐ 전극식
  ㈑ 플로트식 : 맥도널식, 맘모스식, 웨어로버트식, 자석식
  ㈒ 열팽창식 : 금속 팽창식(코프스식), 액체 팽창식(베일리식)

(3) 자동제어의 용어 해설

① **피드백 제어**
  ㈎ 피드백 제어의 원리 : 폐회로를 형성하여 제어량의 크기와 목표값의 비교를 피드백 신호에 의해 행하는 자동제어이다.
    ㉮ 자동제어에 있어서는 피드백 제어(폐회로, feedback control)가 기본이다.
    ㉯ 출력 측의 신호를 입력 측으로 되돌리는 것을 말한다.
    ㉰ 피드백에 의하여 제어량의 값을 목표값과 비교하여 그것들을 일치시키도록 정정 동작을 행하는 제어이다.
  ㈏ 보일러 자동제어(ABC : automatic boiler control)

종류와 약칭	제어대상	조작량	비 고
증기온도제어 (STC)	증기온도	전열량	[steam temperature control] 감온기를 사용하여 직접 주수 또는 간접 냉각에 의하여 과열기 출구의 증가 온도를 제어한다.
급수제어 (FWC)	보일러 수위	급수량	[feed water control] 제어방식에는 1요소식, 2요소식, 3요소식 제어가 있다.
연소제어 (ACC)	증기압력 노내압력	공기량 연료량 연소가스량	[automatic combustion control] ① 제어방식에는 위치식과 측정식이 있다. ② 증기압력을 제어하는 주조절계는 연료, 연소용 공기량을 조작한다.

② **시퀀스 제어** : 미리 정해진 순서에 따라서 제어의 각 단계가 순차적으로 진행되는 제어를 말하며, 전기세탁기, 자동판매기, 승강기, 교통신호등, 전기밥솥 등의 제어가 이에 속하며 순차제어라고도 한다.
③ **인터로크**(interlock) : 제어 결과에 따라 현재 진행 중인 제어동작을 다음 단계로 옮겨가지 못하도록 차단하는 장치를 뜻하며, 자동제어에서도 꼭 필요한 안전장치이다. 이

는 위험성을 배제하기 위하여 전(前) 동작이 행해지지 않으면 다음 동작으로 행하지 못하도록 하는 장치로, 그 종류는 다음과 같다.

⑦ 저수위 인터로크 : 수위가 소정의 수위 이하인 때에는 전자밸브를 닫아서 연소를 저지한다.

㉯ 압력초과 인터로크 : 증기압력이 소정의 압력을 초과할 때에는 전자밸브를 닫아서 연소를 저지한다.

㉰ 불착화 인터로크 : 버너에서 연료를 분사한 후, 소정의 시간이 경과하여도 착화를 볼 수 없을 때와 연소 중 어떠한 원인으로 화염이 소멸한 때에는 전자밸브를 닫아서 버너에서의 연료분사가 중단된다.

㉱ 저연소 인터로크 : 유량조절밸브가 저연소상태로 되지 않으면 전자밸브를 열지 않아 점화를 저지한다.

㉲ 프리퍼지 인터로크 : 대형 보일러인 경우에 송풍기가 작동되지 않으면 전자밸브가 열리지 않고 점화를 저지한다.

제2장 보일러 시공 및 취급

1. 난방부하 및 난방설비

1-1 난방부하의 계산

(1) 용어의 정의

① **정격용량(정격출력)** : 보일러 최대 부하 상태에서 단위 시간당 총 발생하는 열량 (kcal/h)
② **난방부하** : 난방을 목적으로 실내온도를 보전하기 위해 공급되는 열량(=손실되는 열량)(kcal/h)
③ **표준방열량 (표준방사량, 상당발열량)**
  (가) 온수방열기의 표준방열량 = 450 kcal/h · m²
  (나) 증기방열기의 표준방열량 = 650 kcal/h · m²

(2) 난방부하

① 난방부하 계산 시 고려(검토)해야 할 사항
  (가) 건물의 위치   (나) 천장 높이
  (다) 건축물 구조   (라) 주위환경 조건
  (마) 유리창 및 창문   (바) 마루 등의 공간
  (사) 실내와 외기의 온도

(3) 보일러 열출력(용량, 부하) 계산

$$H_m = H_1 + H_2 + H_3 + H_4$$

여기서, H_m : 보일러 열출력(보일러 부하)(kcal/h)
  H_1 : 난방부하 (kcal/h)
  H_2 : 급탕부하 (kcal/h)
  H_3 : 배관부하 (kcal/h)
  H_4 : 예열(시동)부하 (kcal/h)

1-2 증기난방 설비

열의 대류 원리를 이용하여 증발잠열을 이용하는 난방이며 장점 및 단점은 다음과 같다.

(1) 증기 난방의 특징
① **장점**
   ㈎ 증발잠열(기화열)을 이용하므로 열의 운반능력이 크다.
   ㈏ 방열면적이 작고, 복귀관의 관지름이 작아도 되므로 시설비를 절감할 수가 있다.
   ㈐ 예열시간이 짧다.
   ㈑ 예열에 따른 손실이 적다.
   ㈒ 건물 높이에 제한을 받지 않는다.

② **단점**
   ㈎ 난방 부하에 따른 방열량을 조절하기가 곤란하다.
   ㈏ 수격작용(워터해머) 등의 소음이 나기 쉽다.
   ㈐ 보일러 취급에 숙련을 요한다.
   ㈑ 동결할 우려가 있다.
   ㈒ 실내 쾌감도가 낮다.
   ㈓ 방열기 표면온도가 높아 화상의 우려가 크다.

(2) 증기난방의 분류
증기의 응축에 의하여 발생되는 응축수를 처리하는 방법에 따라 중력 환수식 증기난방법, 기계 환수식 증기난방법, 진공 환수식 증기난방법이 있다.

① **중력 환수식 증기난방법** : 응축수를 중력작용에 의해서 보일러에 유입시키는 것으로 저압 보일러에 사용되며 단관식과 복관식이 있다(자연 환수식 증기난방법).

② **기계 환수식 증기난방법** : 환수주관을 수수 탱크에 접속하여 응축수를 이 탱크에 모아 펌프로 이 물에 수압을 주어 보일러로 송수하면 보일러의 높이에는 관계없이 환수할 수 있다. 즉, 중력 환수식의 배관을 그대로 두고 그 환수주관과 수수 탱크와의 사이는 중력식으로 조작하고 수수 탱크에 모인 응축수를 보일러에 급수하는 방식이다.

③ **진공 환수식 증기난방법** : 환수주관의 말단 보일러 바로 앞에 진공펌프를 접속하여 환수관 중의 응축수와 공기를 흡인해 진공도 100~250 mmHg 정도의 진공상태를 유지, 증기의 순환을 촉진하는 방법이다.
   ㈎ 다른 방법에 비해 증기 회전이 빠르고 확실하다.
   ㈏ 환수관의 관지름을 작게 할 수 있다.
   ㈐ 방열기의 설치장소에 제한을 받지 않는다.
   ㈑ 방열기의 방열량 조절을 광범위하게 할 수 있어 대규모 난방에 많이 사용된다.

> **참고** ① 증기주관과 환수주관은 선하향 구배로서 $\frac{1}{200} \sim \frac{1}{300}$ 정도가 좋다.
> ② 리프트 피팅(lift fitting) 이음방법은 환수주관보다 높은 곳에 진공펌프가 있을 때와 방열기보다 높은 곳에 환수주관을 배관하는 경우 적용되는 이음방법이며, 1단 흡상 높이는 1.5 m 이내이다.
> ③ 진공펌프에는 회전식과 왕복동식 2종류가 있다.

(3) 저압 및 고압의 증기난방

① **저압의 증기난방** : 게이지압 $0.15 \sim 0.35 \text{ kgf/cm}^2$ 정도의 증기를 사용하는 난방
② **고압의 증기난방** : 보통 게이지압 1 kgf/cm^2 이상($1 \sim 3 \text{ kgf/cm}^2$ 정도)의 증기를 사용하는 난방

1-3 온수난방 설비

(1) 장점

① 난방 부하변동에 따른 온도조절이 용이하다.
② 동결의 우려가 없다.
③ 방열기 표면온도가 낮아 화상의 우려가 적다.
④ 실내 쾌감도가 높다.
⑤ 쉽게 냉각되지 않는다.

(2) 단점

① 예열시간이 길며 예열에 따른 손실이 크다.
② 동일 방열량에 대해 방열면적이 많이 필요하다.
③ 시설비가 많이 든다.
④ 건물 높이에 제한을 받는다.

1-4 복사난방 및 지역난방

난방법을 크게 2가지로 나누면 개별 난방법과 중앙집중식 난방법이 있으며 중앙집중식 난방법에는 방열기를 이용한 직접난방법, 가열된 공기를 덕터를 통해 난방시키는 간접난방법, 방열관을 이용한 복사난방법이 있다.

(1) 복사난방

① 장점
　(개) 실내온도 분포가 균등하고 쾌감도가 높다.
　(내) 별도의 방열기를 설치하지 않으므로 공간 이용도가 높다.

㈐ 방이 개방상태에 있어서도 난방효과가 있다.
㈑ 공기온도가 비교적 낮으므로 같은 방열량에 대해서도 손실열량이 비교적 적다.
㈒ 공기의 대류가 적으므로 바닥면의 먼지가 상승하는 일이 없다.
㈓ 증기 트랩이 필요없다.

② 단점
㈎ 방열체의 열용량이 크므로 외기온도가 급변하였을 때 방열량을 조절하기가 어렵다.
㈏ 천장이나 벽을 가열면으로 할 경우 시공상 어려움이 많으며, 균열이 생기기 쉽고 고장 시 발견이 어렵다.
㈐ 방열 패널 배관에서의 열손실을 방지하기 위해 단열층이 필요하며 이에 따른 시공비가 많이 든다.

(2) 지역난방

지역난방은 어떤 일정지역 내의 한 장소에 보일러실을 설치하여, 여기서 증기 또는 온수를 공급하여 난방을 하는 방식이다.

[특징]
① 각 건물에 보일러를 설치하는 경우에 비해 열효율이 좋고 연료비와 인건비가 절감된다.
② 설비의 고도화에 따른 도시 매연이 감소된다.
③ 각 건물에 보일러를 설치하는 경우에 비해 건물의 유효면적이 증대된다.
④ 요철(땅의 높이 차이) 지역에는 부적합하다.

1-5 방열기

(1) 방열기의 종류

방열기(radiator)는 그 구조, 재료 및 사용 열매의 종류에 따라서 다음과 같이 분류할 수 있다.

① 구조에 따른 분류
㈎ 주형 방열기(column radiator) : 2주형 방열기, 3주형 방열기, 3세주형 방열기, 5세주형 방열기의 4종이 있다.
㈏ 벽걸이형 방열기(wall radiator) : 주철제로 만든 것으로서 횡형(가로형, horizon), 종형(세로형, vertical)의 2종류가 있다.
㈐ 길드 방열기(gilled radiator) : 1 m 정도의 주철제로 된 파이프 방열기이다.
㈑ 대류 방열기(convectos) : 철판제 캐비닛 속에 휜 튜브 또는 컨벡터의 가열기를 장입하여 여기에 증기 및 온수를 통하는 형식이다(외관도 좋고 효율도 좋으므로 널리 사용되고 있다). 대류 방열기는 주형 방열기나 벽걸이 방열기와 마찬가지로 실내 바닥 위에 설치하는 노출식과 벽 속에 매입하여 공기 취입구와 방출구를 만들어 공기를 대류 순환시키게 한 음폐식이 있다.

㈑ 관 방열기 : 강관을 조립하여 관의 표면적을 그대로 방열면으로 사용하는 것으로서 고압의 증기에도 사용할 수 있다.

> **참고** 방열기는 외기의 접한 창문 아래에 설치하는 것이 좋으며 벽면에서 50~60mm 정도의 간격을 둔다.

② **사용 재료에 따른 분류** : 주철제 방열기, 강판제 보일러, 기타 특수금속제 방열기
③ **열매의 종류에 따른 분류** : 증기용 온수용

(2) 방열기 호칭법

방열기의 호칭은 종류별·섹션 수에 따라 2주는 'Ⅱ', 3주는 'Ⅲ'으로 표시하고 3세주는 '3', 5세주는 '5'로 표시하며, 벽걸이는 'W', 횡형은 'H', 종형은 'V'로 표시한다.

방열기 호칭 및 도시법

종류		기호
주형 (기둥형)	2주형	Ⅱ
	3주형	Ⅲ
	3세주형	3
	5세주형	5
벽걸이형	횡 형	W - H
	종 형	W - V

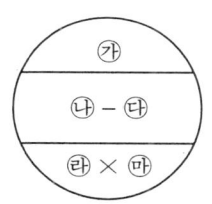

㉮ 섹션 수
㉯ 방열기 종별
㉰ 방열기형(섹션 높이)
㉱ 유입측관경
㉲ 유출측관경

(3) 방열기의 계산

① **상당 방열면적(E.D.R)**

$$S = \frac{H_r}{Q_o}$$

여기서, S : 소요 상당 방열면적(m^2)
H_r : 그 실에 필요한 전 방열량, 즉 실의 난방 부하(kcal/h)
Q_o : 방열기의 방열량(kcal/m^2h)

② **방열기의 소요 수 계산**

㈎ 증기난방의 경우 $N_s = \dfrac{H_r}{650 \times a}$

㈏ 온수난방의 경우 $N_w = \dfrac{H_r}{450 \times a}$

N_s : 증기 방열기의 섹션 수
H_r : 실의 난방 부하(kcal/h)
N_w : 온수 방열기의 소요 개수
a : 방열기 형식에 따른 섹션 1개당 면적(m^2)

2. 보일러 설치 시공 기준

2-1 보일러 설치 장소

(1) 옥내 설치

보일러를 옥내에 설치하는 경우에는 다음 조건을 만족시켜야 한다.
① 보일러는 불연성 물질의 격벽으로 구분된 장소에 설치하여야 한다. 다만, 소용량 보일러, 가스용 온수 보일러 및 소형 관류 보일러(이하 "소형 보일러"라 한다)는 반격벽으로 구분된 장소에 설치할 수 있다.
② 보일러 동체 최상부로부터(보일러의 검사 및 취급에 지장이 없도록 작업대를 설치한 경우에는 작업대로부터) 천장, 배관 등 보일러 상부에 있는 구조물까지의 거리는 1.2 m 이상이어야 한다. 다만, 소형 보일러 및 주철제 보일러의 경우는 0.6 m 이상으로 할 수 있다.
③ 보일러 동체에서 벽, 배관, 기타 보일러 측부에 있는 구조물(검사 및 청소에 지장이 없는 것은 제외)까지의 거리는 0.45 m 이상이어야 한다. 다만, 소형 보일러는 0.3 m 이상으로 할 수 있다.
④ 보일러 및 보일러에 부설된 금속제 굴뚝 또는 연도의 외측으로부터 0.3 m 이내에 있는 가연성 물체에 대하여는 금속 이외의 불연성 재료로 피복하여야 한다.
⑤ 연료를 저장할 때에는 보일러 외측으로부터 2 m 이상 거리를 두거나 방화격벽을 설치하여야 한다. 다만, 소형 보일러의 경우에는 1 m 이상 거리를 두거나 반격벽으로 할 수 있다.
⑥ 보일러에 설치된 계기들을 육안으로 관찰하는 데 지장이 없도록 충분한 조명시설이 있어야 한다.
⑦ 보일러실은 연소 및 환경을 유지하기에 충분한 급기구 및 환기구가 있어야 하며, 급기구는 보일러 배기가스 덕트의 유효단면적 이상이어야 하고 도시가스를 사용하는 경우에는 환기구를 가능한 한 높이 설치하여 가스가 누설되었을 때 체류하지 않는 구조이어야 한다.

(2) 옥외 설치

보일러를 옥외에 설치할 경우에는 다음 조건을 만족시켜야 한다.
① 보일러에 빗물이 스며들지 않도록 풍우 방지 케이싱 등의 적절한 방지설비를 하여야 한다.
② 노출된 절연재 또는 래킹 등에는 방수처리(금속 커버 또는 페인트 포함)를 하여야 한다.
③ 보일러 외부에 있는 증기관 및 급수관 등이 얼지 않도록 적절한 보호조치를 하여야

한다.
④ 강제 통풍팬의 입구에는 빗물방지 보호판을 설치하여야 한다.

(3) 배관의 설치

보일러 실내의 각종 배관은 팽창과 수축을 흡수하여 누설이 없도록 하고, 가스용 보일러의 연료 배관은 다음에 따른다.

① **배관의 설치**
  ㈎ 배관은 외부에 노출하여 시공하여야 한다. 다만, 동관, 스테인리스 강관, 기타 내식성 재료로서 이음매(용접 이음매를 제외한다) 없이 설치하는 경우에는 매몰하여 설치할 수 있다.
  ㈏ 배관의 이음부(용접이음매를 제외한다)와 전기계량기 및 전기개폐기와의 거리는 60 cm 이상, 굴뚝(단열조치를 하지 아니한 경우에 한한다)·전기점멸기 및 전기접속기와의 거리는 30 cm 이상, 절연전선과의 거리는 10 cm 이상, 절연 조치를 하지 아니한 전선관의 거리는 30 cm 이상의 거리를 유지하여야 한다.

② **배관의 고정** : 배관은 움직이지 않도록 고정 부착하는 조치를 하되, 그 관지름이 13 mm 미만의 것에는 1 m 마다, 13 mm 이상 33 mm 미만의 것에는 2 m 마다, 33 mm 이상의 것에는 3 m 마다 고정장치를 설치하여야 한다.

2-2 부속장치 설치

(1) 온수 발생 보일러(액상식 열매체 보일러) 방출관의 크기

방출관은 보일러의 전열면적에 따라 다음의 크기로 하여야 한다.

전열면적(m^2)	방출관의 안지름(mm)
10 미만	25 이상
10 이상~15 미만	30 이상
15 이상~20 미만	40 이상
20 이상	50 이상

(2) 증기 보일러의 압력계 부착

① 압력계는 원칙으로 보일러의 증기실에 눈금판의 눈금이 잘 보이는 위치에 부착하고 얼지 않도록 하며, 그 주위의 온도는 사용상태에 있어서 KS B 5305(부르동관 압력계)에 규정하는 범위에 있어야 한다.
② 압력계와 연결된 증기관은 최고사용압력에 견디는 것으로서 그 크기는 황동관 또는 동관을 사용할 때에는 안지름 6.5 mm 이상, 강관을 사용할 때에는 12.7 mm 이상이어야 한다. 증기온도가 483 K(210℃)를 넘을 때에는 황동관 또는 동관을 사용하여서는 안 된다.

③ 압력계에는 물을 넣은 안지름 6.5 mm 이상의 사이펀 관 또는 동등한 작용을 하는 장치를 부착하여 증기가 직접 압력계에 들어가지 않도록 하여야 한다.
④ 압력계의 콕은 그 핸들을 수직인 증기관과 동일 방향에 놓은 경우에 열려 있는 것이어야 하며, 콕 대신에 밸브를 사용할 경우에는 한눈으로 개폐 여부를 알 수 있는 구조로 하여야 한다.
⑤ 압력계와 연결된 증기관의 길이가 3 m 이상이며 관 내부를 충분히 청소할 수 있는 경우에는 보일러 가까이에 열린 상태에서 봉인된 콕 또는 밸브를 두어도 좋다.

(3) 자동 연료 차단장치

① 최고사용압력 0.1 MPa을 초과하는 증기 보일러에는 다음 각 호의 저수위 안전장치를 설치해야 한다(다만, 소용량 보일러는 제외한다).
  (가) 보일러의 수위가 안전을 확보할 수 있는 최저수위(이하 "안전수위"라 한다)까지 내려가기 직전에 자동적으로 경보가 울리는 장치
  (나) 보일러의 수위가 안전수위까지 내려가는 즉시 연소실 내에 공급하는 연료를 자동적으로 차단하는 장치
② 열매체 보일러 및 사용온도가 393 K 이상인 온수 발생 보일러에는 작동 유체의 온도가 최고사용온도를 초과하지 않도록 온도-연소 제어장치를 설치해야 한다.
③ 최고사용압력이 0.1 MPa(수압의 경우 10 m)를 초과하는 주철제 온수 보일러에는 온수온도가 388 K을 초과할 때에는 연료의 공급을 차단하거나 파일럿 연소를 할 수 있는 장치를 설치하여야 한다.
④ 관류 보일러는 급수가 부족한 경우에 대비하기 위하여 자동적으로 연료의 공급을 차단하는 장치 또는 이에 대신하는 안전장치를 갖추어야 한다.
⑤ 가스용 보일러에는 급수가 부족한 경우에 대비하기 위하여 자동적으로 연료의 공급을 차단하는 장치를 갖추어야 하며, 또한 수동으로 연료의 공급을 차단하는 밸브 등을 갖추어야 한다.
⑥ 유류 및 가스용 보일러에는 압력 차단장치를 설치하여야 한다.
⑦ 동체의 과열을 방지하기 위하여 온도를 감지하여 자동적으로 연료의 공급을 차단할 수 있는 온도 상한 스위치를 배기가스 출구 또는 동체에 설치해야 한다.
⑧ 폐열 또는 소각 보일러에 대해서는 위의 ⑦항의 온도 상한 스위치를 대신하여 온도를 감지하여 자동적으로 경보를 울리는 장치와 송풍기 가동을 멈추는 장치가 설치되어야 한다.

(4) 분출밸브의 크기와 개수

① 보일러에는 적어도 밑에 분출관과 분출밸브 또는 분출콕을 설치하여야 한다. 다만, 관류 보일러에 대해서는 이에 적용하지 않는다.
② 분출밸브의 크기는 호칭 25 A 이상의 것이어야 한다. 단, 전열면이 10 m² 이하인 보일러에서는 지름 20 mm 이상으로 할 수가 있다.

③ 최고사용압력 0.7 MPa(7 kgf/cm²) 이상의 보일러(이동식 보일러는 제외한다)의 분출관에는 분출밸브 2개 또는 분출밸브와 분출콕을 직렬로 갖추어야 한다. 이 경우에 적어도 1개의 분출밸브는 닫힌 밸브를 전개하는 데 회전축을 적어도 5회전하는 것이어야 한다.
④ 1개의 보일러에 분출관이 2개 이상 있을 경우에는 이것들을 공통의 어미관에 하나로 합쳐서 각각의 분출관에는 1개의 분출밸브 또는 분출콕을, 어미관에는 1개의 분출밸브를 설치하여도 좋다. 이 경우 분출밸브 및 분출콕은 닫힌 상태에서 전개하는 데 회전축을 적어도 5회전하는 것이어야 한다.
⑤ 2개 이상의 보일러의 공통 분출관은 분출밸브 또는 콕의 앞을 공동으로 하여서는 안 된다.
⑥ 정상 시에는 보유수량 400 kg 이하의 강제 순환 보일러에는 닫힌상태에서 전개하는 데 회전축을 적어도 5회전 이상 회전을 요하는 분출밸브 1개를 설치하여도 좋다.

(5) 배기가스 온도

① 유류용 및 가스용 보일러(열매체 보일러는 제외한다) 출구에서의 배기가스 온도는 주위 온도와의 차이가 정격용량에 따라 다음과 같아야 한다. 이때 배기가스 온도의 측정위치는 보일러 전열면의 최종 출구로 하며 폐열회수장치가 있는 보일러는 그 출구로 한다.

보일러 용량(t/h)	배기가스 온도차(K)
5 이하	300 이하
5 초과~20 이하	250 이하
20 초과	210 이하

② 열매체 보일러의 배기가스 온도는 출구 열매온도와의 차이가 150 K 이하여야 한다.

(6) 외벽의 온도

보일러의 외벽온도는 주위의 온도보다 30 K(30℃)를 초과하여서는 안 된다.

(7) 저수위 안전장치

① 저수위 안전장치는 연료 차단 전에 70 dB 이상의 경보음이 울려야 한다.
② 온수 발생 보일러(액상식 열매체 보일러 포함)의 온도-연소 제어장치는 최고사용온도 이내에서 연료가 차단되어야 한다.

2-3 보일러 설치 및 계속사용 검사기준

(1) 수압 시험의 목적

① 이음부의 누설유무 조사
② 설계구조의 양부판단

③ 구조상 검사가 곤란한 부분의 이상유무 조사
④ 수리를 한 경우 그 부분의 강도나 이상 유무 판단
⑤ 손상이 생긴 부분의 강도 확인

(2) 수압 시험압력

① 강철제 보일러
  (가) 보일러의 최고사용압력이 0.43 MPa 이하일 때에는 그 최고사용압력의 2배의 압력으로 한다. 다만 그 시험압력이 0.2 MPa 미만인 경우에는 0.2 MPa로 한다.
  (나) 보일러의 최고사용압력이 0.43 MPa 초과 1.5 MPa 이하일 때에는 그 최고사용압력의 1.3배에 0.3 MPa를 더한 압력으로 한다.
  (다) 보일러의 최고사용압력이 1.5 MPa를 초과할 때에는 그 최고사용압력의 1.5배의 압력
② 가스용 온수 보일러 : 강철제인 경우에는 (가)의 (가)에서 규정한 압력
③ 주철제 보일러
  (가) 보일러의 최고사용압력이 0.43 MPa 이하일 때는 그 최고사용압력의 2배의 압력으로 한다. 다만, 시험압력이 0.2 MPa 미만인 경우에는 0.2 MPa로 한다.
  (나) 보일러의 최고사용압력이 0.43 MPa를 초과할 때는 그 최고사용압력의 1.3배에 0.3 MPa을 더한 압력으로 한다.

(3) 수압 시험방법

① 공기를 빼고 물을 채운 후 천천히 압력을 가하여 규정된 수압에 도달한 후 30분이 경과된 뒤에 검사를 실시하여 끝날 때까지 그 상태를 유지한다.
② 시험 수압은 규정된 압력의 6 % 이상을 초과하지 않도록 모든 경우에 대한 적절한 제어를 마련하여야 한다.
③ 수압시험 중 또는 시험 후에도 물이 얼지 않도록 하여야 한다.

(4) 팽창 탱크 설치 기준

팽창관의 상부에 다음 조건을 만족시키는 팽창 탱크를 설치하여야 한다. 다만, 팽창 탱크가 보일러에 내장되었을 경우는 예외로 한다.
① 373 K의 온수에도 충분히 견딜 수 있으며 수위를 용이하게 알아볼 수 있어야 한다.
② 개방식의 경우 팽창 탱크의 높이는 방열면보다 1 m 이상 높은 곳에 설치하여야 하며, 얼지 않도록 적절한 보온을 하여야 한다.
③ 밀폐식의 경우 배관 계통 내의 압력이 제한압력 이상으로 되면 자동적으로 과잉수를 배출시킬 수 있도록 방출밸브를 설치하여야 한다.
④ 팽창 탱크의 용량은 보일러 및 배관 내의 보유수량이 200 L까지는 20 L, 보유수량이 100 L를 초과하는 경우에는 그 초과량 100 L마다 10 L씩 가산한 용량 이상이어야 한다.
⑤ 팽창관 끝 부분은 팽창 탱크 바닥면보다 25 mm 정도 높게 배관되어야 한다.

⑥ 팽창 탱크에 물이 부족할 때 이를 자동으로 보충할 수 있는 장치를 하여야 한다.
⑦ 팽창 탱크에는 물의 팽창 등에 대비하여 인체, 보일러 및 관련 부품에 위해가 발생하지 않도록 일수관(오버플로 관)을 설치하여야 한다.

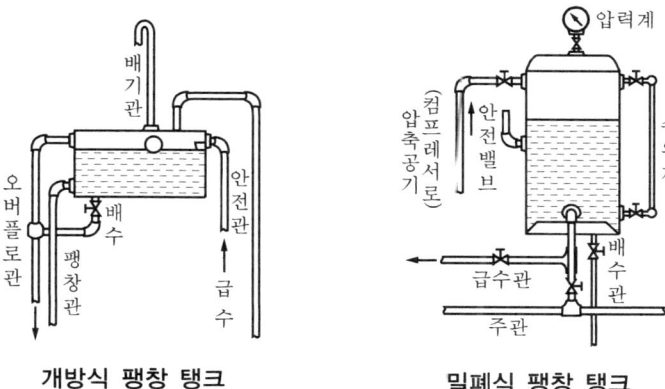

개방식 팽창 탱크   밀폐식 팽창 탱크

3. 보일러 취급

3-1 보일러 가동 전(前)의 준비사항

(1) 사용 중인 보일러 가동 전(前)의 준비
① 수면계의 수위 및 수면계를 점검한다.
② 압력계의 이상 유무, 각종 계기와 자동제어장치를 확인한다.
③ 연료계통, 급수계통 등을 확인 점검한다.
④ 연료예열기(oil preheater)를 작동시켜 연료를 예열시킬 수 있도록 한다.
⑤ 각 밸브의 개폐상태를 확인한다.
⑥ 댐퍼를 개방하고 프리퍼지를 행한다.

> **참고** ① 프리퍼지(pre-purge) : 점화 전 댐퍼를 열고 노내와 연도에 체류하고 있는 가연성 가스를 송풍기로 취출시키는 것을 말한다(30~40초 정도이나 대용량에서는 3분까지도 행한다).
> ② 포스트퍼지(post-purge) : 보일러 운전이 끝난 후 노내와 연도에 체류하고 있는 가연성 가스를 송풍기로 취출시키는 것을 말한다(30~40초 정도이나 대용량에서는 3분까지도 행한다).
> ③ 프리퍼지를 할 때 댐퍼는 연돌에서 가까운 것부터 열고 평형 통풍방식인 경우 통풍기는 흡입 송풍기를 먼저 가동시킨 후 압입 송풍기를 나중에 가동시킨다.

3-2 보일러 점화, 운전 및 조작

(1) 유류 보일러의 자동점화

점화 전 점검사항을 이행한 후 보일러 패널 모든 스위치를 자동으로 해 두고 메인 스위치를 켜고 기동 스위치를 켜면 시퀀스 제어(순차 제어)와 인터로크으로 행해지며, 그 순서는 다음과 같다.

① 송풍기 가동 → ② 연료펌프 가동 (주버너 동작) → ③ 프리퍼지 실시 → ④ 노내압 조정 → ⑤ 점화 (파일럿)버너 가동 → ⑥ 화염 검출기 작동 → ⑦ 주버너 점화 → ⑧ 점화 (파일럿) 버너 가동 정지

(2) 가스 보일러의 점화

가스 보일러는 대개 자동점화로 행해지므로 자동 유류 보일러와 점화 순서가 같으며, 다음 사항에 주의하여 점화를 하도록 한다.

① 배관계통에 비눗물을 사용하여 누설 여부를 면밀히 검사한다.
② 연소실 내의 용적 4배 이상의 공기로 충분한 사전 환기(프리퍼지)를 행한다.
③ 댐퍼는 완전히 열고 행해야 한다.
④ 점화는 1회로 착화될 수 있도록 해야 하며 불씨는 화력이 큰 것을 사용한다.
⑤ 갑작스런 실화 시에는 연료의 공급을 즉시 차단하고 그 원인을 조사한다.

(3) 일반적인 보일러 정지 순서

① 연소율을(연료량과 공기량) 낮춘다. → ② 연료 공급 중단 → ③ 포스트퍼지 실시 → ④ 송풍기 가동 중단 → ⑤ 주증기 밸브를 닫고 드레인 밸브를 연다. → ⑥ 공기 댐퍼를 닫는다. → ⑦ 주전원 스위치를 끈다.

(4) 보일러 비상정지 순서

① 연료의 공급밸브를 잠가 소화한다.
② 송풍기를 가동시켜 노내 환기를 시킨다.
③ 버너와 송풍기 가동을 중지시킨다.
④ 연소용 공기 댐퍼를 닫는다.
⑤ 압력은 서서히 하강시키고 보일러를 자연냉각시킨다.
⑥ 이상 유무(과열 부분 확인 등) 확인 및 비상사태(이상감수, 압력초과 등) 원인을 조사하고 조치한다.

3-3 보일러 보존법

(1) 단기 보존법 (2~3개월 이내)

① 보통 만수 보존법 : 내부청소를 완전히 한 후 보일러의 정상부까지 만수하고 공기를 빼내고 휴관시킨다.
② 가열 건조법 : 보일러 내부의 물을 완전히 빼내고 약간 분화를 한 후 밀폐시켜 휴관한다.

(2) 장기 보존법 (2~3개월 이상)

① 소다 만수 보존법(청관 보존법) : 알칼리도 약 300 ppm(NaOH)의 수용액을 사용하여 보통 만수 보존법과 같은 요령으로 한다.
② 석회 밀폐 건조법 : 휴관기간이 6개월 이상(최장기 보존법)이며 청소 및 건조 후 내부에 흡습제(건조제)를 넣어 놓은 후 밀폐시킨다.
③ 질소(N_2) 가스 봉입법 : 건조 보존법에서 질소 가스(압력은 0.06 MPa 정도)를 넣어 봉입한다.

> **참고** (1) 흡습제(건조제)의 종류
> ① 생석회(산화칼슘, CaO) ② 실리카 겔 ③ 염화칼슘($CaCl_2$)
> ④ 오산화인(P_2O_5) ⑤ 활성 알루미나 ⑥ 기화성 방청제
> (2) 특수보존법 : 보일러 동 내면에 도료(주성분이 흑연, 아스팔트, 타르)를 칠한다.

3-4 보일러 용수관리

(1) 수질에 관한 용어

① 경도 1도 : 물 100cc 속에 광물질(칼슘, 마그네슘)이 1mg 포함된 경우
② 독일 경도 1°dH : 물 100cc 속에 산화칼슘(CaO)이 1mg 포함된 경우 (단, 산화마그네슘을 산화칼슘으로 환산할 때는 1.4배 할 것)
③ 탄산칼슘 경도 1도(탄산칼슘 경도 1ppm) : 물 1L(1000cc) 속에 탄산칼슘($CaCO_3$)이 1mg 포함된 경우

(2) 불순물에 의한 장해

① 스케일(scale, 관석) : 보일러 수중의 불순물의 가열, 증발에 따라 농축하여 관내에 석출하고 금속 표면에 단단하게 부착하는 퇴적물을 말하며, 주성분은 칼슘, 마그네슘의 탄산염과 황산염, 규산염 등이다.
 (개) 연질 스케일
  ㉠ 탄산염 : 탄산칼슘($CaCO_3$), 탄산마그네슘($MgCO_3$), 산화철
  ㉡ 중탄산염 : 탄산수소칼슘[$Ca(HCO_3)_2$], 탄산수소마그네슘[$Mg(HCO_3)_2$]

(나) 경질(악질) 스케일
  ㉮ 황산염 : 황산칼슘($CaSO_4$), 황산 마그네슘($MgSO_4$)
  ㉯ 규산염 : 규산칼슘($CaSiO_3$), 규산 마그네슘($MgSiO_3$)

② 보일러 수 및 급수는 약 알칼리성이어야 하며 보일러의 부식을 방지하기 위하여 보일러 급수 및 보일러 수의 pH 한계값은 다음과 같다.

구 분	보일러의 종류	원통형 보일러	수관 보일러
보일러 급수 pH		7~9	8~9
보일러 수 pH		11~11.8	10.5~11.5

[참고] 보일러 급수의 pH 값과 보일러 수의 pH 값 구분을 철저히 할 것

3-5 보일러 용수(급수) 처리법

보일러 용수 처리방법은 외처리(1차 처리)와 내처리(2차 처리)로 나누며, 그 나누는 성질에 따라 화학적 처리법, 물리적 처리법, 전기적 처리법으로 나눈다.

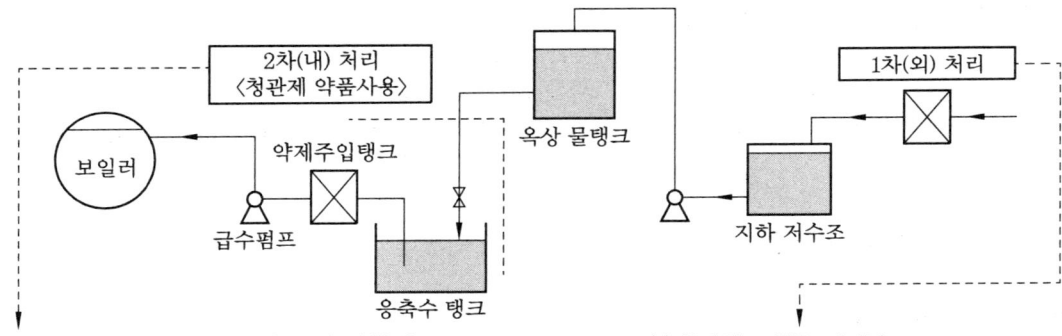

(1) pH조정제(알칼리 조정제, 중화 방청제)
  ① 탄산나트륨(탄산소다) → (고온·고압 보일러 사용 금물)
  ② 인산나트륨(인산소다)   ③ 수산화나트륨(가성소다)
  ④ 암모니아   ⑤ 히드라진
(2) 연화제 → 경도 성분을 침전시킨다(경도 성분을 슬러지화).
  ① 탄산나트륨 ② 인산나트륨 ③ 수산화나트륨
(3) 탈 산소제 → (용존 산소 제거)
  ① 아황산나트륨 → 저압 보일러용   ② 탄닌
  ③ 히드라진 → 고압 보일러용
(4) 슬러지 조정제 → 스케일 성분을 슬러지화시킨다.
  ① 탄닌 ② 니그린 ③ 전분
(5) 가성취화 억제제
  ① 탄닌 ② 니그린 ③ 인산나트륨 ④ 질산나트륨

(1) 현탁질 고형물 제거법
  ① 여과법
  ② 침전법(침강법)
  ③ 응집법
(2) 용존 고형물 제거법
  ① 증류법
  ② 이온 교환법
  ③ 약품 첨가법
(3) 용존 가스체 제거법
  ① 탈기법 : O_2(산소), CO_2(탄산가스) 제거
  ② 기폭법 : CO_2(탄산가스)
            Fe(철분), Mn(망간)
            NH_3(암모니아)
            H_2S(황화수소)

급수(용수) 처리방법

제3장 안전관리 및 배관일반

1. 보일러 안전관리

1-1 안전관리의 개요

(1) 보일러 사고의 원인

① **취급상의 원인** : 저수위, 압력초과, 과열, 부식, 급수처리 불량, 미연소가스 폭발, 부속기기 정비 불량 및 점검 불충분 등
② **제작상의 원인** : 재료 불량, 강도 부족, 구조 불량, 용접 불량, 설계 불량, 부속기기 설비 미비 등

(2) 보일러 사고의 예방 대책

가장 중요한 대책은 ① 수위 관리 ② 연소 관리 ③ 용수 관리이다.

1-2 보일러 손상과 방지대책

(1) 부식의 종류

부식을 크게 두 가지로 나누면 외부부식과 내부부식으로 나눌 수 있으며, 외부부식에는 고온부식과 저온부식이 있고(산화부식도 있음), 내부부식에는 점식(pitting), 구식(grooving), 전면식(全面植), 알칼리부식이 있다.

> **참고** ① 습식 : 점식, 알칼리 부식, 수소취화
> ② 건식 : 고온산화, 고온부식, 황화부식

(2) 팽출과 압궤

① **팽출(bulge)** : 인장응력을 받는 수관이나 동 저부에서 스케일이 부착하였을 때 이 부분에 고열이 접하면 부동팽창으로 인해 내부압력에 견디지 못하고 외부로 부풀어 나오는 현상이다.
② **압궤(collapse)** : 압축응력을 받는 노통이나 연관에서 스케일로 인하여 과열되어 부동팽창으로 인해 외부압력에 견디지 못하고 내부로 들어가는 현상이다.

(3) 보일러판의 손상

① **래미네이션**(lamination) : 강괴 속에 잔류된 가스체가 강철판을 압연할 때에 압축되어 2장의 층을 형성하고 있는 흠을 말하며, 일종의 재료의 결함이다.
② **블리스터**(blister) : 래미네이션의 결함을 가진 재료가 외부로부터 강한 열을 받아 소손되어 부풀어오르는 현상을 말한다.
③ **균열**(crack) : 균열이 생기기 쉬운 곳은 끊임없이 반복적인 응력을 받아 무리를 받고 있는 부분에 생긴다. 즉, 열응력이 모여있는 부분은 이음 부분, 리벳 구멍 부분, 스테이(stay, 버팀)를 가지는 부분이다.

1-3 보일러 사고 원인과 방지 대책

(1) 보일러 과열의 원인 및 방지 대책

과열의 원인	과열 방지 대책
① 보일러 이상감수 시	① 보일러 수위를 너무 낮게 하지 말 것
② 동 내면에 스케일 생성 시	② 보일러 동 내면에 스케일 고착을 방지할 것
③ 보일러 수가 농축되어 있을 때	③ 보일러 수를 농축시키지 말 것
④ 보일러 수의 순환이 불량할 때	④ 보일러 수의 순환을 좋게 할 것
⑤ 전열면에 국부적인 열을 받았을 때	⑤ 전열면에 국부적인 과열을 피할 것

(2) 역화(back fire)

연소실에서 화염이 연소실 밖으로 되돌아 나오는 현상을 말한다.

① **역화의 원인**
 (가) 점화 시에 착화가 늦을 경우(착화는 5초 이내에 신속히)
 (나) 점화 시에 공기보다 연료를 먼저 노내에 공급했을 경우
 (다) 압입통풍이 너무 강할 경우와 흡입통풍이 부족할 경우
 (라) 실화 시 노내의 여열로 재점화할 경우
 (마) 연료밸브를 급개하여 과다한 양을 노내에 공급했을 경우
 (바) 노내에 미연소가스가 충만해 있을 때 점화했을 경우(프리퍼지 부족)

② **역화 방지 대책**
 (가) 점화방법이 좋을 것(점화 시 착화는 신속하게)
 (나) 공기를 노내에 먼저 공급하고 다음에 연료를 공급할 것
 (다) 노 및 연도 내에 미연소가스가 발생하지 않도록 취급에 유의할 것
 (라) 점화 시 댐퍼를 열고 미연소가스를 배출시킨 뒤 점화할 것(프리퍼지 실시)
 (마) 실화 시 재점화를 할 때는 노내를 충분히 환기시킨 후 점화할 것
 (바) 통풍력을 적절히 유지시킬 것

(3) 포밍, 프라이밍, 캐리오버, 워터해머

① **포밍**(forming, 물거품 솟음) : 유지분, 부유물 등에 의하여 보일러 수의 비등과 함께 수면부에 거품을 발생시키는 현상

② **프라이밍**(priming, 비수현상) : 관수의 격렬한 비등에 의하여 기포가 수면을 파괴하고 교란시키며 수적이 비산하는 현상

③ **캐리오버**(carry over, 기수공발) : 용수 중의 용해물이나 고형물, 유지분 등에 의하여 수적이 증기에 혼입되어 운반되는 현상을 말하며, 포밍, 프라이밍에 의해 발생한다.

포밍, 프라이밍의 발생 원인과 방지 대책

발 생 원 인	방 지 대 책
① 주증기밸브를 급히 개방 시	① 주증기밸브를 천천히 개방할 것
② 고수위로 운전할 때	② 정상수위로 운전할 것
③ 증기 부하가 과대할 때	③ 과부하가 되지 않도록 운전할 것
④ 보일러 수가 농축되었을 때	④ 보일러 수의 농축을 방지할 것
⑤ 보일러 수 중에 부유물, 유지분, 불순물이 많이 함유되어 있을 때	⑤ 보일러 수 처리를 철저히 하여 부유물, 유지분, 불순물을 제거할 것

④ **수격작용**(water hammer, 물망치 작용) : 증기계통에 고여 있던 응축수가 송기 시 고온·고압의 증기에 이끌려 배관을 강하게 치는 현상이다(이로 인하여 배관에 무리를 가져오며 심지어는 파열을 초래한다). 다음과 같은 방법으로 방지할 수 있다.

㈎ 송기 시 주증기밸브를 서서히 개방할 것
㈏ 증기 배관 보온을 철저히 할 것
㈐ 드레인 빼기를 철저히 할 것
㈑ 증기 트랩을 설치할 것
㈒ 포밍, 프라이밍 현상을 방지할 것
㈓ 송기 전에 소량의 증기로 난관을 시킬 것

2. 배관 일반

2-1 배관 재료

(1) 강관 (steel pipe)

배관용 탄소강관(SPP)에는 흑관과 백관이 있으며, 증기·기름·가스 및 공기 등에는 흑관을 사용하고, 수도용에는 아연 도금한 백관을 사용한다.

참고 ① 스케줄 번호(schedule No.)란 관의 두께를 나타내는 번호이다.

스케줄 번호(sch. No.) $= 10 \times \dfrac{P}{S}$

여기서, P : 사용압력(kgf/cm^2), S : 허용응력(kgf/mm^2) $= \dfrac{\text{인장강도}(kgf/mm^2)}{\text{안전율}}$

② 강관의 종류와 KS 규격 기호 및 용도

종 류		KS 규격기호	용 도
배관용	배관용 탄소강 강관	SPP	사용압력이 낮은 증기, 물, 기름, 가스 및 공기 등의 배관용, 호칭지름 15~500 A
	압력 배관용 탄소강 강관	SPPS	350℃ 이하에서 사용하는 압력 배관용, 관의 호칭은 호칭지름과 두께(스케줄 번호)에 의하며, 호칭지름 6~500 A
	고압 배관용 탄소강 강관	SPPH	350℃ 이하에서 사용압력이 높은 고압 배관용, 관지름 6~168.3 mm 정도이나 특별한 규정은 없음
	고온 배관용 탄소강 강관	SPHT	350℃ 이상 온도의 배관용(350~450℃), 관의 호칭은 호칭지름과 스케줄 번호에 의함. 호칭지름 6~500 A
	배관용 아크용접 탄소강 강관	SPPY(SPW)	사용압력 10kg/cm²의 낮은 증기, 물, 기름, 가스 및 공기 등의 배관용, 호칭지름 350~1500 A
	배관용 합금강 강관	SPA	주로 고온도의 배관용, 두께는 스케줄 번호로 표시, 호칭지름 6~500 A
	배관용 스테인리스 강관	STS×TP	내식용, 내열용 및 고온 배관용, 저온 배관용에도 사용. 두께는 스케줄 번호로 표시, 호칭지름 6~300 A
	저온 배관용 탄소강 강관	SPLT	빙점 이하 특히 저온도 배관용, 두께는 스케줄 번호로 표시, 호칭지름 6~500 A
수도용	수도용 아연도금 강관	SPPW	정수두 100 m 이하의 수두로서 주로 급수배관용, 호칭지름 10~300 A
	수도용 도복장 강관	SBPG	정수두 100 m 이하의 수두로서 주로 급수배관용, 호칭지름 80~1500 A
열전달용	보일러·열교환기용 탄소강 강관	STBH	관의 내외에서 열의 수수를 행함을 목적으로 하는 장소에 사용된다. 보일러의 수관, 연관, 과열관, 공기예열관, 화학공업, 석유공업의 열교환기, 가열로관 등에 사용
	보일러·열교환기용 합금강 강관	STHA	
	보일러·열교환기용 스테인리스 강관	STS×TB	
	저온 열교환기용 강관	STLT	빙점 이하 특히 낮은 온도에서 관의 내외에서 열의 수수를 행하는 열교환기관, 콘덴서관
구조용	일반 구조용 탄소강 강관	SPS	토목, 건축, 철탑, 지주와 기타의 구조물용
	기계 구조용 탄소강 강관	STM	기계, 항공기, 자동차, 자전거 등의 기계 부분품용
	구조용 합금강 강관	STA	항공기, 자동차, 기타의 구조물용

(2) 주철관(cast iron pipe)

급수관, 배수관, 통기관, 케이블 매설관, 오수관 등에 사용되며, 일반 주철관, 고급 주철관, 구상 흑연 주철관 등이 있다.

(3) 비철금속관

① **동관(구리관, copper pipe)** : 동은 전기 및 열의 전도율이 좋고 내식성이 뛰어나며, 전성과 연성이 풍부하여 가공도 용이하다. 또한, 판, 봉, 관 등으로 제조되어 전기재료, 열교환기, 급수관 등에 사용되고 있다.
② **황동관** : Cu(60~70 %), Zn(30~40 %)의 합금관이고, 난간·커튼·열교환기 튜브 및 증류수에 사용하며, 극연수에는 주석(Sn) 도금을 한 것을 사용한다.

2-2 관이음쇠

(1) 강관용 이음쇠
① 배관의 방향을 바꿀 때 : 엘보(90°, 45°), 벤드
② 관을 도중에서 분기할 때 : 티(T), 와이(Y), 크로스
③ 동경관을 직선 결합할 때 : 소켓, 유니언, 니플
④ 이경관을 연결할 때 : 리듀서, 줄임 엘보, 줄임 티, 부싱
⑤ 관 끝을 막을 때 : 플러그, 캡, 막힘 플랜지
⑥ 관의 분해, 수리 교체가 필요할 때 : 유니언, 플랜지

2-3 배관 공구 및 장비

강관의 절단 공구로는 ① 파이프 커터 ② 쇠톱 ③ 고속 숫돌 절단기가 있다.

(1) 파이프 커터(pipe cutter)

관 절단용으로 1개의 날에 2개의 롤러로 된 것과 날만 3개인 것이 있다. 파이프 커터로 관을 절단하면 관의 내면에 거스러미가 생기므로 리머로 거스러미를 절삭하여야 한다(될 수 있는 한 쇠톱으로 자르는 것이 좋다).

(2) 쇠톱

관 절단용 공구로는 톱날을 끼우는 간격에 따라 200 mm(8″), 250 mm(10″), 300 mm(12″) 3종류가 있다. 톱날은 절단을 하려고 하는 공작물의 재질에 따라 톱날의 잇수가 결정된다.

(3) 파이프 바이스

관을 절단할 때나 나사를 낼 경우 관이 움직이지 않도록 고정하는 가구이다. 종류로는 고

정식(일반작업대용), 가반식(현장용)이 있으며 체인 파이프 바이스도 있다.

(4) 파이프 리머(pipe reamer)
파이프 커터로 관을 절단할 경우 안쪽으로 생긴 거스러미를 제거하기 위해서이다.

(5) 수평 바이스
강관 등의 조립, 열간 벤딩 등의 작업을 쉽게 하기 위해 관을 고정할 때 사용하며 크기는 좌우의 폭으로 표시한다.

(6) 파이프 렌치(pipe wrench)
관 접속부에 부속류의 분해 및 조립 시에 사용하며 크기 표시는 입을 최대로 벌려 놓은 전장으로 표시한다. 종류로는 보통형, 강력형, 체인형(200 mm 이상의 관에서 사용)이 있다.

(7) 멍키(monkey) 및 스패너(spanner)
각종 볼트 및 너트를 조이고 풀기 위하여 사용된다.

(8) 동력 나사절삭기
나사절삭 방법을 분류하면 나사절삭 바이트를 사용하여 선반으로 내는 방법 외에 오스터를 이용한 것, 호브에 의한 것, 다이헤드에 의한 것 등이 있다.

> **참고** 다이헤드식 동력 나사절삭기는 ① 파이프 절단 ② 거스러미(버러) 제거 ③ 나사 절삭 작업을 연속적으로 할 수 있다.

(9) 동관 시공용 공구
① **토치 램프**(torch lamp) : 납땜 이음, 구부리기 등의 부분적 가열용, 가솔린용, 등유용이 있다.
② **사이징 툴**(sizing tool) : 동관의 끝 부분을 원으로 정형한다.
③ **플레어링 툴 세트**(flaring tool set) : 동관의 압축 접합에 사용된다(동관의 끝을 접시모양(나팔관)으로 만들 때 사용된다). → (플레어링 툴+플레어링 블록=플레어링 툴 세트)
④ **튜브 벤더**(tube bender) : 동관 벤딩용 공구이다.
⑤ **익스팬더**(expander, 나팔관 확관기) : 동관의 관 끝 확관용 공구이다.
⑥ **튜브 커터**(pipe cutter) : 동관(소구경) 절단용 공구이다.
⑦ **리머**(reamer) : 동관을 절단 후 관의 내외면에 생긴 거스러미를 제거하는 데 사용하며, 튜브 커터에 달린 것도 있다.

2-4 관의 이음 방법

(1) 강관의 이음 방법
① 나사이음
② 용접이음
③ 플랜지이음

> **참고** 용접이음의 이점
> ① 유체의 저항 손실이 적다.
> ② 접합부의 강도가 강하며 누수의 염려도 없다.
> ③ 보온 및 피복 시공이 용이하다.
> ④ 중량이 가볍다.
> ⑤ 시설의 유지 보수비가 절감된다.

(2) 동관의 이음 방법
① 플레어(압축)이음
② 용접(납땜)이음

2-5 배관지지 기구(배관지지쇠)

(1) 행어 (hanger)
배관의 하중을 위에서 걸어당겨 받치는 지지구이며, 리지드 행어, 스프링 행어, 콘스탄트 행어 등이 있다.

(2) 서포트 (support)
배관하중을 아래에서 위로 떠받쳐 지지하는 기구로서 파이프 슈, 리지드 서포트, 롤러 서포트, 스프링 서포트 등이 있다.

(3) 리스트레인트 (restraint)
신축으로 인한 배관의 상하좌우 이동을 구속하고 제한하는 목적에 사용하는 것으로서 앵커, 스토퍼(stopper), 가이드 등이 있다.

(4) 브레이스 (brace)
배관 라인에 설치된 각종 펌프류, 압축기 등에서 발생되는 진동, 밸브류 등의 급속 개폐에 따른 수격작용, 충격 및 지진 등에 의한 진동현상을 제한하는 지지대로서 주로 진동방지용으로 쓰이는 방진기와 충격완화용으로 사용되는 완충기가 있다.

2-6 패킹제

(1) 플랜지 패킹

① 고무 패킹
  ㈎ 천연고무 : 고온 배관에는 사용하기가 곤란하다.
  ㈏ 네오프렌 : 합성고무이며, 내산화성, 내열성이 좋고 내열도는 −46~121℃ 정도이다.
② 석면 조인트 시트 : 450℃까지의 고온에 잘 견딘다.
③ 합성수지 패킹 : 테플론(내열범위는 −260~260℃ 정도)은 내유성이 좋으며 우수한 패킹제이다.
④ 오일 실 패킹
⑤ 금속 패킹

(2) 나사용 패킹

① 페인트 : 광명단을 혼합하여 사용
② 일산화연(litharge) : 페인트에 소량의 일산화연을 타서 사용
③ 액상 합성수지 : 화학약품에 강하고 내유성이 크며, 내열범위는 −30℃~130℃이다.

(3) 글랜드 패킹

① 석면 각형 패킹
② 석면 얀(yarn)
③ 아마존 패킹
④ 몰드 패킹

2-7 배관도시

(1) 밸브 및 계기의 표시

종 류	기 호	종 류	기 호
글로브 밸브	▷◁	다이어프램 밸브	▷◁
슬루스 밸브 (게이트 밸브)	▷◁	감압 밸브	⊙
앵글 밸브	⊿	볼 밸브	▷◁
체크 밸브	─N─	공기빼기 밸브	◇

(2) 관의 연결방법과 도시 기호

이음 종류	관 이 음					
연결방법	나사형	용접형	플랜지형	유니언형	턱걸이형	납땜형
도시 기호	—┼—	—✕—	—╫—	—╫—	—⊂—	—○—

> **참고**
> ① 동심 줄이개 나사이음 : —▷—
> ② 편심 줄이개 나사이음 : —◁—
> ③ 캡 : ———┐

(3) 배관의 도시 문자 및 도색

유체의 종류	문자 기호	식별색	유체의 종류	문자 기호	식별색
물(급수)	W(water)	청색	가스(LPG 등)	G(gas)	황색
증기	S(steam)	검은황색	공기(통풍)	A(air)	백색
기름(오일)	O(oil)	검은붉은색	전기(자동회로)	E	엷은황적색

2-8 보온재

(1) 보온재의 구비조건

① 보온 능력이 커야 한다(열전도율이 낮을 것).
② 불연성의 것으로 사용온도에서 장시간 사용하여도 내구성이 있어야 하며, 변질되지 않아야 한다.
③ 가벼워야 한다(비중이 작을 것).
④ 어느 정도의 기계적 강도가 있어야 한다.
⑤ 시공이 용이하고 확실하게 할 수 있는 것이어야 한다.
⑥ 흡습성이나 흡수성이 없어야 한다.

(2) 보온재의 종류

① **유기질 보온재** : 유기질 보온재의 안전사용온도의 범위는 100~150℃ 정도로서, 대체적으로 저온용 보온재(또는 보랭재)가 사용되는 수가 많다. 그 종류에는 코르크, 종이, 펄프, 면, 포, 목재, 염화비닐 폼, 우레탄 폼, 우모펠트, 양모펠트 등이 있다.
② **무기질 보온재** : 일반적으로 안전사용온도(500~800℃)의 범위가 높고 넓으며, 강도가 높다. 종류에는 천연품(석면, 규조토, 질석, 펄라이트) 인공품(암면, 유리섬유, 광제면, 염기성 탄산마그네슘, 폼유리) 등이 있다.

(3) 보온효율 계산

$$보온효율 = \frac{Q_0 - Q}{Q_0} \times 100 \, (\%)$$

여기서, Q_0 : 나관면에서의 손실열량(kcal/h) Q : 보온면에서의 손실열량(kcal/h)

3. 열전도, 열전달, 열관류(열통과)

3-1 열전도량

열전도는 고체벽을 통해서 일어나며 푸리에 법칙을 따르고 있다. 고체벽의 두께 $b\,[\text{m}]$, 열전도율 $\lambda\,[\text{kcal/m}\cdot\text{h}\cdot\text{℃}]$, 고체의 고온측 온도 $t_1[\text{℃}]$, 고체의 저온측 온도 $t_2[\text{℃}]$, 전열면적 $F\,[\text{m}^2]$라고 하면

$$열전도량\,(\text{kcal/h}) = \lambda \times \frac{(t_1 - t_2)}{b} \times F$$

3-2 열전달량

① 연소실에서 노벽에 의한 열전달량 $= \alpha_1 \times (t_1 - t_w) \times F\,[\text{kcal/h}]$
② 노벽에서 대기에 의한 열전달량 $= \alpha_2 \times (t_0 - t_2) \times F\,[\text{kcal/h}]$

여기서, α_1 : 연소실에서 노벽까지의 열전달률 $(\text{kcal/m}^2 \cdot \text{h} \cdot \text{℃})$
α_2 : 노벽에서 대기까지의 열전달률 $(\text{kcal/m}^2 \cdot \text{h} \cdot \text{℃})$
t_1 : 연소실에서 가스의 온도 (℃) t_w : 연소실 노벽면의 온도 (℃)
t_0 : 대기측 벽면의 온도 (℃) t_2 : 대기의 온도 (℃)
F : 노벽 전열면적 (m^2)

3-3 열관류율(열통과율), 열관류량(열통과량)

① 열관류율(열통과율) $K\,[\text{kcal}/\text{h}\cdot\text{m}^2\cdot\text{℃}] = \dfrac{1}{\dfrac{1}{\alpha_1} + \dfrac{b}{\lambda} + \dfrac{1}{\alpha_2}}$

② 열관류량(열통과량) $Q\,[\text{kcal}/\text{h}] = K \times F \times (t_1 - t_2)$

여기서, α_1 : 연소실에서 노벽까지의 열전달률 $(\text{kcal/m}^2 \cdot \text{h} \cdot \text{℃})$
α_2 : 노벽에서 대기까지의 열전달률 $(\text{kcal/m}^2 \cdot \text{h} \cdot \text{℃})$
λ : 노벽의 열전도율 $(\text{kcal/m} \cdot \text{h} \cdot \text{℃})$ b : 노벽 두께 (m)
t_1 : 연소실에서 가스의 온도 (℃) t_2 : 대기의 온도 (℃)
F : 노벽 전열면적 (m^2)

에너지관리기능사 필기

과년도 출제 문제

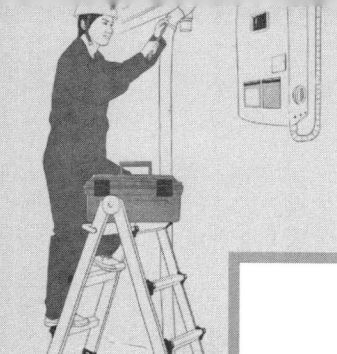

2008년도 출제 문제

● 에너지관리 기능사 [2008년 2월 3일 시행]

1. 보일러에서 상당증발량의 단위는?
㉮ kgf   ㉯ kgf/kcal
㉰ kgf/h ㉱ kcal/h

[해설] 상당 (환산) 증발량
상당(환산)증발량 = $\dfrac{\text{매시 실제 증발량}(\text{발생증기의 엔탈피}-\text{급수의 엔탈피})}{539}$ [kgf/h]

2. 코니시(Cornish) 보일러에서 노통을 보일러 동체에 대하여 편심으로 설치하는 가장 중요한 이유는?
㉮ 물의 순환을 양호하게 하기 위하여
㉯ 전열면적을 크게 하기 위하여
㉰ 열에 대한 신축을 자유롭게 하기 위하여
㉱ 스케일(scale)의 소제를 쉽게 하기 위하여

[해설] 노통을 편심으로 하는 이유는 물의 순환을 좋게 하기 위함이다.

3. 물 1200 kg을 30℃에서 90℃까지 온도를 올리는 데 필요한 열량은? (단, 물의 비열은 1 kcal/kg·℃이다.)
㉮ 5600 kcal   ㉯ 7200 kcal
㉰ 56000 kcal ㉱ 72000 kcal

[해설] $Q = G \cdot C \cdot (t_2 - t_1)$ 에서
$1200 \times 1 \times (90-30) = 72000$ kcal

4. 보일러 공기예열기의 종류에 속하지 않는 것은?
㉮ 전열식   ㉯ 재생식
㉰ 증기식   ㉱ 방사식

[해설] 공기예열기의 종류
① 전열식(강관형과 강판형)
② 증기식
③ 재생식(축열식) (회전식, 고정식, 이동식)이 있다.
[참고] 전열 방법에 따라 ① 전도식 ② 재생식(축열식) ③ 히터 파이프식이 있다.

5. 제어동작 중 비례동작에서 잔류편차가 남지 않는 동작은?
㉮ ON-OFF 동작
㉯ 적분 동작
㉰ 미분 동작
㉱ 적분 동작+미분 동작

[해설] ① 비례(P) 동작: 잔류편차(off set)가 발생한다.
② 적분(I) 동작: 잔류편차(off set)가 제거되지만 진동을 일으키고 제어의 안정성이 떨어진다.
③ 미분(D) 동작: 진동이 제어되어 안정성을 도모해준다.

6. 보일러 급수 중의 불순물이나 침전물 등을 외부로 배출하기 위해 설치하는 밸브는 어느 것인가?
㉮ 급수역지 밸브   ㉯ 분출 밸브

정답 1. ㉰ 2. ㉮ 3. ㉱ 4. ㉱ 5. ㉯ 6. ㉯

㉐ 안전밸브　　㉑ 증기 밸브
[해설] 분출장치에는 분출관, 분출 밸브, 분출 콕이 있다.

7. 연소효율이 95 %, 전열효율이 85 %인 보일러 효율은 약 몇 %인가?
㉮ 95 %　㉯ 85 %　㉰ 81 %　㉱ 75 %
[해설] 보일러 효율＝연소효율×전열효율에서
$(0.95 \times 0.85) \times 100 = 81\%$

8. 보일러 자동제어의 영문 약호는?
㉮ A.C.C　　㉯ F.W.C
㉰ S.T.C　　㉱ A.B.C
[해설] 보일러 자동제어(A.B.C)에는 증기온도 제어(S.T.C), 급수제어(F.W.C), 연소제어(ACC)가 있다.

9. 보일러 안전장치가 아닌 것은?
㉮ 화염 검출기　㉯ 고저 수위경보기
㉰ 방폭문　　　㉱ 절탄기
[해설] 절탄기(급수 예열기)는 열회수 장치이다.

10. 보일러 공기조절 장치인 보염장치의 목적을 설명한 것으로 틀린 것은?
㉮ 연소용 공기의 흐름을 조절하여 준다.
㉯ 화염의 형상을 조절한다.
㉰ 확실한 착화가 되도록 한다.
㉱ 화염의 불안정을 도모한다.
[해설] 연료와 공기와의 혼합을 좋게 하고 화염의 안정을 도모하기 위해서이다.

11. 캐비테이션의 발생원인이 아닌 것은?
㉮ 흡입양정이 지나치게 클 때
㉯ 흡입관의 저항이 작은 경우
㉰ 유량의 속도가 빠른 경우
㉱ 관로 내의 온도가 상승되었을 때
[해설] 흡입관의 저항이 큰 경우에 캐비테이션(공동현상)이 발생한다.

12. 기체 연료의 특징 설명으로 잘못된 것은 어느 것인가?
㉮ 연소효율이 높다
㉯ 적은 과잉공기로 완전연소가 가능하다.
㉰ 연소조절 및 소화, 점화가 용이하다.
㉱ 환경오염 물질이 많이 배출된다.
[해설] 기체연료는 환경오염 물질의 배출이 적다.

13. 보일러 통풍에 관한 설명으로 잘못된 것은 어느 것인가?
㉮ 강제통풍에는 압입통풍, 흡입통풍 및 평형통풍 등이 있다.
㉯ 강제통풍 방식은 연료가 완전연소 되므로 별도의 집진장치가 필요없다.
㉰ 자연통풍은 굴뚝높이와 연소가스의 온도에 따라 일정한 한도를 갖는다.
㉱ 연소실 입구에 송풍기, 굴뚝에 배풍기를 각각 설치한 형태의 강제통풍 방식을 평형통풍 방식이라 한다.
[해설] 통풍방식에 관계없이 집진장치가 필요하다.

14. 보일러 운전 중 수격작용이 발생하는 경우와 가장 거리가 먼 것은?
㉮ 관지름이 넓을수록
㉯ 주증기 밸브를 급히 열었을 때
㉰ 증기관 속에 응축수가 고여 있을 때
㉱ 다량의 증기를 갑자기 송기할 때
[해설] 관지름은 유량 및 유속에 영향을 미친다.

15. 기수 드럼이 없으며, 보일러수가 관 내에서 증발하여 과열 증기로 되는 보일러는

[정답] 7. ㉰　8. ㉱　9. ㉱　10. ㉱　11. ㉯　12. ㉱　13. ㉯　14. ㉮　15. ㉰

어느 것인가?
㉮ 열매체 보일러   ㉯ 수관식 보일러
㉰ 관류 보일러   ㉱ 연관 보일러

[해설] 드럼이 없고 수관으로만 구성된 관류 보일러이다.

16. 집진장치 중 집진효율은 높으나 압력손실이 낮은 형식의 것은 어느 것인가?
㉮ 원심력식 집진장치 ㉯ 여과식 집진장치
㉰ 전기식 집진장치   ㉱ 세정식 집진장치

17. 액체 연료의 기화연소 방법의 종류가 아닌 것은?
㉮ 포트형   ㉯ 심지형
㉰ 펌프형   ㉱ 증발형

[해설] 액체 연료의 기화연소 방법에는 포트형, 심지형, 증발형이 있다.

18. 연료의 단위량(1 kgf 또는 1 m³)이 완전 연소할 때 발생하는 열량을 무엇이라 하는가?
㉮ 엔탈피   ㉯ 발열량
㉰ 잠열   ㉱ 현열

[해설] 단위 중량(체적)당 발열량이다.

19. 보일러 상당증발량을 구하는 식으로 옳은 것은? (단, h_1 : 급수 엔탈피, h_2 : 발생 증기 엔탈피)

㉮ 상당증발량 $= \dfrac{실제증발량 \times (h_2 - h_1)}{539}$

㉯ 상당증발량 $= \dfrac{실제증발량 \times (h_1 - h_2)}{539}$

㉰ 상당증발량 $= \dfrac{실제증발량 \times (h_2 - h_1)}{639}$

㉱ 상당증발량 $= \dfrac{실제증발량}{639}$

[해설] 문제 1 해설 참조.

20. 열정산의 설명으로 가장 타당한 것은?
㉮ 입열보다 출열이 크다.
㉯ 출열보다 입열이 크다.
㉰ 입열과 출열은 같아야 한다.
㉱ 입열과 출열은 무관하다.

[해설] 열정산 시 입열량과 출열량은 똑같다.

21. 보일러의 부속설비 중 연료공급 계통에 해당하는 것은?
㉮ 콤버스터   ㉯ 버너 타일
㉰ 수트 블로어 ㉱ 오일 프리히터

[해설] 오일 프리히터(유예열기)는 연료 공급 계통에 해당된다.

22. 고저수위 경보기의 종류 중 플로트의 위치 변위에 따라 수은 스위치를 작동시켜 경보를 발하는 것은?
㉮ 기계식 경보기   ㉯ 자석식 경보기
㉰ 전극식 경보기   ㉱ 맥도널식 경보기

[해설] 플로트의 부력을 이용한 것은 맥도널식 경보기이다.

23. 수관식 보일러와 관계 없는 것은?
㉮ 승기 관   ㉯ 강수관
㉰ 연관   ㉱ 기수분리기

[해설] 연관은 연관 보일러와 관계가 있다.

24. 버너에서 연료분사 후 소정의 시간이 경과하여도 착화를 볼 수 없을 때 전자 밸브를 닫아서 연소를 저지하는 제어는?
㉮ 저수위 인터로크
㉯ 저연소 인터로크
㉰ 불착화 인터로크
㉱ 프리퍼지 인터로크

[정답] 16. ㉰ 17. ㉰ 18. ㉯ 19. ㉮ 20. ㉰ 21. ㉱ 22. ㉱ 23. ㉰ 24. ㉰

25. 물을 가열하여 압력을 높이면 어느 지점에서 액체, 기체 상태의 구별이 없어지고 증발잠열이 0 kcal/kg이 된다. 이 점을 무엇이라 하는가?

㉮ 임계점 ㉯ 삼중점
㉰ 비등점 ㉱ 압력점

[해설] 임계점에 대한 설명이며 삼중점이란 고체, 액체, 기체가 공존하는 점(273.16 K)이다.

26. 보일러의 긴급연료 차단 밸브(전자 밸브)를 작동시키는 연계 장치가 아닌 것은?

㉮ 압력차단 스위치 ㉯ 스테빌라이저
㉰ 저수위 경보기 ㉱ 화염 검출기

[해설] 스테빌라이저(보염기)는 보염장치이다.

27. 공기비에 관한 식을 옳게 나타낸 것은 어느 것인가? (단, 공기비(m), A = 실제 공기량, A_t = 이론 공기량)

㉮ $A = (m-1)A_t$ ㉯ $A_t = m \times A$
㉰ $A_t = (m-1)A$ ㉱ $A = m \times A_t$

[해설] $m = \dfrac{A}{A_1}$ 에서 $A = m \times A_1$

28. 열의 일당량 값으로 옳은 것은?

㉮ 427 kg·m/kcal
㉯ 327 kg·m/kcal
㉰ 273 kg·m/kcal
㉱ 472 kg·m/kcal

[해설] ① 열의 일당량 = 427 kg·m/kcal
② 일의 열당량 = $\dfrac{1}{427}$ kcal/kg·m

29. 외분식 보일러의 특징으로 틀린 것은?

㉮ 연소실 개조가 용이하다.
㉯ 노내 온도가 높다.
㉰ 연료의 선택 범위가 넓다.
㉱ 복사열의 흡수가 많다.

[해설] 내분식 보일러에서 복사열의 흡수가 크다.

30. 주철제 보일러의 최고 사용압력이 0.15 MPa인 경우 수압시험 압력은?

㉮ 0.15 MPa ㉯ 0.2 MPa
㉰ 0.3 MPa ㉱ 0.43 MPa

[해설] 주철제 보일러의 수압시험 압력
① 최고 사용압력이 0.43 MPa 이하일 때 : 최고 사용압력 × 2배
② 최고 사용압력이 0.43 MPa 초과일 때 : 최고 사용압력 × 1.3배 + 0.3 MPa

31. 연소효율을 구하는 식으로 맞는 것은?

㉮ $\dfrac{실제연소열}{공급열} \times 100$

㉯ $\dfrac{공급열}{실제연소열} \times 100$

㉰ $\dfrac{유효열}{실제연소열} \times 100$

㉱ $\dfrac{실제연소열}{유효열} \times 100$

[해설] ① 연소효율 = $\dfrac{실제연소열}{공급열} \times 100$

② 전열효율 = $\dfrac{유효열}{실제연소열} \times 100$

③ 보일러 효율 = $\dfrac{유효열}{공급열} \times 100$

32. 복사난방에 대한 특징을 설명한 것이다. 틀린 것은?

㉮ 바닥의 이용도가 높다.
㉯ 실내온도가 균등하다.
㉰ 외기 온도급변에 대한 온도조절이 쉽다.
㉱ 실내 평균온도가 낮으므로 열손실이 비교적 적다.

[해설] 복사난방은 방열체의 열용량이 크므로

정답 25. ㉮ 26. ㉯ 27. ㉱ 28. ㉮ 29. ㉱ 30. ㉰ 31. ㉮ 32. ㉰

외기온도가 급변하였을 때 방열량 조절이 어렵다 (온도조절이 어렵다.)

33. 유류연소 수동 보일러의 운전정지 시 관리 일반사항으로 틀린 것은?
  ㉮ 운전정지 직전에 유류예열기의 전원(열원)을 차단하고 유류예열기의 온도를 낮춘다.
  ㉯ 보일러 수위를 정상수위보다 조금 높이고 버너의 운전을 정지한다.
  ㉰ 연소실내 연도를 환기시키고 댐퍼를 연다.
  ㉱ 연소실에서 버너를 분리하고 청소를 하고 기름이 누설되는지 점검한다.
  [해설] 포스트퍼지(post purge)를 행한 후 연소용 공기 댐퍼를 닫는다.

34. 보일러 점화 불량의 원인이 아닌 것은 어느 것인가?
  ㉮ 기름의 분산이 잘될 경우
  ㉯ 기름의 온도가 너무 낮거나 높을 경우
  ㉰ 1차 공기압력이 과대할 경우
  ㉱ 유압이 낮을 경우
  [해설] 점화(착화) 불량의 원인
   ① 기름의 분무상태가 불량한 경우
   ② 유온이 너무 높거나 낮은 경우
   ③ 유압이 낮은 경우
   ④ 1차 공기압이 과대할 때
   ⑤ 노즐이 막힌 경우
   ⑥ 점화 플러그가 더러워져 있거나 노즐과 간격이 맞지 않은 경우

35. 최고 사용압력이 0.7 MPa인 강철제 증기 보일러의 안전밸브 크기는 호칭 얼마 이상으로 하는가?
  ㉮ 25 A   ㉯ 30 A
  ㉰ 15 A   ㉱ 20 A

[해설] 초고 사용압력이 0.1 MPa 이하인 경우에는 20A 이상으로 할 수 있다.

36. 다음 중 작업안전 도구가 아닌 것은?
  ㉮ 안전모   ㉯ 다이어프램
  ㉰ 귀마개   ㉱ 마스크
  [해설] ㉮, ㉰, ㉱ 외에 보안경, 안전화가 있다.

37. 증기난방의 분류에서 응축수 환수법에 해당되는 것은?
  ㉮ 고압식   ㉯ 상향 공급식
  ㉰ 기계환수식   ㉱ 단관식
  [해설] 응축수 환수법에는 중력환수식, 기계환수식, 진공환수식이 있다.

38. 보일러 급수 성분 중 포밍과 관련이 가장 큰 것은?
  ㉮ pH   ㉯ 경도 성분
  ㉰ 용존산소   ㉱ 유지(油脂) 성분
  [해설] ① 경도 성분 : 스케일 생성
   ② 용존산소 : 내부 부식
   ③ 유지성분 : 포밍, 프라이밍

39. 강철제 소형 보일러의 열효율은 표시정격 용량 이상의 부하에서 고위발열량 기준일 경우 몇 % 이상이어야 하는가?
  ㉮ 60   ㉯ 65   ㉰ 70   ㉱ 75
  [해설] 보일러 효율향상 기술규격(KBE)에서 규정한 소용량 보일러의 열효율은 표시정격 용량 이상의 부하에서 75%(고위 발열량 기준) 이상이어야 한다.

40. 온수 방열기의 상당방열 면적(EDR)당 발생되는 표준 방열량은?
  ㉮ 250 kcal/$m^2 \cdot h$ ㉯ 350 kcal/$m^2 \cdot h$
  ㉰ 450 kcal/$m^2 \cdot h$ ㉱ 650 kcal/$m^2 \cdot h$

정답 33. ㉰ 34. ㉮ 35. ㉮ 36. ㉯ 37. ㉰ 38. ㉱ 39. ㉱ 40. ㉰

[해설] ① 온수 방열기 표준 방열량
  = 450 kcal/m² · h
② 증기 방열기 표준 방열량
  = 650 kcal/m² · h

41. 보일러 수면계를 시험할 필요가 없는 경우는?
㉮ 프라이밍, 포밍을 일으킬 때
㉯ 2개의 수면계 수위가 서로 상이할 때
㉰ 수면계 수위가 의심스러울 때
㉱ 수위의 움직임이 예민할 때
[해설] 보일러 가동 직전, 수위의 움직임이 둔할 때, 수면계 교체 및 수리를 한 후에 시험을 한다.

42. 보일러의 과열방지 대책에 해당하지 않는 것은?
㉮ 보일러 수위를 안전저수위 이하로 운전할 것
㉯ 화염을 국부적으로 집중시키지 말 것
㉰ 보일러 수의 순환을 양호하게 할 것
㉱ 보일러 수를 너무 농축시키지 말 것
[해설] 안전저수위 이하로 운전하면 과열의 원인이 된다.

43. 보일러 운전 시 연소조절의 주의 사항으로 틀린 것은?
㉮ 보일러를 무리하게 가동하지 않아야 한다.
㉯ 연소량을 급격하게 증감하지 말아야 한다.
㉰ 불필요한 공기의 연소실 내 침입을 방지하고 연소실 내를 저온으로 유지한다.
㉱ 항상 연소용 공기의 과부족에 주의하여 효율 높은 연소를 하지 않으면 안 된다.
[해설] 연소실을 고온으로 유지해야 한다.

44. 보일러수의 분출작업을 안전상 최소 몇 명 이상이 하는 것이 좋은가?
㉮ 1명 ㉯ 2명 ㉰ 3명 ㉱ 4명
[해설] 2인 1조가 되어 1인은 수면계 수위 감시, 나머지 1인은 분출작업을 행한다.

45. 보일러 외부의 저온부식 방지법에 해당하는 것은?
㉮ 연료 중의 황분을 제거한다.
㉯ 저온의 전열면에 침식재료를 사용한다.
㉰ 배기가스의 온도를 노점 이하로 유지한다.
㉱ 과잉 공기량을 증가시킨다.
[해설] 내식재료를 사용하고 배기가스 온도를 노점 이상으로 유지해야 하며 과잉 공기량을 줄여 아황산가스의 산화를 방지해야 한다.

46. 가연가스와 미연가스가 노 내에 발생하는 경우가 아닌 것은?
㉮ 심한 불완전연소가 되는 경우
㉯ 점화조작에 실패한 경우
㉰ 소정의 안전 저 연소율보다 부하를 높여서 연소시킨 경우
㉱ 연소 정지 등에 연료가 노 내에 스며든 경우
[해설] 부하를 너무 낮추어 연소시킬 때이다.

47. 진공환수식 증기난방법에 쓰이는 진공개폐기는 환수관 내의 진공도를 어느 정도로 유지시키는가?
㉮ 50~100 mmHg
㉯ 100~250 mmHg

정답 41. ㉱ 42. ㉮ 43. ㉰ 44. ㉯ 45. ㉮ 46. ㉰ 47. ㉯

㈐ 250~400 mmHg
㈑ 400~550 mmHg

[해설] 환수관 내의 진공도는 100~250 mmHg로 유지해야 한다.

48. 보일러의 급수장치에 대한 설명이다. 이 중 잘못된 것은 어느 것인가?
㈎ 인젝터는 즉시 연료(열)의 공급이 차단되지 않아 과열될 염려가 있는 보일러에 설치한다.
㈏ 전열면적 12 m² 이하인 보일러는 보조 펌프를 생략할 수 있다.
㈐ 전열면적 14 m² 이하의 가스용 온수 보일러는 보조 펌프를 생략할 수 있다.
㈑ 전열면적 150 m² 이하의 관류 보일러에는 보조 펌프를 생략할 수 있다.

[해설] 전열면적 100 m² 이하의 관류 보일러는 보조 펌프를 생략할 수 있다.

49. 보온재 중 열에 강하고 절연효과가 뛰어나지만 폐암 등을 일으키는 원인이 되므로 사용이 규제되고 있는 것은?
㈎ 석면   ㈏ 우레탄 폼
㈐ 펠트   ㈑ 그라스 울

50. 진공환수식 증기난방에서 리프트 피팅이란?
㈎ 저압환수관이 진공 펌프의 흡입구보다 낮은 위치에 있을 때 이음방법이다.
㈏ 방열기보다 낮은 곳에 환수주관이 설치된 경우 적용되는 이음방법이다.
㈐ 진공 펌프가 환수주관과 같은 위치에 있을 때 적용되는 이음방법이다.
㈑ 방열기와 환수주관의 위치가 같을 때 적용되는 이음방법이다.

[해설] 리프트 피팅이란 ㈎항과 방열기보다 높은 곳에 환수주관이 설치된 경우 적용되는 이음방법이다.

51. 온수 보일러의 방열기 입구온도가 90℃, 출구온도가 60℃이고, 온수 순환량이 600 kgf/h일 때 방열기 방열량은? (단, 온수의 평균비열은 1 kcal/kgf·℃로 한다.)
㈎ 48000 kcal/h   ㈏ 42000 kcal/h
㈐ 18000 kcal/h   ㈑ 6000 kcal/h

[해설] $600 \times 1 \times (90-60) = 18000$ kcal/h

52. 염산을 사용하여 보일러 세관을 하는 경우의 설명으로 잘못된 것은?
㈎ 가격이 싸서 경제적이다.
㈏ 물에 대한 용해도가 크다.
㈐ 스케일 용해 능력이 작다.
㈑ 부식억제제의 능력이 크다.

[해설] 염산은 스케일 용해 능력이 크며 다른 산에 비해 위험성이 적다.

53. 점화 후 급격히 보일러를 가열하는 것은 좋지 않은데 그 주된 이유는?
㈎ 이음 부분이 새거나 파손의 우려가 있다.
㈏ 연료가 많이 든다.
㈐ 증기의 발생량이 급격히 증가한다.
㈑ 수격작용이 발생한다.

[해설] 부동팽창 영향으로 ㈎항과 같은 우려가 있다.

54. 온수 보일러의 순환 펌프 설치에 대한 설명으로 틀린 것은?
㈎ 순환 펌프의 모터 부분은 수평되게 설치한다.
㈏ 순환 펌프의 흡입 측에는 여과기를 설치한다.
㈐ 순환 펌프는 바이패스 회로를 설치하

지 않는다.
㉣ 순환 펌프와 전원 콘센트간의 거리는 최소로 한다.

[해설] 고장, 수리 시를 대비하여 바이패스 회로를 설치한다.

55. 에너지이용 합리화법상 에너지의 최저 소비효율 기준에 미달하는 효율관리 기자재의 생산 또는 판매금지 명령을 위반한 자에 대한 벌칙은?

㉮ 1년 이하의 징역 또는 1천만원 이하의 벌금
㉯ 1천만원 이하의 벌금
㉰ 2년 이하의 징역 또는 2천만원 이하의 벌금
㉱ 2천만원 이하의 벌금

[해설] 에너지이용 합리화법 제74조 참조.

56. 에너지이용 합리화법상 에너지 수급안정을 위한 조치에 해당하지 않는 것은?

㉮ 에너지의 비축과 저장
㉯ 에너지 공급설비의 가동 및 조업
㉰ 에너지의 배급
㉱ 에너지 판매시설의 확충

[해설] 에너지이용 합리화법 제7조 ②항 참조.

57. 에너지이용 합리화법상 에너지를 사용하여 만드는 제품의 단위당 에너지 사용 목표량(목표 에너지 원단위)은 누가 정하는가?

㉮ 에너지관리공단 이사장
㉯ 품질인정원장
㉰ 시·도지사
㉱ 지식경제부 장관

[해설] 에너지이용 합리화법 제35조 ①항 참조.
[참고] 지식경제부가 산업통상자원부로 바뀌었음.

58. 열사용 기자재 규칙상 검사대상기기의 계속 사용검사를 받고자 하는 자는 검사 신청서를 유효기간 만료 며칠 전까지 제출하여야 하는가?

㉮ 7일   ㉯ 10일   ㉰ 20일   ㉱ 30일

[해설] 에너지이용 합리화법 시행규칙 제31조의 19 참조.

59. 에너지이용 합리화법상 에너지 사용자와 에너지 공급자의 책무는?

㉮ 에너지 수급안정을 위한 노력
㉯ 온실가스 배출을 줄이기 위한 노력
㉰ 기자재의 에너지 효율을 높이기 위한 기술개발
㉱ 지역경제발전을 위한 시책 강구

[해설] 에너지이용 합리화법 제3조 ③항 참조.

60. 에너지이용 합리화법 시행령에서 지식경제부 장관은 에너지이용 합리화 기본계획을 몇 년마다 수립하는가?

㉮ 1년   ㉯ 2년   ㉰ 3년   ㉱ 5년

[해설] 에너지이용 합리화법 시행령 제3조 ①항 참조.

정답 55. ㉱   56. ㉱   57. ㉱   58. ㉯   59. ㉯   60. ㉱

에너지관리기능사

[2008년 3월 30일 시행]

1. 제어량을 조정하기 위해 제어장치가 제어대상으로 주는 양은?
㉮ 목표값   ㉯ 편심량
㉰ 제어편차 ㉱ 조작량

[해설] ① 제어편차 = 목표값 - 제어량
② 조작량이란 제어량을 지배하기 위해 조작부가 제어대상에 주는 양을 말한다.

2. 화염의 이온화를 이용한 화염검출기 종류는?
㉮ 스택 스위치 ㉯ 플레임 아이
㉰ 플레임 로드 ㉱ 광전관

[해설] ① 플레임 아이 : 광학적 성질 이용
② 플레임 로드 : 화염의 이온화 이용
③ 스택 스위치 : 열적 성질 이용

3. 다음 펌프 중 왕복식 펌프의 종류에 해당되는 것은?
㉮ 터빈 펌프   ㉯ 벌류트 펌프
㉰ 워싱턴 펌프 ㉱ 프로펠러 펌프

[해설] ① 원심식 펌프 : 터빈 펌프, 벌류트 펌프
② 왕복식 펌프 : 워싱턴 펌프, 위어 펌프, 플런저 펌프

4. 보일러에서 열정산을 하는 목적으로 맞는 것은?
㉮ 보일러 연소실의 구조를 알 수 있다.
㉯ 보일러에서 열의 이동상태를 파악할 수 있다.
㉰ 보일러에 사용되는 연료의 열량을 계산한다.
㉱ 보일러에서 열정산하면 입열과 출열은 다르다.

[해설] 열정산의 목적은 열의 손실 파악, 열설비 성능 파악, 열의 이동을 파악하고 조업방법을 개선하며 연료의 경제를 도모하기 위하여이다.

5. 로터리 버너에 대한 설명으로 틀린 것은 어느 것인가?
㉮ 회전하는 컵 모양의 회전체로 기름을 미립화시켜 무화 연소시킨다.
㉯ 화염이 짧고 안정한 연소를 시킬 수 있다.
㉰ 유량조절 범위는 1:5 정도이다.
㉱ 연료는 점도가 작을수록 무화가 나쁘다.

[해설] 연료의 점도가 작을수록 무화가 좋다.

6. 보일러 사용 시 이상 저수위의 원인이 아닌 것은?
㉮ 증기 취출량이 과다한 경우
㉯ 보일러 연결부에서 누출이 되는 경우
㉰ 급수장치가 증발능력에 비해 과소한 경우
㉱ 급수탱크 내 급수량이 많은 경우

[해설] 급수탱크 내 급수량이 적은 경우에 이상 저수위의 원인이 된다.

7. 게이지 압력이 1.57 MPa이고 대기압이 0.103 MPa일 때 절대압력은 몇 MPa인가?
㉮ 1.467   ㉯ 1.673
㉰ 1.783   ㉱ 2.008

[해설] 절대압력 = 대기압 + 게이지압력에서
0.103 + 1.57 = 1.673 MPa

8. 과열증기의 온도조절 방법이 아닌 것은?
㉮ 과열기 통과 연소가스량을 댐퍼로 조

정답 1. ㉱ 2. ㉰ 3. ㉰ 4. ㉯ 5. ㉱ 6. ㉱ 7. ㉯ 8. ㉱

절하는 방법
[대] 연소실 내의 화염의 위치를 바꾸는 방법
[대] 과열 저감기를 사용하는 방법
[래] 과열기 입구 가스를 일부 추출하여 재순환하는 방법

[해설] 절탄기 출구 측 저온의 가스를 재순환시키는 방법이 있다.

9. 다음 유류 중 인화점이 가장 낮은 것은?
[가] 가솔린 [내] 등유
[대] 경유   [래] 중유

[해설] ① 가솔린 : −20℃∼−43℃
② 등유 : 30∼60℃
③ 경유 : 50∼70℃
④ 중유 : 60∼150℃

10. 다음 보일러 중에서 관류 보일러에 속하는 것은?
[가] 코크란 보일러   [내] 코니시 보일러
[대] 스코치 보일러   [래] 슐처 보일러

[해설] 관류 보일러 종류 : 벤슨(benson) 보일러, 슐처(sulzer) 보일러, 람진 보일러, 엣모스 보일러

11. 중유의 연소 상태를 개선하기 위한 첨가제의 종류가 아닌 것은?
[가] 연소촉진제   [내] 회분개질제
[대] 탈수제   [래] 슬러지 생성제

[해설] 슬러지 분산제와 유동점 강하제가 있다.

12. 5000 kcal/kg의 연료 100 kg을 연소해서 실제로 보일러에 흡수된 열량이 350000 kcal이라면 이 보일러의 효율은 몇 %인가?
[가] 62   [내] 66   [대] 70   [래] 80

[해설] 보일러 효율 $= \dfrac{350000}{100 \times 5000} \times 100 = 70\%$

13. 입형 보일러에 대한 설명으로 틀린 것은?
[가] 비교적 장소가 좁은 곳에도 설치가 가능하다.
[내] 수관을 많이 설치하여 효율을 높일 수 있다.
[대] 고압력의 보일러로는 부적합하다.
[래] 수면이 좁고 증기부가 적어 습증기가 발생할 수 있다.

[해설] 입형(버티컬) 보일러는 동(드럼)을 수직으로 세워 제작한 보일러이며 입형횡관, 입형연관, 코크란 보일러가 있다.

14. 다음 중 기체 연료의 장점이 아닌 것은 어느 것인가?
[가] 연소의 조절 및 점화 소화가 간단하다.
[내] 연료 및 연소용 공기도 예열되어 고온을 얻을 수 있다.
[대] 완전연소가 되므로 누설 시 위험성이 적다.
[래] 고부하 연소가 가능하고 연소실 용적을 적게 할 수 있다.

[해설] 기체 연료는 누설 시 폭발 위험성이 매우 크다.

15. 증기 속에 수분이 많을 때의 현상으로 틀린 것은?
[가] 증기기관의 열효율을 향상시킨다.
[내] 건조도가 저하된다.
[대] 증기배관 내에 수격작용이 발생된다.
[래] 장치에 부식이 발생된다.

[해설] 증기 속에 수분이 많으면 기관의 열효율을 저하시키며 열손실을 증대시킨다.

16. 보일러 분출작업 시의 주의사항으로 틀린 것은?

정답 9. [가] 10. [래] 11. [래] 12. [대] 13. [내] 14. [대] 15. [가] 16. [래]

㉮ 안전 저수위 이하로 내려가지 않도록 한다.
㉯ 2인 1조가 되어 분출작업을 한다.
㉰ 2대의 보일러를 동시에 분출시켜서는 안 된다.
㉱ 연속운전인 보일러에는 부하가 가장 클 때 실시한다.

[해설] 부하(負荷)가 가장 작을 때 분출작업을 실시해야 한다.

17. 온도 20℃의 급수를 공급 받아 250℃의 증기를 1시간당 20000 kgf 발생하는 보일러의 상당증발량은 약 몇 kgf/h인가? (단, 발생증기의 엔탈피는 675 kcal/kg 이다.)

㉮ 24304   ㉯ 32987
㉰ 26493   ㉱ 8163

[해설] 상당(환산) 증발량
$$= \frac{20000 \times (675-20)}{539} = 24304 \text{ kgf/h}$$

18. 다음 보일러 중 특수열매체 보일러에 해당되는 것은?

㉮ 타쿠마 보일러
㉯ 세큐리티 보일러
㉰ 슐처 보일러
㉱ 하우덴 존슨 보일러

[해설] 특수 열매체 보일러에서 사용되는 열매체의 종류
① 수은   ② 다우섬 A, E
③ 카네크롤   ④ 모빌섬
⑤ 세큐리티   ⑥ 에스섬
⑦ 바렐섬

19. 제어장치에서 인터로크(interlock)란?

㉮ 정해진 순서에 따라 차례로 동작이 진행되는 것
㉯ 구비조건에 맞지 않을 때 작동을 정지시키는 것
㉰ 증기압력의 연료량, 공기량을 조절하는 것
㉱ 제어량과 목표값을 비교하여 동작시키는 것

[해설] ㉮항은 시퀀스 제어, ㉰항은 인터로크에 대한 내용이다.

20. 액체 연료의 연소 시에 연료를 무화시키는 목적이 아닌 것은?

㉮ 연료의 단위중량당 표면적을 크게 하기 위하여
㉯ 자동제어 장치를 적용하기 위하여
㉰ 연료와 공기의 혼합을 좋게 하기 위하여
㉱ 연소효율을 증대하기 위하여

[해설] ㉯항은 무화의 목적과 관계가 없다.

21. 다음 액면계 중 직접식 액면계에 속하는 것은?

㉮ 압력식   ㉯ 방사선식
㉰ 초음파식   ㉱ 유리관식

[해설] ① 직접식 액면계의 종류 : 유리관식, 검척식, 플로트식
② 간접식 액면계의 종류 : 압력식, 퍼지식, 방사선식, 초음파식, 정전용량식

22. 체적으로 구할 경우 탄소 1 kg을 연소시키는 데 필요한 이론 공기량은 약 몇 Nm³인가?

㉮ 8.89   ㉯ 11.49
㉰ 22.40   ㉱ 26.67

[해설] C + O_2 → CO_2
        ↓   ↓   ↓
       12 kg 32 kg   44 kg
              22.4 Nm³   22.4 Nm³

$$\frac{22.4}{12} \times \frac{100}{21} = 8.89 \text{ Nm}^3$$

[참고] 이론공기량(체적)
= 이론산소량(체적) × $\frac{100}{21}$

정답 17. ㉮ 18. ㉯ 19. ㉯ 20. ㉯ 21. ㉱ 22. ㉮

23. 송풍기에서 전향날개의 대표적인 형태로 시로코형 송풍기라고도 하며 원심송풍기로서 회전차의 지름이 작고 소형 경량인 송풍기는?
㉮ 다익 송풍기　㉯ 터보 송풍기
㉰ 플레이트 송풍기　㉱ 축류 송풍기

[해설] 다익형 (시로코형) 송풍기의 특징
① 전향날개로 되어 있으며 날개(회전차)의 지름이 좁은 것을 많이 설치한 송풍기
② 풍량은 많으나 풍압이 낮고(120 mm H_2O) 효율이 낮다 (50%).
③ 구조가 간단하여 소용량 제작이 가능하다.

24. 자동제어의 신호전달 방법에 대한 특징이다. 신호전송 시 시간지연이 다른 형식에 비하여 크며, 전송 거리는 100~150 m 정도인 것은 어느 형식에 해당하는가?
㉮ 전기식　㉯ 유압식
㉰ 공기식　㉱ 아날로그식

[해설] ① 전기식 : 10 km
② 유압식 : 300 m
③ 공기식 : 100~150 m

25. 다음 중 세정식 집진장치를 나타내는 것은?
㉮ 백필터　㉯ 스크러버
㉰ 코트렐　㉱ 사이클론

[해설] ① 백필터 : 여과식
② 스크러버 : 세정식(습식)
③ 코트렐 : 전기식
⑤ 사이클론 : 원심식

26. 증발열이나 용해열과 같이 열을 가하여도 물체의 온도 변화는 없고 상(相) 변화에만 관계하는 열은?
㉮ 현열　㉯ 잠열
㉰ 승화열　㉱ 기화열

[해설] 온도변화에만 관계되는 열은 현열이며, 상변화에만 관계되는 열은 잠열이다.

27. 3요소식 보일러 급수 제어방식에서 검출하는 3요소로 구성된 것은?
㉮ 수위, 증기유량, 급수유량
㉯ 수위, 공기압, 수압
㉰ 수위, 연료량, 공기압
㉱ 수위, 연료량, 수압

[해설] ① 1요소식(단요소식) : 수위만을 검출
② 2요소식 : 수위와 증기유량 검출
③ 3요소식 : 수위, 증기유량, 급수유량 검출

28. 일명 실로폰 트랩이라고도 부르며 저온의 공기도 통과시키는 특성이 있으므로 에어리턴식, 진공환수식 증기배관의 방열기나 관말 트랩에 사용되는 것은?
㉮ 열동식 트랩　㉯ 버킷식 트랩
㉰ 플로트식 트랩　㉱ 충격식 트랩

[해설] 열동식 트랩(thermostatic type trap) : 방열기나 관말 트랩에 사용되며 일종의 온도조절식 트랩으로 일명 실로폰 트랩이라고도 부른다.

29. 보일러 마력의 계산식으로 맞는 것은?
㉮ 실제증발량 × 15.65
㉯ 상당증발량 × 15.65
㉰ $\dfrac{실제증발량}{15.65}$
㉱ $\dfrac{상당증발량}{15.65}$

[해설] 1보일러 마력의 상당(환산) 증발량 값이 15.65 kg/h이므로
$$보일러\ 마력 = \dfrac{상당(환산)\ 증발량}{15.65}$$

30. 실의 천장 높이가 12 m인 극장에 대한 증기난방 설비를 설계하고자 한다. 이때의 난방부하 계산을 위한 실내 평균온도는 약 몇 ℃인가? (단, 호흡선 1.5 m에서의 실내 온도는 18℃이다.)
㉮ 23　　㉯ 26　　㉰ 29　　㉱ 32

[해설] 천장의 높이가 3 m 이상이 되면 직접난방법에 의해서 난방할 때 윗부분과 밑면과의 온도차가 크므로 평균 온도를 구하며 호흡선에서의 온도를 t (℃), 천장높이 h (m)라면
평균온도 $= 0.05t(h-3)+t$
$= 0.05 \times 18(12-3) + 18 = 26℃$

31. 증기 보일러 안전밸브의 호칭지름은 특별한 경우를 제외하고는 얼마 이상이어야 하는가?
㉮ 15 A 이상　　㉯ 20 A 이상
㉰ 25 A 이상　　㉱ 32 A 이상

[해설] 증기 보일러 안전밸브의 호칭지름은 25A 이상이어야 한다.

32. 전열면적이 10 m^2 이상 15 m^2 미만인 강철제 온수발생 보일러의 방출관의 안지름은 몇 mm 이상으로 해야 하는가?
㉮ 25　　㉯ 30　　㉰ 40　　㉱ 50

[해설] ① 10 m^2 미만 : 25 mm 이상
② 10 m^2 이상 15 m^2 미만 : 30 mm 이상
③ 15 m^2 이상 20 m^2 미만 : 40 mm 이상
④ 20 m^2 이상 : 50 mm 이상

33. 다음 중 유류 보일러의 자동장치 점화 시 가장 먼저 이루어지는 작업은?
㉮ 점화용 버너착화　　㉯ 프리퍼지
㉰ 주버너착화　　㉱ 화염검출

[해설] 자동점화 순서 : ① 프리퍼지 → ② 버너 동작 → ③ 노내압 조정 → 파일럿 버너(점화 버너) 작동 → ⑤ 화염 검출기 작동 → ⑥ 전자밸브 열림 → ⑦ 주버너에서 점화 → ⑧ 파일럿 버너 정지 → ⑨ 공기 댐퍼 및 메털링 펌퍼(자동유량 조절장치) 작동 → ⑩ 저연소에서 고연소로 자동으로 조정

34. 증기 보일러의 캐리오버(carry over)의 발생원인과 가장 무관한 것은?
㉮ 보일러 부하가 급격하게 증대할 경우
㉯ 증발부 면적이 불충분할 경우
㉰ 증기정지 밸브를 급격히 열었을 경우
㉱ 부유 고형물 및 용해 고형물이 존재하지 않을 경우

[해설] 고형물이 존재하는 경우에 캐리오버 현상이 발생한다.

35. 신설 보일러의 사용 전 내부 점검사항으로 틀린 것은?
㉮ 기수분리기, 기타부품의 부착상황을 확인하고 공구나 볼트, 너트, 헝겊조각 등이 보일러에 들어 있는지 점검한다.
㉯ 내부에 이상이 없는 지 확인하고 맨홀, 검사구 등 수압시험에 사용한 평판 등이 제거되어 있는지 각 구멍을 점검한 후 닫혀있는 뚜껑을 전부 열어 개방한다.
㉰ 내부의 공기를 빼고 밸브를 열어 놓은 상태로 급수하고 수위가 상승할 때 저수의 경보기, 연료차단장치 등의 인터로크가 정확하게 작동하는 지 확인한다.
㉱ 만수시킨 후 공기가 완전히 빠졌는지 확인한 뒤 공기빼기 밸브를 닫고 정상 사용 압력보다 10 % 이상의 수압을 가하여 각부가 새지 않는지 확인한다.

[해설] 닫혀있는 뚜껑을 전부 닫아 밀폐한다.

[정답] 30. ㉯　31. ㉰　32. ㉯　33. ㉯　34. ㉱　35. ㉯

36. 신축곡관이라고도 하며 고온, 고압용 증기관 등의 옥외 배관에 많이 쓰이는 신축 이음은?

㉮ 슬리브형 ㉯ 벨로스형
㉰ 루프형   ㉱ 스위블형

[해설] 만곡관형(신축곡관 : loop type) : 강관을 휨가공하여 제작하였으며 허용길이가 가장 크고 고압 옥외 배관에 많이 사용하며 루프형과 밴드형이 있다.

37. 강제순환식의 온수난방의 특징, 설명으로 틀린 것은?

㉮ 배관의 관지름도 중력식에 비해 적어도 된다.
㉯ 공기빼기 밸브를 설치해야 한다.
㉰ 중력 환수식에 비해 예열 시간이 길다.
㉱ 대규모 난방장치에서도 온수의 순환이 확실하며 균일하게 할 수 있다.

[해설] 중력순환식에 비해 예열시간이 비교적 짧다.

38. 기계식 세관 작업 시의 공구에 해당되지 않는 것은?

㉮ 익스팬더 ㉯ 스크래퍼
㉰ 스케일 해머 ㉱ 와이어브러시

[해설] ① 익스팬더(expander) : 동관 확관용 공구
② 스크래퍼(scraper) : 수관 외부 그을음 제거용 공구
③ 스케일 해머(scale hammer) : 수관 내부 스케일 제거용 공구
④ 와이어 브러시(wire brush) : 연관 내부 그을음 제거용 공구

39. 지역난방의 특징 설명으로 잘못된 것은 어느 것인가?

㉮ 각 건물에 보일러를 설치하는 경우에 비해 건물의 유효면적이 증대된다.
㉯ 각 건물에 보일러를 설치하는 경우에 비해 열효율이 좋아진다.
㉰ 설비의 고도화에 따라 도시 매연이 감소된다.
㉱ 열매체는 증기보다 온수를 사용하는 것이 관내 저항손실이 적으므로 주로 온수를 사용한다.

[해설] 온수를 열매로 사용할 때 관내 저항손실이 크므로 넓은 지역의 지역난방에는 부적당하다.

40. 증기 보일러의 운전 중 수면계가 파손된 경우 다음 중 제일 먼저 조치할 사항은?

㉮ 드레인 콕을 닫는다.
㉯ 물 콕을 닫는다.
㉰ 급수 밸브를 닫는다.
㉱ 펌프를 가동하여 급수한다.

[해설] 보일러 이상 감수 예방 및 취급자의 화상을 예방하기 위하여 물 콕을 먼저 닫아야 한다.

41. 기름 연소 보일러에서 노 내 가스폭발이 발생할 수 있는 경우와 무관한 것은?

㉮ 배기가스 온도가 너무 높다.
㉯ 프리퍼지가 불충분하다.
㉰ 포스트 퍼지가 불충분하다.
㉱ 연소실 내부로 연료의 누입이 있었다.

[해설] 배기가스 온도가 너무 높으면 가동 중지가 된다 (온도 상한 스위치에 의해 전자 밸브가 작동).

42. 보일러의 과열 원인과 무관한 것은?

㉮ 보일러수의 순환이 불량할 경우
㉯ 스케일 누적이 많은 경우
㉰ 저수위로 운전할 경우
㉱ 1차 공기량의 공급이 부족한 경우

[해설] 1차 공기량의 공급이 부족한 경우에는 연료의 무화 상태가 불량해진다.

정답 36. ㉰ 37. ㉰ 38. ㉮ 39. ㉱ 40. ㉯ 41. ㉮ 42. ㉱

43. 보일러 취급 책임자로서 보일러를 관리하는 경우 가장 필요한 자세는?
㉮ 분출작업을 직접한다.
㉯ 안전밸브의 조정을 직접한다.
㉰ 보일러를 안전하게 경제적으로 관리한다.
㉱ 급수조작을 직접한다.
[해설] 안전관리가 가장 중요하다.

44. 보일러 수(水) 중의 경도 성분을 슬러지로 만들기 위하여 사용하는 청관제는?
㉮ 가성취화 억제제 ㉯ 연화제
㉰ 슬러지 조정제 ㉱ 탈산소제
[해설] 경도 성분을 슬러지로 만들기 위해서는 연화제가 사용되고, 스케일 성분을 슬러지로 만들기 위해서는 슬러지 조정제가 사용된다.

45. 보일러 팽창 탱크 설치 시 주의사항으로 잘못된 것은?
㉮ 팽창 탱크 내부의 수위를 알 수 있는 구조이어야 한다.
㉯ 탱크에 연결되는 팽창 흡수관은 팽창 탱크 바닥면과 같게 배관해야 한다.
㉰ 팽창 탱크에는 상부에 통기구멍을 설치한다.
㉱ 개방식 팽창 탱크의 높이는 방열기보다 1 m 이상 높은 곳에 설치한다.
[해설] 팽창 흡수관은 팽창 탱크 바닥면보다 25 mm 높게 배관해야 한다.

46. 증기난방의 특징을 틀리게 설명한 것은 어느 것인가?
㉮ 열운반 능력이 크다.
㉯ 예열시간이 짧다.
㉰ 온수난방에 비하여 쾌적하다.
㉱ 방열면적이 온수난방보다 적어도 된다.
[해설] 증기난방은 난방부하에 따른 방열량 조절이 곤란하며 온수난방에 비하여 실내 쾌감도가 낮다.

47. 다음 보온재 중 무기질 보온재는?
㉮ 암면 ㉯ 펠트
㉰ 코르크 ㉱ 기포성수지
[해설] ① 무기질 보온재 : 석면, 암면, 규조토, 유리섬유, 탄산마그네슘
② 유기질 보온재 : 펠트, 코르크, 기포성 수지

48. 유류연소 수동 보일러의 운전을 정지했을 때 조치사항으로 틀린 것은?
㉮ 운전정지 직전에 유류예열기의 전원을 차단하고 유류예열기의 온도를 낮춘다.
㉯ 보일러의 수위를 정상수위보다 조금 높이고 버너의 운전을 정지한다.
㉰ 연소실 내에서 분리하여 청소를 하고 기름이 누설되는지 점검한다.
㉱ 연소실내, 연도를 환기시키지 말고 댐퍼를 열어 둔다.
[해설] 포스트 퍼지를 반드시 행하고 댐퍼를 닫아 주어야 한다.

49. 보일러 운전자의 일반적인 주의사항으로 틀린 것은?
㉮ 보일러 가동은 정격한도를 넘지 않도록 한다.
㉯ 제조사의 취급설명서를 숙지하여 그 지시를 따른다.
㉰ 증기 수요가 용량에 초과될 경우 과부하운전을 한다.
㉱ 보일러 사용처의 작업환경에 따라 운전기준을 정한다.
[해설] 과부하 운전을 하여서는 안 된다.

50. 강철제 보일러의 수압시험 압력에 대한 설명으로 틀린 것은?
㉮ 최고 사용압력이 0.43 MPa 이하인 보일러는 최고 사용압력의 2배의 압력으로 한다.
㉯ 시험압력이 0.2 MPa 미만인 경우는 0.2 MPa로 한다.
㉰ 최고 사용압력 0.43 MPa을 초과, 1.5 MPa 이하인 보일러는 그 최고사용 압력의 1.3배의 압력으로 한다.
㉱ 최고 사용압력이 1.5 MPa 초과인 보일러는 최고 사용압력의 1.5배의 압력으로 한다.
[해설] 최고 사용압력이 0.43 MPa 초과 1.5 MPa 이하인 보일러는 그 최고 사용압력의 1.3배에 0.3 MPa을 더한 압력으로 한다.

51. 보일러 본체나 수관, 연관 등이 사용 중에 그 일부가 원형 상태에서 내부로부터 2장의 층을 형성하는 현상은?
㉮ 크랙   ㉯ 래미네이션
㉰ 블리스터   ㉱ 노치
[해설] ① 래미네이션(lamination) : 강괴 속에 잔류된 가스체가 강철판을 압연할 때에 압축되어 2장의 층을 형성하고 있는 홈을 말하며, 일종의 재료의 결함이다.
② 블리스터(blister) : 래미네이션의 결함을 가진 재료가 외부로부터 강한 열을 받아 소손되어 부풀어 오르는 현상을 말한다.
③ 균열(crack) : 균열이 생기기 쉬운 곳은 끊임없이 반복적인 응력을 받아 무리를 받고 있는 부분에 생긴다. 즉, 열응력이 모여있는 이음 부분, 리벳 구멍 부분, 스테이(stay, 버팀)를 가지는 부분이다.

52. 난방부하가 40000 kcal/h일 때 온수 난방일 경우 방열면적은 약 몇 m^2인가? (단, 방열량은 표준 방열량으로 한다.)

㉮ 88.9   ㉯ 91.6
㉰ 93.9   ㉱ 95.6
[해설] $450 \text{ kcal/m}^2 \cdot \text{h} \times x \text{ m}^2 = 40000 \text{ kcal/h}$
에서 $\dfrac{40000 \text{ kcal/h}}{450 \text{ kcal/m}^2 \cdot \text{h}} = 88.9 m^2$

53. 진공환수식 증기 난방법의 설명 중 잘못된 것은?
㉮ 환수를 원활하게 유통시킬 수 있다.
㉯ 환수관의 지름을 작게 할 수 있다.
㉰ 방열기의 설치 장소에 제한을 받지 않는다.
㉱ 방열량의 조절이 곤란하다.
[해설] 진공환수식 증기 난방법은 방열기의 방열량 조절을 광범위하게 할 수 있어 대규모 난방에 많이 사용된다.

54. 보일러 동체 상부로부터 천장, 배관 등 보일러 상부에 있는 구조물까지의 거리는 몇 m 이상이어야 하는가? (단, 소형 보일러 및 주철제 보일러는 제외)
㉮ 0.3   ㉯ 0.6   ㉰ 1.0   ㉱ 1.2
[해설] 소형 보일러 및 주철제 보일러의 경우에는 0.6 m 이상으로 할 수 있다.

55. 에너지이용 합리화법 시행규칙상의 효율관리 기자재가 아닌 것은?
㉮ 전기냉장고   ㉯ 자동차
㉰ 전기세탁기   ㉱ 텔레비전
[해설] 에너지이용 합리화법 시행규칙 제8조 제①항 참조

56. 에너지 기본법상 에너지 기술 개발계획에 관한 설명 중 맞는 것은?
㉮ 에너지의 안정적인 확보·도입·공급 및 관리를 위한 대책에 관한 사항을

[정답] 50. ㉰   51. ㉯   52. ㉮   53. ㉱   54. ㉱   55. ㉱   56. ㉰

포함한다.
㉯ 에너지관리공단 이사장이 수립하여 국가에너지 절약추진 위원회의 심의를 거쳐야 한다.
㉰ 10년 이상을 계획기간으로 하는 에너지 기술개발 계획을 5년마다 수립하여야 한다.
㉱ 에너지의 안전관리를 위한 대책에 관한 사항을 포함한다.
[해설] 에너지법 제11조 참조.

57. 에너지이용 합리화법 시행령상 "에너지 다소비사업자"라 함은 연료·열 및 전력의 연간 사용량의 합계가 몇 티·오·이 이상인가?
㉮ 5백 티·오·이
㉯ 1천 티·오·이
㉰ 1천 5백 티·오·이
㉱ 2천 티·오·이
[해설] 에너지이용 합리화법 시행령 제35조 참조.

58. 열사용 기자재 관리규칙에 의한 검사대상 기기의 설치자가 그 사용 중인 검사대상 기기를 폐기한 날로부터 며칠 이내에 신고해야 하는가?

㉮ 7일
㉯ 10일
㉰ 15일
㉱ 30일
[해설] 에너지이용 합리화법 시행규칙 제31조의 23 참조.

59. 에너지이용 합리화법상 에너지사용의 제한 또는 금지에 관한 조정명령 그밖에 필요한 조치를 위반한 자에 대한 벌칙은?
㉮ 3백만원 이하의 과태료
㉯ 4백만원 이하의 과태료
㉰ 5백만원 이하의 과태료
㉱ 6백만원 이하의 과태료
[해설] 에너지이용 합리화법 제78조 ③항 1호 참조.

60. 에너지 기본법상 에너지 공급설비에 포함되지 않는 것은?
㉮ 에너지 판매설비
㉯ 에너지 전환설비
㉰ 에너지 수송설비
㉱ 에너지 생산설비
[해설] 에너지법 제2조 제6호 참조.

에너지관리 기능사 [2008년 7월 13일 시행]

1. 증기의 압력이 높아질 때 나타나는 현상 중 틀린 것은?
㉮ 포화온도 상승
㉯ 증발잠열의 감소
㉰ 연료의 소비 증가
㉱ 엔탈피 감소

[해설] 증기의 압력이 높아질 때 나타나는 현상
① 포화온도 상승
② 현열(포화수 엔탈피) 증가
③ 증발잠열 감소
④ 건포화증기 엔탈피 증가

2. 소요전력이 40 kW이고, 효율이 80 %, 흡입양정이 6 m, 토출양정이 20 m인 보일러 급수 펌프의 송출량은 몇 m^3/min인가?
㉮ 0.13　㉯ 7.53　㉰ 8.50　㉱ 11.77

[해설] 펌프의 동력
$$= \frac{물의\ 비중량(1000kg/m^3) \times 송출량(m^3/s) \times 전양정(m)}{102(kg \cdot m/s) \times 펌프의\ 효율}$$
에서
$$송출량 = \frac{40 \times 102 \times 0.8}{1000 \times 26} \times 60 = 7.53\ m^3/min$$

3. 일명 다량 트랩이라고도 하며 부력(浮力)을 이용한 트랩은?
㉮ 바이패스형　㉯ 벨로스식
㉰ 오리피스형　㉱ 플로트식

[해설] 플로트(float)식 트랩은 플로트의 부력을 이용한 기계식 트랩이며 응축수량이 많은 곳에 적합하며 일명 다량 트랩이라고도 한다.

4. 보일러 1마력을 열량으로 환산하면 약 몇 kcal/h인가?

㉮ 15.65　㉯ 539
㉰ 1078　㉱ 8435

[해설] 보일러 1마력일 때 상당증발량 값은 15.65 kg/h이며 열량으로 환산하면 8435 kcal/h이다.

5. 500 kg의 물을 20℃에서 84℃로 가열하는 데 40000 kcal의 열을 공급했을 경우 이 설비의 열효율은?
㉮ 70 %　㉯ 75 %　㉰ 80 %　㉱ 85 %

[해설] 열효율 $= \frac{500 \times 1 \times (84-20)}{40000} \times 100 = 80\%$

6. 연료의 고위발열량으로부터 저위발열량을 계산할 때 가장 관계가 있는 성분은?
㉮ 산소　㉯ 수소
㉰ 유황　㉱ 탄소

[해설] 저위발열량＝고위발열량$-600(9H+W)$ 이므로 연료 중의 수소(H) 성분과 수분(W)으로 인하여 저위발열량 값이 달라진다.

7. 보일러 자동제어에서 인터로크의 종류가 아닌 것은?
㉮ 저온도 인터로크
㉯ 불착화 인터로크
㉰ 저수위 인터로크
㉱ 압력초과 인터로크

[해설] 인터로크(interlock)의 종류에는 ㉯, ㉰, ㉱항 외에 저연소 인터로크와 프리퍼지 인터로크가 있다.

8. 자동제어의 비례동작(P동작)에서 조작량(Y)은 제어편차량(e)과 어떤 관계가 있

정답 1.㉱　2.㉯　3.㉱　4.㉱　5.㉰　6.㉯　7.㉮　8.㉯

는가?
㉮ 제곱에 비례한다.
㉯ 비례한다.
㉰ 평방근에 비례한다.
㉱ 평방근에 반비례한다.

[해설] P동작이란 조작량이 제어편차량에 비례하는 동작이며 잔류편차(off set)가 생기는 결점이 있다.

9. 일반적으로 보일러의 안전장치에 속하지 않는 것은?
㉮ 기수분리기   ㉯ 압력제한기
㉰ 저수위 경보기 ㉱ 방폭문

[해설] 기수분리기는 송기장치에 속한다.

10. 증기 보일러의 상당증발량 계산식으로 옳은 것은? (단, G: 실제증발량(kgf/h), i_1: 급수의 엔탈피(kcal/kgf), i_2: 발생 증기의 엔탈피(kcal/kgf))

㉮ $G(i_2 - i_1)$ ㉯ $539 \times G(i_2 - i_1)$

㉰ $\dfrac{G(i_2 - i_1)}{539}$ ㉱ $\dfrac{639 \times G}{(i_2 - i_1)}$

[해설] 상당 (환산) 증발량
$= \dfrac{실제증발량 \times (발생증기의 엔탈피 - 급수의 엔탈피)}{539 kcal/1kg}$ (kg/h)

11. 다음 보일러 중 수관식 보일러에 해당되지 않는 것은?
㉮ 코니시 보일러   ㉯ 슐처 보일러
㉰ 다쿠마 보일러   ㉱ 라몬트 보일러

[해설] ① 자연순환식 수관 보일러: 배브콕 보일러, 다쿠마 보일러, 스네기지 보일러, 야로우 보일러, 2동 D형 수관 보일러
② 강제순환식 수관 보일러: 라몬트 보일러, 벨록스 보일러
③ 관류 보일러(일종의 강제순환식, 수관 보일러이다.): 벤슨 보일러, 슐처 보일러

12. 연소가스의 흐름 방향에 따른 과열기의 종류 중 연소가스와 과열기 내 증기의 흐름 방향이 같으며 가스에 의한 소손은 적으나 열의 이용도가 낮은 것은?
㉮ 대류식   ㉯ 향류식
㉰ 병류식   ㉱ 혼류식

[해설] 연소가스의 흐름 방향에 따른 과열기의 종류
① 병류식: 연소가스와 증기의 흐름 방향이 같으며 가스에 의한 소손(부식)은 적으나 열의 이용도가 낮다.
② 향류식: 연소가스와 증기의 흐름 방향이 반대이며 열의 이용도는 높으나 가스에 의한 소손은 크다.
③ 혼류식: 병류식과 향류식을 합한 형식이며 열의 이용도가 높고 가스에 의한 소손도 적다.

13. 다음 중 완전연소 시의 실제 공기비가 가장 낮은 연료는?
㉮ 중유   ㉯ 경유
㉰ 코크스   ㉱ 프로판

[해설] ① 기체 연료의 공기비 = 1.1~1.3
② 액체 및 미분탄 연료의 공기비 = 1.2~1.4
③ 고체연료의 공기비 = 1.4~2.0

14. 다음 중 가장 미세한 입자의 먼지를 집진할 수 있고, 압력손실이 작으며, 집진효율이 높은 집진장치 형식은?
㉮ 전기식   ㉯ 중력식
㉰ 세정식   ㉱ 사이클론식

[해설] 전기식 집진장치의 특징에 관한 문제이다.

15. 보일러를 구조 및 형식에 따라 분류할 때, 특수 보일러에 해당되는 것은?
㉮ 노통 보일러   ㉯ 관류 보일러
㉰ 연관 보일러   ㉱ 폐열 보일러

[정답] 9. ㉮ 10. ㉰ 11. ㉮ 12. ㉰ 13. ㉱ 14. ㉮ 15. ㉱

[해설] 특수 보일러의 종류
① 간접 가열식(슈미트 보일러, 레플러 보일러) 보일러
② 특수 열매체 보일러
③ 특수 연료 보일러
④ 폐열 보일러(하이네 보일러, 리 보일러)
⑤ 전기 보일러

16. 유류 보일러의 자동장치 점화방법의 순서가 맞는 것은?

㉮ 송풍기 기동 → 연료 펌프 기동 → 프리퍼지 → 점화용 버너 착화 → 주버너 착화
㉯ 송풍기 기동 → 프리퍼지 → 점화용 버너 착화 → 연료 펌프 기동 → 주버너 착화
㉰ 연료 펌프 기동 → 점화용 버너착화 → 프리퍼지 → 주버너 착화 → 송풍기 기동
㉱ 연료 펌프 기동 → 주버너 착화 → 점화용 버너 착화 → 프리퍼지 → 송풍기 기동

[해설] 유류 보일러 자동점화 순서
① 송풍기 기동
② 연료 펌프 기동
③ 프리퍼지 실시
④ 주버너 동작 시작
⑤ 노내압 조정
⑥ 점화용 버너 착화
⑦ 화염검출기 작동
⑧ 주버너 착화
⑨ 점화용 버너 가동정지
⑩ 공기 댐퍼 및 메털링 펌프가 작동하여 조정된 부하까지 자동으로 조정

17. 표준대기압 하에서 물이 끓는 온도를 절대온도(K)로 바르게 나타낸 것은?

㉮ 212 K ㉯ 273 K
㉰ 373 K ㉱ 671.67 K

[해설] 표준대기압 하에서 물의 비점(비등점)
= 100℃ = 373K = 212F = 672°R

18. 수트 블로어 장치를 사용할 때의 주의 사항으로 틀린 것은?

㉮ 부하가 적거나 (50 % 이하) 소화 후 사용한다.
㉯ 분출기 내의 응축수를 배출시킨 후 사용한다.
㉰ 분출하기 전 연도 내 배풍기를 사용하여 유인통풍을 증가시킨다.
㉱ 한 곳으로 집중적으로 사용하여 전열면에 무리를 가하지 않는다.

[해설] 보일러 부하가 50 % 이하일 때는 수트 블로어(soot blower) 사용을 금한다.

19. 보일러 구조에 대한 설명 중 잘못된 것은?

㉮ 노통 접합부는 아담슨 조인트(Adamson joint)로 연결하여 열에 의한 신축을 흡수한다.
㉯ 코니시 보일러는 노통을 편심으로 설치하여 보일러수의 순환이 잘 되도록 한다.
㉰ 갤로웨이관은 전열면을 증대하고 강도를 보강한다.
㉱ 강수관의 내부는 열가스가 통과하여 보일러수 순환을 증진한다.

[해설] 수관에는 강수관과 승수관이 있으며 내부에는 물이 통과하며 외부에는 열가스가 통과한다.

20. 다음 보일러 중 노통연관식 보일러는?

㉮ 코니시 보일러 ㉯ 랭커셔 보일러
㉰ 스코치 보일러 ㉱ 타쿠마 보일러

[해설] 코니시 보일러(노통 1개)와 랭커셔 보일러(노통 2개)는 노통식 보일러이며 케와니 보일러는 횡연관식 보일러이고 스코치 보일러는 노통 연관식 보일러이다.

21. 다음 중 과열도를 바르게 표현한 식은

정답 16. ㉮ 17. ㉰ 18. ㉮ 19. ㉱ 20. ㉰ 21. ㉱

어느 것인가?

㉮ 과열도 = 포화증기온도 – 과열증기온도
㉯ 과열도 = 포화증기온도 – 압축수의 온도
㉰ 과열도 = 과열증기온도 – 압축수의 온도
㉱ 과열도 = 과열증기온도 – 포화증기온도

[해설] 과열도(℃)란 과열증기와 포화증기의 온도차를 말한다.

22. 다음과 같은 특징을 갖고 있는 통풍방식은?

① 연도의 끝이나 연돌하부에 송풍기를 설치한다.
② 연도내의 압력은 대기압보다 낮게 유지된다.
③ 매연이나 부식성이 강한 배기가스가 통과하므로 송풍기의 고장이 자주 발생한다.

㉮ 자연통풍　　㉯ 압입통풍
㉰ 흡입통풍　　㉱ 평형통풍

23. 보일러 열정산에 입열 항목으로 볼 수 없는 것은?

㉮ 연료의 연소열
㉯ 연료의 현열
㉰ 공기의 현열
㉱ 불완전연소에 의한 열손실

[해설] 입열항목에는 ㉮, ㉯, ㉰항 외에 노내 분입증기의 보유열 항목이 있다.

24. 다음 제어동작 중 연속제어 특성과 관계가 없는 것은?

㉮ P 동작 (비례 동작)
㉯ I 동작 (적분 동작)
㉰ D 동작 (미분 동작)
㉱ ON-OFF 동작 (2위치 동작)

[해설] ON-OFF 동작과 다위치 동작은 불연속 동작에 속한다.

25. 보일러 시스템에서 공기예열기 설치 사용시 특징 설명으로 틀린 것은?

㉮ 연소효율을 높일 수 있다.
㉯ 저온쿠식이 방지된다.
㉰ 예열공기의 공급으로 불완전 연소가 감소된다.
㉱ 노내의 연소속도를 빠르게 할 수 있다.

[해설] 공기예열기와 절탄기(급수예열기)는 전열면에 연료 중의 황(S) 성분으로 인하여 저온부식을 일으키기 쉽다.

26. 보일러용 가스버너 중 외부 혼합식에 속하지 않는 것은?

㉮ 파일럿 버너
㉯ 센터파이어형 버너
㉰ 링 버너
㉱ 멀티스폿형 버너

[해설] 외부혼합식 가스버너의 종류
① 건(센터파이어)형 가스버너
② 링(ring)형 가스버너
③ 멀티스폿(multi-spot)형 가스버너
④ 스크롤(scroll)형 가스버너

27. 보일러 자동제어의 급수제어에서 조작량은?

㉮ 공기량　　㉯ 연료량
㉰ 전열량　　㉱ 급수량

[해설] 보일러 자동제어(ABC)

종류와 약칭	제어대상	조작량
증기온도제어 (STC)	증기온도	전열량
급수제어 (FWC)	보일러 수위	급수량
연소제어 (ACC)	증기압력 노내압력	공기량 연료량 연소가스량

정답 22. ㉰　23. ㉱　24. ㉱　25. ㉯　26. ㉮　27. ㉱

28. 보일러 압력계의 시험시기가 아닌 것은 어느 것인가?
㉮ 압력계의 지침의 움직임이 민감할 때
㉯ 계속사용 검사를 할 때
㉰ 장시간 휴지 후 사용하고자 할 때
㉱ 안전밸브의 실제 분출압력과 설정압력이 맞지 않을 때
[해설] 압력계 지침이 민감할 때는 시험 시기가 아니다.

29. 탄소(C) 1 kg을 완전 연소시키는 데 필요한 산소량은 약 몇 kg인가?
㉮ 2.67   ㉯ 4.67
㉰ 6.67   ㉱ 8.67

[해설]
$$C + O_2 \rightarrow CO_2$$
$$12\,kg \quad 32\,kg \quad 44\,kg$$
$$\qquad\quad 22.4\,Nm^3 \quad 22.4\,Nm^3$$
$$\frac{32\,kg}{12\,kg} = 2.67\,kg$$

[참고] 탄소 1 kg을 연소시키는 데 필요한 산소량(Nm^3)은 $\frac{22.4\,Nm^3}{12\,kg} = 1.87\,Nm^3$

30. 증기 난방법을 응축수의 환수 방식에 따라 분류할 때 해당되지 않는 것은?
㉮ 복관 환수식   ㉯ 중력 환수식
㉰ 진공 환수식   ㉱ 기계 환수식
[해설] 응축수 환수방식에는 ㉯, ㉰, ㉱항 3가지가 있다.

31. 소용량 보일러에 부착하는 압력계의 최고 눈금은 보일러 최고 사용압력의 몇 배로 하는가?
㉮ 1~1.5배   ㉯ 1.5~3배
㉰ 4~5배   ㉱ 5~6배
[해설] 3배 이하이어야 하며, 1.5배보다 작아서는 안 된다.

32. 물의 온도가 393 K를 초과하는 온수 보일러에는 크기가 몇 mm 이상인 안전밸브를 설치하여야 하는가?
㉮ 5   ㉯ 10   ㉰ 15   ㉱ 20
[해설] 온수 보일러에 설치하는 방출 밸브 및 안전밸브는 20 mm 이상, 증기 보일러에 설치하는 안전밸브는 특별한 경우를 제외하고 25 mm 이상이어야 한다.

33. 보일러의 외부 부식 방지대책으로 틀린 것은?
㉮ 습기나 수분이 노내나 연도 내에 침입하지 못하게 한다.
㉯ 유황분이나 바나듐분 등의 유해물이 함유되지 않은 연료를 사용한다.
㉰ 전열면에 그을음이나 회분을 부착시키지 않도록 한다.
㉱ 중유에 적당한 첨가제를 가해서 황산 증기의 노점을 증가시킨다.
[해설] 배기가스 중의 CO_2 함유량을 높여 황산가스의 노점을 내려서 저온부식을 방지해야 한다.

34. 보일러 역화의 원인에 해당되지 않는 것은?
㉮ 프리퍼지가 불충분한 경우
㉯ 점화할 때 착화가 지연되었을 경우
㉰ 연도 댐퍼의 개도가 너무 좁은 경우
㉱ 점화원을 사용한 경우
[해설] 점화원을 사용한 경우에는 역화의 원인이 될 수 없다.

35. 보일러 및 압력용기의 내부청소에 대한 일반적인 방법으로 틀린 것은?
㉮ 수관의 청소작업에는 튜브 클리너를 사용한다.

정답 28. ㉮   29. ㉮   30. ㉮   31. ㉯   32. ㉱   33. ㉱   34. ㉱   35. ㉰

㉯ 통풍면에 접하는 부분은 스케일이 부착된 것이 많으므로 주의 깊고 신중하게 청소한다.
㉰ 부드러운 부착물은 스크레퍼를 이용하여 물을 뿌리면서 작업한다.
㉱ 용접이음, 리벳 이음부는 특별히 신중하게 청소한다.
[해설] 물을 뿌리면서 작업을 하면 부식을 초래한다.

36. 보일러의 연소 시 주의사항 중 급격한 연소가 되어서는 안 되는 이유로 가장 옳은 것은?
㉮ 보일러 수(水)의 순환을 해친다.
㉯ 급수 탱크 파손의 원인이 된다.
㉰ 보일러나 벽돌에 악영향을 주고 파괴의 원인이 된다.
㉱ 보일러 효율을 증가시킨다.
[해설] 부동팽창으로 인하여 ㉰의 원인이 된다.

37. 점화준비에서 보일러 내의 급수를 하려고 한다. 이때의 주의사항으로 잘못된 것은 어느 것인가?
㉮ 과열기의 공기밸브를 닫는다.
㉯ 급수예열기는 공기밸브, 물빼기 밸브로 공기를 제거하고 물을 가득 채운다.
㉰ 열매체 보일러인 경우는 열매를 넣기 전에 보일러 내에 수분이 없음을 확인한다.
㉱ 본체 상부의 공기밸브를 열어둔다.
[해설] 과열기의 공기 밸브를 열어 두어야 한다.

38. 보일러의 설비면에서 수격작용의 예방조치로 틀린 것은?
㉮ 증기배관에는 충분한 보온을 취한다.
㉯ 증기 관에는 중간을 낮게 하는 배관방법은 드레인이 고이기 쉬우므로 피해야 한다.
㉰ 증기관은 증기가 흐르는 방향으로 경사가 지도록 한다.
㉱ 대형 밸브나 증기 헤더에도 드레인 배출장치 설치를 피해야 한다.
[해설] 대형 밸브나 증기 헤더에도 드레인(응축수) 배출장치를 설치해야 한다.

39. 보일러의 매체별 분류 시 해당하지 않는 것은?
㉮ 증기 보일러 ㉯ 가스 보일러
㉰ 열매체 보일러 ㉱ 온수 보일러
[해설] 가스 보일러와 유류 보일러 등은 사용 연료에 따른 분류에 해당된다.

40. 진공환수식 증기난방 장치에 있어서 부득이 방열기보다 상부에 환수관을 배관해야만 할 때 리프트 이음을 사용한다. 리프트 이음의 1단 흡상 높이는 몇 m 이하로 하는가?
㉮ 1.0 ㉯ 1.5 ㉰ 2.0 ㉱ 3.0

41. 증기난방과 비교한 온수난방의 특징 설명으로 틀린 것은?
㉮ 예열시간이 길다.
㉯ 건물 높이에 제한을 받지 않는다.
㉰ 난방부하 변동에 따른 온도조절이 용이하다.
㉱ 실내 쾌감도가 높다.
[해설] 온수난방은 건물높이에 제한을 받는다.

42. 포화온도 105℃인 증기난방 방열기의 상당 방열면적이 20 m²일 경우 시간당 발

[정답] 36. ㉰ 37. ㉮ 38. ㉱ 39. ㉯ 40. ㉯ 41. ㉯ 42. ㉱

생하는 응축수량은 약 kg/h인가? (단, 105℃ 증기의 증발잠열은 535.6 kcal/kg 이다.)

㉮ 10.37 ㉯ 20.57
㉰ 12.17 ㉱ 24.27

[해설] $\dfrac{650\,\text{kcal/m}^2\cdot\text{h} \times 20\,\text{m}^2}{535.6\,\text{kcal/kg}} = 24.27\,\text{kg/h}$

43. 알칼리 열화라고도 하며 보일러에 발생하는 응력부식의 일종으로 고농도의 알칼리성에 의해 리벳 이음판의 틈새나 리벳 머리의 아래쪽에 보일러수가 침입하여 알칼리와 이음부 등의 반복응력에 의해 재료의 결정 입계에 따라 균열이 생기는 현상은?

㉮ 가성취화 ㉯ 고온부식
㉰ 백 파이어 ㉱ 피팅

44. 증기난방의 방열기 부속품으로서 저온의 공기도 통과시키는 특성이 있어 에어리턴식이나 진공환수식 증기배관의 방열기나 관말 트랩에 사용 트랩은?

㉮ 플로트 트랩
㉯ 수봉식 증기 트랩
㉰ 버킷 트랩
㉱ 열동식 트랩

[해설] 열동식 트랩(thermostatic type trap)은 방열기에 사용되는 트랩이며 벨로스의 신축을 이용한 것으로 일명 실로폰 트랩이라고도 한다.

45. 온수 보일러의 설치에 대한 설명 중 잘못된 것은?

㉮ 기초가 약하여 내려 앉거나 갈라지지 않아야 한다.
㉯ 수관식 보일러의 경우 전열면의 청소가 용이한 구조일 경우에도 반드시 청소할 수 있는 구멍이 있어야 한다.
㉰ 보일러 사용압력이 어떠한 경우에도 최고 사용압력을 초과할 수 없도록 설치하여야 한다.
㉱ 보일러는 바닥 지지물에 반드시 고정되어야 한다.

[해설] 청소가 용이한 구조인 경우에는 청소 구멍은 불필요하다.

46. 난방부하가 9000 kcal/h인 장소에 온수방열기를 설치하는 경우 필요한 방열기 쪽수는? (단, 방열기 1쪽당 표면적은 0.2 m²이고, 방열량은 표준방열량으로 계산한다.)

㉮ 70 ㉯ 100 ㉰ 110 ㉱ 120

[해설] 450 kcal/m²h × 0.2 m² × 쪽수
= 9000 kcal/h에서

쪽수 = $\dfrac{9000}{450 \times 0.2}$ = 100 쪽

47. 난방방법을 분류할 때 중앙식 난방 방식의 종류가 아닌 것은?

㉮ 개별 난방법 ㉯ 증기 난방법
㉰ 온수 난방법 ㉱ 복사 난방법

[해설] 난방방법을 개별식 난방법과 중앙집중식 난방법으로 대별한다.

48. 유류연소 수동 보일러의 운전정지 내용으로 잘못된 것은?

㉮ 운전정지 직전에 유류 예열기의 전원을 차단하고 유류 예열기의 온도를 낮춘다.
㉯ 연소실내, 연도를 환기시키고 댐퍼를 닫는다.
㉰ 보일러 수위를 정상수위보다 조금 낮추고 버너의 운전을 정지한다.

정답 43. ㉮ 44. ㉱ 45. ㉯ 46. ㉯ 47. ㉮ 48. ㉰

㉣ 연소실에서 버너를 분리하여 청소를 하고 기름이 누설되는지 점검한다.

[해설] 수위를 정상 수위보다 조금 높이고 운전을 정지한다.

49. 보일러 운전정지의 순서를 바르게 나열한 것은?

① 공기의 공급을 정지한다.
② 댐퍼를 닫는다.
③ 급수를 한다.
④ 연료의 공급을 정지한다.

㉮ ①, ②, ③, ④ ㉯ ①, ④, ②, ③
㉰ ④, ①, ③, ② ㉱ ④, ②, ③, ①

[해설] 연소율을 낮춘다. → ④ → 포스트 퍼지 실시 → ① → ③ → ②

50. 보일러 가스폭발 방지에 관한 설명으로 잘못된 것은?

㉮ 점화할 때 미리 충분한 프리퍼지를 한다.
㉯ 연료 속의 수분이나 슬러지 등은 충분히 배출한다.
㉰ 배관이나 버너 각부의 밸브는 그 개폐상태에 이상이 없는가를 확인한다.
㉱ 연소량을 증가시킬 경우에는 먼저 연료량을 증가시킨 후에 공기공급량을 증가시킨다.

[해설] 연소량을 증가시킬 경우에는 먼저 공기 공급량을 증가시킨 후에 연료량을 증가시키고 연소량을 감소시킬 경우에는 먼저 연료량을 감소시킨 후에 공기공급량을 감소시켜야 한다.

51. 보일러 급수 중에 칼슘염이 용해되어 있으면 보일러에 어떤 해를 주는 주된 원인이 되는가?

㉮ 점식의 원인이 된다.
㉯ 가성취화와 부식의 원인이 된다.
㉰ 스케일 생성과 과열의 원인이 된다.
㉱ 알칼리 부식 원인이 된다.

[해설] 급수 중에 칼슘염이나 마그네슘염이 용해되어 있으면 스케일(관석) 생성과 과열의 원인이 된다.

52. 보일러의 손실열 항목 중 손실열이 가장 큰 것은?

㉮ 급격한 외기 온도 저하에 의한 손실열
㉯ 불완전 연소에 의한 손실열
㉰ 방산에 의한 손실열
㉱ 배기가스에 의한 손실열

53. 온수난방 설비에서 물의 밀도 차나 낙차만으로 순환이 어려운 경우 펌프 등을 이용하여 순환을 행하는 온수순환 방식은 어느 것인가?

㉮ 단관식 ㉯ 복관식
㉰ 강제순환식 ㉱ 중력순환식

[해설] 밀도 차이가 줄어들면 순환펌프로 강제 순환식으로 해야 한다.

54. 보일러 계속사용검사 기준에서 사용 중 외부검사에 대한 설명으로 틀린 것은?

㉮ 벽돌 쌓음에서 벽돌의 이탈, 심한 마모 또는 파손이 없어야 한다.
㉯ 모든 배관계통의 관 및 이음쇠 부분에 누기 및 누수가 없어야 한다.
㉰ 보일러는 깨끗하게 청소된 상태이어야 하며 사용상에 현저한 구상부식이 있어야 한다.
㉱ 시험용 해머로 스테이볼트 한쪽 끝을 가볍게 두들겨 보아 이상이 없어야 한다.

[해설] 구상부식 (구식, 그루빙)이 없어야 한다.

정답 49. ㉰ 50. ㉱ 51. ㉰ 52. ㉱ 53. ㉰ 54. ㉰

55. 에너지이용 합리화법상 효율관리 기자재의 광고 시에 광고 내용에 에너지 소비효율, 사용량에 따른 등급 등을 포함시켜야 할 의무가 있는 자가 아닌 것은?
㉮ 효율관리 기자재 제조업자
㉯ 효율관리 기자재 광고업자
㉰ 효율관리 기자재 수입업자
㉱ 효율관리 기자재 판매업자
[해설] 에너지이용 합리화법 제15조 ④항 참조.

56. 에너지이용 합리화법 시행령에서 에너지 다소비업자라 함은 연간 에너지(연료 및 열과 전기의 합) 사용량이 얼마 이상인 경우인가?
㉮ 3천 티·오·이
㉯ 2천 티·오·이
㉰ 1천 티·오·이
㉱ 1천 5백 티·오·이
[해설] 에너지이용 합리화법 시행령 제35조 참조.

57. 에너지 절약전문기업의 등록은 누구에게 하도록 위탁되어 있는가?
㉮ 지식경제부 장관
㉯ 에너지관리공단 이사장
㉰ 시공업자단체의 장
㉱ 시·도지사
[해설] 에너지이용 합리화법 시행령 제51조 8호 참조.

58. 제3종 난방시공업자가 시공할 수 있는 열사용 기자재 품목은?
㉮ 강철재 보일러
㉯ 주철재 보일러
㉰ 2종 압력용기
㉱ 금속요로
[해설] 금속요로 및 요업요로이다.

59. 에너지이용 합리화법의 기본 목적과 가장 거리가 먼 것은?
㉮ 에너지 소비로 인한 환경피해 감소
㉯ 에너지의 수급안정
㉰ 에너지원의 개발촉진
㉱ 에너지의 효율적인 이용증진
[해설] 에너지이용 합리화법 제1조 참조.

60. 에너지 기본법상 정부의 에너지 정책을 효율적이고 체계적으로 추진하기 위하여 20년을 계획기간으로 5년마다 수립·시행하는 것은?
㉮ 국가온실 가스배출 저감 종합대책
㉯ 에너지이용 합리화 실시계획
㉰ 기후변화 협약대응 종합계획
㉱ 국가에너지 기본계획

정답 55. ㉯ 56. ㉯ 57. ㉯ 58. ㉱ 59. ㉰ 60. ㉱

에너지관리 기능사

[2008년 10월 5일 시행]

1. 일반적으로 효율이 가장 높은 보일러는 어느 것인가?
㉮ 노통 보일러
㉯ 연관식 보일러
㉰ 수직(입형) 보일러
㉱ 수관식 보일러

[해설] 보일러 열효율이 좋은 순서
① 관류식 보일러
② 수관식 보일러
③ 노통 연관식 보일러
④ 횡연관식 보일러
⑤ 노통식 보일러
⑥ 입형식 보일러

2. 보일러의 자동제어에서 연소제어 시 조작량과 제어량의 관계가 옳은 것은?
㉮ 공기량 – 수위
㉯ 급수량 – 증기온도
㉰ 연료량 – 증기압
㉱ 전열량 – 노내압

[해설] 보일러 자동제어(automatic boiler control)

종류와 약칭	제어대상	조작량
증기온도제어 (STC)	증기온도	전열량
급수제어 (FWC)	보일러 수위	급수량
연소제어 (ACC)	증기압력 노내압력	공기량 연료량 연소가스량

3. 일반적으로 보일러 동(드럼) 내부에는 물을 어느 정도로 채워야 하는가?
㉮ $\frac{1}{4} \sim \frac{1}{3}$
㉯ $\frac{1}{6} \sim \frac{1}{5}$
㉰ $\frac{1}{4} \sim \frac{2}{5}$
㉱ $\frac{2}{3} \sim \frac{4}{5}$

[해설] 증기 보일러 동(드럼) 내부에는 물을 $\frac{2}{3} \sim \frac{4}{5}$ 정도로 채워야 한다.

4. 증기 트랩의 역할이 아닌 것은?
㉮ 수격작용을 방지한다.
㉯ 관의 부식을 막는다.
㉰ 열 설비의 효율 저하를 방지한다.
㉱ 증기의 저항을 증가시킨다.

[해설] 증기 트랩은 장치 내의 응축수를 제거하여 증기의 마찰저항을 감소시킨다.

5. 함진가스를 세정액 또는 액막 등에 충돌시키거나 충분히 접촉시켜 액에 의해 포집하는 습식 집진장치는?
㉮ 세정식 집진장치
㉯ 여과식 집진장치
㉰ 원심력식 집진장치
㉱ 관성력식 집진장치

[해설] 세정식(습식) 집진장치는 물의 흡착력을 이용한 집진장치이다.

6. 보일러 절탄기의 설명으로 틀린 것은?
㉮ 절탄기 외부에는 저온 부식이 발생할 수 있다.
㉯ 절탄기는 주철제와 강철제가 있다.
㉰ 보일러 열효율을 증대시킬 수 있다.
㉱ 연소가스 흐름이 원활하여 통풍력이 증대된다.

[해설] 연소가스 흐름에 마찰저항을 증대시켜 통풍력이 감소한다.

정답 1. ㉱ 2. ㉰ 3. ㉱ 4. ㉱ 5. ㉮ 6. ㉱

7. 보일러 통풍에 대한 설명으로 틀린 것은?
㉮ 자연통풍 → 굴뚝의 압력차를 이용
㉯ 강제통풍 → 송풍기를 이용
㉰ 압입통풍 → 굴뚝 밑에 흡출 송풍기를 사용
㉱ 평형통풍 → 압입 및 흡입 송풍기를 겸용

[해설] 굴뚝 밑에 흡출 송풍기를 사용하는 통풍방식은 흡입(흡인, 유인)통풍 방식이다.

8. 증기의 압력을 증대시키는 경우의 설명으로 잘못된 것은?
㉮ 현열이 증대한다.
㉯ 증발잠열이 증대한다.
㉰ 증기의 비체적이 증대한다.
㉱ 포화수 온도가 높아진다.

[해설] 증기의 압력을 증대시키는 경우
① 포화수 온도가 상승한다.
② 현열이 증대한다.
③ 잠열이 감소한다.
④ 건포화증기 엔탈피가 증가한다.
⑤ 증기의 비체적이 증대한다.
⑥ 포화수의 비중이 감소한다.
⑦ 연료 소비량이 증가한다.

9. 전기저항식 온도계에서 저항체의 구비조건으로 틀린 것은?
㉮ 동일 특성의 것을 얻기 쉬운 금속일 것
㉯ 화학적, 물리적으로 안정될 것
㉰ 온도에 의한 전기저항의 변화(온도계수)가 작을 것
㉱ 내식성이 클 것

[해설] 저항체(동, 니켈, 백금)는 온도에 의한 전기저항의 변화(온도계수)가 커야 한다.

10. 매시간 1500 kg의 연료를 연소시켜서 시간당 11000 kg의 증기를 발생시키는 보일러의 효율은 약 몇 %인가? (단, 연료의 발열량은 6000 kcal/kg, 발생증기의 엔탈피는 742 kcal/kg, 급수의 엔탈피는 20 kcal/kg이다.)
㉮ 88 %   ㉯ 80 %
㉰ 78 %   ㉱ 66 %

[해설] $\dfrac{11000 \times (742-20)}{1500 \times 6000} \times 100 = 88.2\,\%$

11. A, B, C 중유는 무엇에 의하여 구분되는가?
㉮ 인화점   ㉯ 착화점
㉰ 점도   ㉱ 비점

[해설] 점도(viscosity) : 액체의 끈적거리는 성질의 정도를 말하며, 점도가 크면 무화가 잘 되지 않으므로 100℃정도까지 승온시켜서 연소시킨다. 또, 점도가 높으면 수송이 곤란하고 분무상태에 큰 영향을 끼친다. KS 규격에서는 중유를 점도에 따라 A 중유, B 중유, C 중유로 구분하며 벙커 C유 (C 중유)가 가장 많이 사용되고 있다.

12. 보일러의 가동 시 출열항목 중 열손실이 가장 크게 차지하는 항목은?
㉮ 배기가스에 의한 배출열
㉯ 연료의 불완전 연소에 의한 열손실
㉰ 관수의 블로 다운에 의한 열손실
㉱ 본체 방열 발산에 의한 열손실

[해설] 배기가스 보유열에 의한 열손실이 가장 크며 극소화시키기에도 가장 어렵다.

13. 액체연료의 연소장치에서 무화의 목적으로 틀린 것은?
㉮ 단위 중량당 표면적을 작게 한다.
㉯ 연소효율이 증가한다.
㉰ 연료와 공기의 혼합이 양호하다.

[정답] 7. ㉰ 8. ㉯ 9. ㉰ 10. ㉮ 11. ㉰ 12. ㉮ 13. ㉮

㉣ 완전 연소가 가능하다.

[해설] 연료의 단위 중량당 표면적을 크게 하고 연소실 열부하를 높이기 위함이다.

14. 보일러 중 원통형 보일러가 아닌 것은?
㉮ 입형 횡관식 보일러
㉯ 벤슨 보일러
㉰ 코니시 보일러
㉱ 스코치 보일러

[해설] 원통형(둥근형) 보일러

원통형 (둥근형) 보일러	입형 (직립형) 보일러		입형 횡관 보일러, 입형 연관 보일러, 코크란 보일러
	횡형 (수평형) 보일러	노통 보일러	코니시 보일러, 랭커셔 보일러
		연관 보일러	횡연관 보일러, 기관차 보일러, 케와니 보일러
		노통 연관 보일러	스코치 보일러, 하우덴 존슨 보일러, 노통 연관 패키지 보일러

15. 공기비를 m, 이론 공기량을 A_o라고 할 때, 실제 공기량(A)을 계산하는 식은?
㉮ $A = m \cdot A_o$
㉯ $A = \dfrac{m}{A_o}$
㉰ $A = \dfrac{1}{(m \cdot A_o)}$
㉱ $A = A_o - m$

[해설] $m = \dfrac{A}{A_o}$ 에서 $A = m \cdot A_o$

16. 자동제어 동작 특성 중 연속 동작에 속하지 않는 것은?
㉮ 비례 동작
㉯ 적분 동작
㉰ 미분 동작
㉱ 2위치 동작

[해설] 2위치(ON-OFF) 동작은 대표적인 불연속동작이다.

17. 보일러 기관 작동을 저지시키는 인터로크(interlock)에 속하지 않는 것은?
㉮ 저수위 인터로크
㉯ 저압력 인터로크
㉰ 저연소 인터로크
㉱ 프르 퍼지 인터로크

[해설] ㉮, ㉰, ㉱항 외에 압력초과 인터로크와 불착화 인터로크가 있다.

18. 보일러에서 안전장치와 거리가 먼 것은 어느 것인가?
㉮ 고저수위 경보기 ㉯ 안전밸브
㉰ 가용마개   ㉱ 드레인 콕

[해설] 드레인 콕(drain cock)은 분출장치이다.

19. 오일 프리히터(기름 예열기)에 대한 설명으로 잘못된 것은?
㉮ 기름의 점도를 낮추어 준다.
㉯ 기름의 유동성을 도와준다.
㉰ 중유 예열온도는 100℃ 이상으로 높을수록 좋다.
㉱ 분무 상태를 양호하게 한다.

[해설] 중유의 예열온도는 80~90℃가 적당하다.

20. 수면계의 기능시험 시기로 틀린 것은 어느 것인가?
㉮ 보일러를 가동하기 전
㉯ 수위의 움직임이 활발할 때
㉰ 보일러를 가동하여 압력이 상승하기 시작했을 때
㉱ 2개 수면계의 수위에 차이를 발견했을 때

[해설] 수위의 움직임이 둔할 때 기능 시험을 한다.

정답 14. ㉯ 15. ㉮ 16. ㉱ 17. ㉯ 18. ㉱ 19. ㉰ 20. ㉯

21. 보일러 예비 급수장치인 인젝터의 특징을 설명한 것으로 틀린 것은?

㉮ 구조가 간단하다.
㉯ 동력을 필요로 하지 않는다.
㉰ 설치장소를 많이 차지한다.
㉱ 급수온도가 높으면 급수가 곤란하다.

[해설] 인젝터는 소형이며, 설치장소를 적게 차지한다.

22. 프로판 1 kg을 완전 연소시킬 경우 이론 공기량(Nm^3/kg)은?

㉮ 12.12 ㉯ 13.12
㉰ 14.12 ㉱ 15.12

[해설]
$$C_3H_8 + 5O_2 \rightarrow 3CO_2 + 4H_2O$$
$$\downarrow \qquad \downarrow$$
$$1\,kmol \quad 5\,kmol$$
$$\begin{pmatrix} 44\,kg \\ 22.4\,Nm^3 \end{pmatrix} \quad (5 \times 22.4\,Nm^3)$$

이론공기량(Nm^3) = 이론산소량(Nm^3) × $\frac{100}{21}$ 이므로,

∴ 이론공기량 = $\frac{5 \times 22.4}{44} \times \frac{100}{21}$
= 12.12 Nm^3/kg

23. 보일러 전열면의 외측에 부착되는 그을음이나 재를 불어내는 장치는?

㉮ 수트 블로어 ㉯ 어큐뮬레이터
㉰ 기수 분리기 ㉱ 사이클론 분리기

[해설] 수트 블로어(soot blower) = 그을음 제거기

24. 연료의 연소 온도에 가장 큰 영향을 미치는 것은?

㉮ 연료의 발화점 ㉯ 연료의 발열량
㉰ 연료의 인화점 ㉱ 연료의 회분

[해설] 연소온도에 영향을 미치는 요인
 ① 공기비 : 공기비가 클수록 연소가스량이 많아지므로 연소온도는 낮아진다. (가장 큰 영향을 미친다.)
 ② 산소농도 : 공기 중에 산소농도가 높으면 공기량이 적어져서 연소가스량도 적어지므로 연소온도가 높아진다.
 ③ 연료의 저위발열량 : 연료의 발열량이 높을수록 연소온도는 높아진다.

25. 증기 또는 온수 보일러로서 여러 개의 섹션(section)을 조합하여 제작하는 보일러는?

㉮ 열매체 보일러 ㉯ 강철제 보일러
㉰ 관류 보일러   ㉱ 주철제 보일러

[해설] 주철제 보일러는 주물로 제작한 섹션을 5~14개 정도 조합해서 만든 보일러이다.

26. 열용량에 대한 설명으로 옳은 것은?

㉮ 열용량의 단위는 kcal/g·℃이다.
㉯ 어떤 물질 1g의 온도를 1℃ 올리는데 소요되는 열량이다.
㉰ 어떤 물질의 비열에 그 물질의 질량을 곱한 값이다.
㉱ 열용량은 물질의 질량에 관계없이 항상 일정하다.

[해설] ① 열용량의 단위 : kcal/℃ (cal/℃)
 ② 열용량이란 어떤 물체의 온도를 1℃ 올리는데 소요되는 열량
 ③ 열용량 = 질량 × 비열
 ④ 열용량은 질량에 비례

27. 과열증기의 특징 설명으로 틀린 것은 어느 것인가?

㉮ 증기의 마찰손실이 적다.
㉯ 같은 압력의 포화증기에 비해 보유열량이 많다.
㉰ 증기 소비량이 적어도 된다.

[정답] 21. ㉰ 22. ㉮ 23. ㉮ 24. ㉯ 25. ㉱ 26. ㉰ 27. ㉱

㉣ 가열 표면의 온도가 균일하다.

[해설] 과열증기 사용 시 단점
① 제품에 손상을 줄 우려가 있다.
② 가열 표면온도를 일정하게 유지하기 어렵다.
③ 과열기 재질에 열응력을 일으키기 쉽다.

28. 보일러 급수온도 20℃, 시간당 실제 증발량 1000 kg, 증기 엔탈피가 669 kcal/kg일 경우, 상당증발량(kg/h)을 구하면 약 얼마인가?

㉮ 1000 ㉯ 1204
㉰ 2408 ㉣ 5390

[해설] $\dfrac{1000 \times (669-20)}{539} = 1204.08 \text{ kg/h}$

29. 온도차에 따라 유체 분자가 직접 이동하면서 열을 전달하는 형태는?

㉮ 전도 ㉯ 대류
㉰ 복사 ㉣ 방사

[해설] 열의 이동 방법
① 전도(푸리에의 법칙): 고체 내에서만의 열의 이동
② 대류(뉴턴의 냉각법칙): 유체(공기, 물, 기름 등)의 열의 이동
③ 복사(스테판-볼츠만의 법칙): 중간 열매체를 통하지 않고 열의 이동

[참고] 공기는 열의 부도체이다.

30. 방열기의 표준 방열량에 대한 설명으로 틀린 것은?

㉮ 증기의 경우, 게이지 압력 1 kgf/cm², 온도 80℃로 공급하는 것이다.
㉯ 증기공급 시의 표준 방열량은 650 kcal/h·m²이다.
㉰ 실내 온도는 증기일 경우 21℃, 온수일 경우 18℃ 정도이다.
㉣ 온수공급 시의 표준 방열량은 450 kcal/h·m²이다.

[해설] 증기 방열기에서 증기의 평균온도는 102℃이며, 온수 방열기에서 온수의 평균온도는 80℃이다.

31. 지역난방에서 열매로 증기를 사용하는 경우와 비교하여 온수를 사용하였을 경우의 특징 설명으로 옳은 것은?

㉮ 관내 저항손실이 크다.
㉯ 배관 설비비가 적게 든다.
㉰ 넓은 지역난방에 적당하다.
㉣ 공급열량의 계량이 쉽다.

[해설] 온수난방 시 관내 저항손실이 크기 때문에 넓은 지역난방에는 부적당하며 설비비가 비싸고 공급열량의 계량이 어렵다.

32. 보일러 연료의 구비조건으로 틀리는 것은?

㉮ 공해 요인이 적을 것
㉯ 저장, 취급, 운반이 용이할 것
㉰ 점화 및 소화가 쉬울 것
㉣ 연소가 용이하고 발열량이 작을 것

[해설] 발열량이 높아야 한다.

33. 보일러의 압력초과의 원인 중 틀린 것은?

㉮ 수면계 연락관이 막혔을 경우
㉯ 압력계의 고장이 생겼을 경우
㉰ 압력계의 연결관 밸브가 열렸을 경우
㉣ 안전밸브가 고장일 경우

[해설] 압력계의 연결관 밸브가 닫힌 경우이다.

34. 보일러 급수처리법 중 급수 중에 용존하고 있는 O_2, CO_2 등의 용존 기체를 분리 제거하는 급수처리 방법으로 가장

적합한 것은?

㉮ 탈기법 ㉯ 여과법
㉰ 석회소다법 ㉱ 응집법

[해설] 보일러 수의 외처리(1차 처리) 방법에서 용존가스체 제거법에는 탈기법(O_2, CO_2 제거, 특히 O_2 제거)과 기폭법(CO_2, Fe, Mn, NH_3, H_2S 제거)이 있다.

35. 일반적으로 보일러의 운전을 정지시킬 때 가장 먼저 이루어져야 할 작업은?

㉮ 공기의 공급을 정지시킨다.
㉯ 주증기 밸브를 닫는다.
㉰ 연료의 공급을 정지시킨다.
㉱ 급수를 하고 압력을 떨어뜨린다.

[해설] 연소율을 낮추고, 연료 공급을 정지시킨다.

36. 보일러 취급 시 수격작용 예방조치 사항으로 틀린 것은?

㉮ 송기에 앞서서 증기관의 드레인 빼기 장치로 관내의 드레인을 완전히 배출한다.
㉯ 송기에 앞서서 관을 충분히 데운다.
㉰ 송기할 때에는 주증기 밸브는 급개하여 증기를 보낸다.
㉱ 송기 이외의 경우라도 증기관 계통의 밸브 개폐는 조용하게 서서히 조작한다.

[해설] 주증기 밸브를 급개하여 송기하면 수격작용이 일어난다.

37. 보일러에서 과열의 원인이 아닌 것은 어느 것인가?

㉮ 보일러 내에 유지분이 부착한 경우
㉯ 보일러 수의 순환이 좋지 않을 경우
㉰ 국부적으로 심하게 복사열을 받는 경우
㉱ 보일러 수위가 이상 고수위일 경우

[해설] 보일러 수위가 이상 저수위일 경우에 과열의 원인이 된다.

38. 다음 그림은 진공환수식 증기난방법에서 응축수를 환수시키는 장치이다. 이 명칭은 무엇인가?

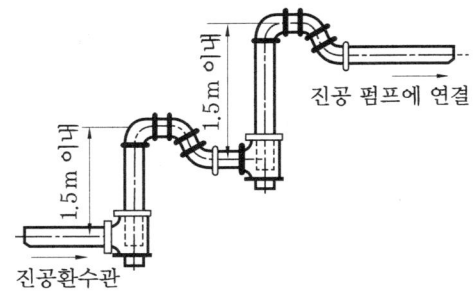

㉮ 건식환수관 ㉯ 리프팅 피팅
㉰ 루프형 배관 ㉱ 습식환수관

[해설] 리프트 피팅(lift fitting) 이음방법은 환수주관보다 높은 곳에 진공 펌프가 있을 때와 방열기보다 높은 곳에 환수주관을 배관하는 경우 적용되는 이음방법이며, 1단 흡상 높이는 1.5 m 이내이다.

39. 보일러 파열사고 원인 중 제작상의 원인에 해당하지 않는 것은?

㉮ 압력초과 ㉯ 설계불량
㉰ 구조불량 ㉱ 재료불량

[해설] 이상 감수, 압력초과, 과열, 부식, 미연소가스 폭발 사고 등은 취급상의 원인이다.

40. 가스 보일러의 점화 시 주의사항으로 틀린 것은?

㉮ 점화용 가스는 화력이 좋은 것을 사용하는 것이 필요하다.
㉯ 연소실 및 굴뚝의 환기는 완벽하게 하는 것이 필요하다.

㉓ 착화 후 연소가 불안정할 때에는 즉시 가스공급을 중단한다.
㉔ 콕, 밸브에 소다수를 이용하여 가스가 새는지 확인한다.
[해설] 비눗물을 이용하여 가스가 새는지 확인한다.

41. 보일러에서 분출사고 시 긴급조치 사항으로 틀린 것은?
㉮ 연도 댐퍼를 전개한다.
㉯ 연소를 정지시킨다.
㉰ 압입 통풍기를 가동시킨다.
㉱ 급수를 계속하여 수위의 저하를 막고 보일러의 수위 유지에 노력한다.
[해설] 노내를 환기시킨 후 압입 통풍기 가동을 중지시킨다.

42. 증기난방의 분류 중 응축수 환수방법에 따른 종류가 아닌 것은?
㉮ 중력환수식   ㉯ 제어환수식
㉰ 진공환수식   ㉱ 기계환수식
[해설] 증기난방에서 응축수 환수방식
① 중력환수식 : 응축수의 중력작용을 이용하여 보일러에 유입(자연환수법)
② 기계환수식 : 응축수를 수수 탱크에 모아 펌프를 이용하여 보일러에 송수
③ 진공환수식 : 진공 펌프를 이용하여 순환

43. 지역난방의 특징 설명으로 틀린 것은 어느 것인가?
㉮ 각 건물에 보일러를 설치하는 경우에 비해 열효율이 좋다.
㉯ 설비의 고도화에 따른 도시 매연이 증가된다.
㉰ 연료비와 인건비를 줄일 수 있다.
㉱ 각 건물에 보일러를 설치하는 경우에 비해 건물의 유효면적이 증대된다.
[해설] 도시 매연이 감소된다.

44. 온수난방 배관에서 수평주관에 관지름이 다른 관을 접속하여 상향구배로 할 때 사용하는 가장 적합한 관 이음쇠는?
㉮ 편심 리듀서   ㉯ 동심 리듀서
㉰ 부싱   ㉱ 공기빼기 밸브
[해설] ① 편심 리듀서(편심 줄이개) :
② 동심 리듀서(동심 줄이개) :

45. 보일러 설치기준 중 안전밸브 및 압력방출 장치의 크기는 호칭지름의 얼마 이상인가?
㉮ 5 A   ㉯ 10 A   ㉰ 15 A   ㉱ 25 A
[해설] 특별한 경우를 제외하고는 25A 이상이어야 한다.

46. 보일러 계속사용검사 중 운전성능 검사기준상 보일러의 성능시험 측정은 몇 분마다 하는가?
㉮ 10분   ㉯ 30분   ㉰ 60분   ㉱ 120분

47. 소화기의 비치 위치로 가장 적합한 곳은?
㉮ 방화수가 있는 곳에
㉯ 눈에 잘 띄는 곳에
㉰ 방화사가 있는 곳에
㉱ 불이 나면 자동으로 폭발할 수 있는 곳에

48. 증기난방에서 방열기와 벽면과의 적합한 간격(mm)은?
㉮ 30~40   ㉯ 50~60
㉰ 80~100   ㉱ 100~120

[정답] 41. ㉰ 42. ㉯ 43. ㉯ 44. ㉮ 45. ㉱ 46. ㉮ 47. ㉯ 48. ㉯

[해설] 벽면에서는 50~60 mm 떨어지게, 벽걸이형 방열기는 바닥에서 150 mm 높게 설치한다.

49. 보일러 운전 시 공기빼기 밸브의 점검으로 가장 적절한 것은?
㉮ 공기빼기 밸브는 증기가 발생하기 전까지 닫아 놓는다.
㉯ 공기빼기 밸브는 증기가 발생하기 전까지 열어 놓는다.
㉰ 공기빼기 밸브는 증기가 발생하기 전이나 후에도 닫아 놓는다.
㉱ 공기빼기 밸브는 증기가 발생하기 전이나 후에도 열어 놓는다.

50. 보일러수 중에 염화물이온과 산소(O_2)가 다량 용해되어 있을 경우 발생하며 개방된 표면에서 구멍 형태로 깊게 침식하는 부식의 일종은?
㉮ 가성취화   ㉯ 스케일
㉰ 침식   ㉱ 점식

[해설] 점식(pitting) : 점식은 내부부식의 대표적인 것이며, 보일러수 중의 용존가스체(산소, 탄산가스)가 용해하면 부식을 일으키고 (특히, 고온에서의 산소의 용해는 심하다.) 점이 점상(點狀)으로 군데군데 떼를 지어 발생하며 크기는 쌀알 크기에서 손가락 머리 크기까지 있다.

51. 난방면적이 50 m^2인 주택에 온수 보일러를 설치하려고 한다. 벽체 면적은 40 m^2(창문, 문 포함), 외기온도 -8℃, 실내온도 20℃, 벽체의 열관류율이 6 kcal/h·m^2·℃일 때, 벽체를 통하여 손실되는 열량(kcal/h)은? (단, 방위계수는 1.15이다.)
㉮ 4146   ㉯ 8400
㉰ 7728   ㉱ 9660

[해설] $6 \times 40 \times [20-(-8)] \times 1.15 = 7728$ kcal/h

52. 저온부식의 방지대책으로 틀린 것은 어느 것인가?
㉮ 연소가스가 황산증기의 노점까지 저하되기 전에 굴뚝으로 배출시킨다.
㉯ 무수황산을 다른 생성물로 바꾸어 버린다.
㉰ 중유에 적당한 첨가제를 가해서 황산증기의 노점을 높인다.
㉱ 가급적 완전 연소하도록 연소방법을 개선한다.

[해설] 배기가스 중의 CO_2 함유량을 높여 황산가스의 노점을 내려야 한다.

53. 강철제 또는 주철제 보일러의 용량이 몇 t/h 이상이면 각종 유량계를 설치해야 하는가?
㉮ 1 t/h   ㉯ 1.5 t/h
㉰ 2 t/h   ㉱ 3 t/h

[해설] 용량이 1 t/h 이상이면 각종 유량계(급수량계, 급유량계)를 설치해야 하며 수(水) 처리 시설도 해야 한다.

54. 소다 끓임은 보통 신제품 또는 수선한 보일러를 사용하기 전에 보일러 내부에 부착된 유류나 페인트, 녹 등을 제거하기 위한 것으로 소다 끓임의 약액에 포함되지 않는 것은?
㉮ 탄산나트륨   ㉯ 염화나트륨
㉰ 수산화나트륨   ㉱ 제3인산나트륨

[해설] 알칼리 세관(소다용액 보링) : 암모니아(NH_3), 가성소다(NaOH), 탄산소다(Na_2CO_3), 인산소다(Na_3PO_4) 등을 단독 또는 혼합하며, 알칼리 농도를 0.1~0.5 % 정도 유지하여 물의 온도를 70℃ 정도로 가열순환시켜 유지류 및 규산계 스케일 제거에 사용한다.

정답 49. ㉯ 50. ㉱ 51. ㉰ 52. ㉰ 53. ㉮ 54. ㉯

[참고] 알칼리 세관 시 가성취화에 의한 부식을 방지하기 위하여 질산나트륨($NaNO_3$) 또는 인산나트륨(Na_3PO_4) 등을 첨가한다.

55. 에너지이용 합리화법상의 연료 단위인 티·오·이(TOE)란 무엇인가?
㉮ 석탄환산톤 ㉯ 전력량
㉰ 중유환산톤 ㉱ 석유환산톤
[해설] TOE : Ton of Oil Equivalent

56. 효율관리 기자재에 대한 에너지의 소비효율, 소비효율 등급 등을 측정하는 시험기관은 누가 지정하는가?
㉮ 대통령
㉯ 시·도지사
㉰ 지식경제부 장관
㉱ 에너지관리공단 이사장
[해설] 시험기관, 진단기관, 전문기관 지정은 산업통상자원부 장관(개정)이다.

57. 건설산업기본법 시행령에서의 2종 압력용기를 시공할 수 있는 난방시공 업종은?
㉮ 제1종 ㉯ 제2종
㉰ 제3종 ㉱ 제4종
[해설] ① 난방시공업(제1종) : 에너지이용 합리화법 제51조의 규정에 의한 특정 열사용 기자재 중 강철제 보일러, 주철제 보일러, 온수 보일러, 구멍탄용 온수 보일러, 축열식 전기 보일러, 태양열 집열기, 1종 압력용기, 2종 압력용기의 설치와 이와 부대되는 배관, 세관공사, 공사예정 금액 2천만원 이하의 온돌설치 공사
② 난방시공업(제2종) : 특정 열사용 기자재 중 태양열 집열기, 용량 5만 kcal/h 이하의 온수 보일러, 구멍탄용 온수 보일러의 설치 및 이에 부대되는 배관, 세관공사, 공사예정 금액 2천만원 이하의 온돌설치 공사
③ 난방시공업(제3종) : 특정 열사용 기자재 중 요업요로, 금속요로의 설치 공사

58. 에너지 다소비 사업자가 매년 1월 31일까지 신고해야 할 사항과 관계없는 것은?
㉮ 전년도 에너지 사용량
㉯ 전년도 제품 생산량
㉰ 에너지사용 기자재 현황
㉱ 당해 년도 에너지 관리진단 현황
[해설] 에너지이용 합리화법 제31조 참조.

59. 에너지이용 합리화법에 의한 온실가스의 설명 중 맞는 것은?
㉮ 일산화탄소, 이산화탄소, 메탄, 아산화질소 등은 온실가스이다.
㉯ 자외선을 흡수하여 지표면의 온도를 올리는 기체이다.
㉰ 적외선 복사열을 흡수하여 온실효과를 유발하는 물질이다.
㉱ 자외선을 방출하여 온실효과를 유발하는 물질이다.
[해설] 저탄소 녹색성장 기본법 제2조 ③항 9호 참조.

60. 에너지이용 합리화법상 검사대상기기의 검사에 불합격한 기기의 사용한 자에 대한 법칙은?
㉮ 1년 이하의 징역 또는 1천만원 이하의 벌금
㉯ 2년 이하의 징역 또는 2천만원 이하의 벌금
㉰ 300만원 이하의 벌금
㉱ 500만원 이하의 벌금
[해설] 에너지 이용합리화법 제73조 참조.

[정답] 55.㉱ 56.㉰ 57.㉮ 58.㉱ 59.㉰ 60.㉮

2009년도 출제 문제

● 에너지관리 기능사 [2009년 1월 18일 시행]

1. 보일러 분출의 목적으로 틀린 것은?
㉮ 불순물로 인한 보일러수의 농축을 방지한다.
㉯ 전열면에 스케일 생성을 방지한다.
㉰ 포밍이나 프라이밍의 생성을 좋게 한다.
㉱ 관수의 순환을 좋게 한다.
[해설] 포밍, 프라이밍, 캐리오버 현상을 억제하기 위함이다.

2. 노통 보일러 가셋트 스테이 사이의 공간으로 브리딩 스페이스는 몇 mm 이상의 간격을 주어야 하는가? (단, 경판의 두께는 13 mm 이하로 한다.)
㉮ 80 ㉯ 130 ㉰ 180 ㉱ 230

[해설]

경판의 두께	브리딩 스페이스
13 mm 이하	230 mm 이상
15 mm 이하	260 mm 이상
17 mm 이하	280 mm 이상
19 mm 이하	300 mm 이상
19 mm 초과	320 mm 이상

3. 후향 날개 형식으로 된 송풍기로 효율이 60~75 % 정도로 좋으며, 고압 대용량에 적합하고 작은 동력으로도 운전할 수 있는 송풍기는?
㉮ 다익형 송풍기
㉯ 축류형 송풍기
㉰ 터보형 선풍기
㉱ 플레이트형 송풍기

[해설] 원심식 송풍기의 종류 및 특징

종류	특징
터보형 송풍기	• 후향 날개로 되어 있다 (16~24개). • 효율이 좋으며(60~75 %) 고압, 대용량에 적합하다. • 적은 동력으로 운전할 수 있으며 가압 (압입)송풍기로 사용한다.
플레이트형 송풍기	• 방사형 날개로 되어 있다 (6~12개). • 효율이 50~60 % 정도이며 대용량에 적합하다. • 흡입(흡인) 송풍기로 가장 많이 사용한다.
다익형 (시로코형) 송풍기	• 전향 날개로 되어 있다 (60~90개). • 풍량은 많으나 효율이 낮다 (40~50 %). • 흡입 송풍기로 적당하나 고압, 고온에는 사용이 불가능하다.

정답 1. ㉰ 2. ㉱ 3. ㉰

4. 30마력(PS)인 기관이 1시간 동안 행한 일량을 열량으로 환산하면 약 몇 kcal인가? (단, 이 과정에서 행한 일량은 모두 열량으로 변환된다고 가정한다.)

㉮ 14360 ㉯ 15240
㉰ 18970 ㉱ 20402

[해설] 열량 $Q[\text{kcal}] = $ 일의 열당량 $A\left(\dfrac{1}{427}\right)$
$[\text{kcal/kg} \cdot \text{m}] \times $ 일량 $W[\text{kg} \cdot \text{m}]$에서
$\dfrac{1}{427} \times 75 \times 3600 \times 30 = 18970$ kcal

5. 왕복동식 펌프가 아닌 것은?

㉮ 플런저 펌프 ㉯ 웨어 펌프
㉰ 워싱턴 펌프 ㉱ 터빈 펌프

[해설] ① 왕복동식 펌프의 종류 : 워싱턴 펌프, 웨어 펌프, 플런저 펌프
② 원심식(회전식) 펌프의 종류 : 터빈 펌프, 벌류트 펌프

6. 안전밸브에 관한 설명으로 틀린 것은?

㉮ 안전밸브 및 압력방출장치의 크기는 호칭지름 25 A 이상으로 하여야 한다.
㉯ 최고사용압력 0.1 MPa 이하의 보일러는 호칭지름 20 A 이상으로 할 수 있다.
㉰ 전열면적 100 m² 이하의 증기보일러에서는 1개 이상으로 한다.
㉱ 소용량 강철제 보일러는 호칭지름 20 A 이상으로 할 수 있다.

[해설] 전열면적 50 m² 이하의 증기 보일러에서는 안전밸브를 1개 이상 부착할 수 있다.

7. ON-OFF 동작과 가장 관련이 깊은 것은?

㉮ 비례동작 ㉯ 2위치 동작
㉰ 적분 동작 ㉱ 복합 동작

[해설] 대표적인 불연속동작은 ON-OFF (2위치) 동작이다.

8. 보일러에서 탄성식 압력계에 속하지 않는 것은?

㉮ 다이어프램식 압력계
㉯ 벨로스식 압력계
㉰ 부르동관식 압력계
㉱ 단관식 압력계

[해설] ① 탄성식 압력계의 종류 : 부르동관식, 벨로스식, 다이어프램식
② 액주식 압력계의 종류 : 단관식, U자관식, 경사관식, 환상천평(링 밸런스)식

9. 유압분무식 오일버너의 특징 설명으로 잘못된 것은?

㉮ 대용량 버너의 제작이 가능하다.
㉯ 무화 매체가 필요 없다.
㉰ 유량조절 범위가 넓다.
㉱ 기름의 점도가 크면 무화가 곤란하다.

[해설] 유압(압력) 분무식 버너의 유량조절 범위는 1 : 3 정도로 좁다.

10. 프라이밍의 발생 원인으로 틀린 것은 어느 것인가?

㉮ 보일러 수위가 높을 때
㉯ 보일러수가 농축되어 있을 때
㉰ 송기 시 증기 밸브를 급개할 때
㉱ 증발능력에 비하여 보일러수의 표면적이 클 때

[해설] 증발능력에 비하여 보일러수의 표면적이 좁을 때 프라이밍, 캐리오버 현상이 발생한다.

11. 일반적인 보일러의 열손실 중 가장 큰 요인은 무엇인가?

㉮ 배기가스에 의한 열손실

[정답] 4. ㉰ 5. ㉱ 6. ㉰ 7. ㉯ 8. ㉱ 9. ㉰ 10. ㉱ 11. ㉮

㉰ 연소에 의한 열손실
㉱ 불완전 연소에 의한 열손실
㉲ 복사, 전도에 의한 열손실

[해설] 배기가스 보유열에 의한 열손실이 가장 크다.

12. 완전연소된 배기가스 중의 산소농도가 2 %인 보일러의 공기비는 얼마인가?

㉮ 약 0.1　　㉯ 약 1.1
㉰ 약 2.2　　㉱ 약 3.3

[해설] 배기가스 중의 $O_2[\%]$ 농도로 공기비 (m) 구하는 식

$$m = \frac{21}{21 - O_2[\%]} \text{에서 } m = \frac{21}{21-2} = 1.1$$

13. 보일러 설치검시기준에서 몇 도 이하의 온수발생보일러에는 방출밸브를 설치하여야 하는가?

㉮ 353 K　　㉯ 373 K
㉰ 393 K　　㉱ 413 K

[해설] 온수 온도가 393 K (120℃) 이하인 온수 보일러에는 안전밸브 대신 방출밸브를 설치할 수 있다 (1개 이상).

14. 기체연료 연소의 특징 설명 중 틀린 것은?

㉮ 연소조절이 용이하다.
㉯ 연료의 저장·수송에 큰 시설을 요한다.
㉰ 회분의 생성이 없고 대기오염의 발생이 적다.
㉱ 연소실 용적이 커야 된다.

[해설] 기체연료는 고체 및 액체연료에 비하여 연소실 용적을 적게 할 수 있다.

15. 자동제어계의 신호전달 방식 중 전송지연이 적고, 조작력이 크며, 가장 먼 거리까지 전송이 가능한 방식은?

㉮ 공기압식　　㉯ 유압식
㉰ 전기식　　㉱ 기계식

[해설] ① 공기압식 : 전송거리 100~150 m 정도
② 유압식 : 전송거리 300 m 정도
③ 전기식 : 전송거리 10 km 정도까지 가능

16. 보일러 전열면에 부착된 그을음이나 재를 제거하는 장치는?

㉮ 슈트 블로어　　㉯ 수저분출장치
㉰ 증기 트랩　　㉱ 기수분리기

[해설] 슈트 블로어(soot blower, 그을음 제거기) : 전열면에 부착된 그을음이나 재를 제거하는 장치

17. 게이트 밸브(사절 밸브)라고도 하며 유량 조절용으로 부적합하나 구조상 퇴적물이 체류하지 않는 장점이 있고 유체의 차단을 주목적으로 사용되는 것은?

㉮ 글로브 밸브　　㉯ 슬루스 밸브
㉰ 체크 밸브　　㉱ 앵글 밸브

[해설] ① 게이트 (슬루스, 사절) 밸브 : 유량 조절용으로는 부적합하고 유로 개폐용으로 사용한다.
② 글로브 밸브 : 유량 조절용으로 적합하며 기밀도가 좋아 기체 배관에 많이 사용한다.
③ 체크(역지) 밸브 : 유체의 역류 방지용으로 사용한다.
④ 앵글 밸브 : 글로브 밸브와 구조가 비슷하며 유체의 흐름 방향을 90°로 바꾸어 주는데 사용한다.

18. 보일러에 절탄기를 설치하였을 때의 특징으로 틀린 것은?

㉮ 보일러 증발량이 증대하여 열효율을 높일 수 있다.
㉯ 보일러수와 급수와의 온도차를 줄여

[정답] 12. ㉯　13. ㉰　14. ㉱　15. ㉰　16. ㉮　17. ㉯　18. ㉱

보일러 동체의 열응력을 경감시킬 수 있다.
㉰ 저온 부식을 일으키기 쉽다.
㉱ 통풍력이 증가한다.

[해설] 연도에 절탄기(급수예열기)를 설치하면 통풍저항이 증대하여 통풍력은 감소한다.

19. 연료의 가연 성분이 아닌 것은?
㉮ N   ㉯ C   ㉰ H   ㉱ S

[해설] 연료의 가연 성분 : 탄소(C), 수소(H), 황(S)

20. 보일러의 상당증발량을 구하는 식으로 맞는 것은? (단, Ge = 매시 환산증발량 (kg/h), Ga = 매시 발생증기량 (kg/h), i' = 발생증기의 엔탈피(kcal/h), i = 급수의 엔탈피(kcal/h) 이다.)

㉮ $Ge = \dfrac{Ga(i'-i)}{539}$

㉯ $Ge = \dfrac{539}{Ga(i'-i)}$

㉰ $Ga = \dfrac{Ge(i'-i)}{539}$

㉱ $Ga = \dfrac{539}{Ge(i'-i)}$

[해설] 상당(환산)증발량

$= \dfrac{\text{매시 실제 증발량(발생증기 엔탈피 - 급수 엔탈피)}}{539}$ [kg/h]

21. 보일러 화염검출장치의 보수나 점검에 대한 설명 중 틀린 것은?
㉮ 프레임 아이 장치의 주위온도는 50℃ 이상이 되지 않게 한다.
㉯ 광전관식은 유리나 렌즈를 매주 1회 이상 청소하고 감도 유지에 유의한다.
㉰ 프레임 로드는 검출부가 불꽃에 직접 접하므로 소손에 유의하고 자주 청소해 준다.
㉱ 프레임 아이는 불꽃의 직사광이 들어가면 오동작하므로 불꽃의 중심을 향하지 않도록 설치한다.

[해설] 플레임 아이는 불꽃의 중심을 향하여 설치해야 한다.

22. 열정산의 목적이 아닌 것은?
㉮ 연료의 발열량을 파악하기 위하여
㉯ 열의 손실을 파악하기 위하여
㉰ 열설비 성능을 파악하기 위하여
㉱ 열의 행방을 파악하기 위하여

[해설] 연료의 발열량을 파악해야 열정산을 할 수 있으며 연료의 발열량 측정방법에는
① 공업분석에 의한 방법
② 원소분석에 의한 방법
③ 열량계에 의한 방법이 있다.

23. 어떤 보일러의 최대 연속증발량(정격 용량)이 5 ton/h이고, 실제 보일러의 증발량이 4.5 ton/h이면 보일러 부하율은?
㉮ 111 %   ㉯ 90 %
㉰ 50 %   ㉱ 95 %

[해설] 보일러 부하율
$= \dfrac{\text{실제 증발량(kg/h)[t/h]}}{\text{최대 증발량(kg/h)[t/h]}} \times 100(\%)$ 에서
$\dfrac{4.5}{5} \times 100 = 90\%$ 이다.

24. 연관식 보일러의 특징 설명으로 틀린 것은?
㉮ 전열면이 크고 효율은 노통 보일러보다 좋다.
㉯ 증기발생 시간이 빠르다.
㉰ 연료선택 범위가 좁다.
㉱ 연료의 연소상태가 양호하다.

[정답] 19. ㉮ 20. ㉮ 21. ㉱ 22. ㉮ 23. ㉯ 24. ㉰

[해설] 연관식(횡 연관식) 보일러는 외분식 보일러이므로 연료의 종류와 질에 크게 구애를 받지 않으므로 연료 선택 범위가 넓다.

25. 주철제 보일러의 특징 설명으로 틀린 것은?
㉮ 내열·내식성이 우수하다.
㉯ 쪽수의 증감에 따라 용량조절이 용이하다.
㉰ 재질이 주철이므로 충격에 강하다.
㉱ 고압 및 대용량에 부적당하다.

[해설] 주철제 보일러는 인장 및 충격에 약하다.

26. 어떤 보일러의 증발량이 20 ton/h이고, 보일러 본체의 전열면적이 458 m²일 때, 이 보일러의 전열면 증발률은 약 몇 kg/m²·h인가?
㉮ 9.2 ㉯ 43.7 ㉰ 22.9 ㉱ 45.8

[해설] 전열면 증발률
$= \dfrac{\text{매시 증발량}(\text{kg/h})}{\text{전열면적}(\text{m}^2)} [\text{kg/m}^2\text{h}]$ 에서
$\dfrac{20 \times 1000}{458} = 43.7 \text{ kg/m}^2\text{h}$

27. 인터로크 종류가 아닌 것은?
㉮ 저수위 인터로크
㉯ 압력초과 인터로크
㉰ 저온도 인터로크
㉱ 불착화 인터로크

[해설] 인터로크의 종류
① 프리 퍼지 인터로크
② 불착화 인터로크
③ 저연소 인터로크
④ 저수위 인터로크
⑤ 압력초과 인터로크

28. 수관식 보일러에 속하지 않는 것은?
㉮ 입형 횡관식 ㉯ 자연순환식
㉰ 강제순환식 ㉱ 관류식

[해설] 수관식 보일러를 물의 순환방식에 따라 분류하면 자연순환식, 강제순환식, 관류식으로 나눌 수 있다.

[참고] 입형 횡관, 입형 연관, 코크란 보일러는 입형 보일러의 종류이다. 즉, 원통형 보일러에 해당된다.

29. 연료 중 표면 연소하는 것은?
㉮ 목탄 ㉯ 중유
㉰ 석탄 ㉱ LPG

[해설] ① 고체연료 연소형태에는 표면연소(목탄, 코크스)와 분해연소(석탄목재)가 있다.
② 액체연료 연소형태에는 증발연소(가솔린, 등유, 경유)와 분해연소(중유, 타르유)가 있다.
③ 기체연료 연소형태에는 확산연소와 예혼합연소가 있다.

30. 보일러 청관제 중 보일러수의 연화제로 사용되지 않는 것은?
㉮ 수산화나트륨 ㉯ 탄산나트륨
㉰ 인산나트륨 ㉱ 황산나트륨

[해설] 연화제(경도 성분을 슬러지화 시킴)의 종류
① 탄산나트륨(탄산소다)
② 인산나트륨(인산소다)
③ 수산화나트륨(가성소다)

31. 온수난방설비에서 온수, 온도차에 의한 비중력차로 순환하는 방식으로 단독주택이나 소규모 난방에 사용되는 것은?
㉮ 강제순환식 난방 ㉯ 하향순환식 난방
㉰ 자연순환식 난방 ㉱ 상향순환식 난방

32. 온수를 사용한 주철제 보일러의 표준 방열량(kcal/m²·h)은?

정답 25. ㉰ 26. ㉯ 27. ㉰ 28. ㉮ 29. ㉮ 30. ㉱ 31. ㉰ 32. ㉯

㉮ 350　㉯ 450　㉰ 550　㉱ 650

[해설] ① 온수 방열기의 표준방열량
      $= 450 \, kcal/m^2 \cdot h$
② 증기 방열기의 표준방열량
      $= 650 \, kcal/m^2 \cdot h$

33. 프라이밍을 방지하기 위해 드럼 윗면에 다수의 구멍을 뚫은 대형 관을 증기실 꼭대기에 부착하여 상부로부터 증기를 평균적으로 인출하고, 증기속의 물방울은 하부에 뚫린 구멍으로부터 보일러수 속으로 떨어지도록 한 장치는?

㉮ 사이펀관　㉯ 급수내관
㉰ 비수방지관　㉱ 드레인관

[해설] 원통형 보일러 드럼내 증기관 입구에 설치하여 발생증기 속의 수분을 제거해 주는 장치는 비수방지관이며 수관보일러 기수드럼 내에 설치하여 증기 속의 수분을 분리 제거해 주는 장치는 기수분리기이다.

34. 연관 최고부보다 노통 윗면이 높은 노통연관 보일러의 최저수위(안전저수면)의 위치는?

㉮ 노통 최고부 위 100 mm
㉯ 노통 최고부 위 75 mm
㉰ 연관 최고부 위 100 mm
㉱ 연관 최고부 위 75 mm

[해설] 노통연관 보일러의 안전저수위
① 연관 최고부보다 노통 윗면이 높을 때 : 노통 최고부 위 100 mm 상방
② 노통 윗면보다 연관 최고부가 높을 때 : 연관 최고부 위 75 mm 상방

35. 보일러의 운전정지 시 가장 뒤에 조작하는 작업은?

㉮ 연료 공급의 차단
㉯ 연소용 공기의 공급 정지
㉰ 댐퍼를 닫음
㉱ 급수펌프의 정지

[해설] 보일러 운전정지 순서 : ① 연소율을 낮춘다 → ② 연료 공급 차단 → ③ 포스터 퍼지 실시 → ④ 연소용 공기 공급 정지 → ⑤ 주증기 밸브를 차단하고 드레인 밸브 개방 → ⑥ 공기 댐퍼 닫음

36. 수질(水質)에서 탄산칼슘 경도 1 ppm이란 물 1L 속에 탄산칼슘($CaCO_3$)이 얼마 포함된 경우인가?

㉮ 1 mg　㉯ 10 mg
㉰ 100 mg　㉱ 1 g

[해설] 탄산칼슘 경도 1 ppm (탄산칼슘 경도 1도)란 물 1L(1000 cc) 속에 탄산칼슘($CaCO_3$)이 1mg 포함된 경우이다.

[참고] 경도 1도 (탁일 경도 1도) : 물 100 cc 속에 광물질(Ca, Mg)이 1 mg 포함된 경우이다.

37. 장기 휴지보일러의 사용전 준비사항으로 연소계통의 점검에 관한 설명으로 틀린 것은?

㉮ 기름탱크의 유량, 가스압력을 확인하여 연료공급에 차질이 생기지 않도록 한다.
㉯ 연료배관은 연료가 누설되지 않은지 점검하고 연료밸브를 닫아 놓는다.
㉰ 화염검출기의 오염 여부를 확인하고 유리면을 깨끗이 닦는다.
㉱ 연도 댐퍼가 잠겨 있는지 확인하고 열어 놓는다.

[해설] 연료 밸브를 열어 점화 준비를 해야 한다.

38. 증기를 송기할 때 주의 사항으로 틀린 것은?

㉮ 과열기의 드레인을 배출시킨다.

[정답] 33. ㉰　34. ㉮　35. ㉰　36. ㉮　37. ㉯　38. ㉯

㉯ 증기관내의 수격작용을 방지하기 위해 응축수가 배출되지 않도록 한다.
㉰ 주증기 밸브를 조금 열어서 주증기관을 따뜻하게 한다.
㉱ 주증기 밸브를 완전히 개폐한 후 조금 되돌려 놓는다.

[해설] 송기 전에는 드레인 밸브를 열어 응축수를 배출시켜야 한다.

39. 다음에서 ( ) 속에 들어갈 용어로 올바른 것은?

> 증기 및 온수가 흐르는 관은 관 내외의 온도차에 의해 신축이 발생한다. 이에 따른 신축흡수를 위해 방열기 인입 배관에는 (①) 이음을 하며, 공급관은 (②)구배, 환수관은 (③)구배로 한다.

㉮ ① 슬리브, ② 역, ③ 순
㉯ ① 스위블, ② 역, ③ 순
㉰ ① 슬리브, ② 순, ③ 역
㉱ ① 스위블, ② 순, ③ 역

[해설] 스위블형 신축이음은 방열기 입구에 사용하며 공급관은 역구배, 환수관은 순구배로 한다.

40. 복사난방 중 가열면의 위치에 의한 분류가 아닌 것은?

㉮ 천장 난방　㉯ 바닥 난방
㉰ 벽 난방　　㉱ 온풍 난방

[해설] 복사난방을 가열면 위치에 따라 분류하면 바닥 난방, 벽 난방, 천장 난방으로 분류한다.

41. 난방면적이 100 m², 열손실지수 90 kcal/m²·h, 온수온도 80℃, 실내온도 20℃일 때 난방부하(kcal/h)는?

㉮ 7000　㉯ 8000
㉰ 9000　㉱ 10000

[해설] 난방부하 (kcal/h) = 열손실지수(kcal/m²·h) × 난방면적(m²)
90 × 100 = 9000 kcal/h

42. 온수발생 보일러에서 보일러의 전열면적이 15~20 m² 미만일 경우 방출관의 안지름은 몇 mm 이상으로 해야 하는가?

㉮ 25　㉯ 30
㉰ 40　㉱ 50

[해설]

전열면적 (m²)	10 미만	10 이상 ~ 15 미만	15 이상 ~ 20 미만	20 이상
방출관 안지름 (mm)	25 이상	30 이상	40 이상	50 이상

43. 가스연료 연소 시 역화(back fire)나 리프팅(lifting)의 설명으로 틀린 것은?

㉮ 역화는 버너가 과열된 경우에 발생된다.
㉯ 리프팅은 가스압이 너무 낮은 경우에 발생된다.
㉰ 역화는 불꽃이 염공을 따라 거꾸로 들어가는 것이다.
㉱ 리프팅은 1차공기 과다로 분출속도가 높은 경우에 발생된다.

[해설] 가스압이 너무 높거나 가스 분출속도가 높은 경우에 리프팅(lifting) 현상이 발생한다.

44. 가스용접 중 수소의 고압가스 용기도색으로 맞는 것은?

㉮ 황색　㉯ 백색
㉰ 청색　㉱ 주황색

[해설] ① 수소 : 주황색
② 아세틸렌 : 황색
③ 암모니아 : 백색
④ 액화탄산가스 : 청색

정답 39. ㉯　40. ㉱　41. ㉰　42. ㉰　43. ㉯　44. ㉱

⑤ 산소 : 녹색
⑥ 액화석유가스 및 질소 : 회색

45. 보일러의 성능시험방법으로 적합하지 않은 것은?
㉮ 수위는 최초 측정 시와 최종 측정 시가 일치하여야 한다.
㉯ 실측이 가능하지 않은 경우의 주철제 보일러 증기 건도는 97 %로 한다.
㉰ 측정은 매 20분마다 실시한다.
㉱ B-B 유를 사용하는 경우 연료의 비중은 0.92 이다.
[해설] 측정은 매 10분마다 실시한다.
[참고] ① B-A유 비중 : 0.86
② B-B유 비중 : 0.92
③ B-C유 비중 : 0.95

46. 급수밸브 및 체크밸브의 크기는 전열면적 10 m^2 이하의 보일러에서는 호칭 몇 A 이상이어야 하는가?
㉮ 15 mm 이상   ㉯ 20 mm 이상
㉰ 25 mm 이상   ㉱ 30 mm 이상
[해설] 급수밸브 및 체크밸브의 크기는 20 mm 이상이어야 한다 (단, 전열면적이 10 m^2 이하인 경우에는 15 mm 이상으로 할 수 있다.)
[참고] 분출밸브 및 분출 콕의 크기는 25 mm 이상이어야 한다 (단, 전열면적이 10 m^2 이하인 경우에는 20 mm 이상으로 할 수 있다).

47. 보온재 종류의 선정 시 고려 조건으로 틀린 것은?
㉮ 안전 사용 온도 범위에 적합해야 한다.
㉯ 열전도율이 가능한 한 커야 한다.
㉰ 물리적·화학적 강도가 커야 한다.
㉱ 단위 체적에 대한 가격이 저렴해야 한다.
[해설] 열전도율이 적어야 보온효과가 크다.

48. 온수보일러에서 개방형 팽창탱크의 설치는 온수난방의 최고 높은 부분보다 최소 몇 m 이상 높게 설치하는가?
㉮ 0.5 m   ㉯ 1.0 m
㉰ 1.5 m   ㉱ 2.0 m

49. 보일러의 프라이밍, 포밍의 방지 대책으로 틀린 것은?
㉮ 정상수위로 운전할 것
㉯ 주증기 밸브를 급개할 것
㉰ 과부하 운전이 되지 않게 할 것
㉱ 보일러수의 농축을 방지할 것
[해설] 주증기 밸브를 서서히 개방(3분 이상 지속)해야 한다.

50. 안전밸브 작동시험에서 안전밸브의 분출압력은 안전밸브가 2개 설치된 경우 그 중 1개는 최고사용압력 이하에서 작동하고, 나머지 1개는 최고사용압력의 몇 배 이하에서 작동해야 하는가?
㉮ 1배   ㉯ 1.03배
㉰ 2배   ㉱ 2.03배
[참고] 안전밸브가 1개 설치된 경우에는 최고사용압력 이하에서 작동해야 한다.

51. 증기난방과 비교한 온수난방의 특징 설명으로 틀린 것은?
㉮ 방열 면적이 넓다.
㉯ 동결의 우려가 적다.
㉰ 예열시간은 길다.
㉱ 건축물의 높이에 제한을 받지 않는다.
[해설] 증기난방은 건축물의 높이에 제한을 받는다.

52. 응축수와 증기가 동일관 속을 흐르는 방식으로 기울기를 잘못하면 수격현상이

[정답] 45. ㉰   46. ㉮   47. ㉯   48. ㉯   49. ㉯   50. ㉯   51. ㉱   52. ㉰

발생되는 문제로 소규모 난방에서만 사용되는 증기난방 방식은?

㉮ 복관식 ㉯ 건식환수식
㉰ 단관식 ㉱ 기계환수식

[해설] ① 단관식 : 응축수와 증기가 동일 배관 내에서 역방향으로 흐른다 (소규모 난방에 사용).
② 복관식 : 응축수와 증기가 각기 다른 배관 내에서 흐른다 (대규모 난방에 사용).

53. 보일러의 소다 끓임에 대한 설명으로 틀린 것은?

㉮ 동체 내부의 장착물을 가능한 다 떼어내어 보일러 내부 수면을 조금 높게 한 다음 소다끓임을 한다.
㉯ 작업에 관계없는 구멍이나 맨홀을 막는다.
㉰ 액체의 순환이나 검수에 필요한 배관을 한다.
㉱ 수관보일러는 소다끓임 전에 기름 세척을 해두는 것이 좋다.

[해설] 기름 세척을 해서는 안 된다.

54. 보일러 저온부식 방지 대책에 해당되는 것은?

㉮ 연료중의 황분(S)을 제거한다.
㉯ 저온의 전열면에 보호피막을 없앤다.
㉰ 연소가스의 온도를 노점온도 이하가 되도록 한다.
㉱ 배기가스 중의 CO_2 함량을 높여서 아황산가스의 노점을 올린다.

[해설] ① 저온의 전열면에 보호피막을 입힌다.
② 연소가스 온도를 노점 이하로 해서는 안 된다.
③ 배기가스 중의 CO_2 함량을 높여서 아황산가스의 노점을 내린다.

55. 다음 중 에너지이용합리화법상 국민의 책무는?

㉮ 기재재 및 설비의 에너지효율을 높이고 온실가스의 배출을 줄이기 위한 기술의 개발과 도입을 위해 노력
㉯ 관할지역의 특성을 참작하여 국가에너지정책의 효과적인 수행
㉰ 일상 생활에서 에너지를 합리적으로 이용하고 온실가스의 배출을 줄이도록 노력
㉱ 에너지의 수급안정과 합리적이고 효율적인 이용을 도모하고 온실가스의 배출을 줄이기 위한 시책강구 및 시행

[해설] 에너지이용합리화법 제3조 ⑤항 참조.

56. 에너지이용합리화법 시행령상 지식경제부장관은 에너지수급 안정을 위한 조치를 하고자 할 때에는 그 사유·기간 및 대상자 등을 정하여 그 조치 예정일 며칠 이전에 예고하여야 하는가?

㉮ 14일 ㉯ 10일
㉰ 7일   ㉱ 5일

[해설] 에너지이용합리화법 시행령 제13조 ①항 참조.

57. 에너지이용합리화법상 검사대상기기에 대하여 받아야 할 검사를 받지 않은 자에 대한 벌칙은?

㉮ 2년 이하의 징역 또는 2천만원 이하의 벌금
㉯ 1년 이하의 징역 또는 1천만원 이하의 벌금
㉰ 2천만원 이하의 벌금
㉱ 500만원 이하의 벌금

[해설] 에너지이용합리화법 제95조 참조.

정답 53. ㉱ 54. ㉮ 55. ㉰ 56. ㉰ 57. ㉯

58. 에너지기본법상 에너지기술개발계획에 포함되어야 할 사항이 아닌 것은?

㉮ 에너지의 효율적 사용을 위한 기술개발에 관한 사항
㉯ 온실가스 배출을 줄이기 위한 기술개발에 관한 사항
㉰ 개발된 에너지기술의 실용화의 촉진에 관한 사항
㉱ 에너지수급의 추이와 전망에 관한 사항

[해설] 에너지기본법 제11조 ③항 참조.

59. 열사용기자재관리규칙상 열사용기자재인 소형온수보일러의 적용범위는?

㉮ 전열면적 12 m² 이하이며, 최고사용압력 0.35 MPa 이하의 온수를 발생하는 것
㉯ 전열면적 14 m² 이하이며, 최고사용압력 0.25 MPa 이하의 온수를 발생하는 것
㉰ 전열면적 12 m² 이하이며, 최고사용압력 0.45 MPa 이하의 온수를 발생하는 것
㉱ 전열면적 14 m² 이하이며, 최고사용압력 0.35 MPa 이하의 온수를 발생하는 것

[해설] 에너지이용 합리화법 시행규칙 제1조의 2 별표 참조.

60. 에너지이용합리화법상의 목표에너지원 단위를 가장 옳게 설명한 것은?

㉮ 에너지를 사용하여 만드는 제품의 단위당 폐연료사용량
㉯ 에너지를 사용하여 만드는 제품의 연간 폐열사용량
㉰ 에너지를 사용하여 만드는 제품의 단위당 에너지 사용 목표량
㉱ 에너지를 사용하여 만드는 제품의 연간 폐열에너지 사용 목표량

[해설] 에너지이용합리화법 제35조 참조.

● 에너지관리 기능사　　[2009년 7월 12일 시행]

1. 과열증기에서 과열도는 무엇인가?
㉮ 과열증기온도와 포화증기온도와의 차이다.
㉯ 과열증기온도에 증발열을 합한 것이다.
㉰ 과열증기의 압력과 포화증기의 압력 차이다.
㉱ 과열증기온도에 증발열을 뺀 것이다.
[해설] 과열도(℃) = 과열증기온도(℃) − 포화증기온도(℃)

2. 증기보일러에서 증기의 건조도를 향상시키는 방법이 아닌 것은?
㉮ 증기관 내의 드레인을 제거한다.
㉯ 기수분리기를 설치한다.
㉰ 리프팅 피팅을 설치한다.
㉱ 비수방지관을 설치한다.
[해설] ㉮, ㉯, ㉱항 외에
① 포밍, 프라이밍, 캐리오버 현상을 방지한다.
② 고압의 증기를 저압의 증기로 감압 사용한다.

3. 보일러 급수내관의 설치위치로 옳은 것은?
㉮ 보일러의 상용수위와 50 mm 정도 높게 설치한다.
㉯ 보일러의 기준수위와 일치되게 설치한다.
㉰ 보일러의 안전저수위보다 50 mm 정도 높게 설치한다.
㉱ 보일러의 안전저수위보다 50 mm 정도 낮게 설치한다.

4. 소용량 온수보일러에 사용되는 화염검출기 중 화염의 발열 현상을 이용한 것으로 연소온도에 의해 화염의 유무를 검출하는 것은?
㉮ 플레임 아이　　㉯ 플레임 로드
㉰ 스택 스위치　　㉱ CdS 셀
[해설] ① 플레임 아이 : 화염의 발광체 이용
② 플레임 로드 : 화염의 이온화 성질 이용
③ 스택 스위치 : 화염의 발열현상 이용

5. 주철제 보일러의 특징 설명으로 옳은 것은?
㉮ 내열성 및 내식성이 나쁘다.
㉯ 고압 및 대용량으로 적합하다.
㉰ 색션의 증감으로 용량을 조절할 수 있다.
㉱ 인장 및 충격에 강하다.
[해설] ① 내열성 및 내식성이 우수하다.
② 고압 및 대용량에 부적합하다.
③ 인장 및 충격에 약하다.

6. 탄소(C) 1 kmol이 완전 연소하여 탄산가스(CO_2)가 될 때 발생하는 열량은 몇 kcal인가?
㉮ 97200　　㉯ 29200
㉰ 68000　　㉱ 57600
[해설] $C + O_2 \rightarrow CO_2 + 97200\,kcal/kmol$
　　1kmol　1kmol　1kmol

7. 기체연료의 연소특성에 대한 설명으로 틀린 것은?
㉮ 회분이나 매연발생이 없어서 연소 후 청결하다.

정답　1. ㉮　2. ㉰　3. ㉱　4. ㉰　5. ㉰　6. ㉮　7. ㉯

㉰ 연소조절이나 소화가 불편하다.
㉱ 이론공기량에 가까운 공기로도 완전 연소가 가능하다.
㉲ 연소의 자동제어가 편리하다.
[해설] 연소조절이 용이하며 점화 및 소화가 편리하다.

8. 액체연료 연소에서 연료를 무화시키는 목적의 설명으로 틀린 것은?
㉮ 주위 공기와 혼합을 고르게 하기 위하여
㉯ 단위중량당 표면적을 적게 하기 위하여
㉰ 연소효율을 향상시키기 위하여
㉱ 연소실의 열 부하를 높게 하기 위하여
[해설] 단위중량당 표면적을 크게 하기 위함이다.

9. 보일러 자동제어에서 시퀀스(sequence) 제어를 가장 옳게 설명한 것은?
㉮ 결과가 원인으로 되어 제어단계를 진행하는 제어이다.
㉯ 목표 값이 시간적으로 변화하는 제어이다.
㉰ 목표 값이 변화하지 않고 일정한 값을 갖는 제어이다.
㉱ 제어의 각 단계를 미리 정해진 순서에 따라 진행하는 제어이다.
[해설] ㉮항 : 피드백 제어
㉯항 : 프로그램 제어
㉰항 : 정치 제어

10. 보일러 자동연소 제어의 조작량에 해당 되는 것은?
㉮ 급수량   ㉯ 연료량
㉰ 전열량   ㉱ 증기온도
[해설] 자동연소 제어 조작량 : 연료량, 공기량, 연소가스량

11. 보일러, 통풍방식에서 연소용 공기를 송풍기로 노입구에서 대기압보다 높은 압력으로 밀어 넣고 굴뚝의 통풍작용과 같이 통풍을 유지하는 방식은?
㉮ 자연 통풍   ㉯ 노출 통풍
㉰ 흡입 통풍   ㉱ 압입 통풍
[해설] 압입(가압)통풍 방식이다.

12. 열의 이동 방법에 속하지 않는 것은?
㉮ 복사   ㉯ 전도
㉰ 대류   ㉱ 증발
[해설] 열의 이동 방법에는 전도, 대류, 복사 3가지가 있다.

13. 보일러를 본체 구조에 따라 분류하면 원통형 보일러와 수관식 보일러로 크게 나눌 수 있다. 수관식 보일러에 속하지 않는 것은?
㉮ 노통 보일러   ㉯ 다쿠마 보일러
㉰ 라몬트 보일러   ㉱ 슐처 보일러
[해설] 노통 보일러는 원통형 보일러에 속한다.

14. 보일러의 긴급연료 차단밸브(전자밸브)를 작동시키는 연계장치가 아닌 것은?
㉮ 압력차단 스위치 ㉯ 스테이 빌라이저
㉰ 저수위 경보기   ㉱ 화염 검출기
[해설] 전자밸브의 연계(연동)장치는 압력차단 스위치(압력 차단기), 화염 검출기, 저수위 경보기. 송풍기가 있다.

15. 15℃의 물을 급수하여 압력 0.35 MPa의 증기를 500 kgf/h 발생시키는 보일러의 마력은 약 얼마인가? (단, 발생 증기의 엔탈피는 655.2 kcal/kgf 이다.)
㉮ 37.9   ㉯ 42.3
㉰ 28.8   ㉱ 48.7

[해설] $\dfrac{500\times(655.2-15)}{\dfrac{539}{15.65}}=37.9$ 보일러마력

16. 보일러의 부속설비 중 연료공급 계통에 해당하는 것은?
㉮ 콤버스터   ㉯ 버너 타일
㉰ 슈트 블로어   ㉱ 오일 프리히터
[해설] 오일 프리히터(유 예열기)는 급유장치이다.

17. 보일러의 수면계와 관련된 설명 중 틀린 것은?
㉮ 증기보일러에는 2개 이상(소용량 및 소형관류보일러는 1개)의 유리수면계를 부착하여야 한다. 다만, 단관식 관류 보일러는 제외한다.
㉯ 유리수면계는 보일러 동체에만 부착하여야 하며 수주관에 부착하는 것은 금지하고 있다.
㉰ 2개 이상의 원격지시 수면계를 시설하는 경우에 한하여 유리수면계를 1개 이상으로 할 수 있다.
㉱ 유리수면계는 상·하에 밸브 또는 콕크를 갖추어야 하며, 한눈에 그것의 개·폐 여부를 알 수 있는 구조이어야 한다. 다만, 소형관류보일러에서는 밸브 또는 콕을 갖추지 아니할 수 있다.
[해설] 수면계 유리관 보호를 위하여 수면계는 수주에 부착한다.

18. 보일러의 수위검출기 작동 시험 및 보수에 대한 설명으로 가장 거리가 먼 것은?
㉮ 검출기 하단의 취출 밸브를 열어 검출기 수위를 서서히 저하시키며 급수펌프의 작동 여부를 확인한다.
㉯ 보일러에 간헐적으로 블로어를 할 때에는 수위를 서서히 저하시켜서 수위 검출기 작동을 확인한다.
㉰ 플로트식은 6개월마다 수은 스위치의 상태와 접점 단자의 상태를 조사한다.
㉱ 전극식은 1년마다 전극봉을 샌드페이퍼로 스케일을 제거해 준다.
[해설] 전극식은 3개월마다 전극봉을 샌드페이퍼로 스케일을 제거해 준다.

19. 보일러의 굴뚝 높이가 45 m일 때 이 굴뚝의 통풍력은 약 몇 mmAq인가? (단, 외기 온도=30℃, 배기 가스온도=100℃)
㉮ 60   ㉯ 50   ㉰ 30   ㉱ 10
[해설] $355\times 45\times\left(\dfrac{1}{30+273}-\dfrac{1}{100+273}\right)=9.87\,\text{mmAg}$

20. 보일러의 증발량이 10 t/h이고, 보일러 본체의 전열면적이 500 m²일 때, 보일러의 증발률은 몇 kg/m²h인가?
㉮ 20   ㉯ 0.2
㉰ 0.02   ㉱ 25
[해설] $\dfrac{10\times 1000}{500}=20\,\text{kg/m}^2\text{h}$

21. 다음 집진장치 중 가압수를 이용한 것은?
㉮ 충돌식
㉯ 중력식
㉰ 벤투리 스크러버식
㉱ 반전식
[해설] 가압수식 세정(습식)집진장치의 종류 : 벤투리 스크러버, 사이클론 스크러버, 제트 스크러버, 충전탑

정답 16. ㉱   17. ㉯   18. ㉱   19. ㉱   20. ㉮   21. ㉰

22. 보일러에 연소가스의 폐열을 이용한 과열기를 설치할 때 얻어지는 장점으로 틀린 것은?

㉮ 증기관 내의 마찰저항을 감소시킬 수 있다.
㉯ 증기기관의 이론적 열효율 높일 수 있다.
㉰ 같은 압력의 포화증기에 비해 보유량이 많은 증기를 얻을 수 있다.
㉱ 연소가스의 저항으로 압력손실을 줄일 수 있다.

[해설] 연소가스의 저항 증대로 통풍력이 감소(압력손실 증가)한다.

23. 보일러 열효율 정산방법에서 열정산을 위한 급수량을 측정할 때 그 오차는 일반적으로 몇 %로 하여야 하는가?

㉮ ±1.0   ㉯ ±3.0
㉰ ±5.0   ㉱ ±7.0

[해설] 급수량 측정 허용오차는 ±1.0%이다.

24. 보일러 동 내부 안전저수위보다 약간 높게 설치하여 유지분, 부유물 등을 제거하는 장치로서 연속분출장치에 해당되는 것은?

㉮ 수면분출장치   ㉯ 수저분출장치
㉰ 수중분출장치   ㉱ 압력분출장치

[해설] ① 수면분출장치 : 연속분출장치
② 수저분출장치 : 단속분출장치

25. 연료의 연소 시 공기량이 지나치게 과대할 경우 나타나는 장해(障害)로 맞는 것은?

㉮ 연소온도가 높아진다.
㉯ 열전달이 증대된다.
㉰ 열손실이 증대된다.
㉱ 연소에서 배출되는 가스량이 적어진다.

[해설] 연소온도가 낮아지며, 배기가스량 증대로 열 손실이 증가한다.

26. 보일러 자동제어에서 신호전달 방식 종류에 해당 되지 않는 것은?

㉮ 팽창식   ㉯ 유압식
㉰ 전기식   ㉱ 공기압식

[해설] 신호전달 방식에는 전기식, 유압식, 공기압식 3가지가 있다.

27. 보일러의 수관에 대한 설명으로 가장 적합한 것은?

㉮ 관의 내부에서 연소가스가 접촉하는 관
㉯ 관의 외부에서 물이 흐르는 관
㉰ 관의 외부에서 연소가스가 접촉하고 관내로 물이 흐르는 관
㉱ 관의 내부에는 연소가스가 접촉하고 외부로는 물이 흐르는 관

[해설] ㉰항은 수관, ㉱항은 연관에 대한 설명이다.

28. 보일러의 전열면적이 클 때의 설명으로 틀린 것은?

㉮ 증발량이 많다.   ㉯ 예열이 빠르다.
㉰ 용량이 적다.   ㉱ 효율이 높다.

[해설] 전열면적이 크면 보일러 용량이 크다.

29. 보일러 제어동작 중 불연속 동작의 종류가 아닌 것은?

㉮ 2위치 동작   ㉯ 다위치 동작
㉰ 불연속 속도동작   ㉱ 비례동작

[해설] 불연속 동작의 종류에는 ㉮, ㉯, ㉰항 3가지가 있으며 비례(P) 동작, 적분(I)동작, 미분(D) 동작은 연속 동작의 종류이다.

정답 22. ㉱   23. ㉮   24. ㉮   25. ㉰   26. ㉮   27. ㉰   28. ㉰   29. ㉱

30. 온수난방의 특징으로 틀린 것은?
- ㉮ 취급이 용이하고 연료비가 적게 든다.
- ㉯ 예열에 시간이 걸리지만 쉽게 냉각되지 않는다.
- ㉰ 방열량이 커서 방열면적이 좁다.
- ㉱ 난방부하의 변동에 따른 온도조절이 쉽다.

[해설] 온수난방은 방열량이 적어서 방열면적이 넓어야 하며 시설비가 많이 든다.

31. 온수보일러에 팽창탱크를 설치하는 이유로 옳은 것은?
- ㉮ 물의 온도 상승에 따른 체적팽창에 의한 보일러의 파손을 막기 위한 것이다.
- ㉯ 배관 중의 이물질을 제거하여 연료의 흐름을 원활히 하기 위한 것이다.
- ㉰ 온수 순환펌프에 의한 맥동 및 캐비테이션을 방지하기 위한 것이다.
- ㉱ 보일러, 배관, 방열기 내에 발생한 스케일 및 슬러지를 제거하기 위한 것이다.

[해설] ㉮항 및 장치내의 압력을 일정하게 유지하고 보충수를 공급하기 위하여

32. 최고사용압력이 0.7 MPa인 강철제 증기보일러의 안전밸브의 크기는 호칭지름 몇 mm 이상으로 하는가?
- ㉮ 25 ㉯ 30 ㉰ 15 ㉱ 20

[해설] 최고사용압력이 0.1 MPa 이하인 경우에는 20 mm 이상으로 할 수 있다.

33. 전열면적이 50 m^2 이하의 증기 보일러에서는 몇 개 이상의 안전밸브를 설치하여야 하는가?
- ㉮ 4 ㉯ 1 ㉰ 3 ㉱ 2

34. 보일러 가동상태 점검사항 중 매우 중요하기 때문에 가장 수시로 점검해야 할 것은?
- ㉮ 급수의 pH
- ㉯ 일정한 수위 유지상태
- ㉰ 스케일 부착상태
- ㉱ 연료유 예열상태

[해설] 수시 점검 사항 : 수위상태, 압력상태, 연소상태

35. 가스보일러의 점화 시 주의사항으로 틀린 것은?
- ㉮ 가스가 누출되는 곳이 있는지 면밀히 점검한다.
- ㉯ 가스 압력이 적정하고 안정되어 있는가를 점검한다.
- ㉰ 점화용 가스는 화력이 나쁜 것을 사용해야 한다.
- ㉱ 연소실 및 굴뚝의 통풍, 환기는 완벽하게 하는 것이 필요하다.

[해설] 화력이 큰 것을 사용하여 5초 이내에 점화를 시켜야 한다.

36. 소용량보일러 압력계의 최고 눈금은 보일러의 최고사용압력의 (A)배 이하로 하되, (B)배보다 작아서는 안 된다. A, B에 들어갈 각각의 수치로 맞는 것은?
- ㉮ A=1, B=4
- ㉯ A=3, B=1.5
- ㉰ A=1.5, B=3
- ㉱ A=2, B=5

[해설] 1.5배 이상, 3배 이하, 즉 3배 이하로 하되 1.5배보다 작아서는 안 된다.

37. 보일러 수면계의 기능시험 시기로 적합하지 않는 것은?
- ㉮ 프라이밍, 포밍 등이 생길 때
- ㉯ 보일러의 가동하기 전
- ㉰ 2개 수면계의 수위에 차이를 발견했

[정답] 30. ㉰ 31. ㉮ 32. ㉮ 33. ㉯ 34. ㉯ 35. ㉰ 36. ㉯ 37. ㉱

을 때

라 수위의 움직임이 민감하고 정확할 때

[해설] 수면계 수위의 움직임이 둔할 때 기능 시험을 한다.

38. 보일러 연소 중에 발생하는 맥동연소의 원인이 아닌 것은?

가 연료 속에 수분이 많은 경우
나 연소량이 심히 고르지 못한 경우
다 공급공기량에 심한 과부족이 생긴 경우
라 연도 단면의 변화가 작은 경우

[해설] 연도 단면의 변화가 크고 굴곡이 심한 경우이다.

39. 증기보일러 취급 방법으로 틀린 것은 어느 것인가?

가 역화의 위험을 막기 위해 댐퍼는 닫아 놓아야 한다.
나 점화 후 화력의 급상승은 금지해야 한다.
다 압력계, 수위계 등 부속장치의 점검을 게을리 하지 않는다.
라 송기 시 주증기 밸브는 급개하지 않는다.

[해설] 역화(백 파이어)를 방지하기 위해 댐퍼는 열어 놓아야 한다.

40. 보일러 내부의 건조 방식에 쓰이는 건조제가 아닌 것은?

가 염화칼슘   나 실리카 겔
다 탄산칼슘   라 생석회

[해설] 가, 나, 라항 외에 오산화인, 활성알루미나, 기화성 방청제가 있다.

41. 보일러에서 불완전 연소의 원인으로 틀린 것은?

가 버너로부터의 분무불량, 즉 분무입자가 클 때
나 연소용 공기량이 부족할 때
다 분무연료와 보일러 열량과의 혼합이 불량할 때
라 연소속도가 적정하지 않을 때

[해설] 분무연료와 연소용 공기와의 혼합이 불량할 때이다.

42. 보일러 수처리 방법 중에서 부유, 유기물의 제거법에 해당하지 않는 것은?

가 여과법   나 이온교환법
다 침전법   라 응집법

[해설] 이온교환법, 증류법은 용존 고형물 제거법이다.

43. 보일러 주위의 배관에서 하트포드 접속법이란?

가 증기관과 환수관 사이에 표준수면에서 50 mm 아래로 균형관을 설치하는 배관 방법이다.
나 보일러 주위에서 증기관과 환수관을 역으로 설치하는 관이음 방법이다.
다 환수주관을 보일러 안전저수면 50 mm 아래에 설치하는 이음 방법이다.
라 증기압력으로 물이 역류하지 않도록 하는 배관 방법이다.

[해설] 보일러 물이 환수관에 역류하는 것을 방지하기 위하여 균형관을 설치하는 배관법이다.

44. 실내의 천장 높이가 12 m인 극장에 대한 증기난방 설비를 설계하고자 한다. 이때의 난방부하계산을 위한 실내 평균 온도는 약 몇 ℃인가? (단, 호흡선 1.5 m에서의 실내온도는 18℃이다.)

가 23   나 26   다 29   라 32

정답 38. 라 39. 가 40. 다 41. 다 42. 나 43. 가 44. 나

[해설] $0.05t(h-3)+t$ 에서
$0.05 \times 18(12-3)+8 = 26$ ℃

45. 개방식 온수난방의 경우 팽창 탱크의 설치위치는 온수난방의 최고 높은 부분보다 최소 몇 m 이상 높게 하는가?
㉮ 1　㉯ 1.5　㉰ 2　㉱ 3
[해설] 개방식 팽창 탱크는 최고부 방열기 또는 방열관보다 1 m 이상 높게 설치해야 한다.

46. 난방부하가 5850 kcal/h인 방에 설치하는 온수방열기의 방열면적은 몇 m^2 인가? (단, 방열기의 방열량은 표준방열량으로 한다.)
㉮ 13　㉯ 12　㉰ 8.9　㉱ 15
[해설] $450 \times x = 5850$ 에서
$x = \dfrac{5850}{450} = 13 \ m^2$

47. 다음 보온재 중 무기질 보온재는?
㉮ 암면　㉯ 펠트
㉰ 코르크　㉱ 기포성수지
[해설] 무기질 보온재 종류 : 암면, 석면, 규조토, 유리 섬유, 탄산마그네슘

48. 보일러 운전이 끝난 후, 노내와 연도에 체류하고 있는 가연성 가스를 배출시키는 작업은?
㉮ 페일 세이프(fail safe)
㉯ 풀 프루프(fool proof)
㉰ 포스트 퍼지(post-purge)
㉱ 프리 퍼지(pre-purge)
[해설] ① 프리 퍼지 : 점화 전 노내 환기 작업
② 포스트 퍼지 : 소화 후 노내 환기작업

49. 건물을 구성하는 구조체, 즉 바닥, 벽 등에 난방용 코일을 묻고 열매체를 통과시켜 난방을 하는 것은?

㉮ 대류난방　㉯ 복사난방
㉰ 간접난방　㉱ 전도난방
[해설] 복사난방에 대한 문제이며 간접난방은 가열된 공기를 덕트를 통해 공급하는 방식이다.

50. 증기난방의 분류에서 응축수 환수방식에 해당하는 것은?
㉮ 고압식　㉯ 상향 공급식
㉰ 기계 환수식　㉱ 단관식
[해설] 응축수 환수방식
① 중력(자연) 환수식
② 기계 환수식
③ 진공 환수식

51. 보일러 동 내부에 스케일(scale)이 부착된 경우 발생하는 현상으로 옳은 것은?
㉮ 전열면 국부과열 현상을 일으킨다.
㉯ 관수 순환이 촉진된다.
㉰ 연료 소비량이 감소된다.
㉱ 보일러 효율이 증가한다.
[해설] 스케일(관석)이 열전도를 방해하여 전열면에 국부과열을 일으킨다.

52. 보일러 강판이나 강관을 제조할 때 재질 내부에 가스체 등이 함유되어 두 장의 층을 형성하고 있는 상태의 흠은?
㉮ 블리스터　㉯ 팽출
㉰ 압궤　㉱ 래미네이션
[해설] 래미네이션에 대한 문제이며, 블리스터는 래미네이션 결함이 있는 재질이 열을 받으면 불룩 튀어 나오는 현상이다.

53. 사용 중인 보일러의 점화전에 점검해야 될 사항으로 가장 거리가 먼 것은?
㉮ 급수장치, 급수계통 점검

정답 45. ㉮ 46. ㉮ 47. ㉮ 48. ㉰ 49. ㉯ 50. ㉰ 51. ㉮ 52. ㉱ 53. ㉯

㉯ 보일러 동내 물때 점검
㉰ 연소장치, 통풍장치의 점검
㉱ 수면계의 수위확인 및 조정
[해설] 보일러 동내 물때 점검은 정기 점검 사항이다.

54. 증기배관 내에 응축수가 고여 있을 때 증기 밸브를 급격히 열어 증기를 빠른 속도로 보냈을 때 발생하는 현상으로 가장 적합한 것은?
㉮ 압궤가 발생한다.
㉯ 팽출이 발생한다.
㉰ 블리스터가 발생한다.
㉱ 수격작용이 발생한다.
[해설] 수격작용(워터 해머)현상이 발생한다.

55. 에너지이용합리화법상 에너지이용 합리화 기본계획사항에 포함되지 않는 것은?
㉮ 에너지 소비형 산업구조로의 전환
㉯ 에너지 이용효율의 증대
㉰ 열사용기자재의 안전관리
㉱ 에너지용 합리화를 위한 기술개발
[해설] 에너지이용합리화법 제4조 ②항 참조.

56. 에너지이용합리화법상 평균효율관리기자재를 제조하거나 수입하여 판매하는 자는 에너지소비효율 산정에 필요하다고 인정되는 판매에 관한 자료와 효율측정에 관한 자료를 누구에게 제출하여야 하는가?
㉮ 국토해양부장관
㉯ 시·도지사
㉰ 에너지관리공단이사장
㉱ 지식경제부장관
[해설] 에너지이용합리화법 제17조 ④항 참조.

57. 에너지이용합리화법상 검사대상기기 조종자가 퇴직하는 경우 퇴직이전에 다른 검사대상기기조종자를 선임하지 아니한 자에 대한 벌칙으로 맞는 것은?
㉮ 1천만원 이하의 벌금
㉯ 2천만원 이하의 벌금
㉰ 5백만원 이하의 벌금
㉱ 2년 이하의 징역
[해설] 에너지이용합리화법 제75조 1호 참조.

58. 열사용기자재관리규칙에서 정한 검사대상기기의 계속사용검사 신청서는 유효기간 만료 며칠 전까지 제출해야 하는가?
㉮ 7일   ㉯ 10일
㉰ 15일 ㉱ 30일
[해설] 에너지이용합리화법 시행규칙 제31조의 19 참조.

59. 에너지이용합리화법상 국가에너지절약추진위원회의 구성과 운영 등에 관한 사항은 ( )령으로 정한다. ( )에 들어갈 자(者)는 누구인가?
㉮ 대통령
㉯ 지식경제부장관
㉰ 에너지관리공단이사장
㉱ 노동부장관
[해설] 에너지이용합리화법 제5조 ③항 참조.

60. 에너지이용합리화법상 에너지다소비사업자는 에너지사용 기자재의 현황을 지식경제부령이 정하는 바에 따라 매년 1월 31일까지 그 에너지사용시설이 있는 지역을 관할하는 누구에게 신고하여야 하는가?
㉮ 군수·면장   ㉯ 도지사·구청장
㉰ 시장·군수   ㉱ 시·도지사
[해설] 에너지이용합리화법 제31조 ①항 참조.

[정답] 54. ㉱ 55. ㉮ 56. ㉱ 57. ㉮ 58. ㉯ 59. ㉮ 60. ㉱

● 에너지관리 기능사 　　　　[2009년 9월 27일 시행]

1. 하나의 물체를 구성하고 있는 물질부분을 차례차례로 열이 전해지던가 또는 직접 접촉하고 있는 2개의 물체의 하나에서 다른 것으로 열이 전해지는 현상은?
㉮ 열전도　　㉯ 열대류
㉰ 열복사　　㉱ 열방사
[해설] 열전도란 고체내에서 열이 전해지는 현상이다.

2. 어떤 보일러의 실제 증발량이 30 t/h이고 보일러 본체의 전열면적이 300 m² 일 때 이 보일러의 전열면 증발률은 몇 kg/m²·h인가?
㉮ 10　㉯ 150　㉰ 100　㉱ 1000
[해설] $\frac{30 \times 1000}{300} = 100 \ kg/m^2 \cdot h$

3. 보일러 중 증기드럼(drum)이 없는 보일러는?
㉮ 스털링 보일러　　㉯ 야로우 보일러
㉰ 슐처 보일러　　㉱ 다쿠마 보일러
[해설] 관류 보일러(벤슨 보일러, 슐처 보일러)는 드럼이 없다.

4. 부르동관 압력계를 부착할 때 사용되는 사이펀 관 속에 넣는 물질은?
㉮ 수은　　㉯ 증기
㉰ 공기　　㉱ 물
[해설] 사이펀관 내부에는 353 K 이하의 물이 차 있도록 해야 한다.

5. 중유 보일러의 연소 보조 장치에 속하지 않는 것은?
㉮ 여과기　　㉯ 인젝터
㉰ 오일 프리히터　　㉱ 화염 검출기
[해설] 인젝터는 급수 보조 장치에 속한다.

6. 분사관이 짧으며 1개의 노즐을 설치하여 연소노벽에 부착되어 있는 이물질을 제거하는 매연분출 장치는?
㉮ 쇼트 레트랙블형
㉯ 롱 레트랙블형
㉰ 공기예열기 크리너
㉱ 해머링 장치
[해설] 롱 레트랙블형은 2개의 노즐을 설치하여 과열기에 부착되어 있는 이물질을 제거하는 매연 분출장치이다.

7. 여과식 집진장치의 분류가 아닌 것은?
㉮ 유수식　　㉯ 원통식
㉰ 평판식　　㉱ 역기류 분사형
[해설] 여과 집진장치의 여과재 형상에 따라 ㉯, ㉰, ㉱ 항이 있다.

8. 중유 첨가제 중에서 분무를 순조롭게 하는 것은?
㉮ 회분개질제　　㉯ 유동점 강하제
㉰ 슬러지분산제　　㉱ 연소촉진제
[해설] ① 회분 개질제 : 바나듐(V)의 고온부식을 억제한다.
② 유동점 강하제 : 저온에서도 유동이 가능하게 한다.
③ 슬러지 분산제 : 슬러지를 용해 또는 분산시킨다.

정답 1. ㉮　2. ㉰　3. ㉰　4. ㉱　5. ㉯　6. ㉮　7. ㉮　8. ㉱

9. 보일러 자동제어의 목적과 관계가 없는 것은?

㉮ 경제적인 열매체를 얻을 수 있다.
㉯ 보일러의 운전을 안전하게 할 수 있다.
㉰ 효율적인 운전으로 연료비를 증가시킨다.
㉱ 인원 절감의 효과와 인건비가 절약된다.

[해설] 효율적인 운전으로 연료를 절약하고 연료비를 감소시킨다.

10. 유류용 온수보일러에서 버너가 정지하고 리셋버튼이 돌출하는 경우는?

㉮ 오일 배관 내의 공기가 빠지지 않고 있다.
㉯ 연소용 공기량이 부적당하다.
㉰ 연통의 길이가 너무 길다.
㉱ 실내 온도조절기의 설정온도가 실내 온도보다 낮다.

[해설] 배관 내의 공기가 체류하는 경우이다.

11. 보일러 열손실 종류 중 일반적으로 손실량이 가장 큰 것은?

㉮ 불완전 연소에 의한 열손실
㉯ 미연소 연료분에 의한 열손실
㉰ 복사 및 전도에 의한 열손실
㉱ 배기가스에 의한 열손실

[해설] 손실 출열 중 배기가스 보유열이 가장 크다.

12. 탄소 5kg을 완전 연소시키는 데 필요한 산소량은 약 몇 kg인가?

㉮ 13.3   ㉯ 26.7   ㉰ 2.6   ㉱ 44.0

[해설] $\frac{32}{12} \times 5 = 13.3$ kg

13. 상당증발량을 계산하는 식으로 맞는 것은? (단, Ge : 상당증발량, G : 매시 발생증기량, h_2 : 발생증기엔탈피, h_1 : 급수엔탈피)

㉮ $Ge = G(h_2 - h_1) \div 539$
㉯ $Ge = G(h_1 - h_2) \div 539$
㉰ $Ge = G(h_2 - h_1) \div 639$
㉱ $Ge = G(h_1 - h_2) \div 639$

[해설] ㉮항이 상당(환산)증발량 구하는 식이다.

14. 보일러 통풍장치에서 흡입통풍 방식이란?

㉮ 연도의 끝이나 연돌 하부에 송풍기를 설치한 방식
㉯ 보일러 노의 입구에 송풍기를 설치한 방식
㉰ 연소용 공기를 연소실로 밀어 넣는 방식
㉱ 배기가스와 외기의 비중차를 이용한 통풍 방식

[해설] ㉯, ㉰항은 압입(가압) 통풍 방식이다.

15. 비열이 0.5 kcal/kg℃인 어떤 연료 20 kg을 30℃에서 80℃까지 예열하려고 한다. 이때 필요한 열량은 몇 kcal인가?

㉮ 600   ㉯ 450   ㉰ 550   ㉱ 500

[해설] $20 \times 0.5 \times (80-30) = 500$ kcal

16. 주철제 보일러의 특징 설명으로 틀린 것은?

㉮ 내열성과 내식성이 우수하다.
㉯ 대용량의 저압보일러에 적합하다.
㉰ 열에 의한 부동팽창으로 균열이 발생하기 쉽다.
㉱ 쪽수의 증감에 따라 용량조절이 편리하다.

[정답] 9. ㉰ 10. ㉮ 11. ㉱ 12. ㉮ 13. ㉮ 14. ㉮ 15. ㉱ 16. ㉯

[해설] 주철제 보일러는 저압 소용량 보일러이다.

17. 도시가스의 연소 형태는?
㉮ 확산연소 ㉯ 표면연소
㉰ 분해연소 ㉱ 증발연소
[해설] 기체 연료의 연소 형태에는 확산연소와 예혼합 연소가 있다.

18. 보일러 급수제어의 3요소식과 관련이 없는 것은?
㉮ 연소량 ㉯ 수위
㉰ 증기유량 ㉱ 급수유량
[해설] ① 1요소식 : 수위
② 2요소식 : 수위, 증기유량
③ 3요소식 : 수위, 증기유량, 급수유량

19. 보일러 방폭문이 설치되는 위치로 가장 적합한 것은?
㉮ 연소실 후부 또는 좌, 우측
㉯ 노통 또는 화실 천정부
㉰ 증기 드럼 내부 또는 주증기 배관 내
㉱ 연도
[해설] 방폭문은 연소실 후부 경판 또는 연소실 입구 좌, 우측에 설치한다.

20. 연도에서 폐열회수장치의 설치순서가 올바른 것은?
㉮ 재열기 → 절탄기 → 공기예열기 → 과열기
㉯ 과열기 → 재열기 → 절탄기 → 공기예열기
㉰ 공기예열기 → 과열기 → 절탄기 → 재열기
㉱ 절탄기 → 과열기 → 공기예열기 → 재열기
[해설] 연도 입구에서 연돌 입구까지 설치순서는 ㉯항이다.

21. 중유 연소장치에서 사용되는 버너의 종류에 해당되지 않는 것은?
㉮ 유압분사식 ㉯ 저압공기분사식
㉰ 교차분사식 ㉱ 고압기류식
[해설] ㉮, ㉯, ㉱항 외에 회전식(로터리식) 오일 버너와 건 타입 오일 버너가 있다.

22. 보일러의 안전장치에 해당되지 않는 것은?
㉮ 방폭문 ㉯ 수위계
㉰ 화염검출기 ㉱ 가용마개
[해설] 수위계는 지시기구 장치이다.

23. 보일러 자동제어의 종류에 해당되지 않는 것은?
㉮ 급수자동제어
㉯ 연소자동제어
㉰ 증기온도자동제어
㉱ 용량자동제어
[해설] 보일러 자동제어(ABC)에는 ㉮, ㉯, ㉰항 3가지가 있다.

24. 코르니시 보일러의 노통 길이가 4500 mm이고, 외경이 3000 mm, 두께가 10 mm일 때 전열면적은 약 몇 m^2인가?
㉮ 54.0 ㉯ 45.7
㉰ 46.4 ㉱ 42.4
[해설] $\pi \times 3 \times 4.5 = 42.4 \, m^2$

25. 노통의 전열면적을 증가시키고, 이로 인한 강도보강, 관수순환을 양호하게 하는 역할을 위해 설치하는 것은?
㉮ 겔로웨이관
㉯ 아담슨조인트
㉰ 브레이징 스페이스
㉱ 반구형 경판

정답 17. ㉮ 18. ㉮ 19. ㉮ 20. ㉯ 21. ㉰ 22. ㉯ 23. ㉱ 24. ㉱ 25. ㉮

[해설] 노통 보일러 노통에 2~3개 정도 설치하는 겔로웨이관의 역할이다.

26. 외부에서 전해진 열을 물과 증기에 전하는 보일러 부위의 명칭은?
㉮ 전열면   ㉯ 동체
㉰ 노   ㉱ 연도
[해설] 전열면(전열면적)의 명칭이다.

27. 증기트랩이 갖추어야 할 조건이 아닌 것은?
㉮ 마찰저항이 클 것
㉯ 동작이 확실할 것
㉰ 내식, 내마모성이 있을 것
㉱ 응축수를 연속적으로 배출할 수 있을 것
[해설] 마찰저항이 적어야 한다.

28. 보일러 급수펌프의 구비조건으로 틀린 것은?
㉮ 고온, 고압에도 충분히 견딜 것
㉯ 회전식은 고속 회전에 지장이 있을 것
㉰ 급격한 부하변동에 신속히 대응할 수 있을 것
㉱ 작동이 확실하고 조작이 간편할 것
[해설] 회전식은 고속 회전에 지장이 없어야 한다.

29. 다음 중 1 J (Joule)과 같은 값은?
㉮ 1 N·m   ㉯ 1 cal
㉰ 1 mol   ㉱ 1 erg
[해설] $1J = 1N \cdot m = 10^7 erg$

30. 보일러 내부에 아연판을 매다는 가장 적당한 이유는?
㉮ 기수공발을 방지하기 위하여
㉯ 보일러 판의 부식을 방지하기 위하여
㉰ 스케일 생성을 방지하기 위하여
㉱ 프라이밍을 방지하기 위하여
[해설] 아연판을 매다는 이유는 전류작용을 방지하여 부식을 방지하기 위함이다.

31. 보일러 비상 정지 시 맨 먼저 조치해야 할 사항은?
㉮ 댐퍼를 닫는다.
㉯ 공기투입을 정지한다.
㉰ 연료의 공급을 차단한다.
㉱ 증기밸브를 닫고 스위치를 내린다.
[해설] ㉰ → 노내 환기 → ㉯ → ㉱ → ㉮ → 자연냉각 → 이상 유무 확인

32. 다음 중 용어별 사용단위가 틀린 것은?
㉮ 열전도율 : kcal/mh℃
㉯ 열관류율 : kcal/m²h℃
㉰ 열전달률 : kcal/mh℃
㉱ 열저항 : m²h℃/kcal
[해설] 열전달률의 단위는 $kcal/m^2h℃$이다.
[참고] 열저항은 열관류의 역을 나타낸 것으로 열전도가 적은 값을 말한다.

33. 온수난방설비에서 개방형 팽창탱크의 수면은 최고층의 방열기와 몇 m 이상이어야 하는가?
㉮ 1 m   ㉯ 2 m   ㉰ 3 m   ㉱ 5 m
[해설] 개방형 팽창탱크는 최고부 방열기보다 1m 이상 높게 설치해야 한다.

34. 보일러 설치 규격에서 저수위 차단장치의 설치 시 주의사항으로 틀린 것은?
㉮ 가급적 2개를 별도의 통수관에 각기 연결하여 사용하는 것이 좋다.

정답 26. ㉮ 27. ㉮ 28. ㉯ 29. ㉮ 30. ㉯ 31. ㉰ 32. ㉰ 33. ㉮ 34. ㉯

㈐ 분출관과 수면계의 분출관을 통합 연결한다.
㈐ 통수관 크기는 호칭지름 25 mm 이상이 되도록 하여야 한다.
㈑ 통수관에 부착되는 밸브는 개폐상태를 명확히 표시하여야 한다.
[해설] 저수위 차단장치의 분출관은 별도로 설치해야 한다.

35. 보일러 강판의 가성취화 특징 설명으로 틀린 것은?
㈎ 고압보일러에서 보일러수의 알칼리 농도가 높은 경우에 발생한다.
㈏ 발생하는 장소로는 수면상부의 리벳과 리벳 사이에 발생하기 쉽다.
㈐ 발생하는 장소로는 관구멍 등 응력이 집중하는 곳의 틈이 많은 곳이다.
㈑ 외견상 부식성이 없고, 극히 미세한 불규칙적인 방사상 형태를 하고 있다.
[해설] 수면 하부의 리벳과 리벳 사이에 발생하기 쉽다.

36. 보일러 수에 함유된 산소(O_2)가 유발시키는 1차적인 장해는?
㈎ 고온부식 ㈏ 그루빙
㈐ 점식   ㈑ 가성취화
[해설] 점식(pitting)은 용존 가스체(O_2 및 CO_2)에 의해 발생한다.

37. 증기압이 오르기 시작할 때의 보일러 취급방법으로 맞지 않는 것은?
㈎ 분출장치의 누설유무를 확인한다.
㈏ 가열에 따른 팽창으로 수위의 변동을 확인한다.
㈐ 공기 배제 후 공기빼기 밸브를 연다.
㈑ 급수장치의 기능을 확인한다.
[해설] 공기 배제 후 공기빼기 밸브를 닫아야 한다.

38. 증기난방의 분류 중 응축수 환수방식에 의한 분류에 해당되지 않는 것은?
㈎ 중력환수방식 ㈏ 기계환수방식
㈐ 진공환수방식 ㈑ 건식환수방식

39. 보일러수의 분출에 관한 설명 중 틀린 것은?
㈎ 계속 운전 중인 보일러는 부하가 가장 클 때 분출을 행한다.
㈏ 분출작업은 2대의 보일러를 동시에 행하면 안 된다.
㈐ 분출작업이 끝날 때까지는 다른 작업을 하여서는 안 된다.
㈑ 야간에 쉬던 보일러는 아침의 조업 직전에 분출을 행한다.
[해설] 부하가 가장 가벼울 때 분출을 행한다.

40. 전극식 수위 검출부는 전극봉에 스케일이 부착되어 기능을 못하는 경우가 있으므로 어느 정도 기간마다 전극봉을 샌드페이퍼로 닦는 것이 좋은가?
㈎ 9개월   ㈏ 6개월
㈐ 12개월 ㈑ 3개월
[해설] 전극식에서 전극봉은 3개월마다 청소를 해야 하며 플로트식은 6개월마다 수은 스위치 상태와 접점단자를 조사해야 한다.

41. 전열면적이 10 m^2 이하인 보일러의 분출밸브 크기는 호칭지름 몇 mm 이상으로 할 수 있는가?
㈎ 15 ㈏ 20 ㈐ 32 ㈑ 45

정답 35. ㈏ 36. ㈐ 37. ㈐ 38. ㈑ 39. ㈎ 40. ㈑ 41. ㈏

[해설] 전열면적이 10 m² 초과 시에는 25 mm 이상이어야 한다.

42. 전열면적 12 m²인 강철제 또는 주철제 증기 보일러의 급수밸브의 크기는 호칭 몇 A 이상이어야 하는가?
㉮ 15 ㉯ 20 ㉰ 25 ㉱ 32
[해설] 전열면적이 10 m² 이하인 경우에는 15 A 이상으로 할 수 있다.

43. 보일러 연소 시 매연발생 원인과 가장 거리가 먼 것은?
㉮ 공기의 공급량이 부족 또는 과대한 경우
㉯ 무리한 연소를 한 경우
㉰ 연소장치가 부적당한 경우
㉱ 배기가스 온도가 낮은 경우
[해설] ㉱항은 통풍력 감소의 원인이다.

44. 온수난방 설비에서 팽창탱크를 바르게 설명한 것은?
㉮ 고온수 난방설비에는 개방식 팽창탱크를 사용한다.
㉯ 개방식 팽창탱크는 반드시 방열기보다 높은 위치에 설치한다.
㉰ 밀폐식 팽창탱크에는 일수관, 통기관 등을 설치한다.
㉱ 팽창관에는 반드시 밸브를 설치한다.
[해설] ① 고온수 난방설비에는 밀폐식 팽창탱크를 사용한다.
② 개방식 팽창탱크에는 일수관, 통기관 등을 설치한다.
③ 팽창관에는 밸브를 설치하지 않는다.

45. 온수온돌의 난방방열 특성을 설명한 것으로 맞는 것은?

㉮ 저온직사열에 의한 난방
㉯ 저온대류에 의한 난방
㉰ 저온복사에 의한 난방
㉱ 저온전도에 의한 난방
[해설] 온수온돌 난방은 저온복사 난방법이다.

46. 보일러의 계속사용검사기준에서 사용 중 검사에 대한 설명으로 틀린 것은?
㉮ 보일러 지지대의 균열, 내려앉음, 지지부재의 변형 또는 파손 등 보일러의 설치상태에 이상이 없어야 한다.
㉯ 보일러와 접속된 배관, 밸브 등 각종 이음부에는 누기, 누수가 없어야 한다.
㉰ 연소실 내부가 충분히 청소된 상태이어야 하고, 축로의 변형 및 이탈이 없어야 한다.
㉱ 보일러 동체는 보온 및 케이싱이 분해되어 있어야 하며, 손상이 약간 있는 것은 사용해도 관계가 없다.
[해설] 손상이 있는 것은 사용해서는 안 된다.

47. 저압 증기난방에 사용하는 증기의 압력(kgf/cm²)은?
㉮ 5~10 ㉯ 1~5
㉰ 0.35~1 ㉱ 0.15~0.35
[해설] ① 저압 증기난방 : 0.15~0.35 kgf/cm²
② 고압 증기난방 : 1kgf/cm² 이상 (1 ~ 3 kg/cm² 정도)

48. 보일러 용량을 결정하는 정격출력에 포함되어 고려할 사항이 아닌 것은?
㉮ 배관부하 ㉯ 급탕부하
㉰ 채광부하 ㉱ 예열부하
[해설] ㉮, ㉯, ㉱항 외에 난방부하가 포함되어야 한다.

정답 42. ㉯ 43. ㉱ 44. ㉯ 45. ㉰ 46. ㉱ 47. ㉱ 48. ㉰

49. 신설 보일러의 사용 전 내부점검 사항으로 틀린 것은?

㉮ 기수분리기, 기타 부품의 부착상황을 확인하고 공구나 볼트, 너트, 헝겊조각 등이 보일러에 들어 있는지 점검한다.
㉯ 내부에 이상이 없는지 확인하고 맨홀, 검사구 등에 수압시험에 사용한 평판 등이 제거되어 있는지 각 구멍을 점검한 후 닫혀있는 뚜껑을 전부 열어 개방한다.
㉰ 내부의 공기를 빼고 밸브를 열어 놓은 상태로 급수하고 수위가 상승할 때 저수위 경보기 또는 연료차단장치 등의 인터로크가 정확하게 작동하는지 확인한다.
㉱ 만수시킨 후 공기가 완전히 빠졌는지 확인한 뒤 공기빼기 밸브를 닫고 정상 사용압력보다 10 % 이상의 수압을 가하여 각부가 새지 않는지 확인한다.

[해설] 각 구멍을 점검한 후 열려 있는 뚜껑을 전부 닫고 밀폐시킨다.

50. 신축곡관이라고도 하며 고온, 고압용 증기관 등의 옥외 배관에 많이 쓰이는 신축 이음은?

㉮ 벨로스형   ㉯ 슬리브형
㉰ 스위블형   ㉱ 루프형

[해설] 루프형(곡관형)은 고압 옥외 배관에 많이 사용된다.

51. 난방부하가 36900 kcal/h인 경우 온수방열기의 방열면적은 몇 m^2가 되어야 하는가?(단, 방열기 방열량은 표준방열량으로 한다.)

㉮ 66   ㉯ 82   ㉰ 95   ㉱ 46

[해설] $\dfrac{36900}{450} = 82 \; m^2$

52. 온수보일러 시공업자는 시공한 설비에 대하여 설치·시공도면을 작성하여 보존해야 하는데 이 도면에 표시해야 할 사항으로 관계가 없는 것은?

㉮ 모든 배관의 크기, 치수 및 경로
㉯ 안전장치의 설치위치
㉰ 밸브의 종류 및 설치 위치
㉱ 연도 및 굴뚝의 높이

[해설] 도면에 표시해야 할 사항
〈㉮, ㉯, ㉰항 외에〉
① 배관을 매설할 경우 매설 위치와 연결부
② 작성 연월일
③ 특기사항

53. 보일러 사고의 원인 중 보일러 취급상의 사고 원인이 아닌 것은?

㉮ 재료 및 설계불량
㉯ 사용압력초과 운전
㉰ 저수위 운전
㉱ 급수처리 불량

[해설] 재료 및 설계불량, 용접불량, 구조불량 등은 제작상의 사고원인이다.

54. 보일러 수면계의 개수와 관련된 사항 중 잘못 설명된 것은?

㉮ 증기보일러에는 2개 이상의 유리 수면계를 부착한다.
㉯ 소용량 및 소형관류보일러에는 2개 이상의 유리 수면계를 부착한다.
㉰ 최고사용압력 1 MPa 이하로서 동체 안지름이 750 mm 미만인 경우에 있어서는 수면계 중 1개는 다른 종류의 수면측정 장치로 할 수 있다.

라 2개 이상의 원격지시 수면계를 시설하는 경우에 한하여 유리수면계를 1개 이상으로 할 수 있다.

[해설] 소용량 및 소형관류보일러에는 1개 이상의 유리 수면계를 부착하며 단관식 관류보일러에는 수면계를 부착하지 않는다.

55. 에너지이용합리화법상 에너지를 사용하여 만드는 제품의 단위당 에너지사용목표량 또는 건축물의 단위면적당 에너지사용목표량을 정하여 고시하는 자는?

가 지식경제부장관
나 노동부장관
다 시·도지사
라 에너지관리공단이사장

[해설] 에너지이용합리화법 제35조 ①항 참조.

56. 특정열사용기자재 중 검사대상기기를 설치하거나 개조하여 사용하려는 자는 누구의 검사를 받아야 하는가?

가 검사대상기기 제조업자
나 시·도지사
다 에너지관리공단 이사장
라 시공업자단체의 장

[해설] 에너지이용합리화법 시행령 51조 ①항 참조.

57. 에너지이용합리화법상 에너지의 효율적인 수행과 특정 열사용기자재의 안전관리를 위하여 교육을 받아야 하는 대상이 아닌 자는?

가 에너지관리자
나 시공업의 기술인력
다 검사대상기기 조종자
라 효율관리기자재 제조자

[해설] 에너지이용합리화법 제65조 ②항 참조.

58. 에너지이용합리화법의 목적이 아닌 것은?

가 에너지의 수급 안정
나 에너지의 합리적이고 효율적인 이용 증진
다 에너지소비로 인한 환경피해를 줄임
라 에너지 소비촉진 및 자원개발

[해설] 에너지이용합리화법 제1조 참조.

59. 에너지이용합리화법 시행규칙에서 에너지사용자가 수립하여야 하는 자발적 협약의 이행계획에 포함되어야 할 사항이 아닌 것은?

가 온실가스 배출증가 현황 및 투자방법
나 협약 체결 전년도의 에너지소비현황
다 효율향상목표 등의 이행을 위한 투자계획
라 에너지관리체제 및 관리방법

[해설] 에너지용합리화법 시행규칙 제26조 ①항 참조.

60. 에너지다소비사업자가 매년 1월 31일까지 신고해야 할 사항에 포함되지 않는 것은?

가 전년도의 에너지 이용합리화 실적 및 해당 연도의 계획
나 에너지사용기자재의 현황
다 해당 연도의 에너지사용예정량·제품생산계정량
라 전년도의 손익계산서

[해설] 에너지이용합리화법 제31조 ①항 참조.

정답 55. 가 56. 다 57. 라 58. 라 59. 가 60. 라

2010년도 출제 문제

● 에너지관리 기능사　　　　　　[2010년 1월 31일 시행]

1. 통풍기의 소요동력을 구하는 식으로 옳은 것은? (단, Q : 풍량(m^3/min), P : 통풍압(mmAq), η : 효율)

㉮ $N = \dfrac{Q(60 \times 75)}{P \times \eta}$ [PS]

㉯ $N = \dfrac{Q}{P(60 \times 75)\eta}$ [PS]

㉰ $N = \dfrac{P}{Q(60 \times 75)\eta}$ [kW]

㉱ $N = \dfrac{PQ}{60 \times 102 \times \eta}$ [kW]

[해설] $N = \dfrac{P[kg/m^2][mmAq] \times Q[m^3/s]}{102 \times \eta}$ [kW]

에서 $Q[m^3/min]$로 주어지면

$N = \dfrac{P \times \dfrac{Q}{60}}{102 \times \eta} = \dfrac{P \times Q}{60 \times 102 \times \eta}$ [kW]

2. 보일러의 자동제어를 제어동작에 따라 구분할 때 연속동작에 해당되는 것은?
㉮ 2위치 동작　　㉯ 다위치 동작
㉰ 비례동작 (P동작)㉱ 부동제어 동작

[해설] 연속동작 : 비례(P)동작, 적분(I)동작, 미분(D)동작. ㉮, ㉯, ㉱항은 불연속동작이다.

3. 동작유체의 상태변화에서 에너지의 이동이 없는 변화는?
㉮ 등온변화　　　㉯ 정적변화
㉰ 정압변화　　　㉱ 단열변화

[해설] 단열변화 : 등엔트로피 변화라고도 하며 열의 출입이 없는 변화이다.

4. 집진장치 중 집진효율을 높으나 압력손실이 낮은 형식은?
㉮ 전기식 집진장치
㉯ 중력식 집진장치
㉰ 원심력식 집진장치
㉱ 세정식 집진장치

[해설] 전기식 집진장치의 집진효율은 90 ~ 99.5 % 정도이고, 압력손실은 10 ~ 20 mmH_2O 이다.

5. 연료의 인화점에 대한 설명으로 가장 옳은 것은?
㉮ 가연물을 공기 중에서 가열했을 때 외부로부터 점화원 없이 발화하여 연소를 일으키는 최저 온도
㉯ 가연성 물질이 공기 중의 산소와 혼합하여 연소할 경우에 필요한 혼합가스의 농도 범위
㉰ 가연성 액체의 증기 등이 불씨에 의해 불이 붙는 최저 온도
㉱ 연료의 연소를 계속시키기 위한 온도

[해설] ㉮ : 착화점 (발화점)
　㉯ : 연소 (가연) 범위
　㉱ : 연소온도

정답 1. ㉱　2. ㉰　3. ㉱　4. ㉮　5. ㉰

6. 수직의 다수 강관이나 주철관을 사용하여 연소가스는 관내를, 공기는 관 외부를 직각으로 흐르게 하여 관의 열전도로 공기를 가열하는 공기예열기는?
㉮ 판형 공기예열기
㉯ 회전식 공기예열기
㉰ 관형 공기예열기
㉱ 증기식 공기예열기
[해설] 전열식 공기예열기인 관형 공기예열기에 관한 문제이다.

7. 보일러의 증기압력은 증기 사용량과 증기 발생량의 균형이 유지되지 않을 때에 변동이 일어난다. 이러한 변동에 대해 연료량과 공기량을 비례 조절하거나 최고 사용압력에 도달하기 전에 연료의 공급을 중지시키는 장치는?
㉮ 방출밸브
㉯ 압력조절기
㉰ 화염검출기
㉱ 고·저수위 경보장치

8. 수관식 보일러 중 관류식에 해당되는 것은?
㉮ 타쿠마 보일러 ㉯ 라몬트 보일러
㉰ 벨록스 보일러 ㉱ 벤슨 보일러
[해설] 관류식 보일러 : 벤슨 보일러, 슐처 보일러, 엣모스 보일러, 람진 보일러

9. 수트 블로어(soot blower) 시 주의사항으로 틀린 것은?
㉮ 한 장소에서 장시간 불어대지 않도록 한다.
㉯ 그을음을 제거할 때에는 연소가스온도나 통풍손실을 측정하여 효과를 조사한다.

㉰ 그을음을 제거하는 시기는 부하가 가장 무거운 시기를 선택한다.
㉱ 그을음을 제거하기 전에 반드시 드레인을 충분히 배출하는 것이 필요하다.
[해설] 부하가 가장 가벼운 시기를 선택해야 한다.

10. 웨어펌프의 특징으로 틀린 것은?
㉮ 고압용에 부적당하다.
㉯ 유체의 흐름 시 맥동이 일어난다.
㉰ 토출압의 조절이 용이하다.
㉱ 고점도의 유체 수송에 적합하다.
[해설] 웨어펌프는 고압용으로 적당하며 급수량이 적어 예비펌프로 많이 사용한다.

11. 보일러 연소장치와 가장 거리가 먼 것은?
㉮ 스테이   ㉯ 버너
㉰ 연도   ㉱ 화격자
[해설] 스테이(stay) : 버팀

12. 보일러 자동제어 신호전달 방식 중 공기압 신호전송의 특징 설명으로 틀린 것은?
㉮ 배관이 용이하고 보존이 비교적 쉽다.
㉯ 내열성이 우수하나 압축성이므로 신호전달에 지연이 된다.
㉰ 신호전달 거리가 100~150 m 정도이다.
㉱ 온도제어 등에 부적합하고 위험이 크다.
[해설] 공기식은 온도제어에 적합하며 위험성이 있는 곳에 사용된다.

13. 수관식 보일러에서 전열면적을 구하는 식으로 옳은 것은? (단, 수관의 외경 : d, 수관의 길이 : L, 개수 : n이다.)
㉮ $4\pi dLn$ ㉯ πdLn

정답 6. ㉰ 7. ㉯ 8. ㉱ 9. ㉰ 10. ㉮ 11. ㉮ 12. ㉱ 13. ㉯

㉰ $(\pi/4)dLn$ ㉱ $2\pi dLn$

[해설] 수관의 전열면적은 외경을 기준으로, 연관의 전열면적은 내경을 기준으로 계산한다.

14. 보일러 연료의 구비조건으로 틀린 것은?
㉮ 공기 중에 쉽게 연소할 것
㉯ 단위 중량당 발열량이 클 것
㉰ 연소 시 회분 등 배출물이 많을 것
㉱ 저장이나 운반, 취급이 용이할 것

[해설] 회분 등 공해 물질 배출이 없어야 한다.

15. 표준상태(온도 0℃, 기압 760 mmHg)에 있어서 기체의 용적단위로 맞는 것은?
㉮ Nm^3 ㉯ kcal
㉰ mV   ㉱ m^3/kg

[해설] Nm^3에서 N(Normal)은 표준상태를 뜻한다.

16. 분출밸브의 크기는 전열면적이 10 m² 이하의 경우 호칭 지름 몇 mm 이상으로 할 수 있는가?
㉮ 15   ㉯ 20
㉰ 25   ㉱ 30

[해설] 전열면적이 10 m² 이하인 때는 20 mm 이상, 10 m² 초과인 때는 25 mm 이상

17. 가스버너의 종류를 혼합방식에 따라 세분할 때 강제혼합식에 해당되지 않는 것은?
㉮ 내부혼합식   ㉯ 부분혼합식
㉰ 외부혼합식   ㉱ 적하혼합식

[해설] 강제혼합식에는 ㉮, ㉯, ㉰항이 있으며 유압 혼합식에는 적화(赤火)식과 분젠식이 있다.

18. 보일러수 중에 용해되어 있는 고형분이나 수분이 증기의 흐름에 따라 발생증기에 포함되어 분출되는 현상은?
㉮ 캐리오버   ㉯ 프라이밍
㉰ 포밍   ㉱ 캐비테이션

[해설] carry over(기수 공발) 현상이다.

19. 보일러 안전장치와 가장 관계가 없는 것은?
㉮ 안전밸브   ㉯ 고저수위 경보기
㉰ 화염검출기   ㉱ 급수밸브

[해설] 급수밸브는 급수장치에 해당한다.

20. 액체가 모두 증기가 된 상태이며 이때의 온도는 포화온도이고 증기만 존재한다. 이러한 상태의 증기를 무슨 증기라고 하는가?
㉮ 건포화 증기   ㉯ 습포화 증기
㉰ 과열 증기   ㉱ 압축포화 증기

[해설] 건포화 증기에 대한 내용이며, 과열 증기는 등압 하에서 건포화 증기를 가열시킨 증기이다.

21. 보일러 열정산의 조건과 관련된 설명으로 틀린 것은?
㉮ 기준온도는 시험 시의 내기온도를 기준으로 한다.
㉯ 보일러의 정상 조업상태에서 적어도 2시간 이상의 운전결과에 따른다.
㉰ 최대 출열량을 시험할 경우에는 반드시 정격부하에서 시험을 한다.
㉱ 시험은 시험 보일러를 다른 보일러와 무관한 상태로 하여 실시한다.

[해설] 기준온도는 시험 시의 외기온도를 기준으로 한다.

정답 14. ㉰ 15. ㉮ 16. ㉯ 17. ㉱ 18. ㉮ 19. ㉱ 20. ㉮ 21. ㉮

22. 상태변화 없이 물체의 온도 변화에만 소요되는 열량은?

㉮ 고체열 ㉯ 현열
㉰ 액체열 ㉱ 잠열

[해설] 현열에 대한 문제이며 잠열은 온도 변화 없이 상(相) 변화에만 소요되는 열량이다.

23. 보일러의 안전 저수면이란?

㉮ 보일러의 보안상, 운전 중에 보일러 전열면이 화염에 노출되는 최저 수면의 위치
㉯ 보일러의 보안상, 운전 중 급수하였을 때의 최초 수면의 위치
㉰ 보일러의 보안상, 운전 중에 유지해야 하는 일상적인 가동 시의 표준 수면의 위치
㉱ 보일러의 보안상, 운전 중에 유지해야 하는 보일러 드럼 내 최저 수면의 위치

[해설] ㉰항은 정상(상용)수면에 대한 내용이며, ㉱항은 안전 저수면에 대한 내용이다.

24. 보일러의 열 손실에 해당되지 않는 것은?

㉮ 불완전 연소 가스에 의한 열손실
㉯ 방열에 의한 열손실
㉰ 연소 잔재물 중 미연소분에 의한 열손실
㉱ 연료의 현열에 의한 열손실

[해설] 연료의 현열, 공기의 현열 등은 입열 항목이다.

25. 재의 부착으로 생기는 고온부식이 잘 일어나는 장치는?

㉮ 공기예열기 ㉯ 과열기
㉰ 증발전열면 ㉱ 절탄기

[해설] ① 고온부식 : 과열기, 재열기
② 저온부식 : 절탄기, 공기예열기

26. 최고사용압력 0.35 MPa 이하이고 전열면적이 5 m² 이하인 소용량 보일러로의 열효율은 표시정격용량 이상의 부하에서 고위발열량 기준 몇 % 이상이어야 하는가?

㉮ 55 % 이상 ㉯ 75 % 이상
㉰ 70 % 이상 ㉱ 60 % 이상

[해설] 소용량 보일러의 열효율은 표시정격용량 이상과 부하(負荷)에서 75 %(고위 발열량 기준) 이상이어야 한다.

27. 보일러 부속장치가 아닌 것은?

㉮ 공기장치 ㉯ 여열장치
㉰ 급수장치 ㉱ 분출장치

[해설] ㉯, ㉰, ㉱항 외에 안전장치, 급유장치, 통풍장치 등이 있다.

28. 수관식 보일러의 특징 설명으로 틀린 것은?

㉮ 구조상 고압 대용량에 적합하다.
㉯ 전열면적을 크게 할 수 있으므로 일반적으로 효율이 높다.
㉰ 급수 및 보일러수 처리에 주의가 필요하다.
㉱ 전열면적당 보유수량이 많아 기동에서 소요증기가 발생할 때까지의 시간이 길다.

[해설] ㉱항은 원통형 보일러의 특징이다.

29. 보일러 액체연료의 특징 설명으로 틀린 것은?

㉮ 품질이 균일하여 발열량이 높다.
㉯ 운반 및 저장, 취급이 용이하다.

[정답] 22. ㉯ 23. ㉱ 24. ㉱ 25. ㉯ 26. ㉯ 27. ㉮ 28. ㉱ 29. ㉰

㉰ 회분이 많고 연소조절이 쉽다.
㉱ 연소온도가 높아 국부과열 위험성이 높다.

[해설] 액체연료는 고체연료에 비해 회분이 적다.

30. 증기보일러의 압력계 부착에 대한 설명으로 틀린 것은?

㉮ 압력계는 원칙적으로 보일러의 증기실에 눈금판의 눈금이 잘 보이는 위치에 부착한다.
㉯ 압력계와 연결된 증기관은 최고사용압력에 견디는 것이어야 한다.
㉰ 압력계와 연결된 증기관은 강관을 사용할 때에는 안지름이 6.5 mm 이상이어야 한다.
㉱ 압력계에는 물을 넣은 안지름 6.5 mm 이상의 사이펀관 또는 동등한 작용을 하는 장치를 부착한다.

[해설] ① 강관 : 12.7 mm 이상
② 동관 또는 황동관 : 6.5 mm 이상

31. 온수난방의 설명으로 맞는 것은?

㉮ 예열시간의 짧고 잘 식지 않는다.
㉯ 부하변동에 따른 온도 조절이 어렵다.
㉰ 방열기 표면온도가 낮아 화상의 염려가 없다.
㉱ 방열면적이 다소 적게 필요하며 관경이 작다.

[해설] 온수난방은 증기난방에 비해
① 예열시간이 길다.
② 온도조절이 용이하다.
③ 방열면적이 많이 필요하며 관경이 크다.
④ 건물 높이에 제한을 받는다.
⑤ 실내 쾌감도가 높다.

32. 과열된 보일러 동체가 내부 압력에 견디지 못하고 외부로 부풀어 나오는 현상은?

㉮ 팽출   ㉯ 압궤
㉰ 브리스터   ㉱ 래미네이션

[해설] 팽출에 대한 문제이며 압궤는 외부 압력에 견디지 못하고 내부로 쭈그러져 들어가는 현상이다.

33. 보일러내의 급수 시 주의사항으로 틀린 것은?

㉮ 본체 상부 및 과열기의 공기밸브는 열어 둔다.
㉯ 과열기가 증기발생 시 까지 사이에 소손할 염려가 있는 경우에는 제조자의 매뉴얼에 따른다.
㉰ 급수예열기는 공기밸브, 물빼기 밸브로 공기를 제거하고 물을 가득 채운다.
㉱ 열매를 사용하는 보일러는 열매를 넣기 전에 보일러나 배관 계통 내에 수분이 있는 것을 확인하여야 한다.

[해설] 수분이 없는 것을 확인하여야 한다.

34. 보일러 만수보존법의 설명으로 틀린 것은?

㉮ 보일러의 구조면이나 설치조건 등에 따라 보일러를 건조 상태로 유지하기가 어려운 경우에 이용된다.
㉯ 단기 휴지라 하더라도 동결의 염려가 있을 때는 사용해서는 안 된다.
㉰ 소다만수법의 경우와 동일한 요령으로 보일러 내에 깨끗한 물을 충만 시킨다.
㉱ 물에는 가성소다와 같은 알칼리도 상승제나 아황산소다 같은 방식제를 넣는다.

[해설] ㉱항은 장기보존법인 청관(소다)만수보존법에 대한 내용이다.

정답 30. ㉰ 31. ㉰ 32. ㉮ 33. ㉱ 34. ㉱

35. 보일러의 수처리에서 진공 탈기기의 감압장치로 쓰이는 것은?
㉮ 원심펌프 ㉯ 배관펌프
㉰ 진공펌프 ㉱ 재생펌프

[해설] 진공처리법은 탈기기 내부를 진공으로 하여 탈기하는 방법이다.

36. 보일러 연소 조작 중의 역화의 원인에 해당되지 않는 것은?
㉮ 연도댐퍼의 개도를 너무 좁힌 경우
㉯ 연도댐퍼가 고장이 나서 닫혀진 경우
㉰ 압입통풍이 너무 강한 경우
㉱ 프리퍼지가 충분한 경우

[해설] 프리퍼지가 부족한 경우에 역화가 일어난다.

37. 주철제 보일러의 최고사용압력이 0.30 MPa인 경우 수압시험압력은?
㉮ 0.15 MPa ㉯ 0.30 MPa
㉰ 0.43 MPa ㉱ 0.60 MPa

[해설] ① 최고사용압력이 0.43 MPa 이하 : 최고사용압력의 2배
② 최고사용압력이 0.43 MPa 초과 : 최고사용압력×1.3배+0.3 MPa

38. 증기난방의 특징에 대한 설명으로 틀린 것은?
㉮ 건물 높이에 제한을 받지 않는다.
㉯ 방열기의 표면온도가 낮아 화상의 우려가 없다.
㉰ 예열시간이 짧다.
㉱ 열의 운반능력이 크다.

[해설] 방열기 표면온도가 높아 화상의 우려가 크다.

39. 저수위안전장치는 연료차단 전에 경보가 울려야 한다. 이 때 경보음은 몇 dB 이상이어야 하는가?
㉮ 50 ㉯ 70 ㉰ 40 ㉱ 60

[해설] 연료차단 전에 70 dB 이상의 경보음이 울려야 한다.

40. 보일러의 연소 시 주의사항 중 급격한 연소가 되어서는 안 되는 이유로 가장 옳은 것은?
㉮ 보일러 수(水)의 순환을 해친다.
㉯ 급수탱크 파손의 원인이 된다.
㉰ 보일러와 벽돌 쌓은 접촉부에 틈을 증가시킨다.
㉱ 보일러 효율을 증가시킨다.

[해설] 부등팽창으로 인하여 ㉰항과 같은 현상을 일으킨다.

41. 트랩과 같이 주요 부품이나 기기 등의 고장, 수리, 교환 등에 대비하여 설치하는 것은?
㉮ 냉각 래그 ㉯ 드레인 포켓
㉰ 바이패스관 ㉱ 하트포드 연결관

42. 액상식 열매체보일러 및 온도 120℃ 이하의 온수 발생 보일러에 설치하는 방출밸브의 지름은 몇 mm 이상으로 해야 하는가?
㉮ 10 ㉯ 20 ㉰ 15 ㉱ 5

[해설] 열매체보일러 및 온수보일러에 부착하는 방출밸브나 안전밸브의 호칭지름은 20 mm 이상으로 해야 한다.

43. 복사난방에 대한 특징을 설명한 것으로 틀린 것은?
㉮ 바닥면의 이용도가 높다.
㉯ 실내의 온도 분포가 균등하다.

정답 35. ㉰ 36. ㉱ 37. ㉱ 38. ㉯ 39. ㉯ 40. ㉰ 41. ㉰ 42. ㉯ 43. ㉰

㉰ 외기 온도급변에 대한 온도 조절이 쉽다.
㉱ 실내 평균 온도가 낮으므로 열손실이 비교적 적다.

[해설] 방열량 조절이 어려워서 온도조절이 어렵다.

44. 난방 부하의 계산 방법으로 맞지 않는 것은?
㉮ 상당방열면적에 의한 계산
㉯ 열손실 열량에 의한 계산
㉰ 보일러 온도에 의한 계산
㉱ 간이식에 의한 열손실 계산

[해설] 난방부하 계산 방법 중 간이식에 의한 열손실 계산은 열손실지수($1\,kcal/m^2h$)에 난방면적(m^2)을 곱하여 구한다.

45. 건물의 각 실내에 방열기를 설치하여 증기 또는 온수로 난방하는 방식은?
㉮ 복사난방법   ㉯ 간접난방법
㉰ 개별난방법   ㉱ 직접난방법

[해설] 간접난방법은 가열된 공기를 덕트를 통해 공급하는 난방 방식이다.

46. 보일러 부식 중 용융재가 부착한 환경에서 일어나는 부식은?
㉮ 그루빙(구식)   ㉯ 점식
㉰ 고온부식   ㉱ 알칼리부식

[해설] 용융재 속에 포함된 바나듐(V) 때문에 고온부식이 일어난다.

47. 보일러 운전정지 순서에 들어갈 내용으로 틀린 것은?
㉮ 공기의 공급을 정지한다.
㉯ 연료 공급을 정지한다.
㉰ 증기밸브를 닫고 드레인 밸브를 연다.
㉱ 댐퍼를 연다.

[해설] 연소실 및 전열면 냉각을 방지하기 위하여 댐퍼를 닫아 두어야 한다.

48. 어떤 주철제 방열기 내의 증기의 평균온도가 110℃이고, 실내 온도가 18℃일 때, 방열기의 방열량은? (단, 방열기의 방열계수는 $7.2\,kcal/m^2 \cdot h \cdot ℃$이다.)
㉮ $230.4\,kcal/m^2 \cdot h$
㉯ $470.8\,kcal/m^2 \cdot h$
㉰ $520.6\,kcal/m^2 \cdot h$
㉱ $662.4\,kcal/m^2 \cdot h$

[해설] $7.2 \times (110-18) = 662.4\,kcal/m^2 \cdot h$

49. 보일러의 전열면적이 $20\,m^2$ 이상일 경우 방출관의 안지름은 몇 mm 이상이어야 하는가?
㉮ 25   ㉯ 30   ㉰ 40   ㉱ 50

[해설]

전열면적 (m^2)	방출관 안지름 (mm)
10 미만	25 이상
10 이상 ~ 15 미만	30 이상
15 이상 ~ 20 미만	40 이상
20 이상	50 이상

50. 보일러 점화불량의 원인에 해당되지 않는 것은?
㉮ 공기비의 조정 불량
㉯ 점화용 트랜스의 전기 스파크 불량
㉰ 파일럿 오일 불량
㉱ 댐퍼작동 불량

[해설] 파일럿(점화)버너 상태가 불량한 경우이다.

51. 냉각된 보일러를 운전 온도가 될 때까지 가열하는데 필요한 열량과 장치 내

정답 44. ㉰   45. ㉱   46. ㉰   47. ㉱   48. ㉱   49. ㉱   50. ㉰   51. ㉰

에 보유하는 물을 가열하는 데 필요한 열량의 합을 무엇이라고 하는가?
㉮ 배관부하 ㉯ 난방부하
㉰ 예열부하 ㉱ 급탕부하

[해설] 예열(시동, 분시)부하이다.

52. 증기 보일러에서 수면계의 점검시기에 대한 설명으로 틀린 것은?
㉮ 2개의 수면계 수위가 다를 때 행한다.
㉯ 프라이밍, 포밍 등이 발생할 때 행한다.
㉰ 수면계 유리관을 교체하였을 때 행한다.
㉱ 보일러의 점화 후에 행한다.

[해설] 점화 전(前)에 행한다.

53. 온수온돌의 설치 시 단점에 해당되지 않는 것은?
㉮ 냉난방 시설의 공동이용이 불가능하다.
㉯ 설치비가 싸고 환기장치가 필요 없다.
㉰ 보온재 설치가 곤란하다.
㉱ 바닥의 균열이 생기고 고장의 발견이 어렵다.

[해설] 설치비가 비싸고 환기장치가 필요하다.

54. 플로트식 수위검출기 보수 및 점검에 관한 내용으로 가장 거리가 먼 것은?
㉮ 3일마다 1회 정도 플로트실의 분출을 실시한다.
㉯ 1년에 2회 정도 플로트실을 분해 정비한다.
㉰ 계전기의 커버를 벗겨내고 이상 유무를 점검한다.
㉱ 연결배관의 점검 및 정비, 기기의 수평, 수직 부착위치를 확인한다.

[해설] 플로트식에는 맥도널식과 자석식이 있으며 플로트식은 6개월마다 수은 스위치의 상태와 접점 단자 상태를 조사해야 하며 플로트실을 분해 정비해야 한다.
[참고] 전극식 수위 검출기에서 전극봉은 3개월 마다 청소를 하여야 한다.

55. 에너지이용합리화법 시행령에서 에너지다소비사업자라 함은 연료·열 및 전력의 연간 사용량 합계가 얼마 이상인 경우인가?
㉮ 5백 티오 이
㉯ 2천 티오 이
㉰ 1천 티오 이
㉱ 1천5백 티오 이

[해설] 에너지이용합리화법 시행령 제35조 참조.

56. 에너지다소비업자가 지식경제부령으로 정하는 바에 따라 시·도지사에게 신고해야 하는 사항과 관련이 없는 것은?
㉮ 전년도의 에너지사용량·제품생산량
㉯ 전년도의 에너지이용합리화 실적 및 해당 연도의 계획
㉰ 에너지사용기자재의 현황
㉱ 다음 연도의 에너지사용예정량·제품생산예정량

[해설] 에너지이용합리화법 제31조 ①항 참조.

57. 에너지이용합리화법상 효율관리 기자재의 에너지 사용량을 측정 받아 에너지소비효율 등급 또는 에너지소비효율을 해당 효율관리 기자재에 표시할 수 있도록 측정하는 기관은?
㉮ 효율관리 진단기관
㉯ 효율관리 전문기관
㉰ 효율관리 표준기관
㉱ 효율관리 시험기관

정답 52. ㉱ 53. ㉯ 54. ㉮ 55. ㉯ 56. ㉱ 57. ㉱

[해설] 에너지이용합리화법 제15조 ②항 참조.

58. 에너지이용합리화법의 기본 목적이 아닌 것은?
㉮ 에너지의 수급안정을 기함
㉯ 국민복지의 증진과 지구온난화의 최대화에 이바지
㉰ 에너지의 합리적이고 효율적인 이용의 증진
㉱ 에너지소비로 인한 환경피해를 줄임
[해설] 에너지이용합리화법 제1조 참조.

59. 검사대상기기의 검사의 종류 중 계속사용검사의 종류에 해당되지 않는 것은 어느 것인가?
㉮ 설치검사
㉯ 안전검사
㉰ 운전성능검사
㉱ 재사용검사
[해설] 에너지이용합리화법 시행규칙 제31조의 7 별표 3의 4 참조.

60. 에너지이용합리화법상 시공업자단체의 설립, 정관의 기재 사항과 감독에 관하여 필요한 사항을 정하는 령은?
㉮ 대통령령
㉯ 지식경제부령
㉰ 노동부령
㉱ 환경부령
[해설] 에너지이용 합리화법 제41조 ④항 참조.

정답 58. ㉯ 59. ㉮ 60. ㉮

● 에너지관리 기능사   [2010년 3월 27일 시행]

1. 보일러 정격출력이 300,000 kcal/h, 연료 발열량이 10,000 kcal/kg, 보일러 효율이 80%일 때, 연료소비량은?
㉮ 30.0 kg/h   ㉯ 35.5 kg/h
㉰ 37.5 kg/h   ㉱ 45.0 kg/h

[해설] $\dfrac{300{,}000 \times 100}{10{,}000 \times 80} = 37.5\ \text{kg/h}$

2. 자동제어 동작 중 이 동작은 잔류편차가 남지 않아서 비례동작과 조합하여 쓰여지는데, 제어의 안정성이 떨어지고, 진동 하는 경향이 있는 동작은?
㉮ 미분 동작   ㉯ 적분 동작
㉰ 온-오프동작   ㉱ 다위치 동작

[해설] 비례(P) 동작에서 발생되는 잔류편차를 적분(I) 동작에서 제거해준다.

3. 대형보일러인 경우 송풍기가 작동하지 않으면 전자밸브가 열리지 않아 점화를 차단하는 인터로크는?
㉮ 프리퍼지 인터로크
㉯ 불착화 인터로크
㉰ 압력초과 인터로크
㉱ 저수위 인터로크

[해설] 송풍기가 작동하지 않으면 프리퍼지(prepurge)시킬 수 없다.

4. 수소 13%, 수분 0.5%가 포함되어 있는 어떤 중유의 고위발열량이 9700 kcal/kg이다. 이 중유의 저위 발열량은?
㉮ 8995 kcal/kg   ㉯ 9000 kcal/kg
㉰ 9325 kcal/kg   ㉱ 9650 kcal/kg

[해설] $9700 - 600(9 \times 0.13 + 0.005)$
$= 3995\ \text{kcal/kg}$

5. 보일러에 부착하는 압력계의 취급상 주의사항으로 틀린 것은?
㉮ 온도가 353 K(80℃) 이상 올라가지 않도록 한다.
㉯ 압력계는 고장이 나서 바꾸는 것이 아니라 일정사용시간을 정하고 정기적으로 교체하여야 한다.
㉰ 압력계 사이펀 관의 수직부에 콕크를 설치하고 콕의 핸들이 축 방향과 일치할 때에 열린 것이어야 한다.
㉱ 부르동관 내에 직접 증기가 들어가면 고장이 나기 쉬우므로 사이펀 관에 물이 가득차지 않도록 한다.

[해설] 사이펀 관 내부에는 80℃ 이하의 물이 차있도록 해야 한다.

6. 수트 블로어에 관한 설명으로 잘못된 것은?
㉮ 전열면 외측의 그을음 등을 제거하는 장치이다.
㉯ 분출기 내의 응축수를 배출시킨 후 사용한다.
㉰ 블로우 시에는 댐퍼를 열고 흡입통풍을 증가시킨다.
㉱ 부하가 50% 이하인 경우에만 블로우 한다.

[해설] 부하가 50% 이하인 경우에는 수트 블로어 사용을 금한다.

7. 포화온도상태에서 증기의 건조도가 1이

정답 1. ㉰ 2. ㉯ 3. ㉮ 4. ㉮ 5. ㉱ 6. ㉱ 7. ㉱

면 어떤 증기인가?
㉮ 습포화 증기   ㉯ 포화수
㉰ 이상 증기   ㉱ 건포화 증기

[해설] 건조도 (건도)를 x라면
① 포화수의 $x=0$
② 습포화증기의 x값은 $0<x<1$
③ 건포화증기의 $x=1$

8. 대기압 하에서 1 kg의 열용량이 가장 큰 것은?

㉮ 물   ㉯ 포화증기
㉰ 과열증기 ㉱ 공기

[해설] 열용량=질량×비열에서 물의 비열이 가장 크므로 열용량도 가장 크다.

9. 수면계의 기능시험 시기로 틀린 것은?

㉮ 보일러를 정상적으로 가동하고 있을 때
㉯ 2개 수면계의 수위에 차이를 발견했을 때
㉰ 수면계의 유리를 교체했을 때
㉱ 프라이밍, 포밍 등이 발생했을 때

[해설] 보일러 가동 직전에 수면계의 기능시험을 한다.

10. 보일러에서 안전밸브의 분출면적은 고압일수록 저압일 때 보다 어떠해야 하는가?

㉮ 좁아야 한다.   ㉯ 넓어야 한다.
㉰ 일정하다.   ㉱ 무관하다.

[해설] 안전밸브의 분출면적은 압력에 반비례하고 전열면적에 비례한다.

11. 풍량 120 m³/min, 풍압 35 mmAq인 송풍기의 소요동력은 약 얼마인가? (단, 효율은 60 %이다.)

㉮ 1.14 kW   ㉯ 2.27 kW
㉰ 3.21 kW   ㉱ 4.42 kW

[해설] $\dfrac{\frac{120}{60}\times 35}{102\times 0.6}=1.14$ kW

12. 공기예열기에 대한 설명으로 틀린 것은?

㉮ 보일러의 열효율을 향상시킨다.
㉯ 불완전 연소를 감소시킨다.
㉰ 배기가스의 열손실을 감소시킨다.
㉱ 통풍저항이 작아진다.

[해설] 통풍저항이 증대하여 통풍력이 감소한다.

13. 연료의 연소 시 과잉공기계수 (공기비)를 구하는 올바른 식은?

㉮ $\dfrac{\text{연소가스량}}{\text{이론공기량}}$ ㉯ $\dfrac{\text{실제공기량}}{\text{이론공기량}}$

㉰ $\dfrac{\text{배기가스량}}{\text{사용공기량}}$ ㉱ $\dfrac{\text{사용공기량}}{\text{배기가스량}}$

[해설] 공기비 $=\dfrac{\text{실제공기량}}{\text{이론공기량}}=1+\dfrac{\text{과잉공기량}}{\text{이론공기량}}$

14. 증발열이나 용해열과 같이 열을 가하여도 물체의 온도변화는 없고 상(相)변화에만 관계하는 열은?

㉮ 현열   ㉯ 잠열
㉰ 승화열 ㉱ 기화열

[해설] 상(相)변화는 없고 온도변화에만 관계하는 열은 현열이다.

15. 기체연료의 연소방식 중 화염이 짧고 높은 화염온도를 얻을 수 있으나 역화 등의 위험이 있는 방식은?

㉮ 확산 연소방식   ㉯ 직접 연소방식
㉰ 복합 연소방식   ㉱ 예혼합 연소방식

[해설] 예혼합 연소방식의 특징
① 단염이며 화염의 온도가 높다.
② 역화의 위험성이 크다.

[정답] 8. ㉮ 9. ㉮ 10. ㉮ 11. ㉮ 12. ㉱ 13. ㉯ 14. ㉯ 15. ㉱

③ 연소부하가 크다.
④ 탄화수소가 큰 가스에 사용한다 (LPG, NG, 도시가스).

16. 원통보일러 중 외분식 보일러인 것은 어느 것인가?
㉮ 횡연관 보일러 ㉯ 노통 보일러
㉰ 입형 보일러   ㉱ 노통연관 보일러
[해설] 외분식 보일러의 종류 : 횡연관 보일러, 수관 보일러, 관류 보일러

17. 수관보일러에서 강제순환식으로 하는 가장 큰 이유는?
㉮ 관경이 작고 보유수량이 많기 때문에
㉯ 보일러 드럼이 1개뿐이기 때문에
㉰ 고압에서 포화수와 포화증기의 비중 차가 작기 때문에
㉱ 보일러 드럼이 상부에 위치하기 때문에
[해설] 보일러 압력이 상승하면 포화수와 포화증기의 비중차가 작아져서 물의 순환이 불량해지므로 강제순환식으로 한다.

18. 급수펌프 중 왕복식 펌프가 아닌 것은?
㉮ 웨어 펌프   ㉯ 워싱톤 펌프
㉰ 터빈 펌프   ㉱ 플런저 펌프
[해설] 터빈 펌프와 벌류트 펌프는 원심식 펌프이다.

19. 보일러 열효율 정산방법에서 보일러 열정산의 기준온도로 주로 사용되는 것은? (단, 육상용 보일러의 열정산방식 KS B 6205 기준)
㉮ 시험 시의 외기온도
㉯ 보일러 연소실 내부온도
㉰ 표준온도 (20℃)
㉱ 압입 송풍기 입구 온도
[해설] 열정산의 기준온도는 시험 시의 외기온도로 한다.

20. 집진장치의 종류 중 건식집진장치 종류가 아닌 것은?
㉮ 가압수식 집진기 ㉯ 중력식 집진기
㉰ 관성력식 집진기 ㉱ 원심력식 집진기
[해설] 습식(세정)집진기는 세정액의 접촉방법에 따라 가압수식, 유수식, 회전식으로 분류한다.

21. 기체연료의 특징에 대한 설명으로 틀린 것은?
㉮ 적은 양의 과잉공기로 완전연소가 가능하다.
㉯ 연소 시 유황이나 회분 등에 의한 대기오염이 많다.
㉰ 발열량이 크다.
㉱ 고부하 연소가 가능하다.
[해설] 기체연료는 대기오염을 적게 일으킨다.

22. 수관식 보일러의 구성을 설명한 것으로 틀린 것은?
㉮ 수관식 보일러는 상부 드럼과 하부 드럼으로 구성되어 있다.
㉯ 수관식 보일러는 강수관과 승수관으로 구성되어 있다.
㉰ 수관식 보일러는 내분식으로 효율이 좋다.
㉱ 수관식 보일러는 화실과 수관, 관모음 (히더)관 등으로 구성되어 있다.
[해설] 수관식 보일러는 외분식 보일러이다.

23. 보일러의 3대 구성요소에 해당하지 않는 것은?

정답 16. ㉮ 17. ㉰ 18. ㉰ 19. ㉮ 20. ㉮ 21. ㉯ 22. ㉰ 23. ㉱

㉮ 보일러 본체 ㉯ 연소장치
㉰ 부속설비 ㉱ 보일러실
[해설] 보일러 구성 3요소는 ㉮, ㉯, ㉰항이다.

24. 자동제어 용어에 관한 설명 중 틀린 것은?

㉮ 피드 백(feed back) : 결과를 원인 쪽으로 되돌려 입력과 출력과의 편차를 수정
㉯ 시퀀스(sequence) : 정해진 순서에 따라 제어 단계 진행
㉰ 인터로크(inter lock) : 앞쪽의 조건이 충족되지 않으면 다음 단계의 동작을 정지
㉱ 블록(block)선도 : 온도, 압력, 수위에 관한 선도

[해설] 블록(block)선도란 제어신호의 전달 경로를 블록과 화살표가 붙은 선으로 표시한 것이다.

25. 보일러 연소장치의 선정기준에 대한 설명으로 틀린 것은?

㉮ 사용 연료의 종류와 형태를 고려한다.
㉯ 연소 효율이 높은 장치를 선택한다.
㉰ 과잉공기를 많이 사용할 수 있는 장치를 선택한다.
㉱ 내구성 및 가격 등을 고려한다.

[해설] 과잉공기를 적게 사용할 수 있는 장치를 선택해야 한다.

26. 보일러 가동 중 저부하 시에 남은 잉여 증기를 저장하였다가 과부하 시에 방출하여 증기 부족을 보충시키는 장치는 어느 것인가?

㉮ 증기 축열기 ㉯ 오일 프리히터
㉰ 스트레이너 ㉱ 공기예열기

[해설] 스팀 어큐뮬레이터(증기 축열기) 장치이다.

27. 보일러 1마력에 대한 설명으로 옳은 것은?

㉮ 0℃의 물 15.65 kg을 1시간 동안 같은 온도의 증기로 변화시킬 수 있는 능력
㉯ 100℃의 물 1 kg을 1시간 동안 다른 온도의 증기로 변화시킬 수 있는 능력
㉰ 0℃의 물 1 kg을 1시간 동안 같은 온도의 증기로 변화시킬 수 있는 능력
㉱ 100℃의 물 15.65 kg을 1시간 동안 같은 온도의 증기로 변화시킬 수 있는 능력

28. 증기보일러의 상당증발량 계산식으로 옳은 것은? (단, G : 실제증발량(kg/h), i_1 : 급수의 엔탈피(kcal/kg), i_2 : 발생증기의 엔탈피(kcal/kg))

㉮ $G(i_2-i_1)$ ㉯ $539\times G(i_2-i_1)$
㉰ $\dfrac{G(i_2-i_1)}{539}$ ㉱ $\dfrac{639\times G}{(i_2-i_1)}$

29. 보일러 주증기 밸브의 일반적인 형식으로서 증기의 흐름방향을 90° 바꾸어 주는 밸브는?

㉮ 앵글 밸브 ㉯ 릴리프 밸브
㉰ 체크 밸브 ㉱ 슬루스 밸브

[해설] 앵글 밸브 : 글로브 밸브의 일종으로 유체의 흐름 방향을 90°로 바꾸어 주는 밸브이다.

30. 점화 전 댐퍼를 열고 노내와 연도에 체류하고 있는 가연성가스를 송풍기로

정답 24. ㉱ 25. ㉰ 26. ㉮ 27. ㉱ 28. ㉰ 29. ㉮ 30. ㉰

취출시키는 작업은?

㉮ 분출 ㉯ 송풍
㉰ 프리퍼지 ㉱ 포스트퍼지

[해설] ① 프리퍼지 : 점화 전 노내 환기 작업
② 포스트퍼지 : 소화 후 노내 환기 작업

31. 증기 보일러의 운전 중 수면계가 파손된 경우 제일 먼저 조치할 사항은?

㉮ 드레인 콕을 닫는다.
㉯ 물 콕을 닫는다.
㉰ 급수밸브를 닫는다.
㉱ 펌프를 가동하여 급수한다.

[해설] 수면계 파손 시 이상감수 및 취급자의 화상 예방을 위해 물 콕을 먼저 닫고 그 다음에 증기 콕을 닫는다.

32. 보일러 분출작업 시의 주의사항으로 틀린 것은?

㉮ 분출작업이 끝날 때까지 다른 작업을 하지 않는다.
㉯ 분출작업은 2대의 보일러를 동시에 행하지 않는다.
㉰ 분출작업 종료 후는 분출밸브를 확실히 닫고 누수를 확인한다.
㉱ 분출작업은 가급적 보일러 부하가 클 때 행한다.

[해설] 보일러 부하(負荷)가 가장 작을 때 분출작업을 행하여야 한다.

33. 강제순환식 온수난방법에 대한 설명과 관계가 없는 것은?

㉮ 순환펌프로서는 원심펌프를 주로 사용한다.
㉯ 중력순환식에 비하여 관경을 작게 할 수 있다.
㉰ 보일러의 위치가 방열기와 같은 위치에 있어도 상관없다.
㉱ 온수의 밀도차에 의하여 온수를 순환시킨다.

[해설] ㉱항은 자연순환식 온수난방법에 대한 설명이다.

34. 보일러 취급 책임자가 지켜야 할 사항과 거리가 먼 것은?

㉮ 보일러를 안전하게 취급한다.
㉯ 보일러를 효율적으로 사용하도록 한다.
㉰ 보일러에 대한 안전점검을 태만히 하지 않도록 한다.
㉱ 효율이 좋은 보일러를 개발한다.

[해설] ㉱항은 보일러 제작자가 지켜야 할 사항이다.

35. 보일러 사고의 원인 중 취급상의 원인이 아닌 것은?

㉮ 부속장치 미비
㉯ 최고 사용압력의 초과
㉰ 저수위로 인한 보일러의 과열
㉱ 습기나 연소가스 속의 부식성 가스로 인한 외부부식

[해설] ㉮항은 제작상의 원인이다.

36. 응축수 환수방식 중 환수관내 유속이 타 방식에 비해 빠르고 방열기 내의 공기도 배제할 수 있을 뿐 아니라 방열량을 광범위하게 조절할 수 있어 대규모 난방에 적합한 방식은?

㉮ 중력환수식 ㉯ 진공환수식
㉰ 급기환수식 ㉱ 기계환수식

37. 온수온돌의 방수처리에 대한 설명으로 적절하지 않은 것은?

정답 31. ㉯ 32. ㉱ 33. ㉱ 34. ㉱ 35. ㉮ 36. ㉯ 37. ㉮

㈎ 온돌바닥이 땅과 직접 접촉하지 않는 2층의 경우에는 방수처리를 반드시 해야 한다.
㈏ 방수처리는 내식성이 있는 루핑, 비닐, 방수몰탈로 하며, 습기가 스며들지 않도록 완전히 밀봉한다.
㈐ 벽면으로 습기가 올라오는 것을 대비하여 온돌바닥보다 약 10 cm 정도 위까지 방수처리를 하는 것이 좋다.
㈑ 방수처리를 함으로써 열손실을 감소시킬 수 있다.

[해설] 지하실이 있는 바닥이나 2층 바닥에는 방수처리를 하지 않아도 좋다.

38. 과열기가 부착된 보일러의 안전밸브에 관한 설명이다. 잘못된 것은?

㈎ 과열기에는 그 출구에 1개 이상의 안전밸브가 있어야 한다.
㈏ 과열기에 부착되는 안전밸브의 분출용량 및 수는 보일러 동체의 안전밸브의 분출 용량 및 수에 포함시킬 수 있다.
㈐ 관류보일러의 경우에는 과열기 출구에 최대증발량에 상당하는 분출용량의 안전밸브를 설치할 수 있다.
㈑ 분출용량은 과열기의 온도를 설계온도 이상으로 유지하는데 필요한 양 이상이어야 한다.

[해설] 분출용량은 과열기의 온도를 설계온도 이하로 유지하는 데 필요한 양 이상이어야 한다.

39. 난방방식을 분류할 때 중앙식 난방법의 종류가 아닌 것은?

㈎ 개별 난방법   ㈏ 증기 난방법
㈐ 온수 난방법   ㈑ 복사 난방법

[해설] 난방방식을 2가지로 분류하면 개별 난방법과 중앙식 난방법으로 분류한다.

40. 보일러 운전 중 취급 및 점검사항 설명으로 잘못된 것은?

㈎ 수면계의 수위는 항상 상용수위가 되도록 한다.
㈏ 급수는 1회에 다량으로 행한다.
㈐ 과잉공기를 되도록 적게 하여 연료가 완전연소가 되도록 댐퍼 등을 조절한다.
㈑ 증기압력이 일정하도록 연료 공급을 조절한다.

[해설] 급수는 소량으로 일정량씩 해야 한다.

41. 어느 응접실의 난방부하가 6,000 kcal/h이라 할 때, 온수를 열매체로 하는 3세주 650 mm의 주철제 방열기를 설치한다면 섹션수가 최소한 어느 정도면 되는가? (단, 방열기의 방열량은 표준으로 하고, 3세주 650 mm의 1섹션당 표면적을 $0.15 m^2$라 한다.)

㈎ 98쪽   ㈏ 89쪽   ㈐ 78쪽   ㈑ 79쪽

[해설] $\dfrac{6000}{450 \times 0.15} = 89$쪽

42. 지역난방의 특징에 더한 설명으로 틀린 것은?

㈎ 인건비를 줄일 수 있다.
㈏ 고압증기이므로 관경을 크게 한다.
㈐ 대규모 설비로 인해 고 효율화를 가져온다.
㈑ 건물 안의 공간을 유효하게 사용할 수 있다.

[해설] 고압의 증기를 열매토 사용할 때는 관경을 적게 할 수 있다.

43. 온수방열기의 입구 온수온도 92℃, 출구 온수온도 70℃, 실내 공기온도 18℃

일 때의 주철제 방열기의 방열량은 약 얼마인가? (단, 실내온도와 방열기 온수의 평균온도와의 차가 62℃일 때 표준방열량이 적용된다.)

㉮ 457 kcal/m² · h ㉯ 498 kcal/m² · h
㉰ 515 kcal/m² · h ㉱ 520 kcal/m² · h

[해설] $\dfrac{\left(\dfrac{92+70}{2}-18\right)\times 450}{62} = 457 \text{kcal/m}^2 \cdot \text{h}$

44. 보일러수 중에 용해되어 있는 고형분이나 수분이 증기의 흐름에 따라 발생증기에 포함되어 분출되는 현상은?

㉮ 수격작용 ㉯ 프라이밍
㉰ 캐리오버 ㉱ 포밍

[해설] carry over(기수공발)에 대한 문제이다.

45. 보일러 용수관리가 불량한 경우 보일러에 미치는 장해의 설명으로 잘못된 것은?

㉮ 스케일이 생성되거나 고착한다.
㉯ 전열면이 과열되기 쉽다.
㉰ 공기비가 증대된다.
㉱ 프라이밍이나 포밍 현상이 발생할 수 있다.

[해설] ㉰항은 연소 관리에 대한 내용이다.

46. 바이패스 배관으로 증기배관 중에 감압밸브를 설치하는 경우 필요 없는 것은 어느 것인가?

㉮ 스트레이너 ㉯ 슬루스 밸브
㉰ 압력계 ㉱ 에어벤트

[해설] ㉮, ㉯, ㉰항 외에 안전밸브가 필요하며 바이패스관도 설치해야 한다.

47. 다음 보온재 중 안전사용온도가 가장 낮은 것은?

㉮ 폼폴리스티렌 보온판·통
㉯ 석면판
㉰ 내화단열벽돌
㉱ 탄산마그네슘 물반죽 보온재

[해설] ㉮ : 약 70℃, ㉯ : 약 450℃, ㉰ : 약 1300℃, ㉱ : 약 250℃

48. 보일러 계속사용검사 중 운전성능 검사는 어떤 부하상태에서 실시하는가?

㉮ 사용부하 ㉯ 최저부하
㉰ 최대부하 ㉱ 검사부하

[해설] 보일러 설치 시 성능 검사는 정격부하 상태에서, 계속사용검사 중 성능 검사는 사용부하 상태에서 실시한다.

49. 강철제 증기보일러의 설치검사 기준상 안전밸브 작동시험을 하는 경우 안전밸브가 1개만 부착되어 있다면 그 분출압력은?

㉮ 최고사용압력의 1.03배
㉯ 최고사용압력 이하
㉰ 최고사용압력의 1.2배
㉱ 최고사용압력의 1.25배

[해설] ① 1개만 설치된 경우 : 최고사용압력 이하에서 분출해야 한다.
② 2개가 설치된 경우 : 1개는 최고사용압력 이하에서 나머지 1개는 최고사용압력의 1.03배 이하에서 분출해야 한다.

50. 보일러의 안전관리상 가장 중요한 것은?

㉮ 벙커C유의 예열
㉯ 안전 저수위 이하로 감수하는 것을 방지
㉰ 2차 공기의 조절
㉱ 연도의 저온부식 방지

정답 44. ㉰ 45. ㉰ 46. ㉱ 47. ㉮ 48. ㉮ 49. ㉯ 50. ㉯

[해설] ① 이상감수 방지
② 제한압력 초과 방지
③ 화염의 실화 방지

51. 보일러의 고온부식을 방지하는 방법 설명으로 잘못된 것은?

㉮ 고온의 전열면에 보호피막을 씌운다.
㉯ 중유 중의 바나듐 성분을 제거한다.
㉰ 전열면 표면온도가 높아지지 않게 설계한다.
㉱ 황산나트륨을 사용하여 부착물의 상태를 바꾼다.

[해설] 첨가제를 사용하여 바나듐(V)의 융점을 높인다.

52. 보일러 설치·검사기준상 용량이 10 ton/h인 강철제 보일러의 배기가스와 외기의 온도차는 몇 ℃ 이하여야 하는가?

㉮ 300℃   ㉯ 280℃
㉰ 250℃   ㉱ 210℃

[해설]

보일러 용량 (ton/h)	배기가스와 외기와의 온도차 ℃ (K)
5 이하	300 이하
5 초과 ~ 20 이하	250 이하
20 초과	210 이하

53. 보일러 운전자는 대기환경 규제물질을 최소화시켜 배출시켜야 한다. 규제대상 물질이 아닌 것은?

㉮ 황산화물(SO_x)
㉯ 질소산화물(NO_x)
㉰ 산소(O_2)
㉱ 검댕, 먼지

[해설] 규제대상 물질은 ㉮, ㉯, ㉱항 외에 일산화탄소, 회분, 다이옥신 등이다.

54. 신설 보일러의 사용 전 점검사항으로 틀린 것은?

㉮ 노벽은 가동 시 열을 받아 과열 건조되므로 습기가 약간 남아 있도록 한다.
㉯ 연도의 배플, 그을음 제거기 상태, 댐퍼의 개폐상태를 점검한다.
㉰ 기수분리기와 기타 부속품의 부착상태와 공구나 볼트, 너트, 헝겊 조각 등이 남아있는가를 확인한다.
㉱ 압력계, 수위제어기, 급수장치 등 본체와의 접속부 풀림, 누설, 콕의 개폐 등을 확인한다.

[해설] 노벽은 가급적 잘 건조시켜 습기가 없도록 해야 한다.

55. 에너지이용합리화법 시행령에서 연료·열 및 전력의 연간 사용량의 합계가 몇 티·오·이 이상인 자를 "에너지다소비사업자"라 하는가?

㉮ 5백   ㉯ 1천
㉰ 1천 5백   ㉱ 2천

[해설] 에너지이용합리화법 시행령 제35조 참조.

56. 에너지이용합리화법에서 효율관리기자재의 제조업자 또는 수입업자가 효율관리기자재의 에너지 사용량을 측정 받는 기관은?

㉮ 환경부장관이 지정하는 진단기관
㉯ 지식경제부장관이 지정하는 시험기관
㉰ 시·도지사가 지정하는 측정기관
㉱ 제조업자 또는 수입업자의 검사기관

[해설] 에너지이용합리화법 제15조 ②항 참조.

57. 에너지진단결과 에너지다소비사업자가 에너지관리기준을 지키고 있지 아니

한 경우 에너지관리기준의 이행을 위한 에너지관리지도를 실하는 기관은?
㉮ 한국에너지기술연구원
㉯ 한국폐기물협회
㉰ 에너지관리공단
㉱ 한국환경공단

[해설] 에너지이용합리화법 시행령 제51조 ①항 12 참조.

58. 에너지이용합리화법시행령에서 정한 국가에너지절약 추진위원회의 위원장이 위촉하는 위원의 임기는 몇년인가?
㉮ 3년
㉯ 1년
㉰ 4년
㉱ 2년

[해설] 에너지이용합리화법 제5조 ④항 참조.

59. 대기전력저감대상제품의 제조업자 또는 수입업자가 대기전력저감대상제품이 대기전력저감기준에 미달하는 경우 그 시정명령을 이행하지 아니하였을 때 그 사실을 공표할 수 있는 자는 누구인가?
㉮ 지식경제부장관
㉯ 국무총리
㉰ 대통령
㉱ 환경부장관

[해설] 에너지이용합리화법 제21조 ②항 참조.

60. 에너지기본법상 지역에너지계획은 몇 년 마다 몇 년 이상을 계획기간으로 수립·시행하는가?
㉮ 2년 마다 2년 이상
㉯ 5년 마다 5년 이상
㉰ 10년 마다 10년 이상
㉱ 1년 마다 1년 이상

[해설] 에너지 기본법 제7조 ①항 참조.

정답 58. ㉮ 59. ㉮ 60. ㉯

● 에너지관리 기능사 [2010년 7월 11일 시행]

1. 함진가스를 세정액 또는 액막 등에 충돌시키거나 충분히 접촉시켜 액에 의해 포집하는 습식 집진장치는?
㉮ 세정식 집진장치
㉯ 여과식 집진장치
㉰ 원심력식 집진장치
㉱ 관성력식 집진장치

2. 보일러 분출작업 시의 주의사항으로 틀린 것은?
㉮ 안전저수위 이하로 내려가지 않도록 한다.
㉯ 2인 1조가 되어 분출 작업을 한다.
㉰ 2대의 보일러를 동시에 분출시켜서는 안 된다.
㉱ 연속운전인 보일러에는 부하가 가장 클 때 실시한다.
[해설] 부하(負荷)가 가장 작을 때 실시한다.

3. 어떤 보일러의 연소효율이 92%, 전열면효율이 85%이면 보일러 효율은?
㉮ 73.2%   ㉯ 74.8%
㉰ 78.2%   ㉱ 82.8%
[해설] $(0.92 \times 0.85) \times 100 = 78.2\%$

4. 연료공급 장치에서 연료여과기 설치위치로 틀린 것은?
㉮ 연료펌프 흡입 측
㉯ 버너의 출구 측
㉰ 급유량계 입구 측
㉱ 연료 예열기 전측
[해설] 버너의 입구 측에 여과기(스트레이너)를 설치한다.

5. 보일러의 종류 중 수관식 보일러에 속하는 것은?
㉮ 스코치 보일러   ㉯ 캐와니 보일러
㉰ 코크란 보일러   ㉱ 슐처 보일러
[해설] 벤슨 보일러와 슐처 보일러는 관류 보일러이며, 일종의 강제순환식 수관 보일러이다.

6. 자동제어 시 어느 조건이 구비되지 않으면 그 다음 동작을 정지시키는 제어 형태는?
㉮ 온-오프 제어   ㉯ 인터로크 제어
㉰ 피드백 제어   ㉱ 비율 제어
[해설] 안전제어 장치인 인터로크 제어이다.

7. 상태변화에 따른 증기의 종류 중 건포화 증기를 좀더 가열하여 포화온도 이상으로 온도를 높인 증기는?
㉮ 과포화 증기   ㉯ 포화 증기
㉰ 과열 증기   ㉱ 습포화 증기
[해설] 압력은 일정하게 유지하고 건포화 증기의 온도를 높인 증기는 과열 증기이다.

8. 보일러 수위제어 검출방식에 해당되지 않는 것은?
㉮ 마찰식   ㉯ 전극식
㉰ 차압식   ㉱ 열팽창식
[해설] ㉯, ㉰, ㉱항 외에 U자관식, 플로트식, 자석식 등이 있다.

9. 자동제어계의 블록선도 중 어떤 장치에

정답 1. ㉮ 2. ㉱ 3. ㉰ 4. ㉯ 5. ㉱ 6. ㉯ 7. ㉰ 8. ㉮ 9. ㉰

서 제어량에 대한 희망값 또는 외부로부터 이 제어계에 부여된 값이라고 불리우는 것은?

㉮ 조작량 ㉯ 검출량
㉰ 목표값 ㉱ 동작신호값

[해설] 목표값(목표치, 희망값, 희망치)이란 외부로부터 제어계에 부여된 값이다.

10. 어떤 보일러의 증발량이 50 t/h이고, 보일러 본체의 전열면이 730 m²일 때 보일러 전열면 증발률은 약 얼마인가?

㉮ 68.5 kg/m²·h ㉯ 49.4 kg/m²·h
㉰ 14.6 kg/m²·h ㉱ 43.7 kg/m²·h

[해설] $\dfrac{50 \times 1000}{730} = 68.49$ kg/m²·h

11. 열역학 제2법칙에 따라 정해진 온도로 이론상 생각할 수 있는 최저온도를 기준으로 하는 온도단위는?

㉮ 임계온도 ㉯ 섭씨온도
㉰ 절대온도 ㉱ 복사온도

[해설] 절대온도 : 열역학적으로 물체가 도달할 수 있는 최저온도를 기준으로 하는 온도 단위

12. 과잉공기량을 증가시킬 때, 연소가스 중의 성분함량(백분율)이 증가하는 것은 어느 것인가?

㉮ CO_2 ㉯ SO_2
㉰ O_2 ㉱ CO

[해설] 과잉공기량을 증가시키면 O_2%가 증가하고 공기량이 부족하면 CO%가 증가한다.

13. 20 m의 높이에 0.05 m³/s의 물을 퍼 올리는데 필요한 펌프의 축동력은 약 얼마인가?(단, 펌프의 효율은 80 %이다.)

㉮ 11.23 kW ㉯ 12.25 kW
㉰ 13.74 kW ㉱ 14.82 kW

[해설] $\dfrac{1000 \times 0.05 \times 20}{102 \times 0.8} = 12.25$ kW

14. 열매체 보일러의 열매체로 사용되지 않는 것은?

㉮ 프레온 ㉯ 모빌섬
㉰ 수은 ㉱ 카네크롤

[해설] ㉯, ㉰, ㉱항 외에 다우섬, 에스섬, 바렐섬, 서큐리티가 있다.

15. 액체 연료 연소장치인 회전식 버너, 기류식, 버너 등에서 1차 공기란?

㉮ 미연가스를 연소시키기 위한 공기
㉯ 자연통풍으로 흡입되는 공기
㉰ 연료의 무화에 필요한 공기
㉱ 무화된 연료의 연소에 필요한 공기

[해설] ㉰항은 1차 공기, ㉱항은 2차 공기이다.

16. 보일러의 열정산 목적이 아닌 것은?

㉮ 보일러의 성능 개선 자료를 얻을 수 있다.
㉯ 열의 행방을 파악할 수 있다.
㉰ 연소실의 구조를 알 수 있다.
㉱ 보일러 효율을 알 수 있다.

[해설] ㉮, ㉯, ㉱항 외에 열의 손실을 파악하고 조업방법을 개선하기 위함이다.

17. 가스 버너의 리프팅(lifting)현상이 발생하는 경우는?

㉮ 가스압이 너무 높은 경우
㉯ 버너부식으로 염공이 커진 경우
㉰ 버너가 과열된 경우
㉱ 1차 공기의 흡인이 많은 경우

[해설] 가스압이 너무 높거나 1차 공기 과다로 분출속도가 높은 경우에 리프팅 현상이 발

정답 10. ㉮ 11. ㉰ 12. ㉰ 13. ㉯ 14. ㉮ 15. ㉰ 16. ㉰ 17. ㉮

생하며 버너가 과열된 경우와 염공이 커진 경우에는 역화(back fire)가 발생한다.

18. 수관식보일러에서 연돌에 가장 가까이 배치하는 열교환기는?
㉮ 증발관 ㉯ 과열기
㉰ 절탄기 ㉱ 공기예열기
[해설] 연도입구에서 연돌까지 설치 순서 : 과열기 → 재열기 → 절탄기 → 공기예열기

19. 관성력식 집진법과 관계가 있는 것은 어느 것인가?
㉮ 송풍기의 회전을 이용하여 물방울, 수막, 기포 등을 형성시킨다.
㉯ 함진가스를 방해판 등에 충돌시키거나 기류의 방향 전환을 시킨다.
㉰ 크기가 다른 집진기에 비하여 작고 펌프의 마모도 적다.
㉱ 집진실 내에 들어온 함진가스의 유속을 감소시켜 관성력을 적게 한다.

20. 고압과 저압 배관사이에 부착하여 고압 측의 압력변화 및 증기 소비량 변화에 관계없이 저압 측의 압력을 일정하게 유지시켜 주는 밸브는?
㉮ 감압밸브 ㉯ 온도조절밸브
㉰ 안전밸브 ㉱ 다이어프램밸브

21. 라몬트(Lamont) 보일러에 관한 설명으로 옳은 것은?
㉮ 강제순환식 노통연관 보일러
㉯ 자연순환식 노통연관 보일러
㉰ 강제순환식 수관 보일러
㉱ 자연순환식 수관 보일러
[해설] 강제순환식 수관 보일러는 라몬트(Lamont) 보일러와 벨록스(Velox) 보일러가 있다.

22. 통풍력을 크게 하는 방법이 아닌 것은?
㉮ 연돌 높이를 높게 한다.
㉯ 연돌의 단면적을 크게 한다.
㉰ 연소가스 온도를 낮춘다.
㉱ 송풍기의 용량을 증대시킨다.
[해설] 연소가스 온도를 낮추면 외기와의 온도차가 줄어들어 통풍력이 감소한다.

23. 보일러 공기예열기에 대한 설명으로 잘못된 것은?
㉮ 연소 배기가스의 여열을 이용한다.
㉯ 보일러 효율이 향상된다.
㉰ 급수를 예열하는 장치이다.
㉱ 저온부식에 유의해야 한다.
[해설] 급수를 예열하는 장치는 절탄기이다.

24. 1기압 하에서 100℃의 포화수를 같은 온도의 포화증기로 몇 kg을 변화할 수 있으냐 하는 기준 값으로 환산한 것을 무엇이라 하는가?
㉮ 증발계수 ㉯ 상당증발량
㉰ 증발배수 ㉱ 전열면 열부하
[해설] 상당(환산)증발량 : 1기압 하에서 100℃ 포화수를 1시간 동안 같은 온도의 포화증기로 변화할 수 있는 양을 말한다.

25. 제어편차가 설정치에 대하여 정(+), 부(−)에 따라 제어되는 2위치 동작은?
㉮ 미분 동작 ㉯ 적분 동작
㉰ 온 오프 동작 ㉱ 다위치 동작
[해설] 대표적인 불연속 동작인 ON—OFF 동작이다.

26. 보일러의 압력계 중 액주식 압력계에 속하는 것은?

㉮ 다이어프램 압력계
㉯ 경사관식 압력계
㉰ 벨로스 압력계
㉱ 부르동관 압력계

[해설] ㉮, ㉰, ㉱항은 탄성식 압력계이며 액주식 압력계는 U자관식, 경사관식, 환상천평식(링 밸런스식) 압력계가 있다.

27. 수소 1 kg을 연소시키는데 필요한 산소량은 체적으로 몇 Nm^3인가?

㉮ 2.0 ㉯ 5.6 ㉰ 11.2 ㉱ 22.4

[해설] $H_2 + \dfrac{1}{2}O_2 \rightarrow H_2O$
$\underset{16kg}{2kg} < \underset{}{11.2Nm^3} < \underset{18kg}{22.4Nm^3}$

28. 화염의 이온화를 이용한 화염검출기 종류는?

㉮ 스택 스위치   ㉯ 플레임 아이
㉰ 플레임 로드   ㉱ 광전관

[해설] ① 플레임 아이 : 화염의 발광체를 이용
② 스택 스위치 : 열적 성질을 이용

29. 연료의 구비조건으로 틀린 것은?

㉮ 단위중량 또는 체적당 발열량이 클 것
㉯ 매연의 발생량이 적을 것
㉰ 저장이나 운반취급이 용이할 것
㉱ 연소 시 회분 등이 많을 것

[해설] 연소 시 회분 등이 적어야 한다.

30. 방열기의 설치 시 외기에 접한 창문 아래에 설치하는 이유로서 알맞은 사항은?

㉮ 설비비가 싸기 때문에
㉯ 실내의 공기가 대류작용에 의해 순환되도록 하기 위해서
㉰ 시원한 공기가 필요하기 때문에
㉱ 더운 공기 커튼 형성으로 온수의 누입을 방지하기 위해서

[해설] 방열기 주위 공기와 실내 공기 온도차를 크게 하여 순환이 잘 되도록 하기 위함이다.

31. 보일러 송기 시 주증기 밸브 작동요령 설명으로 잘못된 것은?

㉮ 만개 후 조금 되돌려 놓는다.
㉯ 빨리 열고 만개 후 3분 이상 유지한다.
㉰ 주증기관 내에 소량의 증기를 공급하여 예열한다.
㉱ 송기하기 전 주증기 밸브 등의 드레인을 제거한다.

[해설] 주증기 밸브는 서서히 개방(3분 이상 지속)해야 한다.

32. 전열면적이 10 m² 이하의 보일러에서는 급수밸브 및 체크밸브의 크기는 호칭 몇 A 이상이어야 하는가?

㉮ 10 ㉯ 15 ㉰ 5 ㉱ 20

[해설] ① 전열면적 10 m² 이하 : 15 A 이상
② 전열면적 10 m² 초과 : 20 A 이상

33. 개방식 팽창탱크에서 온수의 팽창량을 계산하는데 필요 없는 것은?

㉮ 장치 내의 전체 수량
㉯ 압력
㉰ 온수의 밀도
㉱ 급수의 밀도

[해설] 온수팽창량 = 장치내의 전체 수량 × $\left(\dfrac{1}{\text{온수의 밀도}}\right) - \left(\dfrac{1}{\text{급수의 밀도}}\right)$

[정답] 26. ㉯ 27. ㉰ 28. ㉰ 29. ㉱ 30. ㉯ 31. ㉯ 32. ㉯ 33. ㉯

34. 보일러 급수 중에 함유되어 있는 칼슘(Ca) 및 마그네슘(Mg)의 농도를 나타내는 척도는?

㉮ 탁도   ㉯ 수소이온 농도
㉰ 경도   ㉱ 산도

[해설] 경도 1도 : 물 100 cc 속에 광물질(Ca, Mg)이 1 mg 포함된 경우

35. 보일러에서 수압시험을 하는 목적으로 틀린 것은?

㉮ 구조상 내부검사를 하기 어려운 곳에는 그 상태를 판단하기 위하여
㉯ 분출 증기압력을 측정하기 위하여
㉰ 각종 덮개를 장치한 후의 기밀도를 확인하기 위하여
㉱ 수리한 경우 그 부분의 강도나 이상 유무를 판단하기 위하여

[해설] ㉯항과는 관계가 없다.

36. 온수발생 보일러에서 보일러의 전열면적이 15~20 m^2 미만일 경우 방출관의 안지름은 몇 mm 이상으로 해야 하는가?

㉮ 25   ㉯ 30   ㉰ 40   ㉱ 50

[해설] ① 10 m^2 미만 : 25 mm 이상
② 10 m^2 이상 ~ 15 m^2 미만 : 30 mm 이상
③ 15 m^2 이상 ~ 20 m^2 미만 : 40 mm 이상
④ 20 m^2 이상 : 50 mm 이상

37. 증기 혼합식급탕에서 스팀 사이렌서의 용도는?

㉮ 증기의 양을 조절한다.
㉯ 증기의 질을 조절한다.
㉰ 소음을 적게 한다.
㉱ 증기의 청정도를 높인다.

[해설] 소음을 줄이기 위하여 스팀 사이렌서가 사용된다.

38. 가스보일러에서 배관은 움직이지 않도록 부착하는 조치를 취하여야 한다. 연료배관 관경이 13 mm 미만의 것에는 몇 m마다 고정 장치를 설치하여야 하는가?

㉮ 1   ㉯ 0.5   ㉰ 1.5   ㉱ 2

[해설] ① 13 mm 미만 : 1 m마다
② 13 mm 이상 ~ 33 mm 미만 : 2 m마다
③ 33 mm 이상 : 3 m마다

39. 보일러를 옥외에 설치하는 경우에 대한 설명으로 틀린 것은?

㉮ 보일러에 빗물이 스며들지 않도록 케이싱 등의 적절한 방지설비를 하여야 한다.
㉯ 노출된 절연재 또는 래깅 등에는 방수처리를 하여야 한다.
㉰ 보일러 외부에 있는 증기관 등이 얼지 않도록 적절한 보호조치를 하여야 한다.
㉱ 강제 통풍팬의 입구에는 빗물방지 보호판을 설치할 필요가 없다.

[해설] 빗물방지 보호판을 설치해야 한다.

40. 저온복사 난방에서 바닥패널표면의 온도는 몇 ℃ 이하로 하는 것이 좋은가?

㉮ 30℃   ㉯ 50℃   ㉰ 60℃   ㉱ 70℃

[해설] 바닥 패널표면의 온도를 30℃ 이상으로 올리는 것은 좋지 않으므로 열량 손실이 큰방에 있어서는 바닥면만으로는 방열량이 부족할 수가 있다.

[참고] ① 천장 패널 표면의 온도는 약 43℃ 이하로 하고 천장고 3 m 이하에서는 30 ~ 40℃가 되도록 한다.
② 벽 패널 표면온도는 균열이 생기지 않도록 약 43℃ 이하로 한다.

41. 보일러 운전 중 정전이 발생한 경우

[정답] 34. ㉰   35. ㉯   36. ㉰   37. ㉰   38. ㉮   39. ㉱   40. ㉮   41. ㉰

의 조치사항으로 적합하지 않은 것은?
㉮ 전원을 차단한다.
㉯ 연료 공급을 멈춘다.
㉰ 안전밸브를 열어 증기를 분출시킨다.
㉱ 주증기 밸브를 닫는다.
[해설] 증기를 분출시켜서는 안 된다.

42. 강철제 증기보일러의 최고사용압력이 2 MPa일 때 수압시험압력은?
㉮ 2 MPa   ㉯ 2.9 MPa
㉰ 3 MPa   ㉱ 4 MPa
[해설] 최고사용압력이 1.5 MPa 초과 시 수압시험 압력은 최고사용압력의 1.5배로 한다.

43. 증기난방에 대한 설명으로 틀린 것은?
㉮ 중력환수, 단관식 증기난방은 난방이 불완전하다.
㉯ 기계환수식 증기난방의 응축수 펌프는 저양정의 센트리퓨걸 펌프가 사용된다.
㉰ 진공환수식 증기난방에서는 환수관의 직경을 가늘게 해도 된다.
㉱ 진공환수식 증기난방법은 방열량 조절이 어렵다.
[해설] 진공환수식 증기난방법은 방열기의 방열량 조절을 광범위하게 할 수 있어 대규모 난방에 많이 사용된다.

44. 응축수 환수방식 중 중력환수 방식으로 환수가 불가능한 경우 응축수를 별도의 응축수 탱크에 모으고 펌프 등을 이용하여 보일러에 급수를 행하는 방식은?
㉮ 복관 환수식   ㉯ 부력 환수식
㉰ 진공 환수식   ㉱ 기계 환수식

45. 벽걸이 횡형 주철제 방열기의 호칭기호는?
㉮ W – H   ㉯ W – V
㉰ H × W   ㉱ H × V
[해설] ㉮는 벽걸이 횡형 주철제 방열기, ㉯는 벽걸이 종형 주철제 방열기의 호칭기호이다.

46. 보일러의 가동 중 주의해야 할 사항으로 맞지 않는 것은?
㉮ 수위가 안전저수위 이하로 되지 않도록 수시로 점검한다.
㉯ 증기압력이 일정하도록 연료공급을 조절한다.
㉰ 과잉공기를 많이 공급하여 완전연소가 되도록 한다.
㉱ 연소량을 증가시킬 때는 통풍량을 먼저 증가시킨다.
[해설] 적정한 공기를 공급하여 완전연소가 되도록 해야 한다.

47. 가스보일러의 점화 시 주의사항으로 틀린 것은?
㉮ 점화용 가스는 화력이 좋은 것을 사용하는 것이 필요하다.
㉯ 연소실 및 굴뚝의 환기는 완벽하게 하는 것이 필요하다.
㉰ 착화 후 연소가 불안정할 때에는 즉시 가스공급을 중단한다.
㉱ 콕, 밸브에 소다수를 이용하여 가스가 새는지 확인한다.
[해설] 간편한 방법으로 비눗물을 이용한다.

48. 보일러 가동순서로 가장 적합한 것은 어느 것인가?
㉮ 증기밸브 개방 → 댐퍼조절 → 버너점화 → 보일러급수 → 블로 가동
㉯ 보일러 급수 → 블로 가동 → 버너점화

[정답] 42. ㉰ 43. ㉱ 44. ㉱ 45. ㉮ 46. ㉰ 47. ㉱ 48. ㉯

→ 댐퍼조절 → 증기밸브 개방
대 증기밸브 개방 → 블로 가동 → 보일러
급수 → 버너점화 → 댐퍼조절
라 댐퍼조절 → 블로 가동 → 버너점화 →
보일러급수 → 증기밸브 개방

49. 온수난방에서 방열기의 상당방열면적이 60 m²일 때 단위시간당 방열량은? (단, 방열기의 방열량은 450 kcal/m·h 이다.)
가 15700 kcal/h   나 27000 kcal/h
다 36400 kcal/h   라 39000 kcal/h
[해설] 450×60=27000 kcal/h

50. 둥근 보일러의 보일러 수 pH 값으로 가장 적합한 것은?
가 4.0 ~ 5.0   나 6.5 ~ 7.5
다 8.0 ~ 9.0   라 11.0 ~ 11.8
[해설]

보일러 종류 구분	둥근형 보일러	수관 보일러
보일러 급수 pH	7~9	8~9
보일러 수 pH	11~11.8	10.5~11.5

51. 보일러 이음부 부근에서 발생하는 도랑 형태의 부식은?
가 점식   나 전면식
다 반식   라 구식
[해설] 구식(grooving, 구상 부식) : 도랑 모양의 선상 부식

52. 보일러 운전 중 팽출이 가장 발생하기 쉬운 곳은?
가 노통 보일러의 연도
나 입형 보일러의 연소실
다 노통 보일러의 갤러웨이관
라 수관 보일러의 연도
[해설] ① 팽출이 발생하기 쉬운 곳 : 수관, 동 저부, 갤러웨이관
② 압궤가 발생하기 쉬운 곳 : 노통, 연관

53. 평소 사용하고 있는 보일러의 가동 전 준비사항으로 틀린 것은?
가 각종기기의 기능을 검사하고 급수계통의 이상 유무를 확인한다.
나 댐퍼를 닫고 프리퍼지를 행한다.
다 각 밸브의 개폐상태를 확인한다.
라 보일러수의 물의 높이는 상용 수위로 하여 수면계로 확인한다.
[해설] 댐퍼를 만개하고 프리퍼지를 행해야 한다.

54. 보일러 가동 시 맥동연소가 발생하지 않도록 하는 방법으로 틀린 것은?
가 연료 속에 함유된 수분이나 공기를 제거한다.
나 연소실이나 연도에 가스 포켓부를 만들어 준다.
다 무리한 연소를 하지 않는다.
라 연소량의 급격한 변동을 피한다.
[해설] 가스 포켓부가 생기지 않도록 해야 한다.

55. 에너지이용합리화법에서 제 3자로부터 위탁을 받아 에너지 사용시설의 에너지 절약을 위한 관리·용역사업을 하는 자로서 지식경제부장관에게 등록을 한 자를 의미 하는 용어는?
가 에너지수요관리전문기업
나 자발적 협약전문기업
다 에너지절약전문기업
라 기술개발전문기업

정답 49. 나   50. 라   51. 라   52. 다   53. 나   54. 나   55. 다

[해설] 에너지이용합리화법 제25조 참조.

56. 에너지이용합리화법 시행령상 국가에너지절약추진위원회에서 심의하는 사항이 아닌 것은?
㉮ 기본계획의 수립에 관한 사항
㉯ 실시계획의 종합·조정 및 추진상황 점검
㉰ 에너지사용계획 협의사항의 사전심의
㉱ 에너지절약에 관한 법령 및 제도의 정비·개선 등에 관한 사항
[해설] 에너지이용합리화법 제5조 ①항 참조.

57. 에너지사용계획의 검토기준, 검토방법, 그 밖에 필요한 사항을 정하는 령으로 맞는 것은?
㉮ 지식경제부령
㉯ 대통령령
㉰ 환경부령
㉱ 국무총리령
[해설] 에너지이용합리화법 제11조 ③항 참조.

58. 에너지법에서 사용하는 "에너지 사용자"란 용어의 정의로 맞는 것은?
㉮ 에너지를 사용하는 공장 사업장의 시설자
㉯ 에너지를 생산, 수입하는 사업자
㉰ 에너지 사용시설의 소유자 또는 관리자
㉱ 에너지를 저장, 판매하는 자
[해설] 에너지법 제2조 5호 참조.

59. 에너지이용합리화법상 에너지 수급안정을 위한 조치에 해당하지 않는 것은?
㉮ 에너지의 비축과 저장
㉯ 에너지공급설비의 가동 및 조업
㉰ 에너지의 배급
㉱ 에너지 판매시설의 확충
[해설] 에너지이용합리화법 제7조 ②항 참조.

60. 에너지이용합리화법 시행령상 지식경제부 장관 또는 시·도지사의 업무 중 에너지관리공단에 위탁된 업무가 아닌 것은?
㉮ 효율관리기자재의 측정결과 신고의 접수
㉯ 검사대상기기 검사
㉰ 검사대상기기의 검사기준 제정
㉱ 검사대상기기조종자 선임 및 해임신고 접수
[해설] 에너지이용합리화법 시행령 제51조 ①항 참조.

정답 56. ㉰ 57. ㉮ 58. ㉰ 59. ㉱ 60. ㉰

● 에너지관리 기능사   [2010년 10월 3일 시행]

1. 자동제어의 신호전달방법 중 신호전송 시 시간지연이 다른 형식에 비하여 크며, 전송거리가 100~150 m 정도인 것은?
㉮ 전기식 ㉯ 유압식
㉰ 기계식 ㉱ 공기식
[해설] ① 전기식 : 10 km 정도
② 유압식 : 300 m 정도
③ 공기식 : 100~150 m 정도

2. 배기가스 중에 함유되어 있는 CO_2, O_2, CO 3가지 성분을 순서대로 측정하는 가스분석계는?
㉮ 전기식 CO_2계
㉯ 헴펠식 가스분석계
㉰ 오르사트 가스분석계
㉱ 가스 크로마토 그래픽 가스분석계
[해설] 각 성분 흡수제
① CO_2 : KOH 30% 수용액
② O_2 : 알칼리성 피로갈롤 용액
③ CO : 암모니아성 염화제일구리 용액

3. 기체 연료의 연소장치에서 예혼합 연소 방식의 버너 종류가 아닌 것은?
㉮ 저압 버너
㉯ 고압 버너
㉰ 송풍 버너
㉱ 회전식분무식 버너
[해설] ① 확산 연소방식의 가스 버너의 종류 : 포트형 버너, 선회형 버너, 방사형 버너
② 예혼합 연소방식의 가스 버너의 종류 : 저압 버너, 고압 버너, 송풍 버너

4. 액체가 어느 온도 이상으로 가열되어, 그 증기압이 주위의 압력보다 커져서 액체의 표면뿐만 아니라 내부에서도 기화하는 현상을 무엇이라고 하는가?
㉮ 증발 ㉯ 융화 ㉰ 비등 ㉱ 승화
[해설] ① 비등 : 액체가 기화하는 현상
② 승화 : 고체가 기화 또는 기체가 고체로 변하는 현상

5. 고온의 증기로부터 부르동관식 압력계의 부르동관을 보호하기 위하여 설치하는 것은?
㉮ 신축 이음쇠 ㉯ 균압관
㉰ 사이펀관 ㉱ 안전밸브
[해설] 사이펀관을 반드시 필요로 하는 압력계는 부르동관식 압력계이다.

6. 가스용 보일러의 연료 배관 굵기가 25 mm인 경우, 배관의 고정 장치는 몇 m마다 설치하는가?
㉮ 1 m ㉯ 2 m ㉰ 3 m ㉱ 4 m
[해설] 13 mm 미만 : 1 m 마다
13 mm 이상 33 mm 미만 : 2 m 마다
33 mm 이상 : 3 m 마다

7. 압력(壓力)에 대한 설명으로 옳은 것은?
㉮ 단위면적당 작용하는 힘이다.
㉯ 단위부피당 작용하는 힘이다.
㉰ 물체의 무게를 비중량으로 나눈 값이다.
㉱ 물체의 무게에 비중량을 곱한 값이다.
[해설] 압력이란 단위면적당 수직방향으로 작용하는 힘의 세기이다.

8. 통풍장치에서 통풍저항이 큰 대형 보일

정답 1. ㉱ 2. ㉰ 3. ㉱ 4. ㉰ 5. ㉰ 6. ㉯ 7. ㉮ 8. ㉯

러나 고성능 보일러에 널리 사용되고 있는 통풍방식은?
㉮ 자연 통풍방식
㉯ 평형 통풍방식
㉰ 직접흡입 통풍방식
㉱ 간접흡입 통풍방식

[해설] 평형 통풍방식의 특징
① 압입 통풍방식과 흡입 통풍방식을 합친 방식이다.
② 배기가스의 유속(10 m/s 이상)이 가장 빠른 방식이다.
③ 노내압 조정이 편리하다.
④ 대형 및 고성능 보일러에 많이 사용된다.
⑤ 설비비, 유지비가 많이 든다.

9. 이상기체 상태방정식에서 '모든 가스는 온도가 일정할 때 가스의 비체적은 압력에 반비례한다.'는 법칙은?
㉮ 보일의 법칙
㉯ 샤를의 법칙
㉰ 줄의 법칙
㉱ 보일-샤를의 법칙

[해설] ① 보일의 법칙: 온도가 일정할 때 가스의 비체적은 압력에 반비례한다.
② 샤를의 법칙: 압력이 일정할 때 가스의 비체적은 절대온도에 비례한다.

10. 보일러에서 노통의 약한 단점을 보완하기 위해 설치하는 약 1 m 정도의 노통이음을 무엇이라고 하는가?
㉮ 아담슨 조인트   ㉯ 보일러 조인트
㉰ 브리징 조인트   ㉱ 라몬트 조인트

[해설] 노통의 원주이음은 아담슨 링을 사용하여 아담슨 조인트를 한다.

11. 연료를 연소시키는 데 필요한 실제공기량과 이론공기량의 비 즉, 공기비를 m 이라 할 때 다음 식이 뜻하는 것은?

$$(m-1) \times 100 \%$$

㉮ 과잉공기율   ㉯ 과소공기율
㉰ 이론공기율   ㉱ 실제공기율

[해설] 과잉공기비 $=(m-1)$
과잉공기율 $=(m-1) \times 100\%$

12. 보일러 분출장치의 설치목적과 가장 관계가 없는 것은?
㉮ 불순물로 인한 보일러 수의 농축을 방지하기 위하여
㉯ 발생증기의 압력을 조절하기 위하여
㉰ 스케일 고착 및 슬러지 생성을 방지하기 위하여
㉱ 보일러 관수의 pH를 조절하기 위하여

[해설] 발생증기의 압력을 조절하기 위하여 압력조절기가 사용된다.

13. 자동제어 중 인터로크 제어의 종류가 아닌 것은?
㉮ 프리퍼지 인터로크
㉯ 불착화 인터로크
㉰ 고연소 인터로크
㉱ 압력초과 인터로크

[해설] 인터로크 제어의 종류 5가지: 프리퍼지 인터로크, 불착화 인터로크, 저연소 인터로크, 압력초과 인터로크, 저수위 인터로크

14. 물체의 열의 이동과 관련된 설명 중 옳은 것은?
㉮ 밀도 차에 의한 열의 이동을 복사라 한다.
㉯ 열관류율과 열전달률의 단위는 다르다.
㉰ 온도차가 클수록 이동하는 열량은 증가한다.
㉱ 열전달률과 열전도율의 단위는 동일하다.

[해설] ① 열전도율의 단위: kcal/mh℃

[정답] 9. ㉮   10. ㉮   11. ㉮   12. ㉯   13. ㉰   14. ㉰

② 열전달률 및 열관류율의 단위 : kcal/m²h℃

15. 수소 12 %, 수분 0.4 %인 중유의 저위발열량이 9850 kcal/kg이다. 이 중유의 고위발열량은 약 몇 kcal/kg인가?
㉮ 9980   ㉯ 10500
㉰ 11240   ㉱ 12050

[해설] 저위발열량 Hl, 고위발열량 Hh, 연료 중의 수소 H, 수분 W라면
$Hl = Hh - 600(9H + W)$ 이므로
$Hh = Hl + 600(9H + W)$ 이다.
$9850 + 600(9 \times 0.12 + 0.004)$
$= 10500.4$ kcal/kg

16. 보일러 화염검출기 종류 중 화염검출의 응답이 느려 버너분사, 정지에 시간이 많이 걸리므로 주로 소용량 보일러에 사용되는 것은?
㉮ 플레임 로드   ㉯ 플레임 아이
㉰ 스택 스위치   ㉱ 광전관식 검출기

[해설] 스택 스위치의 특징
① 연소가스의 발열체를 이용한 것
② 화염검출의 응답이 느리다.
③ 가격이 싸고 구조가 간단하다.
④ 주로 소용량 보일러에서 사용한다.

17. 주철제 보일러에 대한 특징 설명으로 틀린 것은?
㉮ 내식성이 우수하다.
㉯ 섹션의 증감으로 용량조절이 용이하다.
㉰ 고압이므로 파열 시 피해가 크다.
㉱ 주형으로 제작하기 때문에 복잡한 구조로 설계가 가능하다.

[해설] 저압용이므로 파열 시 피해가 적다.

18. 액체 연료 중 경질유 연소방식에는 기화 연소방식이 있다. 그 종류 중 틀린 것은?

㉮ 포트식   ㉯ 심지식
㉰ 증발식   ㉱ 초음파식

[해설] 기화 연소방식에는 ㉮, ㉯, ㉰ 항 3가지가 있다.

19. 수관식 보일러의 특징 설명으로 틀린 것은?
㉮ 보유수량이 적기 때문에 부하변동 시 압력변화가 크다.
㉯ 관경이 작기 때문에 고압에 적당하다.
㉰ 보일러 수의 순환이 좋고 보일러 효율이 좋다.
㉱ 증발량이 적기 때문에 소용량에 적당하다.

[해설] 증발량이 많기 때문에 대용량에 적당하다.

20. 보일러 자동제어에서 1차 제어장치가 제어명령을 하고 2차 제어장치가 1차 명령을 바탕으로 제어량을 조절하는 측정제어는?
㉮ 프로그램제어   ㉯ 정치제어
㉰ 캐스케이드 제어   ㉱ 비율제어

[해설] 캐스케이드 제어 : 측정제어라고도 하며 2개의 제어계를 조합하여 제어량을 1차 조절계로 측정하고 그 조작출력으로 2차 조절계의 목표값을 설정한다.

21. 전기식 집진장치에 해당되는 것은?
㉮ 스크러버 집진기   ㉯ 백 필터 집진기
㉰ 사이클론 집진기   ㉱ 코트렐 집진기

22. 열정산 시 측정방법에 대한 설명으로 틀린 것은?
㉮ 연료의 온도는 유량계전에서 측정한 온도로 한다.
㉯ 증기압력은 보일러 입구에서 측정한

[정답] 15. ㉯ 16. ㉰ 17. ㉰ 18. ㉱ 19. ㉱ 20. ㉰ 21. ㉱ 22. ㉯

압력으로 한다.
㉰ 급수온도는 절탄기가 있는 경우 절탄기 전에서 측정한다.
㉱ 증기온도는 과열기가 있는 경우 과열기 출구에서 측정한다.

[해설] 증기압력은 보일러 출구에서 측정한 압력으로 한다.

23. 400 kg의 물을 20℃에서 80℃로 가열하는데 40000 kcal의 열을 공급했을 경우 이 설비의 열효율은?

㉮ 85 %　㉯ 75 %
㉰ 70 %　㉱ 60 %

[해설] 열효율 = $\dfrac{유효출열}{공급열} \times 100(\%)$ 에서

$\dfrac{400 \times 1 \times (80-20)}{40000} \times 100 = 60\%$

24. 증기의 발생이 활발해지면 증기와 함께 물방울이 같이 비산하여 증기관으로 취출되는데 이때 드럼 내에 증기취출구에 부착하여 증기 속에 포함된 수분취출을 방지해주는 관은?

㉮ 워터실링관　㉯ 주증기관
㉰ 베이퍼록 방지관　㉱ 비수방지관

[해설] ① 비수방지관 : 원통형 보일러 드럼 내 증기취출구에 부착하여 증기 속에 포함된 수분 취출을 방지해 준다.
② 기수분리기 : 수관 보일러 기수 드럼 내 증기 취출구에 부착하여 증기 속에 포함된 수분을 분리해 준다.

25. 보일러의 상당증발량 계산식에 필요한 값에 해당되지 않는 것은?

㉮ 실제 증발량 값
㉯ 보일러의 효율 값
㉰ 증기의 엔탈피 값
㉱ 급수의 엔탈피 값

[해설] 상당증발량 =
$\dfrac{\left[\begin{array}{c}\text{매시 실제증발량} \times \\ (\text{증기의 엔탈피} - \text{급수의 엔탈피})\end{array}\right]}{539 \text{ kcal/kg}}$ [kg/h]

26. 물의 임계점에 관한 설명으로 맞지 않는 것은?

㉮ 임계점이란 포화수가 증발의 현상이 없고 액체와 기체의 구별이 없어지는 지점이다.
㉯ 임계온도는 374.15℃이다.
㉰ 습증기로서 체적팽창의 범위가 0(zero)이 된다.
㉱ 임계상태에서의 증발잠열은 약 10 kcal/kg 정도이다.

[해설] 임계상태에서의 증발잠열은 0 kcal/kg 이다.

27. 완전연소 시의 실제 공기비가 가장 낮은 연료는?

㉮ 중유　㉯ 경유
㉰ 코크스　㉱ 프로판

[해설]

연료 구분	공기비(m)
기체 연료	1.1~1.3
액체 연료	1.2~1.4
고체 연료	1.4~2.0

28. 50 kW의 전기 온수 보일러 용량을 kcal/h로 환산하면?

㉮ 43000　㉯ 48000
㉰ 50000　㉱ 81000

[해설] 열량 Q [kcal] =
일의 열당량 $A\left(\dfrac{1}{427} \text{ kcal/kg} \cdot \text{m}\right) \times$ 일량 W [kg·m]

$50 \times \dfrac{1}{427} \times 102 \times 3600 = 42997.7$ kcal/h

29. 전열방식에 따른 보일러 과열기의 종류가 아닌 것은?
㉮ 복사형　　　　㉯ 병행류형
㉰ 복사접촉형　　㉱ 접촉형

[해설] 전열방식에 따른 과열기의 종류에는 ㉮, ㉰, ㉱ 항 3가지가 있다.

30. 증기난방에서 응축수의 환수방법에 따른 분류 중 증기의 순환과 응축수의 배출이 빠르며, 방열량도 광범위하게 조절할 수 있어서 대규모 난방에서 많이 채택하는 방식은?
㉮ 진공 환수식 증기난방
㉯ 복관 중력 환수식 증기난방
㉰ 기계 환수식 증기난방
㉱ 단관 중력 환수식 증기난방

[해설] 진공 환수식 증기난방법의 특징
① 증기 회전이 빠르고 확실하다.
② 환수관의 관지름을 적게 할 수 있다.
③ 방열기의 설치장소에 제한을 받지 않는다.
④ 방열량 조절을 광범위하게 조절할 수 있어 대규모 난방에 많이 사용한다.

31. 온수보일러에서 팽창탱크의 설치목적으로 틀린 것은?
㉮ 공기를 배출하고 운전정지 후에도 일정압력이 유지된다.
㉯ 보충수를 공급하여 준다.
㉰ 팽창한 물의 배출을 방지하여 장치 내의 열손실을 촉진한다.
㉱ 운전 중 장치 내를 일정한 압력으로 유지하고 온수온도를 유지한다.

32. 보일러의 증발량과 그 증기를 발생시키기 위해 사용된 연료량과의 비를 무엇이라고 하는가?

㉮ 증발량　　　　㉯ 증발률
㉰ 증발압력　　　㉱ 증발배수

[해설] 증발배수(=실제증발배수)
$= \dfrac{\text{매시증발량}}{\text{매시연료사용량}}$ (kg/kg)

33. 복사난방의 장점을 설명한 것 중 틀린 것은?
㉮ 실내의 온도분포가 비교적 균일하고 쾌감도가 높다.
㉯ 바닥면의 이용도가 높다.
㉰ 실내의 평균온도가 높아 손실열량이 크다.
㉱ 실내공기의 대류가 적어 바닥먼지의 상승이 적다.

[해설] 실내의 평균온도가 낮아 손실열량이 비교적 적다.

34. 보일러 수(水) 외처리의 종류에 해당되지 않는 것은?
㉮ 여과법
㉯ 증류법
㉰ 기폭법
㉱ 청관제 사용법

[해설] 청관제 사용법은 내처리(2차처리)에 해당된다.

35. 보일러 운전정지의 순서 중 1차적으로 연료의 공급을 차단한 다음 2차적으로 조치를 취해야 하는 것은?
㉮ 댐퍼를 닫는다.
㉯ 공기의 공급을 정지한다.
㉰ 주증기밸브를 닫는다.
㉱ 드레인밸브를 연다.

[해설] ① 연료 공급 차단, ② 포스트퍼지 실시, ③ 공기 공급 정지, ④ 주중기밸브 차단, ⑤ 드레인밸브 개방

[정답] 29. ㉯　30. ㉮　31. ㉰　32. ㉱　33. ㉰　34. ㉱　35. ㉯

36. 보일러를 옥내 설치 할 때 소형 보일러 및 주철제 보일러의 경우 보일러의 동체 최상부로부터 천정, 배관 등 보일러 상부에 있는 구조물까지 거리는 몇 m 이상으로 할 수 있는가?
㉮ 0.5 m ㉯ 0.6 m
㉰ 0.2 m ㉱ 0.4 m
[해설] 일반적으로 1.2 m 이상이어야 하며 소형 및 주철제 보일러의 경우에는 0.6 m 이상으로 할 수 있다.

37. 보일러 성능시험에서 강철제 증기 보일러의 증기건도는 몇 % 이상이어야 하는가?
㉮ 89 ㉯ 93 ㉰ 95 ㉱ 98
[해설] ① 강철제 증기 보일러 : 98 % 이상
② 주철제 증기 보일러 : 97 % 이상

38. 어떤 건물의 난방부하가 15000 kcal/h 이다. 이 건물에 설치할 증기 방열기의 섹션 수는? (단, 방열기 1섹션당 표면적은 0.15 m² 이며, 방열량은 표준방열량으로 한다.)
㉮ 100 ㉯ 125 ㉰ 154 ㉱ 168
[해설] 증기방열기 표준방열량(650 kcal/h·m²) × 1섹션당 표면적(m²) × 섹션 수 = 난방부하 (kcal/h)에서
$$\frac{15000}{650 \times 0.15} = 154\ 섹션$$

39. 글랜드 패킹을 사용하지 않고 금속제의 벨로스로 밸브축을 감싸고 공기의 침입이나 누설을 방지하며 증기나 온수의 유량을 수동으로 조절하는 밸브로서 팩리스밸브라고도 하는 것은?
㉮ 볼밸브   ㉯ 게이트밸브
㉰ 방열기 밸브 ㉱ 콕밸브

40. 보일러조종자의 준수사항으로 틀린 것은?
㉮ 보일러의 안전관리, 운전효율의 향상 및 환경보전을 위해 노력하여야 한다.
㉯ 각종 안전장치의 정상작동 여부를 점검하여야 한다.
㉰ 운전효율의 향상을 위하여 필요한 운전조건을 점검하여야 한다.
㉱ 조종하는 보일러 검사 시에는 입회하지 않아도 된다.

41. 온수온돌에서 기초바닥이 지면과 접하는 곳에는 방수처리가 필요하다. 이 방수처리의 목적에 해당되지 않는 것은?
㉮ 수분증발에 의한 열손실 방지
㉯ 장판의 부식방지
㉰ 배관의 부식방지
㉱ 단열효과 저하초래

42. 강철제 보일러의 소음은 보일러 측면, 후면에서 1.5 m 떨어진 곳의 1.2 m 높이에서 측정하여야 하며, 몇 dB이하이어야 하는가?
㉮ 95 ㉯ 100 ㉰ 110 ㉱ 120

43. 장시간 사용을 중지하고 있던 보일러의 점화준비에서 부속장치 조작 및 시동으로 틀린 것은?
㉮ 댐퍼는 굴뚝에서 가까운 것부터 차례로 연다.
㉯ 통풍장치의 댐퍼 개폐도가 적당한지 확인한다.
㉰ 흡입통풍기가 설치된 경우는 가볍게 운전한다.
㉱ 절탄기나 과열기에 바이패스가 설치

정답 36. ㉯ 37. ㉱ 38. ㉰ 39. ㉰ 40. ㉱ 41. ㉱ 42. ㉮ 43. ㉱

된 경우는 바이패스 댐퍼를 닫는다.
[해설] 바이패스 댐퍼를 열어 배기가스가 흐르도록 해야 한다.

44. 보일러 급수처리의 직접적인 목적과 가장 거리가 먼 것은?
㉮ 배관 내의 수격작용을 방지한다.
㉯ 가성취화의 발생을 감소시킨다.
㉰ 부식 발생을 방지한다.
㉱ 스케일 생성 및 고착을 방지한다.
[해설] 포빙, 프라이밍 현상 방지 및 보일러수가 농축되는 것을 방지하기 위해서이다.

45. 증기난방의 분류 중 증기공급법에 속하는 것은?
㉮ 상향공급식 ㉯ 기계공급식
㉰ 진공공급식 ㉱ 단관공급식
[해설] 증기공급법에 따라 상향공급식과 하향공급식이 있다.

46. 보일러의 압력상승에 따라 닫혀 있는 주증기 스톱밸브를 처음 열어 사용처로 증기를 보낼 때 워터해머 발생방지를 위한 조치로 틀린 것은?
㉮ 증기를 보내기 전에 증기를 보내는 측의 주증기관, 드레인밸브를 다 열고 응축수를 완전히 배출시킨다.
㉯ 관이 따뜻해지면 주증기밸브를 단번에 완전히 열어 둔다.
㉰ 바이패스밸브가 설치되어 있는 경우에는 먼저 바이패스밸브를 열어 주증기관을 따뜻하게 한다.
㉱ 바이패스밸브가 없는 경우에는 보일러 주증기밸브를 조심스럽게 열어 증기를 조금씩 보내어 시간을 두고 관을 따뜻하게 한다.
[해설] 관이 따뜻해지면 주증기밸브를 서서히 열어야 한다.

47. 보일러 수리 시의 안전사항으로 틀린 것은?
㉮ 부식부위의 해머작업 시에는 보호안경을 착용한다.
㉯ 파이프 나사절삭 시 나사부는 맨손으로 만지지 않는다.
㉰ 토치램프 작업 시 소화기를 비치해 둔다.
㉱ 파이프렌치는 무거우므로 망치 대용으로 사용해도 된다.

48. 증기보일러에는 2개 이상의 안전밸브를 설치하여야 하지만 전열면적이 얼마 이하인 경우에는 1개 이상으로 해도 되는가?
㉮ 60 m² ㉯ 70 m²
㉰ 80 m² ㉱ 50 m²

49. 난방 배관에서 배관의 관경을 결정하는 요소와 가장 관계가 없는 것은?
㉮ 유량 및 유속
㉯ 관 마찰저항
㉰ 배관길이
㉱ 관의 재질과 제조회사

50. 난방부하 계산 시 반드시 고려해야 할 사항으로 가장 거리가 먼 것은?
㉮ 풍량을 고려한 일사량 및 건물의 위치(방위)
㉯ 바닥에서 천장까지의 높이
㉰ 벽, 지붕, 바닥 등의 두께 및 보온
㉱ 실내조명 등 열 발생원에 의한 취득 열량
[해설] ㉮, ㉯, ㉰ 항 외에

정답 44. ㉮ 45. ㉮ 46. ㉯ 47. ㉱ 48. ㉱ 49. ㉱ 50. ㉱

① 유리창 및 창문의 크기와 위치
② 마루, 계단 등의 난방 유무
③ 벽, 지붕 주위의 열발생원의 존재 여부

51. 보일러에서 **열효율의 향상대책 방법**으로 틀린 것은?

㉮ 열손실을 최대한 억제한다.
㉯ 운전조건을 양호하게 한다.
㉰ 연소실 내의 온도를 낮춘다.
㉱ 연소장치에 맞는 연료를 사용한다.

[해설] 연소실 내의 온도를 높여 완전연소가 되도록 해야 열효율이 향상된다.

52. 보일러를 수동조작으로 점화할 때 방법으로 틀린 것은?

㉮ 연료가 중유인 경우에는 점도가 분무조건에 알맞게 되도록 예열한다.
㉯ 점화봉을 이용하여 반드시 점화한다.
㉰ 연료의 종류 및 연소실 열부하에 따라서 2~5초간의 점화 제한시간을 설정한다.
㉱ 버너가 2대 이상인 경우 2대를 동시에 점화시킨다.

[해설] 1대씩 차례로 점화를 시켜야 한다.

53. 수면계의 점검 순서 중 가장 먼저 해야 하는 사항으로 적당한 것은?

㉮ 드레인 콕을 닫고 물콕을 연다.
㉯ 물콕을 열어 통수관을 확인한다.
㉰ 물콕 및 증기콕을 닫고 드레인 콕을 연다.
㉱ 물콕을 닫고 증기콕을 열어 통기관을 확인한다.

[해설] ㉰→㉯→㉱→㉮ 항 순으로 한다.

54. 철금속가열로란 단조가 가능하도록 가열하는 것을 주목적으로 하는 노로써 정격용량이 몇 kcal/h를 초과하는 것을 말하는가?

㉮ 200000   ㉯ 500000
㉰ 100000   ㉱ 300000

[해설] 0.58MW를 초과하는 것을 말한다.
[참고] 0.58MW ≒ 500000 kcal/h

55. 열사용기자재 관리규칙에 의한 특정 열사용기자재 중 검사를 받아야 할 검사대상기기의 검사의 종류가 아닌 것은?

㉮ 설치검사   ㉯ 유효검사
㉰ 제조검사   ㉱ 개조검사

[해설] 에너지이용합리화법 시행규칙 제31조의 7 별표 3의 4 참조.

56. 에너지이용 합리화법 시행령상 "에너지다소비업자"라 함은 연료·열 및 전력의 연간 사용량의 합계가 몇 티오이 이상인 자를 말하는가?

㉮ 5백 티오이   ㉯ 1천 티오이
㉰ 1천 5백 티오이   ㉱ 2천 티오이

[해설] 에너지이용 합리화법 시행령 제35조 참조.

57. 에너지이용 합리화법의 목적이 아닌 것은?

㉮ 에너지의 수급안정을 기함
㉯ 에너지의 합리적이고 비효율적인 이용을 증진함
㉰ 에너지소비로 인한 환경피해를 줄임
㉱ 지구온난화의 최소화에 이바지함

[해설] 에너지이용 합리화법 제1조 참조.

58. 에너지사용 계획에 포함되지 않는 사항은?

[정답] 51. ㉰ 52. ㉱ 53. ㉰ 54. ㉯ 55. ㉯ 56. ㉱ 57. ㉯ 58. ㉱

㉮ 에너지 수요예측 및 공급계획
㉯ 에너지 수급에 미치게 될 영향분석
㉰ 에너지이용효율 향상 방안
㉱ 열사용기자재의 판매계획

[해설] 에너지이용 합리화법 시행령 제21조 ① 항 참조.

59. 에너지이용 합리화법에 따른 열사용기자재 중 소형 온수 보일러의 적용범위로 옳은 것은?

㉮ 전열면적 24 m² 이하이며, 최고사용압력이 0.5 MPa 이하의 온수를 발생하는 보일러
㉯ 전열면적 14 m² 이하이며, 최고사용압력이 0.35 MPa 이하의 온수를 발생하는 보일러
㉰ 전열면적 20 m² 이하인 온수 보일러
㉱ 최고사용압력이 0.8 MPa 이하의 온수를 발생하는 보일러

[해설] 에너지이용합리화법 시행규칙 제1조의 2 참조.

60. 지식경제부장관 또는 시·도지사의 업무 중 에너지관리공단에 위탁한 업무가 아닌 것은?

㉮ 검사대상기기의 검사
㉯ 검사대상기기의 폐기·사용중지·설치자 변경에 대한 신고의 접수
㉰ 검사대상기기조종자의 자격기준의 제정
㉱ 에너지절약전문기업의 등록

[해설] 에너지이용합리화법 시행령 제51조 ① 항 참조.

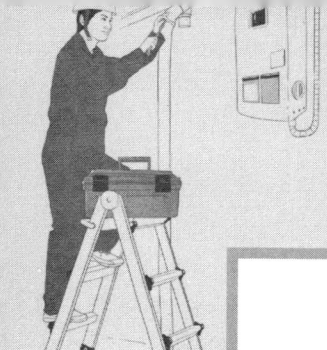

2011년도 출제 문제

● 에너지관리 기능사 [2011년 2월 13일 시행]

1. 보일러의 배기가스 성분을 측정하여 공기비를 계산하여 실제 건배기가스량을 계산하는 공식으로 맞는 것은? (단, G : 실제 건배기가스량, G_o : 이론 건배기가스량, A_o : 이론 연소공기량, m : 공기비)
㉮ $G = m \times A_o$
㉯ $G = G_o + (m-1) \times A_o$
㉰ $G = (m-1) \times A_o$
㉱ $G = G_o + (m \times A_o)$

[해설] $G = G_o +$ 과잉공기량
과잉공기량 $= (m-1) \times A_o$

2. 제어장치에서 인터로크(inter lock)란?
㉮ 정해진 순서에 따라 차례로 동작이 진행되는 것
㉯ 구비조건에 맞지 않을 때 작동을 정지시키는 것
㉰ 증기압력의 연료량, 공기량을 조절하는 것
㉱ 제어량과 목표치를 비교하여 동작시키는 것

[해설] ㉮ 항은 시퀀스(순차)제어, ㉯ 항은 인터로크이다.

3. 15℃의 물을 보일러에 급수하여 엔탈피 655.15 kcal/kg인 증기를 한 시간에 150 kg 만들 때 보일러 마력은 약 얼마인가?
㉮ 10.3 마력   ㉯ 11.4 마력
㉰ 13.6 마력   ㉱ 19.3 마력

[해설] $\dfrac{150 \times (655.15 - 15)}{539 \times 15.65} = 11.38$ 마력

[참고] 보일러 마력 $= \dfrac{상당(환산)증발량}{15.65}$

4. 보일러 안전밸브 설치에 관한 설명으로 잘못된 것은?
㉮ 안전밸브는 바이패스 배관으로 설치한다.
㉯ 쉽게 검사할 수 있는 장소에 설치한다.
㉰ 밸브축을 수직으로 한다.
㉱ 가능한 한 보일러 동체에 직접 설치한다.

[해설] 안전밸브 및 전자밸브는 바이패스 배관을 두지 않는다.

5. 이상기체가 상태변화를 하는 동안 외부와의 사이에 열의 출입이 없는 변화는?
㉮ 정압변화   ㉯ 정적변화
㉰ 단열변화   ㉱ 폴리트로픽변화

[해설] 단열변화 : 외부와의 열의 출입이 없는 변화

[정답] 1. ㉯ 2. ㉯ 3. ㉯ 4. ㉮ 5. ㉰

6. 중유 연소 보일러에서 중유를 예열하는 목적 설명으로 잘못된 것은?
- ㉮ 연소효율을 높인다.
- ㉯ 분무상태를 양호하게 한다.
- ㉰ 중유의 유동을 원활히 해준다.
- ㉱ 중유의 점도를 증대시켜 관통력을 크게 한다.

[해설] 점도를 감소시켜 유동성, 분무성을 좋게하여 연소효율을 높이기 위함이다.

7. 보일러의 연관에 대한 설명으로 옳은 것은?
- ㉮ 관의 내부에서 연소가 이루어지는 관
- ㉯ 관의 외부에서 연소가 이루어지는 관
- ㉰ 관의 내부에는 물이 차있고 외부로는 연소가스가 흐르는 관
- ㉱ 관의 내부에는 연소가스가 흐르고 외부로는 물이 차있는 관

[해설] ㉰ 항은 수관에 대한 설명이며 ㉱ 항은 연관에 대한 설명이다.

8. 보일러 운전 중 프라이밍(priming)이 발생하는 경우는?
- ㉮ 보일러 증기압력이 낮을 때
- ㉯ 보일러 수가 농축되지 않았을 때
- ㉰ 부하를 급격히 증가시킬 때
- ㉱ 급수 공급이 원활할 때

[해설] 증기압이 높고 보일러 수가 농축된 경우에 포밍, 프라이밍 현상이 생긴다.

9. 다음 중 용적식 유량계가 아닌 것은?
- ㉮ 로타리형 유량계
- ㉯ 피토관식 유량계
- ㉰ 루트형 유량계
- ㉱ 오벌기어형 유량계

[해설] ㉮, ㉰, ㉱ 항 외에 원판형과 가스미터가 있다.

10. 가스 연료 연소 시 화염이 버너에서 일정거리 떨어져서 연소하는 현상은?
- ㉮ 역화
- ㉯ 리프팅
- ㉰ 옐로 팁
- ㉱ 불완전 연소

[해설] 리프팅(lifting) : 1차 공기 과다로 분출 속도가 높거나 가스압이 너무 높을 때 발생한다.

11. 난방부하가 24000 kcal/h인 아파트에 효율이 80 %인 유류 보일러로 난방을 하는 경우 연료의 소모량은 약 몇 kg/h 인가? (단, 유류의 저위 발열량은 9750 kcal/kg이다.)
- ㉮ 2.56
- ㉯ 3.08
- ㉰ 3.46
- ㉱ 4.26

[해설] $\dfrac{24000}{9750 \times 0.8} = 3.08$ kg/h

[참고] 보일러 효율 = $\dfrac{열출력(난방부하)}{연료소모량 \times 연료의 발열량} \times 100(\%)$

12. 보일러의 증기헤더(steam header)에 관한 설명으로 틀린 것은?
- ㉮ 발생증기를 효율적으로 사용할 수 있다.
- ㉯ 원통 보일러에는 필요가 없다.
- ㉰ 불필요한 열손실을 방지한다.
- ㉱ 증기의 공급량을 조절한다.

[해설] 증기 보일러에는 증기헤더가 반드시 필요하다.

13. 보일러 부속장치 설명 중 틀린 것은?
- ㉮ 수트 블로어-전열면에 부착된 그을음 제거 장치
- ㉯ 공기예열기-연소용 공기를 예열하는 장치

정답 6. ㉱ 7. ㉱ 8. ㉰ 9. ㉯ 10. ㉯ 11. ㉯ 12. ㉯ 13. ㉱

㈐ 증기축열기-증기의 과부족을 해소하는 장치
㈑ 절탄기-발생된 증기를 과열하는 장치
[해설] 절탄기(節炭器)=이코노마이즈=급수예열기

14. 다음 중 가연성 가스가 아닌 것은?
㈎ 수소   ㈏ 아세틸렌
㈐ 산소   ㈑ 프로판
[해설] 산소(O_2)는 조연성 가스이다.

15. 고위발열량 9800 kcal/kg인 연료 3 kg을 연소시킬 때 발생되는 총 저위발열량은 약 몇 kcal인가? (단, 연료 1 kg당 수소(H)분은 15 %, 수분은 1 %의 비율로 들어있다.)
㈎ 8984   ㈏ 44920
㈐ 26952 ㈑ 25117
[해설] $\{9800-600(9\times0.15+0.01)\}\times3$
$=26952$ kcal
[참고] 저위발열량 Hl, 고위발열량 Hh, 수소 H, 수분 W 라면
$Hl=Hh-600(9H+W)$ 이다.

16. 연소용 공기를 노의 앞에서 불어 넣으므로 공기가 차고 깨끗하며 송풍기의 고장이 적고 점검 수리가 용이한 보일러의 강제통풍방식은?
㈎ 압입통풍   ㈏ 흡입통풍
㈐ 자연통풍   ㈑ 수직통풍
[해설] 압입(가압)통풍방식에 대한 내용이다.

17. 1 보일러 마력을 시간당 발생 열량으로 환산하면?
㈎ 15.65 kcal/h   ㈏ 8435 kcal/h
㈐ 9290 kcal/h   ㈑ 7500 kcal/h

[해설] 1 보일러 마력의 열출력=8435 kcal/h

18. 보일러 자동제어에서 목표치와 결과치의 차이 값을 처음으로 되돌려 계속적으로 정정동작을 행하는 제어는?
㈎ 순차제어
㈏ 인터로크 제어
㈐ 캐스케이드 제어
㈑ 피드백 제어

19. 연료공급장치에서 서비스 탱크의 설치위치로 적당한 것은?
㈎ 보일러로부터 2 m 이상 떨어져야 하며, 버너보다 1.5 m 이상 높게 설치한다.
㈏ 보일러로부터 1.5 m 이상 떨어져야 하며, 버너보다 2 m 이상 낮게 설치한다.
㈐ 보일러로부터 0.5 m 이상 떨어져야 하며, 버너보다 0.2 m 이상 높게 설치한다.
㈑ 보일러로부터 1.2 m 이상 떨어져야 하며, 버너보다 2 m 이상 낮게 설치한다.

20. 다음 중 원통형보일러가 아닌 것은?
㈎ 입형 횡관식 보일러
㈏ 벤슨 보일러
㈐ 코르니시 보일러
㈑ 스코치 보일러
[해설] 벤슨 보일러는 관류 보일러이다.

21. 증기건도(X)에 대한 설명으로 틀린 것은?
㈎ $X=0$은 포화수
㈏ $X=1$은 포화증기
㈐ $0<X<1$은 습증기
㈑ $X=100$은 물이 모두 증기가 된 순수한 포화증기

[정답] 14. ㈐ 15. ㈐ 16. ㈎ 17. ㈏ 18. ㈑ 19. ㈎ 20. ㈏ 21. ㈑

22. 보일러의 성능에 관한 설명으로 틀린 것은?
- ㉮ 연소실로 공급된 연료가 완전연소 시 발생될 열량과 드럼 내부에 있는 물이 그 열을 흡수하여 증기를 발생하는데 이용된 열량과의 비율을 보일러 효율이라 한다.
- ㉯ 전열면 1 m²당 1시간 동안 발생되는 증발량을 상당증발량으로 표시한 것을 증발률이라고 한다.
- ㉰ 27.25 kg/h의 상당증발량을 1 보일러 마력이라 한다.
- ㉱ 상당증발량 Ge와 실제증발량 Ga의 비, 즉 $\dfrac{Ge}{Ga}$를 증발계수라고 한다.

[해설] 15.65 kg/h의 상당증발량을 1 보일러 마력이라 한다.

23. 긴 관의 한끝에서 펌프로 압송된 급수가 관을 지나는 동안 차례로 가열, 증발, 과열되어 다른 끝에서는 과열증기가 되어 나가는 형식의 보일러는?
- ㉮ 노통 보일러
- ㉯ 관류 보일러
- ㉰ 연관 보일러
- ㉱ 입형 보일러

24. 보일러 연소 자동제어를 하는 경우 연소공기량은 어느 값에 따라 주로 조절되는가?
- ㉮ 연료공급량
- ㉯ 발생증기온도
- ㉰ 발생증기량
- ㉱ 급수공급량

[해설] 연소공기량과 연료공급량은 비율제어에 의해 자동으로 제어한다.

25. 보일러에 절탄기를 설치하였을 때의 특징으로 틀린 것은?

- ㉮ 보일러 증발량이 증대하여 열효율을 높일 수 있다.
- ㉯ 보일러 수와 급수와의 온도차를 줄여 보일러 동체의 열응력을 경감시킬 수 있다.
- ㉰ 저온부식을 일으키기 쉽다.
- ㉱ 통풍력이 증가한다.

[해설] 통풍저항이 증가하여 통풍력이 감소한다.

26. 보일러의 집진장치 중 집진효율이 가장 높은 것은?
- ㉮ 관성력 집진기
- ㉯ 중력식 집진기
- ㉰ 원심력식 집진기
- ㉱ 전기식 집진기

[해설] 전기식 집진기 : 집진효율이 90~99.9 %이며 압력손실은 10~20 mm H₂O정도이다.

27. 보일러 급수장치의 설명 중 옳은 것은?
- ㉮ 인젝터는 급수온도가 낮을 때는 사용하지 못한다.
- ㉯ 벌류트 펌프는 증기압력으로 구동되므로 별도의 동력이 필요 없다.
- ㉰ 응축수 탱크는 급수 탱크로 사용하지 못한다.
- ㉱ 급수내관은 안전저수위보다 약 5cm 아래에 설치한다.

[해설] ① 인젝터는 급수온도가 높을 때 사용하지 못한다.
② 벌류트 펌프는 임펠러의 원심력을 이용하므로 별도의 동력이 필요하다.
③ 응축수 탱크는 급수 탱크로 사용한다.

28. 보일러의 자동제어에서 제어량에 따른 조직량의 대상으로 맞는 것은?
- ㉮ 증기온도 : 연소가스량

㉯ 증기압력 : 연료량
㉰ 보일러수위 : 공기량
㉱ 노내압력 : 급수량

[해설] ① 증기온도 : 전열량
② 보일러수위 : 급수량
③ 노내압력 : 연소가스량
④ 증기압력 : 연료량과 공기량

29. 보일러의 상당증발량을 구하는 옳은 식은? (단, h_1 : 급수 엔탈피, h_2 : 발생증기 엔탈피)

㉮ 상당증발량 $= \dfrac{실제증발량 \times (h_2 - h_1)}{539}$

㉯ 상당증발량 $= \dfrac{실제증발량 \times (h_1 - h_2)}{539}$

㉰ 상당증발량 $= \dfrac{실제증발량 \times (h_2 - h_1)}{639}$

㉱ 상당증발량 $= \dfrac{실제증발량}{639}$

30. 보일러의 매체별 분류 시 해당하지 않는 것은?

㉮ 증기보일러 ㉯ 가스보일러
㉰ 열매체보일러 ㉱ 온수보일러

[해설] 가스보일러는 사용연료에 따른 분류에 해당된다.

31. 보일러에서 이상 폭발음이 있다면 가장 먼저 해야 할 조치사항으로 맞는 것은?

㉮ 급수 중단
㉯ 연료공급 차단
㉰ 증기출구 차단
㉱ 송풍기 가동 중지

[해설] 보일러 가동 중 이상 발생 시에는 연료공급 차단을 가장 먼저 해야 한다.

32. 보일러의 부식에서 가성취화를 올바르게 설명한 것은?

㉮ 농도가 다른 두 가지가 동일 전해질의 용해에 의해 부식이 생기는 것
㉯ 보일러 판의 리벳구멍 등에 농후한 알칼리 작용에 의해 강 조직을 침범하여 균열이 생기는 것
㉰ 보일러 수에 용해 염류가 분해를 일으켜 보일러를 부식시키는 것
㉱ 보일러 수에 수소이온 농도가 크게 되어 보일러를 부식시키는 것

[해설] ㉯ 항은 가성취화, ㉱ 항은 알칼리 부식에 대한 내용이다.

33. 가스 보일러에서 가스 폭발의 예방을 위한 유의사항 중 틀린 것은?

㉮ 가스압력이 적당하고 안정되어 있는지 점검한다.
㉯ 화로 및 굴뚝의 통풍, 환기를 완벽하게 하는 것이 필요하다.
㉰ 점화용 가스의 종류는 가급적 화력이 낮은 것을 사용한다.
㉱ 착화 후 연소가 불안정할 때는 즉시 가스공급을 중단한다.

[해설] 화력이 큰 것을 사용하여 5초 이내에 신속히 점화를 시켜야 한다.

34. 온수발생 보일러의 전열면적이 10 m² 미만일 때 방출관의 안지름의 크기는?

㉮ 15 mm 이상 ㉯ 20 mm 이상
㉰ 25 mm 이상 ㉱ 50 mm 이상

[해설] ① 10 m² 미만 : 25 mm 이상
② 10 m² 이상~15 m² 미만 : 30 mm 이상
③ 15 m² 이상~20 m² 미만 : 40 mm 이상
④ 20 m² 이상 : 50 mm 이상

[정답] 29. ㉮ 30. ㉯ 31. ㉯ 32. ㉯ 33. ㉰ 34. ㉰

35. 다음 〈보기〉를 보고 기름 보일러의 수동조작 점화요령 순서로 가장 적절한 것은?

───〈보기〉───
① 연료밸브를 연다.
② 버너를 가동한다.
③ 노내 통풍압을 조절한다.
④ 점화봉에 점화하여 연소실 내 버너 끝의 전방하부 10 cm 정도에 둔다.

㉮ ③-④-②-① ㉯ ①-②-③-④
㉰ ②-①-④-③ ㉱ ④-②-③-①

36. 온수난방설비에서 온수, 온도차에 의한 비중력차로 순환하는 방식으로 단독주택이나 소규모 난방에 사용되는 것은?

㉮ 강제순환식 난방
㉯ 하향순환식 난방
㉰ 자연순환식 난방
㉱ 상향순환식 난방

[해설] ① 자연순환식 : 온수 온도차에 의한 비중력 차로 순환
② 강제순환식 : 순환펌프에 의한 순환

37. 난방면적 100 m^2, 열손실지수 90 kcal/m^2h, 온수온도 80℃, 실내온도 20℃일 때 난방부하(kcal/h)는?

㉮ 7000 ㉯ 8000
㉰ 9000 ㉱ 10000

[해설] 90 kccal/m^2h × 100 m^2 = 9000 kcal/h

[참고] 열손실지수 90kccal/m^2h 값은 온수온도와 실내온도 차가 1℃일 때 난방면적 1m^2당 열손실(난방부하) 값이 90kcal임을 의미한다.

38. 기둥형 주철제 방열기는 벽과 얼마정도의 간격을 두고 설치하는 것이 좋은가?

㉮ 50~60 mm ㉯ 80~90 mm
㉰ 110~130 mm ㉱ 140~160 mm

[해설] 기둥형(주형 : 柱形) 방열기는 벽면에서 50~60 mm 떨어지게, 벽걸이형 방열기는 바닥에서 150 mm 높게 설치한다.

39. 전열면적이 10 m^2 이하의 보일러에는 분출밸브의 크기를 호칭지름 몇 mm 이상으로 할 수 있는가?

㉮ 5 mm ㉯ 10 mm
㉰ 15 mm ㉱ 20 mm

[해설] ① 10m^2 이하 : 20 mm 이상
② 10m^2 초과 : 25 mm 이상

40. 노내의 미연가스가 돌연 착화해서 급격한 연소(폭발연소)를 일으켜 화염이나 연소가스가 전부 연도로 흐르지 않고 연소실 입구나 감시창으로부터 밖으로 분출하는 현상은?

㉮ 역화 ㉯ 인화 ㉰ 점화 ㉱ 열화

41. 보일러의 설비면에서 수격작용의 예방조치로 틀린 것은?

㉮ 증기 배관에는 충분한 보온을 취한다.
㉯ 증기관에는 중간을 낮게 하는 배관방법은 드레인이 고이기 쉬우므로 피해야 한다.
㉰ 증기관은 증기가 흐르는 방향으로 경사가 지도록 한다.
㉱ 대형밸브나 증기 헤더에도 드레인 배출장치 설치를 피해야 한다.

42. 강제 순환식 온수난방에 대한 설명으로 잘못된 것은?

㉮ 온수의 순환펌프가 필요하다.

정답 35.㉮ 36.㉰ 37.㉰ 38.㉮ 39.㉱ 40.㉮ 41.㉱ 42.㉰

㈏ 온수를 신속하고 고르게 순환시킬 수 있다.
㈐ 중력 순환식에 비하여 배관의 직경이 커야 한다.
㈑ 대규모 난방용으로 적당하다.

[해설] 중력 순환식에 비하여 배관의 직경이 작아도 된다.

43. 어떤 온수방열기의 입구 온수온도가 85℃, 출구 온수온도가 65℃, 실내온도가 18℃일 때 방열기의 방열량은? (단, 방열기의 방열계수는 7.4 kcal/m²h℃이다.)

㈎ 421.8 kcal/m²h ㈏ 450.0 kcal/m²h
㈐ 435.6 kcal/m²h ㈑ 650.0 kcal/m²h

[해설] $7.4 \times \left(\dfrac{85+65}{2} - 18\right) = 421.8$ kcal/m²h

[참고] 방열기 방열계수×(방열기 내 온수평균온도 − 실내온도) = 방열기 방열량

44. 보일러를 6개월 이상 장기간 사용하지 않고 보존할 때 가장 적합한 보존방법은?

㈎ 만수보존법   ㈏ 분해보존법
㈐ 건조보존법   ㈑ 습식보존법

[해설] 6개월 이상 최장기 보존법은 석회밀폐 건조 보존법이다.

45. 보일러 설치검사 기준상 보일러의 외벽온도는 주위온도보다 몇 ℃를 초과해서는 안 되는가?

㈎ 20℃   ㈏ 30℃   ㈐ 50℃   ㈑ 60℃

[해설] 외벽온도는 주위온도보다 30℃(K)를 초과해서는 안 된다.

46. 가스연소장치의 점화요령으로 맞는 것은?

㈎ 점화전에 연소실 용적의 약 $\dfrac{1}{4}$배 이상 공기량으로 환기한다.
㈏ 기름연소장치와 달리 자동 재점화가 되지 않도록 한다.
㈐ 가스압력이 소정압력 보다 2배 이상 높은지를 확인하고 착화는 2회에 이루어지도록 한다.
㈑ 착화 실패나 갑작스런 실화 시 원인을 조사한 후 연료공급을 중단한다.

[해설] ① 점화 전에 연소실 용적 4배 이상의 공기량으로 환기(프리퍼지)를 행한다.
② 착화는 1회에 이루어지도록 한다.
③ 착화 실패나 갑작스런 실화 시에는 연료 공급을 즉시 차단 한 후 그 원인을 조사한다.

47. 다음 중 보일러의 운전정지 시 가장 뒤에 조작하는 작업은?

㈎ 연료의 공급을 정지시킨다.
㈏ 연소용 공기의 공급을 정지시킨다.
㈐ 댐퍼를 닫는다.
㈑ 급수펌프를 정지시킨다.

[해설] 연소율을 낮춘다 → ㈎ → 포스트퍼지 → ㈏ → ㈑ → ㈐

48. 하트포드 접속에 대한 설명으로 맞지 않는 것은?

㈎ 환수관 내 응축수에서 발생하는 플래시(flash)증기의 발생을 방지한다.
㈏ 저압 증기난방의 습식 환수방식에 쓰인다.
㈐ 보일러 수가 환수관으로 역류하는 것을 방지한다.
㈑ 증기관과 환수관 사이에 표준수면에서 50 mm 아래에 균형관을 설치한다.

[해설] 하트포드 접속에 대한 설명은 ㈏, ㈐, ㈑ 항 외에 증기관과 환수관 사이에 균형관을 설치한다.

49. 보일러 급수 중의 탄산가스(CO_2)를

정답 43. ㈎ 44. ㈐ 45. ㈏ 46. ㈏ 47. ㈐ 48. ㈎ 49. ㈎

제거하는 급수 처리방법으로 가장 적합한 것은?

㉮ 기폭법　㉯ 침강법
㉰ 응집법　㉱ 여과법

[해설] 기폭법 : 탄산가스(CO_2), 철분(Fe), 망간(Mn), 암모니아(NH_3), 황화수소(H_2S) 제거법

50. 벽이나 바닥 등에 가열용 코일을 묻고 여기에 온수를 보내 열로 난방하는 방법은?

㉮ 개별난방법　㉯ 복사난방법
㉰ 간접난방법　㉱ 직접난방법

[해설] 직접난방법은 방열기를 이용하는 것이며 간접난방법은 가열된 공기를 덕트를 통해 난방하는 방식이다.

51. 강철제 보일러 수압시험 시 시험수압은 규정된 압력의 몇 % 이상을 초과하지 않도록 하여야 하는가?

㉮ 3 %　㉯ 6 %
㉰ 8 %　㉱ 10 %

52. 보일러 연소 시 가마울림 현상을 방지하기 위한 대책으로 잘못된 것은?

㉮ 수분이 많은 연료를 사용한다.
㉯ 2차 공기를 가열하여 통풍조절을 적정하게 한다.
㉰ 연소실 내에서 완전 연소시킨다.
㉱ 연소실이나 연도를 연소가스가 원활하게 흐르도록 개량한다.

[해설] 수분이 많은 연료는 가마울림 현상을 일으킨다.

53. 지역난방의 특징 설명으로 틀린 것은?

㉮ 각 건물에 보일러를 설치하는 경우에 비해 열효율이 좋다.
㉯ 설비의 고도화에 따른 도시 매연이 증가된다.
㉰ 연료비와 인건비를 줄일 수 있다.
㉱ 각 건물에 보일러를 설치하는 경우에 비해 건물의 유효면적이 증대된다.

[해설] 도시 매연이 감소된다.

54. 온수난방의 분류를 사용 온수온도에 의해 분류할 때 고온수식 온수온도의 범위는 보통 몇 ℃ 정도인가?

㉮ 50~60　㉯ 70~80
㉰ 85~90　㉱ 100~150

[해설] ① 고온수식 온수온도의 범위는 100~150℃ 정도이며 밀폐식 팽창탱크를 사용한다.
② 보통온수식(저온수식) 온수온도의 범위는 85~90℃ 정도이며 개방식 팽창탱크를 사용한다.

55. 열사용기자재 관리규칙에 의한 검사대상기기 중 소형온수보일러의 검사대상기기 적용범위에 해당하는 가스사용량은 몇 kg/h를 초과하는 것부터 인가?

㉮ 15 kg/h　㉯ 17 kg/h
㉰ 20 kg/h　㉱ 25 kg/h

[해설] 에너지이용 합리화법 시행규칙 제1조의 2 별표 1 참조

56. 에너지이용 합리화법상 에너지이용 합리화 기본계획 사항에 포함되지 않는 것은?

㉮ 에너지이용 합리화를 위한 홍보 및 교육
㉯ 에너지이용 합리화를 위한 기술개발
㉰ 열사용기자재의 안전관리
㉱ 에너지이용 합리화를 위한 제품판매

[해설] 에너지이용합리화법 제4조 ②항 참조.

정답 50. ㉯　51. ㉯　52. ㉮　53. ㉯　54. ㉱　55. ㉯　56. ㉱

57. 에너지절약전문기업의 등록은 누구에게 하는가?
㉮ 대통령
㉯ 한국열관리시공협회장
㉰ 지식경제부장관
㉱ 에너지관리공단 이사장
[해설] 에너지이용 합리화법 시행령 제51조 ①항 참조

58. 에너지이용 합리화법상 목표에너지원단위란?
㉮ 에너지를 사용하여 만드는 제품의 종류별 년간 에너지사용목표량
㉯ 에너지를 사용하여 만드는 제품의 단위당 에너지사용목표량
㉰ 건축물의 총 면적당 에너지사용목표량
㉱ 자동차 등의 단위연료 당 목표 주행거리
[해설] 에너지이용합리화법 제35조 ①항 참조.

59. 에너지이용 합리화법상 에너지사용자와 에너지공급자의 책무로 맞는 것은?
㉮ 에너지의 생산·이용 등에서의 그 효율을 극소화
㉯ 온실가스배출을 줄이기 위한 노력
㉰ 기자재의 에너지효율을 높이기 위한 기술개발
㉱ 지역경제발전을 위한 시책 강구
[해설] 에너지이용 합리화법 제3조 ⑤항 참조

60. 에너지이용 합리화법상 평균효율관리기자재를 제조하거나 수입하여 판매하는 자는 에너지소비효율 산정에 필요하다고 인정되는 판매에 관한 자료와 효율측정에 관한 자료를 누구에게 제출하여야 하는가?
㉮ 국토해양부장관
㉯ 시·도지사
㉰ 에너지관리공단 이사장
㉱ 지식경제부장관
[해설] 에너지이용합리화법 제17조 ④항 참조.

정답 57. ㉱ 58. ㉯ 59. ㉯ 60. ㉱

● 에너지관리 기능사 | [2011년 4월 17일 시행]

1. 다음 중 가압수식 집진장치에 해당되지 않는 것은?
㉮ 제트 스크러버   ㉯ 백필터식
㉰ 사이클론 스크러버   ㉱ 충전탑
[해설] 가압수식 세정(습식) 집진장치에는 ㉮, ㉰, ㉱ 항 외에 벤투리 스크러버가 있다.

2. 보일러의 안전장치가 아닌 것은?
㉮ 안전밸브   ㉯ 방출밸브
㉰ 감압밸브   ㉱ 가용전
[해설] 감압밸브는 송기장치이다.

3. 미리 정해진 순서에 따라 순차적으로 제어의 각 단계를 진행하는 제어는?
㉮ 피드백 제어   ㉯ 피드포워드 제어
㉰ 포워드 백제어   ㉱ 시퀀스 제어
[해설] 시퀀스(순차)제어에 대한 문제이다.

4. 보일러의 압력에 관한 안전장치 중 설정압이 낮은 것부터 높은 순으로 열거된 것은?
㉮ 압력제한기-압력조절기-안전밸브
㉯ 압력조절기-압력제한기-안전밸브
㉰ 안전밸브-압력제한기-압력조절기
㉱ 압력조절기-안전밸브-압력제한기
[해설] 설정압이 낮은 것부터 높은 순서(작동 순서)는 ① 압력조절기, ② 압력제한기, ③ 안전밸브이다.

5. 보일러 자동제어의 목적과 무관한 것은?
㉮ 작업인원의 절감
㉯ 일정기준의 증기공급
㉰ 보일러의 안전운전
㉱ 보일러의 단가절감
[해설] ㉮, ㉯, ㉰ 항 외에 연료비를 절감하기 위함이다.

6. 보일러의 화염검출기 중 스택 스위치는 화염의 어떠한 성질을 이용하여 화염을 검출하는가?
㉮ 화염의 발광체
㉯ 화염의 이온화현상
㉰ 화염의 발열현상
㉱ 화염의 전기전도성
[해설] ㉮ 항은 플레임 아이, ㉯, ㉱ 항은 플레임 로드에 대한 설명이다.

7. 주철제 보일러의 장점(長點)으로 틀린 것은?
㉮ 전열면적에 비해 설치면적이 작다.
㉯ 섹션의 수를 증감하여 용량을 조절한다.
㉰ 주로 고압용 보일러로 사용된다.
㉱ 분해, 조립, 운반이 용이하다.
[해설] 주철제 보일러는 저압 소규모 난방용으로 사용된다.

8. 노통 연관식 보일러의 특징에 대한 설명으로 틀린 것은?
㉮ 보일러의 크기에 비해 전열면적이 넓어서 효율이 좋다.
㉯ 비수방지를 위해 비수방지관이 필요하다.
㉰ 노통 내부에서 연소가 이루어지기 때문에 열손실이 적다.
㉱ 증발속도가 느리므로 스케일 부착이 어렵다.

정답   1. ㉯   2. ㉰   3. ㉱   4. ㉯   5. ㉱   6. ㉰   7. ㉰   8. ㉱

[해설] 노통 연관식 보일러는 증발속도가 빠르다.

9. 보일러에 부착하는 압력계에 대한 설명으로 맞는 것은?
㉮ 최대증발량 10 t/h 이하인 관류 보일러에 부착하는 압력계는 눈금판의 바깥지름을 50 mm 이상으로 할 수 있다.
㉯ 부착하는 압력계의 최고 눈금은 보일러의 최고사용압력의 1.5배 이하의 것을 사용한다.
㉰ 증기보일러에 부착하는 압력계의 바깥지름은 80 mm 이상의 크기로 한다.
㉱ 압력계를 보호하기 위하여 물을 넣은 안지름 6.5 mm 이상의 사이펀 관 또는 동등한 장치를 부착하여야 한다.
[해설] ① 최대증발량이 5 t/h 이하인 관류보일러에 부착하는 압력계 눈금판의 바깥지름을 60 mm 이상으로 할 수 있다.
② 압력계 최고 눈금은 보일러 최고사용압력의 1.5배 이상 3배 이하이어야 한다.
③ 압력계의 바깥지름은 특별한 경우를 제외하고는 100 mm 이상이어야 한다.

10. 구조가 간단하고 자동화에 편리하며 고속으로 회전하는 분무컵으로 연료를 비산·무화시키는 버너는?
㉮ 건타입 버너   ㉯ 압력분무식 버너
㉰ 기류식 버너   ㉱ 회전식 버너
[해설] 회전식(로터리) 버너에 대한 문제이다.

11. 보일러의 마력을 올바르게 나타낸 것은?
㉮ HP = 실제증발량 × 15.65
㉯ HP = $\dfrac{\text{실제증발량}}{539}$
㉰ HP = $\dfrac{\text{상당증발량}}{15.65}$
㉱ HP = $\dfrac{\text{증기와 급수엔탈피 차}}{15.65}$
[해설] 1 보일러 마력의 상당(환산)증발량이 15.65 kg/h이므로 보일러마력 = $\dfrac{\text{상당증발량(kg/h)}}{15.65}$

12. 연소의 속도에 미치는 인자가 아닌 것은?
㉮ 반응물질의 온도   ㉯ 산소의 온도
㉰ 촉매물질   ㉱ 연료의 발열량
[해설] ① 연소속도에 미치는 인자 : 반응물질의 온도, 산소의 온도, 촉매물질, 활성화에너지, 산소와의 혼합비, 연소압력, 연료의 입자
② 연소온도(화염온도)에 영향을 미치는 요인 : 공기비(과잉공기량), 산소농도, 연료의 발열량

13. 화염검출기 기능불량과 대책을 연결한 것으로 잘못된 것은?
㉮ 집광렌즈 오염 – 분리 후 청소
㉯ 증폭기 노후 – 교체
㉰ 동력선의 영향 – 검출회로와 동력선 분리
㉱ 점화전극의 고전압이 프레임 로드에 흐를 때 – 전극과 불꽃 사이를 넓게 분리

14. 다음 중 왕복식 펌프에 해당되지 않는 것은?
㉮ 피스톤 펌프   ㉯ 플런저 펌프
㉰ 터빈 펌프   ㉱ 위싱턴 펌프
[해설] 터빈(turbine) 펌프와 벌류트(volute) 펌프는 원심식 펌프이다.

15. 수트 블로어(soot blower)시 주의사항으로 틀린 것은?
㉮ 한 장소에서 장시간 불어대지 않도록

정답 9. ㉱   10. ㉱   11. ㉰   12. ㉱   13. ㉱   14. ㉰   15. ㉰

한다.
㈏ 그을음을 제거할 때에는 연소가스온도나 통풍손실을 측정하여 효과를 조사한다.
㈐ 그을음을 제거하는 시기는 부하가 가장 무거운 시기를 선택한다.
㈑ 그을음을 제거하기 전에 반드시 드레인을 충분히 배출하는 것이 필요하다.
[해설] 부하(負荷)가 가장 가벼운 시기를 선택해야 한다.

16. 보일러와 관련한 다음 설명에서 틀린 것은?
㈎ 보일러의 드럼이 원통형인 것은 강도를 고려해서이다.
㈏ 일반적으로 증기 보일러의 증기압력 계측에는 부르동관 압력계가 사용된다.
㈐ 미연가스 폭발이나 역화를 방지하기 위해 방폭문을 설치한다.
㈑ 증기 헤드는 일정한 양의 증기와 증기압을 각 사용처에 공급할 수 있다.
[해설] 미연소가스 폭발사고가 일어난 경우를 대비해 방폭문을 설치한다.

17. 보일러용 가스 버너 중 외부혼합식에 속하지 않는 것은?
㈎ 파일럿 버너
㈏ 센터파이어형 버너
㈐ 링형 버너
㈑ 멀티스폿형 버너
[해설] 외부혼합식 가스 버너의 종류에는 ㈏, ㈐, ㈑ 항 외에 스크롤형이 있다.

18. 어떤 보일러에서 포화증기엔탈피가 632 kcal/kg인 증기를 매시 150 kg을 발생하며, 급수엔탈피가 22 kcal/kg, 매시연료 소비량이 800 kg이라면 이때의 증발계수는 약 얼마인가?
㈎ 1.01 ㈏ 1.13 ㈐ 1.24 ㈑ 1.35
[해설] 증발계수(증발력) $= \dfrac{632-22}{539} = 1.13$
[참고] 증발계수(증발력) $= \dfrac{증기엔탈피 - 급수엔탈피}{539}$

19. 저위발열량 9750 kcal/kg, 기름 80 kg/h를 사용하는 보일러에서 급수사용량 800 kg/h, 급수온도 60 ℃, 증기엔탈피가 650 kcal/kg 일 때 보일러 효율은 약 얼마인가?
㈎ 50.2 %   ㈏ 35.5 %
㈐ 58.5 %   ㈑ 60.5 %
[해설] 보일러 효율 $= \dfrac{800 \times (650-60)}{80 \times 9750}$
$= 0.605 = 60.5\%$
[참고] ① 보일러 효율 $=$
$\dfrac{매시\ 증발량 \times (증기엔탈피 - 급수엔탈피)}{매시\ 연료사용량 \times 연료의\ 저위발열량} \times 100(\%)$
② 매시 증발량은 급수사용량으로 산정하며, 급수엔탈피는 급수온도로 산정한다.

20. 통풍장치 중에서 원심식 송풍기의 종류가 아닌 것은?
㈎ 프로펠러형   ㈏ 터보형
㈐ 플레이트형   ㈑ 다익형
[해설] 원심식 송풍기의 종류는 ㈏, ㈐, ㈑ 항이다.

21. 오일 프리히터의 사용목적이 아닌 것은?
㈎ 연료의 점도를 높여 준다.
㈏ 연료의 유동성을 증가시켜준다.
㈐ 완전연소에 도움을 준다.
㈑ 분무상태를 양호하게 한다.
[해설] 연료의 점도를 낮추어 준다.

정답 16. ㈐ 17. ㈎ 18. ㈏ 19. ㈑ 20. ㈎ 21. ㈎

22. 관류 보일러의 특징 설명으로 틀린 것은?
㉮ 초고압 보일러에 적합하다.
㉯ 증발속도가 빠르고 가동시간이 짧다.
㉰ 관 배치를 자유로이 할 수 있다.
㉱ 전열면적이 크므로 중량당 증발량이 크다.
[해설] 전열면적당 보유수량이 적기 때문에 증발속도가 빠르고 증발량이 크다.

23. 증기트랩의 종류 중 열역학적 트랩은?
㉮ 디스크 트랩   ㉯ 버킷 트랩
㉰ 플로트 트랩   ㉱ 바이메탈 트랩
[해설] 디스크 트랩과 오리피스 트랩이 열역학적 트랩이다.

24. 보일러 급수제어방식 중 3요소식의 검출요소가 아닌 것은?
㉮ 수위   ㉯ 증기압력
㉰ 급수유량   ㉱ 증기유량

25. 소형 연소기를 실내에 설치하는 경우, 급배기통을 전용챔버 내에 접속하여 자연통기력에 의해 급배기 하는 방식은?
㉮ 강제배기식   ㉯ 강제급배기식
㉰ 자연급배기식 ㉱ 옥외급배기식

26. 보일러 급수펌프의 구비조건으로 틀린 것은?
㉮ 고온, 고압에도 충분히 견딜 것
㉯ 회전식은 고속 회전에 지장이 있을 것
㉰ 급격한 부하변동에 신속히 대응할 수 있을 것
㉱ 작동이 확실하고 조작이 간편할 것

27. 온수 보일러 연소가스 배출구의 300 mm 상단의 연도에 부착하여 연소가스열에 의하여 연도 내부로 삽입되는 바이메탈의 수축팽창으로 접점을 연결, 차단하여 버너의 작동이나 정지를 시키는 온수 보일러의 제어장치는?
㉮ 프로텍터 릴레이(protector relay)
㉯ 스택 릴레이(stack relay)
㉰ 콤비네이션 릴레이(combination relay)
㉱ 아쿠아스태트(aquastat)
[해설] ① 프로텍터 릴레이 : 오일 버너 주안전 제어장치
② 콤비네이션 릴레이 : 프로텍터 릴레이와 아쿠아스태트 기능을 합한 제어장치
③ 아쿠아스태트 : 스택 릴레이 또는 프로젝터 릴레이와 함께 사용되는 자동온도조절기

28. 효율이 82%인 보일러로 발열량 9800 kcal/kg의 연료를 15 kg 연소시키는 경우의 손실 열량은?
㉮ 80360 kcal   ㉯ 32500 kcal
㉰ 26460 kcal   ㉱ 120540 kcal
[해설] $15 \times 9800 \times 0.18 = 26460$ kcal
[참고] 효율이 82%이면 손실률은 18%이다.

29. 보일러의 연소 배기가스를 분석하는 궁극적인 목적으로 가장 알맞은 것은?
㉮ 노내압 조정
㉯ 연소열량 계산
㉰ 매연농도 산출
㉱ 최적 연소효율 도모
[해설] 배기가스 성분을 분석하여 공기비를 구해서 연소효율을 도모한다.

30. 보일러 계속사용검사 중 보일러의 성능 시험방법에서 측정은 매 몇 분마다 실시하는가?
㉮ 5분   ㉯ 10분   ㉰ 20분   ㉱ 30분

[정답] 22. ㉱ 23. ㉮ 24. ㉯ 25. ㉰ 26. ㉯ 27. ㉱ 28. ㉰ 29. ㉱ 30. ㉯

31. 보일러 점화 전에 댐퍼를 열고 노내와 연도에 남아있는 가연성 가스를 송풍기로 취출시키는 것은?
㉮ 프리퍼지   ㉯ 포스트퍼지
㉰ 에어드레인   ㉱ 통풍압 조절
[해설] ① pre-purge : 점화 전에 노내 환기작업
② post-purge : 소화 후에 노내 환기작업

32. 보일러 사고의 원인 중 제작상의 원인에 해당되지 않는 것은?
㉮ 구조의 불량   ㉯ 강도부족
㉰ 재료의 불량   ㉱ 압력초과
[해설] 압력초과는 취급상의 원인이다.

33. 보일러 고온부식을 유발하는 성분은?
㉮ 황(S)   ㉯ 바나듐(V)
㉰ 산소(O_2)   ㉱ 이산화탄소(CO_2)
[해설] 고온부식을 유발하는 성분은 바나듐이며 저온부식을 유발하는 성분은 황이다.

34. 점화준비에서 보일러 내의 급수를 하려고 한다. 이때 주의사항으로 잘못된 것은?
㉮ 과열기의 공기밸브를 닫는다.
㉯ 급수예열기는 공기밸브, 물빼기 밸브로 공기를 제거하고 물을 가득 채운다.
㉰ 열매체 보일러인 경우는 열매를 넣기 전에 보일러 내에 수분이 없음을 확인한다.
㉱ 본체 상부의 공기밸브를 열어둔다.
[해설] 과열기의 공기밸브를 열어두어야 한다.

35. 가스연소장치에서 보일러 자동점화 시에 가장 먼저 확인하여야 하는 사항은?
㉮ 노내 환기   ㉯ 화염 검출
㉰ 점화   ㉱ 전자밸브 열림
[해설] 자동점화 및 수동점화 시 가장 먼저 해야 할 사항은 프리퍼지(점화 전 노내 환기 작업)이다.

36. 온수난방에서 팽창탱크의 역할이 아닌 것은?
㉮ 장치 내의 온수팽창량을 흡수한다.
㉯ 부족한 난방수를 보충한다.
㉰ 장치 내 일정한 압력을 유지한다.
㉱ 공기의 배출을 저지한다.

37. 난방부하가 40000 kcal/h일 때 온수난방일 경우 방열면적은 약 몇 m^2 인가? (단, 방열량은 표준방열량으로 한다.)
㉮ 88.9   ㉯ 91.6   ㉰ 93.9   ㉱ 95.6
[해설] $\frac{40000}{450} = 88.9 m^2$
[참고] 온수방열기 표준방열량 ($450 kcal/h \cdot m^2$) × 방열기 면적(m^2) = 난방부하(kcal/h)

38. 중앙식 급탕법에 대한 설명으로 틀린 것은?
㉮ 대규모 건축물에 급탕개소가 많을 때 사용이 가능하다.
㉯ 급탕량이 많아 사용하는 데 용이하다.
㉰ 비교적 연료비가 싼 연료의 사용이 가능하다.
㉱ 배관길이가 짧아서 보수관리가 어렵다.
[해설] 배관길이가 길어서 보수관리가 어렵다.

39. 보일러에서 발생한 증기를 송기할 때의 주의사항으로 틀린 것은?
㉮ 주증기관 내의 응축수를 배출시킨다.
㉯ 주증기밸브를 서서히 연다.
㉰ 송기한 후에 압력계의 증기압 변동에

[정답] 31. ㉮ 32. ㉱ 33. ㉯ 34. ㉮ 35. ㉮ 36. ㉱ 37. ㉮ 38. ㉱ 39. ㉱

주의한다.

㉣ 송기한 후에 밸브의 개폐상태에 대한 이상 유무를 점검하고 드레인밸브를 열어 놓는다.

[해설] 드레인밸브를 닫아 놓고 송기를 해야 한다.

40. 스케일이 보일러에 미치는 영향이 아닌 것은?

㉮ 전열면의 팽출   ㉯ 전열면의 압궤
㉰ 전열면의 진동   ㉱ 전열면의 파열

[해설] 스케일은 열전도를 방해하여 전열면의 과열 → 변형(팽출, 압궤) → 파열로 영향을 미친다.

41. 온수발생 강철제 보일러의 전열면적이 25m²인 경우 방출관의 안지름은 몇 mm 이상으로 해야 하는가?

㉮ 25 mm   ㉯ 30 mm
㉰ 40 mm   ㉱ 50 mm

[해설] 전열면적이 20 m² 이상일 때 방출관의 안지름은 50 mm 이상으로 해야 한다.

42. 보일러 휴지 시 보존방법에 대한 설명으로 옳은 것은?

㉮ 보일러 내에 일정량의 물을 넣은 후 계속 순환시킨다.
㉯ 완전 건조시킨 후 자연통풍이 되도록 공기밸브를 열어둔다.
㉰ 완전 건조시킨 후 내부에 흡습제를 넣은 후 밀폐시킨다.
㉱ 알칼리성 물을 충만시킨 후 안전밸브를 열어서 보존시킨다.

43. 증기난방 배관의 환수주관에 대한 설명 중 옳은 것은?

㉮ 습식 환수주관에는 증기 트랩이 꼭 필요하다.
㉯ 건식 환수주관에는 증기 트랩이 꼭 필요하다.
㉰ 건식 환수 배관은 보일러의 표면 수위보다 낮은 위치에 설치한다.
㉱ 습식 환수 배관은 보일러의 표면 수위보다 높은 위치에 설치한다.

[해설] 건식 환수주관에는 환수관에 증기 침입을 방지하기 위하여 증기 트랩을 설치해야 한다.

44. 증기 보일러의 압력계에 부착하는 사이펀관의 안지름은 몇 mm 이상으로 하는가?

㉮ 5.0 mm   ㉯ 5.5 mm
㉰ 6.0 mm   ㉱ 6.5 mm

45. 보일러 운전 중에 연소실에서 연소가 급히 중단되는 현상은?

㉮ 실화   ㉯ 역화
㉰ 무화   ㉱ 매화

[해설] ① 실화 : 연소가 중단되는 현상
② 역화 : 화염이 연소실 입구로 되돌아 나오는 현상
③ 무화 : 화염이 넓은 각으로 퍼지는 현상
④ 매화 : 불씨를 묻어두는 것

46. 어떤 방의 온수온돌 난방에서 실내온도를 18℃로 유지하려고 하는데 열량이 시간당 30150 kcal가 소요된다고 한다. 이때 송수주관의 온도가 85℃이고 환수주관의 온도가 18℃라 한다면 온수의 순환량은? (단, 온수의 비열은 1 kcal/kg·℃이다.)

㉮ 365 kg/h   ㉯ 450 kg/h
㉰ 469 kg/h   ㉱ 516 kg/h

[정답] 40. ㉰ 41. ㉱ 42. ㉰ 43. ㉯ 44. ㉱ 45. ㉮ 46. ㉯

[해설] $\dfrac{30150}{1\times(85-18)}=450\,\text{kg/h}$

47. 주철제 보일러의 최고사용압력이 0.4 MPa일 경우 이 보일러의 수압시험 압력은?
㉮ 0.2 MPa   ㉯ 0.43 MPa
㉰ 0.8 MPa   ㉱ 0.9 MPa

[해설] 주철제 보일러의 수압시험 압력은 최고사용압력이 0.43 MPa 이하일 때는 그 최고사용압력의 2배의 압력으로 한다.

48. 복사난방의 설명으로 틀린 것은?
㉮ 전기식은 니크롬선 등 열선을 매입하여 난방한다.
㉯ 우리나라에서 주거용 난방은 바닥패널방식이 많다.
㉰ 온수식은 주로 노출관에 온수를 통과시켜 난방한다.
㉱ 증기식은 특수 방열면이나 관에 증기를 통과시켜 난방한다.

[해설] 온수식은 건축 구조체에 관을 매입하고 여기에 온수를 통과시켜 난방한다.

49. 안전밸브의 누설원인으로 틀린 것은?
㉮ 밸브시트에 이물질이 부착됨
㉯ 밸브를 미는 용수철 힘이 균일함
㉰ 밸브시트의 연마면이 불량함
㉱ 밸브 용수철의 장력이 부족함

[해설] 밸브를 미는 용수철 힘이 불균형하면 증기가 누설된다.

50. 보일러의 안전관리상 가장 중요한 것은?
㉮ 벙커C유의 예열
㉯ 안전 저수위 이하로 감수하는 것을 방지
㉰ 2차 공기의 조절
㉱ 연도의 저온부식 방지

[해설] 이상감수 방지와 압력초과 방지가 가장 중요하다.

51. 온수방열기의 쪽당 방열면적이 0.26 m²이다. 난방부하 20000 kcal/h를 처리하기 위한 방열기의 쪽수는? (단, 소수점이 나올 경우 상위 수를 취한다.)
㉮ 119   ㉯ 140
㉰ 171   ㉱ 193

[해설] $\dfrac{20000}{450\times 0.26}=171$쪽

52. 응축수와 증기가 동일관 속을 흐르는 방식으로 기울기를 잘못하면 수격현상이 발생되는 문제로 소규모 난방에서만 사용되는 증기난방방식은?
㉮ 복관식   ㉯ 건식환수식
㉰ 단관식   ㉱ 기계환수식

[해설] 단관식에 대한 문제이다.

53. 보일러 운전정지 순서에 들어갈 내용으로 틀린 것은?
㉮ 공기의 공급을 정지한다.
㉯ 연료공급을 정지한다.
㉰ 증기밸브를 닫고 드레인밸브를 연다.
㉱ 댐퍼를 연다.

[해설] 공기의 공급을 정지한 후 공기 댐퍼를 닫는다.

54. 온수보일러 개방식 팽창탱크 설치 시 주의사항으로 잘못된 것은?
㉮ 팽창탱크 내부의 수위를 알 수 있는 구조이어야 한다.
㉯ 탱크에 연결되는 팽창 흡수관은 팽창탱크 바닥면과 같게 배관해야 한다.
㉰ 팽창탱크에는 상부에 통기구멍을 설

정답 47. ㉯   48. ㉰   49. ㉯   50. ㉯   51. ㉰   52. ㉰   53. ㉱   54. ㉯

치한다.
㉣ 팽창탱크의 높이는 최고 부위 방열기보다 1 m 이상 높은 곳에 설치한다.
[해설] 팽창 흡수관은 바닥에서 25 mm 높게 배관해야 한다.

55. 저탄소 녹색성장 기본법에서 화석연료에 대한 의존도를 낮추고 청정에너지의 사용 및 보급을 확대하여 녹색기술 연구개발, 탄소흡수원 확충 등을 통하여 온실가스를 적정수준 이하로 줄이는 것을 말하는 용어는?
㉮ 저탄소   ㉯ 녹색성장
㉰ 온실가스 배출   ㉱ 녹색생활
[해설] 저탄소 녹색성장 기본법 제2조 1 참조.

56. 공공사업주관자에게 지식경제부장관이 에너지사용계획에 대한 검토결과를 조치 요청하면 해당 공공사업주관자는 이행계획을 작성하여 제출하여야 하는데 이행계획에 포함되지 않는 사항은?
㉮ 이행 주체
㉯ 이행 장소와 사유
㉰ 이행 방법
㉱ 이행 시기
[해설] 에너지이용합리화법 시행규칙 제5조 참조.

57. 지식경제부장관 또는 시·도지사로부터 에너지관리공단 이사장에게 위탁된 업무가 아닌 것은?
㉮ 에너지절약전문기업의 등록
㉯ 온실가스 배출 감축실적의 등록 및 관리
㉰ 검사대상기기 조종자의 선임·해임 신고의 접수
㉱ 에너지이용 합리화 기본계획 수립
[해설] 에너지이용 합리화법 시행령 제51조 ①항 참조.

58. 다음 중 목표에너지원단위를 올바르게 설명한 것은?
㉮ 제품의 단위당 에너지생산목표량
㉯ 제품의 단위당 에너지절감목표량
㉰ 건축물의 단위면적당 에너지사용목표량
㉱ 건축물의 단위면적당 에너지저장목표량
[해설] 에너지이용합리화법 제35조 ①항 참조.

59. 에너지법 시행령에서 지식경제부장관이 에너지기술개발을 위한 사업에 투자 또는 출연할 것을 권고할 수 있는 에너지 관련 사업자가 아닌 것은?
㉮ 에너지공급자
㉯ 대규모에너지사용자
㉰ 에너지사용기자재의 제조업자
㉱ 공공기관 중 에너지와 관련된 공공기관
[해설] 에너지법 시행령 제12조 ①항 참조.

60. 에너지이용 합리화법상 에너지의 효율적인 수행과 특정열사용기자재의 안전관리를 위하여 교육을 받아야 하는 대상이 아닌 자는?
㉮ 에너지관리자
㉯ 시공업의 기술인력
㉰ 검사대상기기의 조종자
㉱ 효율관리기자재 제조자
[해설] 에너지이용합리화법 제65조 ①항 참조.

정답 55. ㉮ 56. ㉯ 57. ㉱ 58. ㉰ 59. ㉯ 60. ㉱

● 에너지관리 기능사　　[2011년 7월 31일 시행]

1. 프로판 가스의 연소식은 다음과 같다. 프로판 가스 10 kg을 완전 연소시키는 데 필요한 이론산소량은?

$$C_3H_8 + 5O_2 \rightarrow 3CO_2 + 4H_2O$$

㉮ 약 11.6 Nm³　　㉯ 약 25.5 Nm³
㉰ 약 13.8 Nm³　　㉱ 약 22.4 Nm³

[해설] $\frac{10}{44} \times 5 \times 22.4 = 25.5$ Nm³

[참고]　$C_3H_8 + 5O_2 \rightarrow 3CO_2 + 4H_2O$
　　　　↓　　　↓
　　　1kmol　5kmol
　　　44kg　5×32kg
　　22.4Nm³　5×22.4Nm³

2. 다음 제어동작 중 연속제어 특성과 관계가 없는 것은?

㉮ P 동작(비례동작)
㉯ I 동작(적분동작)
㉰ D 동작(미분동작)
㉱ ON-OFF 동작(2위치 동작)

[해설] ㉱ 항은 대표적인 불연속제어 동작이다.

3. 외기온도가 20 ℃, 배기가스온도가 200 ℃이고, 연돌높이가 20 m일 때 통풍력은 약 얼마인가?

㉮ 5.5 mmAq　　㉯ 7.2 mmAq
㉰ 9.2 mmAq　　㉱ 12.2 mmAq

[해설] $355 \times 20 \times (\frac{1}{293} - \frac{1}{473}) = 9.2$ mmAq

[참고] ① 연돌높이 H[m], 외기온도 T_a [K], 배기가스온도 T_g [K]가 주어지면 통풍력
$= 355 \times H \times (\frac{1}{T_a} - \frac{1}{T_g})$[mmAg][mmH$_2$O]
② 외기의 비중량 γ_a[kg/m³], 배기가스의 비중량 γ_g[kg/m³]도 주어지면 통풍력
$= 273 \times H \times (\frac{\gamma_a}{T_a} - \frac{\gamma_g}{T_g})$[mmAg][mmH$_2$O]

4. 부탄가스(C_4H_{10}) 1 Nm³을 완전연소시킬 경우 H$_2$O는 몇 Nm³가 생성되는가?

㉮ 4.0　　㉯ 5.0　　㉰ 6.5　　㉱ 7.5

[해설] $C_4H_{10} + 6.5 O_2 \rightarrow 4CO_2 + 5H_2O$
　　　↓　　　↓　　　↓　　　↓
　　1kmol　6.5kmol　4kmol　5kmol
　　58kg　6.5×22.4Nm³　4×22.4　5×22.4Nm³
　22.4Nm³　　　　　　Nm³

$\frac{5 \times 22.4}{22.4} = 5$Nm³

5. 아래 그림기호의 관조인트 종류의 명칭으로 맞는 것은?

㉮ 엘보
㉯ 리듀서
㉰ 티
㉱ 디스트리뷰터

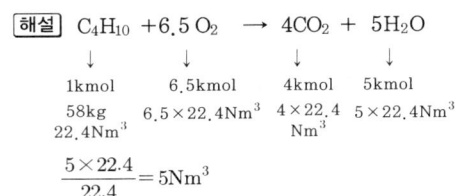

[해설] ① ━▷━ : 동심 줄이개(리듀서)
② ━◁━ : 편심 줄이개(리듀서)

6. 다음 중 기름여과기(oil strainer)에 대한 설명으로 틀린 것은?

㉮ 여과기 전후에는 압력계를 설치한다.
㉯ 여과기는 사용압력의 1.5배 이상의 압력에 견딜 수 있는 것이어야 한다.
㉰ 여과기 입출구의 압력차가 0.05 kgf/cm² 이상일 때는 여과기를 청소해 주어야 한다.
㉱ 여과기는 단식과 복식이 있으며, 단

[정답] 1. ㉯　2. ㉱　3. ㉰　4. ㉯　5. ㉯　6. ㉰

식은 유량계, 밸브 등의 입구 측에 설치한다.

[해설] 여과기 입출구의 압력차가 $0.2\,kgf/cm^2$ (0.02MPa) 이상일 때 여과기를 청소해 주어야 한다.

7. 보일러 점화 시 역화현상이 발생하는 원인이 아닌 것은?
㉮ 기름 탱크에 기름이 부족할 때
㉯ 연료밸브를 과다하게 급히 열었을 때
㉰ 점화 시에 착화가 늦어졌을 때
㉱ 댐퍼가 너무 닫힌 때나 흡입통풍이 부족할 때

8. 보일러 열정산의 조건과 측정방법을 설명한 것 중 틀린 것은?
㉮ 열정산 시 기준온도는 시험 시의 외기온도를 기준으로 하나, 필요에 따라 주위온도로 할 수 있다.
㉯ 급수량 측정은 중량 탱크식 또는 용량 탱크식 혹은 용적식 유량계, 오리피스 등으로 한다.
㉰ 공기온도는 공기예열기의 입구 및 출구에서 측정한다.
㉱ 발생증기의 일부를 연료가열, 노내취입 또는 공기예열기에 사용하는 경우에는 그 양을 측정하여 급수량에 더한다.

[해설] 발생증기의 일부를 연료가열, 노내흡입 또는 공기예열기에 사용하는 경우에는 그 양을 측정하여 급수량에서 **뺀다**.

9. 소형 관류 보일러(다관식 관류 보일러)를 구성하는 주요 구성요소로 맞는 것은?
㉮ 노통과 연관   ㉯ 노통과 수관
㉰ 수관과 드럼   ㉱ 수관과 헤더

[해설] 다관식 관류 보일러에는 드럼이 없으며, 수관과 헤드가 주요 구성 요소이다.

10. 보일러의 급수장치에서 인젝터의 특징 설명으로 틀린 것은?
㉮ 구조가 간단하고 소형이다.
㉯ 급수량의 조절이 가능하고 급수효율이 높다.
㉰ 증기와 물이 혼합하여 급수가 예열된다.
㉱ 인젝터가 과열되면 급수가 곤란하다.

[해설] 급수량 조절이 어렵고 급수효율이 낮다.

11. 보일러에 설치되는 스테이의 종류가 아닌 것은?
㉮ 바 스테이   ㉯ 경사 스테이
㉰ 관 스테이   ㉱ 본체 스테이

[해설] ㉮, ㉯, ㉰ 항 외에 거싯 스테이, 볼트 스테이, 거더 스테이, 도그 스테이가 있다.

12. 다음 중 증기보일러 상당증발량의 단위는?
㉮ kg/h   ㉯ kcal/h
㉰ kcal/kg   ㉱ kg/s

[해설] 상당증발량이란 표준기압 하에서 100℃ 포화수를 1시간 동안 같은 온도인 포화증기로 변화시키는 증발량(kg)을 말한다.

13. 가스유량과 일정한 관계가 있는 다른 양을 측정함으로써 간접적으로 가스유량을 구하는 방식인 추량식 가스미터의 종류가 아닌 것은?
㉮ 델터(delter)형
㉯ 터빈(turbin)형
㉰ 벤투리(ventury)형
㉱ 루트(roots)형

[해설] 추량식 가스미터의 종류에는 ㉮, ㉯, ㉰ 항 외에 오리피스(oriifice)형이 있으며

정답 7. ㉮ 8. ㉱ 9. ㉱ 10. ㉯ 11. ㉱ 12. ㉮ 13. ㉱

실측식(직접식) 가스미터의 종류에는 루트형, 막식 등이 있다.

14. 사용 시 예열이 필요 없고 비중이 가장 작은 중유는?
㉮ 타르 중유 ㉯ A급 중유
㉰ B급 중유 ㉱ C급 중유

[해설] A중유는 예열이 불필요하며, B중유는 50~60℃, C중유 및 타르 중유는 80~105℃ 정도로 예열시켜 사용한다.

15. 오일예열기의 역할과 특징 설명으로 잘못된 것은?
㉮ 연료를 예열하여 과잉공기율을 높인다.
㉯ 기름의 점도를 낮추어 준다.
㉰ 전기나 증기 등의 열매체를 사용한다.
㉱ 분무상태를 양호하게 한다.

[해설] 연료를 예열하여 과잉공기율을 낮춘다.

16. 다음 중 수트 블로어 사용 시 주의사항으로 틀린 것은?
㉮ 부하가 50% 이하이거나 소화 후에 사용하여야 한다.
㉯ 분출기 내의 응축수를 배출시킨 후 사용한다.
㉰ 분출하기 전 연도 내 배풍기를 사용하여 유인통풍을 증가하여야 한다.
㉱ 한 곳에 집중적으로 사용하므로 전열면에 무리를 가하지 말아야 한다.

[해설] 부하가 50% 이하일 때는 사용 금물이다.

17. 가정용 온수 보일러의 용량표시로 가장 많이 사용되는 것은?
㉮ 상당증발량
㉯ 시간당 발열량
㉰ 전열면적
㉱ 최고사용압력

[해설] 온수보일러 용량 표시방법은 시간당 발열량(열출력)이다.

18. 보일러 점화나 소화가 정해진 순서에 따라 진행되는 제어는?
㉮ 피드백 제어
㉯ 인터로크 제어
㉰ 시퀀스 제어
㉱ ABC 제어

[해설] 시퀀스(순차)제어에 대한 문제이다.

19. 공기·연료제어장치에서 공기량 조절 방법으로 올바르지 않은 것은?
㉮ 보일러 온수온도에 따라 연료조절밸브와 공기댐퍼를 동시에 작동시킨다.
㉯ 연료와 공기량은 서로 반비례 관계로 조절한다.
㉰ 최고 부하에서는 일반적으로 공기비가 가장 낮게 조절한다.
㉱ 공기량과 연료량을 버너 특성에 따라 공기선도를 참조하여 조절한다.

[해설] 연료와 공기량은 서로 비례 관계로 조절한다.

20. 다음 중 가압수식 집진장치의 종류에 속하는 것은?
㉮ 백필터 ㉯ 세정탑
㉰ 코트렐 ㉱ 배풀식

[해설] 세정탑 : 입자의 농도가 낮은 가스를 고도로 청정하고자 할 때 적합한 습식 집진장치이다.

21. 다음 〈보기〉는 보일러설치검사기준에 관한 내용이다. ( )에 들어갈 숫자로 맞는 것은?

정답 14. ㉯ 15. ㉮ 16. ㉮ 17. ㉯ 18. ㉰ 19. ㉯ 20. ㉯ 21. ㉯

〈보기〉
관류보일러에서 보일러와 압력방출장치와의 사이에 체크밸브를 설치할 경우 압력방출장치는 ( )개 이상이어야 한다.

㉮ 1   ㉯ 2   ㉰ 3   ㉱ 4

22. 다음 중 화염의 유무를 검출하는 것은?
㉮ 윈드박스(wind box)
㉯ 보염기(stabilizer)
㉰ 버너타일(burner tile)
㉱ 플레임 아이(flame eye)
[해설] ㉮, ㉯, ㉰ 항은 보염장치이다.

23. 기체연료 연소장치의 특징 설명으로 틀린 것은?
㉮ 연소조절이 용이하다.
㉯ 연소의 조절범위가 넓다.
㉰ 속도가 느려 자동제어 연소에 부적합하다.
㉱ 회분 생성이 없고 대기오염의 발생이 적다.
[해설] 자동제어 연소에 적합하다.

24. 다음 중 캐리오버에 대한 설명으로 틀린 것은?
㉮ 보일러에서 불순물과 수분이 증기와 함께 송기되는 현상이다.
㉯ 기계적 캐리오버와 선택적 캐리오버로 분류한다.
㉰ 프라이밍이나 포밍은 캐리오버와 관계가 없다.
㉱ 캐리오버가 일어나면 여러 가지 장해가 발생한다.
[해설] 캐리오버는 프라이밍이나 포밍에 의하여 발생한다.

25. 1 kg의 습증기 속에 건증기가 0.4 kg이라 하면 건도는 얼마인가?
㉮ 0.2 ㉯ 0.4 ㉰ 0.6 ㉱ 0.8
[해설] 건도(건조도)는 0.4이며 습도는 0.6이다.

26. 저위발열량 10000 kcal/kg인 연료를 매시 360 kg 연소시키는 보일러에서 엔탈피 661.4 kcal/kg인 증기를 매시간당 4500 kg 발생시킨다. 급수온도 20 ℃인 경우 보일러 효율은 약 얼마인가?
㉮ 56 %   ㉯ 68 %
㉰ 75 %   ㉱ 80 %
[해설] $\dfrac{4500 \times (661.4 - 20)}{360 \times 10000} = 0.8 = 80\%$

27. 다음 아래 그림은 몇 요소 수위제어를 나타낸 것인가?

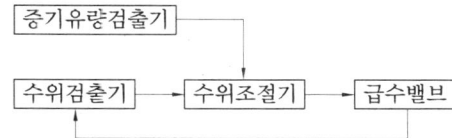

㉮ 1요소 수위제어 ㉯ 2요소 수위제어
㉰ 3요소 수위제어 ㉱ 4요소 수위제어
[해설] 수위와 증기유량을 검출하여 급수조절밸브의 개도를 변화시켜 잔류편차를 경감하도록 한 2요소식이다.

28. 드럼 없이 초임계 압력 이상에서 고압증기를 발생시키는 보일러는?
㉮ 복사 보일러   ㉯ 관류 보일러
㉰ 수관 보일러   ㉱ 노통연관 보일러
[해설] 드럼이 없는 관류보일러에 대한 문제이다.

29. 과열기가 설치된 경우 과열증기의 온도 조절방법으로 틀린 것은?
㉮ 열가스량을 댐퍼로 조절하는 방법

[정답] 22. ㉱ 23. ㉰ 24. ㉰ 25. ㉯ 26. ㉱ 27. ㉯ 28. ㉯ 29. ㉰

㉯ 화염의 위치를 변환시키는 방법
㉰ 고온의 가스를 연소실 내로 재순환시키는 방법
㉱ 과열저감기를 사용하는 방법

[해설] 절탄기 출구 측 저온의 가스를 재순환시키는 방법이 있으며 과열저감기를 사용하는 방법이 가장 좋은 방법이다.

30. 건물의 각 실내에 방열기를 설치하여 증기 또는 온수로 난방하는 방식은?

㉮ 복사난방법   ㉯ 간접난방법
㉰ 개별난방법   ㉱ 직접난방법

[해설] 복사난방은 바닥이나 벽체에 방열관을 설치하여 난방하는 방식이며 간접난방은 가열된 공기를 덕터를 통해 난방하는 방식이다.

31. 보일러 개조검사 중 검사의 준비에 대한 설명으로 맞는 것은?

㉮ 화염을 받는 곳에는 그을음을 제거하여야 하며, 얇아지기 쉬운 관 끝 부분을 해머로 두들겨 보았을 때 두께의 차이가 다소 나야한다.
㉯ 관의 부식 등을 검사할 수 있도록 스케일은 제거되어야 하며, 관 끝 부분의 손모, 취화 및 빠짐이 있어야 한다.
㉰ 연료를 가스로 변경하는 검사의 경우 가스용 보일러의 누설시험 및 운전성능을 검사할 수 있도록 준비하여야 한다.
㉱ 정전, 단수, 화재, 천재지변 등 부득이한 사정으로 검사를 실시할 수 없는 경우에는 재신청을 하여야만 검사를 받을 수 있다.

[해설] ① 얇아지기 쉬운 관 끝 부분을 해머로 두들겨 보았을 때 현저한 얇아짐이 없어야 한다.
② 관 끝 부분의 손모, 취화 및 빠짐이 없어야 한다.
③ 부득이한 사정으로 검사를 실시할 수 없는 경우에는 재신청 없이 다시 검사를 받을 수 있다.

32. 온수난방의 특징 설명으로 틀린 것은?

㉮ 실내의 쾌감도가 좋다.
㉯ 온도 조절이 용이하다.
㉰ 예열시간이 짧다.
㉱ 화상의 우려가 적다.

[해설] 예열시간이 길며 예열에 따른 손실이 크다.

33. 안전밸브 및 압력방출장치의 크기를 호칭지름 20 A 이상으로 할 수 있는 보일러에 해당되지 않는 것은?

㉮ 최대증발량 4 t/h인 관류 보일러
㉯ 소용량 주철제 보일러
㉰ 소용량 강철제 보일러
㉱ 최고사용압력이 1 MPa(10 kgf/cm²)인 강철제 보일러

[해설] 최고사용압력이 0.1 MPa(1 kgf/cm²)이하인 보일러 경우이다.

34. 이온교환처리장치의 운전공정 중 재생탑에 원수를 통과시켜, 수중의 일부 또는 전부의 이온을 제거시키는 공정은?

㉮ 압출   ㉯ 수세   ㉰ 부하   ㉱ 통약

[해설] ① 통약 : 재생제를 집어 넣는 과정
② 압출 : 약 10~20분간 통수하여 재생, 완료시키는 조작

35. 온수난방설비에서 개방형 팽창탱크의 수면은 최고층의 방열기와 몇 m 이상이어야 하는가?

㉮ 1 m   ㉯ 2 m   ㉰ 3 m   ㉱ 5 m

36. 보일러에서 송기 및 증기사용 중 유

의사항으로 틀린 것은?

㉮ 항상 수면계, 압력계, 연소실의 연소 상태 등을 잘 감시하면서 운전하도록 할 것
㉯ 점화 후 증기 발생 시까지는 가능한 한 서서히 가열시킬 것
㉰ 2조의 수면계를 주시하여 항상 정상 수면을 유지하도록 할 것
㉱ 점화 후 주증기관 내의 응축수를 배출시킬 것

[해설] 점화 전에 주증기관 내의 응축수를 배출시켜야 한다.

37. 다음 중 유기질 보온재에 해당하는 것은?

㉮ 석면 ㉯ 규조토
㉰ 암면 ㉱ 코르크

[해설] ㉮, ㉯, ㉰항은 무기질 보온재이다.

38. 연소효율을 구하는 식으로 맞는 것은?

㉮ $\dfrac{공급열}{실제연소열} \times 100$

㉯ $\dfrac{실제연소열}{공급열} \times 100$

㉰ $\dfrac{유효열}{실제연소열} \times 100$

㉱ $\dfrac{실제연소열}{유효열} \times 100$

[해설] ㉯항은 연소효율 ㉰항은 전열효율을 구하는 식이다.

39. 보일러 내부부식인 점식의 방지대책과 가장 관계가 적은 것은?

㉮ 보일러 수를 산성으로 유지한다.
㉯ 보일러 수 중의 용존산소를 배제한다.
㉰ 보일러 내면에 보호피막을 입힌다.
㉱ 보일러수 중에 아연판을 설치한다.

[해설] 보일러 수를 약 알칼리성으로 유지해야 한다.

40. 보일러의 연소 관리에 관한 설명으로 잘못된 것은?

㉮ 연료의 점도는 가능한 높은 것을 사용한다.
㉯ 점화 후에는 화염 감시를 잘한다.
㉰ 저수위현상이 있다고 판단되면 즉시 연소를 중단한다.
㉱ 연소량의 급격한 증대와 감소를 하지 않는다.

[해설] 연료의 점도(액체의 끈적거리는 성질의 정도)는 낮은 것을 사용한다.

41. 안전·보건표지의 색체, 색도기준 및 용도에서 화학물질 취급장소에서의 유해·위험경고를 나타내는 색채는?

㉮ 흰색 ㉯ 빨간색
㉰ 녹색 ㉱ 청색

[해설] 화학물질 취급장소에서의 유해, 위험경고 외의 위험경고를 나타내는 색채는 노란색이다.

42. 가스 보일러 점화 시의 주의사항으로 틀린 것은?

㉮ 점화는 순차적으로 작은 불씨로부터 큰 불씨로 2~3회로 나누어 서서히 한다.
㉯ 노내 환기에 주의하고, 실화 시에도 충분한 환기가 이루어진 뒤 점화한다.
㉰ 연료 배관계통의 누설 유무를 정기적으로 점검한다.
㉱ 가스압력이 적정하고 안정되어 있는지 점검한다.

[해설] 점화는 큰 불씨로 1회에 착화될 수 있

도록 해야 한다.

43. 개방식 팽창탱크에 연결되어 있는 것이 아닌 것은?
㉮ 배기관   ㉯ 안전관
㉰ 급수관   ㉱ 압력계

[해설] 압력계, 안전밸브, 수위계는 밀폐식 팽창탱크에 연결되어 있다.

44. 지역난방의 특징 설명으로 틀린 것은?
㉮ 각 건물에 보일러를 설치하는 경우에 비해 건물의 유효면적이 증대된다.
㉯ 각 건물에 보일러를 설치하는 경우에 비해 열효율이 좋아진다.
㉰ 설비의 고도화에 따라 도시 매연이 감소된다.
㉱ 열매체는 증기보다 온수를 사용하는 것이 관내저항 손실이 적으므로 주로 온수를 사용한다.

[해설] 증기를 사용하는 것이 관내저항 손실이 적어 넓은 지역의 난방에 적합하다.

45. 보일러의 점검에서 정기점검의 시기에 대한 설명으로 틀린 것은?
㉮ 계속사용 안전검사 등을 한 후
㉯ 중간 청소를 한 때
㉰ 연소실, 연도 등의 내화벽돌 등을 수리한 경우
㉱ 누수 그 외의 손상이 생겨서 보일러를 휴지한 때

46. 유류 연소 수동 보일러의 운전을 정지했을 때 조치사항으로 틀린 것은?
㉮ 운전정지 직전에 유류예열기의 전원을 차단하고 유류예열기의 온도를 낮

춘다.
㉯ 보일러의 수위를 정상수위보다 조금 높이고 버너의 운전을 정지한다.
㉰ 연소실 내에서 분리하여 청소를 하고 기름이 누설되는지 점검한다.
㉱ 연소실 내 연도를 환기시키고 댐퍼를 열어 둔다.

[해설] 환기시키고 난 후에는 댐퍼를 닫아 둔다.

47. 증기난방의 분류에서 응축수 환수방식에 해당하는 것은?
㉮ 고압식   ㉯ 상향 공급식
㉰ 기계 환수식   ㉱ 단관식

[해설] 중력 환수식, 기계 환수식, 진공 환수식이 있다.

48. 강철제 보일러의 수압시험에 관한 사항으로 ( )안에 알맞은 것은?

> 보일러의 최고사용압력이 0.43 MPa 초과 1.5 MPa 이하일 때에는 그 최고사용압력의 (㉠)배에 (㉡)MPa를 더한 압력으로 한다.

㉮ ㉠ 1.3 ㉡ 0.3   ㉯ ㉠ 1.5 ㉡ 3.0
㉰ ㉠ 2.0 ㉡ 0.3   ㉱ ㉠ 2.0 ㉡ 1.0

49. 보일러 점화 전 수위확인 및 조정에 대한 설명 중 틀린 것은?
㉮ 수면계의 기능테스트가 가능한 정도의 증기압력이 보일러 내에 남아 있을 때는 수면계의 기능시험을 해서 정상인지 확인한다.
㉯ 2개의 수면계의 수위를 비교하고 동일수위인지 확인한다.
㉰ 수면계에 수주관이 설치되어 있을 때는 수주연락관의 체크밸브가 바르게 닫혀 있는지 확인한다.

정답 43. ㉱ 44. ㉱ 45. ㉮ 46. ㉱ 47. ㉰ 48. ㉮ 49. ㉰

㊃ 유리관이 더러워졌을 때는 수위를 오인하는 경우가 있기 때문에 필히 청소하거나 교환하여야 한다.

50. 보일러 스케일 및 슬러지의 장해에 대한 설명으로 틀린 것은?

㉮ 보일러를 연결하는 콕, 밸브, 기타의 작은 구멍을 막히게 한다.
㉯ 스케일 성분의 성질에 따라서는 보일러 강판을 부식시킨다.
㉰ 연관의 내면에 부착하여 물의 순환을 방해한다.
㉱ 보일러 강판이나 수관 등의 과열의 원인이 된다.

[해설] 수관의 내면에 부착하여 물의 순환을 방해한다.

51. 난방부하가 9000 kcal/h인 장소에 온수 방열기를 설치하는 경우 필요한 방열기 쪽수는? (단, 방열기 1쪽당 표면적은 0.2 m²이고, 방열량은 표준방열량으로 계산한다.)

㉮ 70　　㉯ 100
㉰ 110　　㉱ 120

[해설] $\dfrac{9000}{450 \times 0.2} = 100$쪽

52. 증기압력 상승 후의 증기 송출방법에 대한 설명으로 틀린 것은?

㉮ 주증기밸브는 특별한 경우를 제외하고는 완전히 열었다가 다시 조금 되돌려 놓는다.
㉯ 증기를 보내기 전에 증기를 보내는 측의 주증기관의 드레인밸브를 다 열고 응축수를 완전히 배출한다.
㉰ 주증기 스톱밸브 전후를 연결하는 바이패스 밸브가 설치되어 있는 경우에는 먼저 바이패스 밸브를 닫아 주증기관을 따뜻하게 한다.
㉱ 관이 따뜻해지면 주증기밸브를 단계적으로 천천히 열어간다.

53. 증기난방설비에서 배관 구배를 주는 이유는?

㉮ 증기의 흐름을 빠르게 하기 위해서
㉯ 응축수의 체류를 방지하기 위해서
㉰ 배관시공을 편리하게 하기 위해서
㉱ 증기와 응축수의 흐름마찰을 줄이기 위해서

54. 보일러의 안전관리상 가장 중요한 것은?

㉮ 안전밸브 작동 요령숙지
㉯ 안전저수위 이하 감수방지
㉰ 버너 조절요령 숙지
㉱ 화염검출기 및 댐퍼 작동상태 확인

[해설] 보일러의 안전관리상 가장 중요한 것은 안전저수위 이하 감수방지와 최고사용압력 초과방지이다.

55. 다음 중 대통령령으로 정하는 에너지 공급자가 수립·시행해야 하는 계획으로 맞는 것은?

㉮ 지역에너지계획
㉯ 에너지이용합리화 실시계획
㉰ 에너지기술 개발계획
㉱ 연차별 수요 관리 투자계획

[해설] 에너지법 제7조 ①항, 제11조 ①항 및 에너지이용합리화법 제6조, 제9조 ①항 참조.

56. 다음 〈보기〉는 저탄소 녹색성장 기본법의 목적에 관한 내용이다. ( )에 들어갈 내용으로 맞는 것은?

[정답] 50. ㉰　51. ㉯　52. ㉰　53. ㉯　54. ㉯　55. ㉱　56. ㉮

〈보기〉
이 법은 경제와 환경의 조화로운 발전을 위하여 저탄소 녹색성장에 필요한 기반을 조성하고 (①)과 (②)을 새로운 성장동력으로 활용함으로써 국민경제의 발전을 도모하며 저탄소 사회구현을 통하여 국민의 삶의 질을 높이고 국제사회에서 책임을 다하는 성숙한 선진 일류국가로 도약하는 데 이바지함을 목적으로 한다.

㉮ ① 녹색기술, ② 녹색산업
㉯ ① 녹색성장, ② 녹색산업
㉰ ① 녹색물질, ② 녹색기술
㉱ ① 녹색기업, ② 녹색성장

[해설] 저탄소 녹색성장 기본법 제1조 참조.

57. 검사에 합격하지 아니한 검사대상기기를 사용한 자에 대한 벌칙 기준은?
㉮ 300만원 이하의 벌금
㉯ 500만원 이하의 벌금
㉰ 1년 이하의 징역 또는 1천만원 이하의 벌금
㉱ 2년 이하의 징역 또는 2천만원 이하의 벌금

[해설] 에너지이용합리화법 제73조 2 참조.

58. 저탄소 녹색성장 기본법상 온실가스에 해당하지 않는 것은?
㉮ 이산화탄소   ㉯ 메탄
㉰ 수소   ㉱ 육불화황

[해설] 저탄소 녹색성장 기본법 제2조 9 참조.

59. 온실가스배출 감축실적의 등록 및 관리는 누가 하는가?
㉮ 지식경제부장관
㉯ 고용노동부장관
㉰ 에너지관리공단 이사장
㉱ 환경부장관

[해설] 에너지이용합리화법 제69조 ③항 9 참조.

60. 특정열사용기자재 및 설치·시공범위에서 기관에 속하지 않는 것은?
㉮ 축열식 전기보일러
㉯ 온수보일러
㉰ 태양열 집열기
㉱ 철금속가열로

[해설] 에너지이용 합리화법 시행규칙 제31조의 5 별표 3의 2 참조.

정답 57. ㉰   58. ㉰   59. ㉰   60. ㉱

● 에너지관리 기능사　　　[2011년 10월 9일 시행]

1. 보일러에 가장 많이 사용되는 안전밸브 종류는?
㉮ 중추식 안전밸브
㉯ 지렛대식 안전밸브
㉰ 중력식 안전밸브
㉱ 스프링식 안전밸브
[해설] 스프링식(용수철식)을 기준으로 하며 가장 많이 사용한다.

2. 전열면적이 25 m²인 연관 보일러를 5시간 연소시킨 결과 6000 kg의 증기가 발생했다면, 이 보일러의 전열면 증발률은 얼마인가?
㉮ 40 kg/m²·h　　㉯ 48 kg/m²·h
㉰ 65 kg/m²·h　　㉱ 240 kg/m²·h
[해설] $\dfrac{6000}{5 \times 25} = 48 \text{ kg/m}^2 \cdot \text{h}$
[참고] 전열면 증발률 $= \dfrac{\text{매시 증발량(kg/h)}}{\text{전열면적(m}^2\text{)}}$ [kg/m²·h]

3. 보염장치 중 공기와 분무 연료와의 혼합을 촉진시키는 역할을 하는 것은?
㉮ 보염기　　㉯ 콤버스터
㉰ 윈드박스　㉱ 버너타일
[해설] 윈드박스에 대한 문제이며 보염기(스테빌라이저)는 착화를 도모하며 화염의 실화 방지 및 안정을 도모해 준다.

4. 대형 보일러인 경우 송풍기가 작동하지 않으면 전자밸브가 열리지 않아 점화를 차단하는 인터로크는?
㉮ 프리퍼지 인터로크
㉯ 불착화 인터로크
㉰ 압력초과 인터로크
㉱ 저수위 인터로크

5. 제어편차가 설정치에 대하여 정(+), 부(-)에 따라 제어되는 2위치 동작은?
㉮ 미분동작　　㉯ 적분동작
㉰ 온 오프 동작　㉱ 다위치 동작

6. 중유의 첨가제 중 슬러지의 생성방지제 역할을 하는 것은?
㉮ 회분개질제　㉯ 탈수제
㉰ 연소촉진제　㉱ 안정제
[해설] ① 회분개질제 : 회분의 융점을 높여 고온부식 방지
② 탈수제 : 연료 속의 수분을 분리
③ 연소촉진제 : 분무를 양호하게 하여 연소를 촉진
④ 슬러지 분산제(안정제) : 슬러지 생성을 방지

7. 비교적 저압에서 고온의 증기를 얻을 수 있는 특수 열매체 보일러는?
㉮ 스코치 보일러　㉯ 슈미트 보일러
㉰ 다우섬 보일러　㉱ 뢰플러 보일러
[해설] 특수 열매체의 종류 : 수은, 다우섬, 카네크롤, 에스섬, 바렐섬, 서큐리티

8. 자동제어계에 있어서 신호 전달방법의 종류에 해당되지 않는 것은?
㉮ 전기식　　㉯ 유압식
㉰ 기계식　　㉱ 공기식

[정답] 1. ㉱　2. ㉯　3. ㉰　4. ㉮　5. ㉰　6. ㉱　7. ㉰　8. ㉰

9. 단위 중량당 연소열량이 가장 큰 연료 성분은?

㉮ 탄소(C) ㉯ 수소(H)
㉰ 일산화탄소(CO) ㉱ 황(S)

해설 C : 8100 kcal/kg, H : 34000 kcal/kg
CO : 2430 kcal/kg, S : 2500 kcal/kg

10. 50 kcal의 열량을 전부 일로 변환시키면 몇 kgf·m의 일을 할 수 있는가?

㉮ 13650 ㉯ 21350
㉰ 31600 ㉱ 43000

해설 1 kcal = 427 kgf·m이므로 50 × 427 = 21350 kgf·m

11. 배기가스의 압력손실이 낮고 집진효율이 가장 좋은 집진기는?

㉮ 원심력 집진기 ㉯ 세정 집진기
㉰ 여과 집진기 ㉱ 전기 집진기

12. 보일러용 연료에 관한 설명 중 틀린 것은?

㉮ 석탄 등과 같은 고체연료의 주성분은 탄소와 수소이다.
㉯ 연소효율이 가장 좋은 연료는 기체연료이다.
㉰ 대기오염이 큰 순서로 나열하면, 액체연료 > 고체연료 > 기체연료의 순이다.
㉱ 액체연료는 수송, 하역작업이 용이하다.

해설 대기오염이 큰 순서 : 고체연료 > 액체연료 > 기체연료

13. 증기설비에 사용되는 증기 트랩으로 과열증기에 사용할 수 있고, 수격현상에 강하며 배관이 용이하나 소음발생, 공기장해, 증기누설 등의 단점이 있는 트랩은?

㉮ 오리피스형 트랩
㉯ 디스크형 트랩
㉰ 벨로스형 트랩
㉱ 바이메탈형 트랩

해설 디스크형 트랩의 특징이다.

14. 다음 중 기체연료의 특징 설명으로 틀린 것은?

㉮ 저장이나 취급이 불편하다.
㉯ 연소조절 및 점화나 소화가 용이하다.
㉰ 회분이나 매연발생이 없어서 연소 후 청결하다.
㉱ 시설비가 적게 들어 다른 연료보다 연료비가 저가이다.

해설 기체연료는 시설비가 많이 들며 연료비가 고가이다.

15. 탄소 12 kg을 완전연소시키는데 필요한 산소량은 약 얼마인가?

㉮ 8 kg ㉯ 6 kg
㉰ 32 kg ㉱ 44 kg

해설 12 kg 연소시 이론산소량은 32 kg(22.4 Nm³)이다.

16. 유류 버너의 종류 중 2~7 kgf/cm² 정도 기압의 분무매체를 이용하여 연료를 분무하는 형식의 버너로서 2유체 버너라고도 하는 것은?

㉮ 유압식 버너 ㉯ 고압기류식 버너
㉰ 회전식 버너 ㉱ 환류식 버너

해설 고압기류식(고압증기 공기분무식) 버너에 대한 문제이다.

17. 연료의 연소열을 이용하여 보일러 열

정답 9. ㉯ 10. ㉯ 11. ㉱ 12. ㉰ 13. ㉯ 14. ㉱ 15. ㉰ 16. ㉯ 17. ㉰

효율을 증대시키는 부속장치로 거리가 가장 먼 것은?
㉮ 과열기   ㉯ 공기예열기
㉰ 연료예열기   ㉱ 절탄기

[해설] ㉮, ㉯, ㉱ 항 외에 재열기가 있다.

18. 다음 중 인젝터의 급수불량 원인으로 틀린 것은?
㉮ 인젝터 자체온도가 높을 때
㉯ 노즐이 마모 되었을 때
㉰ 흡입관(급수관)에 공기 침입이 없을 때
㉱ 증기압력이 2 kgf/cm² 이하로 낮을 때

[해설] 공기 침입이 있을 때 진공형성이 불가능하므로 급수불량이 된다.

19. 보일러 분출압력이 10 kgf/cm²이고 추식 안전밸브에 작용하는 힘이 200 kgf이면 안전밸브의 단면적은 얼마인가?
㉮ 10 cm²   ㉯ 20 cm²
㉰ 40 cm²   ㉱ 50 cm²

[해설] $\frac{200}{10} = 20 \text{ cm}^2$

[참고] 압력(kgf/cm²) = $\frac{힘(\text{kgf})}{면적(\text{cm}^2)}$

20. 저위발열량은 고위발열량에서 어떤 값을 뺀 것인가?
㉮ 물의 엔탈피량   ㉯ 수증기의 열량
㉰ 수증기의 온도   ㉱ 수증기의 압력

[해설] 수증기의 증발잠열 즉 600(9H+W)을 뺀 것이다.

21. 노통 연관식 보일러의 설명으로 틀린 것은?
㉮ 노통 보일러와 연관식 보일러의 단점을 보완한 구조다.
㉯ 설치가 복잡하고 또한 수관 보일러에 비해 일반적으로 제작 및 취급이 어렵다.
㉰ 최고사용압력이 2 MPa이하의 산업용 또는 난방용으로서 많이 사용된다.
㉱ 전열면적이 20~400 m², 최대증발량은 20 t/h 정도이다.

[해설] 수관 보일러에 비해 제작 및 취급이 용이하다.

22. 보일러 자동제어 중 제어동작이 연속적으로 일어나는 연속동작에 속하지 않는 것은?
㉮ 비례동작   ㉯ 적분동작
㉰ 미분동작   ㉱ 다위치 동작

[해설] 불연속동작에는 ON-OFF(2위치) 동작, 다위치 동작, 불연속 속도동작이 있다.

23. 관류 보일러의 특징 설명으로 틀린 것은?
㉮ 증기의 발생속도가 빠르다.
㉯ 자동제어장치를 필요로 하지 않는다.
㉰ 효율이 좋으며 가동시간이 짧다.
㉱ 임계압력 이상의 고압에 적당하다.

[해설] 관류 보일러는 반드시 자동제어장치를 필요로 한다.

24. 유체의 역류를 방지하여 유체가 한쪽 방향으로만 흐르게 하기 위해 사용하는 밸브는?
㉮ 앵글밸브   ㉯ 글로브밸브
㉰ 슬루스밸브   ㉱ 체크밸브

[해설] 체크밸브(역지변): 역류 방지용 밸브이다.

25. 서로 다른 두 종류의 금속판을 하나로 합쳐 온도 차이에 따라 팽창정도가 다른 점을 이용한 온도계는?
㉮ 바이메탈 온도계

[정답] 18. ㉰   19. ㉯   20. ㉯   21. ㉯   22. ㉱   23. ㉯   24. ㉱   25. ㉮

㉯ 압력식 온도계
㉰ 전기저항 온도계
㉱ 열전대 온도계

[해설] 바이메탈 온도계는 금속의 열팽창을 이용한 온도계이다.

26. 발열량 6000 kcal/kg인 연료 80 kg을 연소시켰을 때 실제로 보일러에 흡수된 유효열량이 408000 kcal이면 이 보일러의 효율은?

㉮ 70 % ㉯ 75 % ㉰ 80 % ㉱ 85 %

[해설] $\dfrac{408000}{80 \times 6000} \times 100 = 85\,\%$

[참고] 보일러 효율 $= \dfrac{유효열}{공급열} \times 100$

$= \dfrac{매시\ 증발량 \times (증기엔탈피 - 급수엔탈피)}{연료사용량 \times 연료의\ 발열량} \times 100\,\%$

27. 보일러 1마력을 상당증발량으로 환산하면 약 얼마인가?

㉮ 14.65 kg/h ㉯ 15.65 kg/h
㉰ 16.65 kg/h ㉱ 17.65 kg/h

[해설] 보일러 1마력일 때 상당증발량은 15.65 kg/h이며 열출력(열량)은 8435 kcal/h이다.

28. 여러 개의 섹션(section)을 조합하여 용량을 가감할 수 있으나 구조가 복잡하여 내부청소, 검사가 곤란한 보일러는?

㉮ 연관 보일러 ㉯ 스코치 보일러
㉰ 관류 보일러 ㉱ 주철제 보일러

29. 보일러 분출밸브의 크기와 개수에 대한 설명 중 틀린 것은?

㉮ 보일러 전열면적이 10 m² 이하인 경우에는 호칭지름 20 mm 이상으로 할 수 있다.
㉯ 최고사용압력이 7 kgf/cm² 이상인 보일러(이동식 보일러는 제외)의 분출관에는 분출밸브 2개 또는 분출밸브와 분출코크를 직렬로 갖추어야 한다.
㉰ 2개 이상의 보일러에서 분출관을 공동으로 하여서는 안된다. 다만, 개별 보일러마다 분출관에 체크밸브를 설치할 경우에는 예외로 한다.
㉱ 정상 시 보유수량 400 kg 이하의 강제 순환 보일러에는 열린 상태에서 전개하는 데 회전축을 적어도 3회전 이상 회전을 요하는 분출밸브 1개를 설치하여야 한다.

[해설] ㉱ 항에서 닫힌 상태에서 전개하는데 회전축을 적어도 5회전이상이다.

30. 가스 보일러의 점화 시 주의사항으로 틀린 것은?

㉮ 점화용 가스는 화력이 좋은 것을 사용하는 것이 필요하다.
㉯ 연소실 및 굴뚝의 환기는 완벽하게 하는 것이 필요하다.
㉰ 착화 후 연소가 불안정할 때에는 즉시 가스공급을 중단한다.
㉱ 콕(cock), 밸브에 소다수를 이용하여 가스가 새는지 확인한다.

[해설] 비눗물을 이용하여 가스가 새는지 확인한다.

31. 보일러 검사의 종류 중 개조검사의 적용대상으로 틀린 것은?

㉮ 증기 보일러를 온수 보일러로 개조하는 경우
㉯ 보일러 섹션의 증감에 의하여 용량을 변경하는 경우
㉰ 동체·경판 및 이와 유사한 부분을 용

접으로 제조하는 경우
㉣ 연료 또는 연소방법을 변경하는 경우

[해설] 열사용기자재 관리규칙 제32조 별표 8 참조.

32. 증기를 송기할 때 주의사항으로 틀린 것은?
㉮ 과열기의 드레인을 배출시킨다.
㉯ 증기관 내의 수격작용을 방지하기 위해 응축수가 배출되지 않도록 한다.
㉰ 주증기밸브를 조금 열어서 주증기관을 따뜻하게 한다.
㉱ 주증기밸브를 완전히 개폐한 후 조금 되돌려 놓는다.

[해설] 응축수가 배출되도록 해야 한다.

33. 건물을 구성하는 구조체 즉 바닥, 벽 등에 난방용 코일을 묻고 열매체를 통과시켜 난방을 하는 것은?
㉮ 대류난방   ㉯ 복사난방
㉰ 간접난방   ㉱ 전도난방

[해설] 복사난방에 대한 문제이며 간접난방은 가열된 공기를 덕트를 통해 난방을 하는 것이다.

34. 이온교환법에서 재생탑에 원수를 통과시켜 수중의 일부 또는 전부의 이온을 이온교환 또는 제거시키는 공정을 무엇이라 하는가?
㉮ 수세   ㉯ 역세   ㉰ 부하   ㉱ 통약

[해설] 부하 공정에 대한 내용이며 통약은 재생체를 집어 넣는 과정이고 압출은 약 10~20분간 통수하여 재생완료시키는 조작이다.

35. 보일러 파열사고 원인 중 취급자의 부주의로 발생하는 사고가 아닌 것은?
㉮ 미연소 가스폭발

㉯ 저수위 사고
㉰ 래미네이션
㉱ 압력초과

[해설] 래미네이션(lamination)은 강재의 결함이다.

36. 방열기의 설치 시 외기에 접한 창문 아래에 설치하는 이유를 올바르게 설명한 것은?
㉮ 설비비가 싸기 때문에
㉯ 실내의 공기가 대류작용에 의해 순환되도록 하기 위해서
㉰ 시원한 공기가 필요하기 때문에
㉱ 더운 공기 커텐 형성으로 온수의 누입을 방지하기 위해서

37. 온수 보일러를 설치·시공하는 시공업자가 보일러를 설치한 후 확인하는 사항이 아닌 것은?
㉮ 수압시험
㉯ 자동제어에 의한 성능시험
㉰ 시공기준 작성
㉱ 연소계통 누설확인

[해설] ① 수압시험 및 안전장치 점검
② 연소계통 누설확인 및 배기성능 시험
③ 온수순환 시험
④ 자동제어에 의한 성능시험
⑤ 보온상태 확인

38. 온수발생 보일러에서 보일러의 전열면적이 15~20 m² 미만일 경우 방출관의 안지름은 몇 mm 이상으로 해야 하는가?
㉮ 25   ㉯ 30   ㉰ 40   ㉱ 50

[해설] ① 10 m² 미만 : 25 mm 이상
② 10 m² 이상 15 m² 미만 : 30 mm 이상
③ 15 m² 이상 20 m² 미만 : 40 mm 이상
④ 20 m² 이상 : 50 mm 이상

[정답] 32. ㉯ 33. ㉯ 34. ㉰ 35. ㉰ 36. ㉯ 37. ㉰ 38. ㉰

39. 온수 보일러에서 팽창탱크를 설치할 경우 설명이 잘못된 것은?
㉮ 내식성 재료를 사용하거나 내식 처리된 탱크를 설치하여야 한다.
㉯ 100 ℃의 온수에도 충분히 견딜 수 있는 재료를 사용하여야 한다.
㉰ 밀폐식 팽창탱크의 경우 상부에 물빼기 관이 있어야 한다.
㉱ 동결 우려가 있을 경우에는 보온을 한다.
[해설] 개방식 팽창탱크의 경우 하부에 물빼기 관이 있어야 한다.

40. 중유예열기의 종류에 속하지 않는 것은?
㉮ 증기식 예열기 ㉯ 압력식 예열기
㉰ 온수식 예열기 ㉱ 전기식 예열기
[해설] 열원에 따른 종류에는 전기식, 증기식, 온수식이 있다.

41. 환수관 내 유속이 타 방식에 비하여 빠르고 방열기 내의 공기도 배제할 수 있을 뿐 아니라 방열량을 광범위하게 조절할 수 있어서 대규모 난방에 많이 채택되는 증기 난방법은?
㉮ 습식 환수방식 ㉯ 건식 환수방식
㉰ 기계 환수방식 ㉱ 진공 환수방식
[해설] 증기난방에서 응축수 환수방식 중 진공 환수방식에 대한 난방법이다.

42. 보일러 조정자의 직무로 가장 적절하지 않은 것은?
㉮ 압력, 수위 및 연소상태를 감시할 것
㉯ 급격한 부하의 변동을 주지 않도록 노력할 것
㉰ 1주일에 1회 이상 수면측정장치의 기능을 점검할 것
㉱ 최고사용압력을 초과하지 않도록 할 것
[해설] 1일에 1회 이상 수면측정장치 기능을 점검해야 한다.

43. 방열기 도시기호에서 W-H란?
㉮ 벽걸이 종형 ㉯ 벽걸이 주형
㉰ 벽걸이 횡형 ㉱ 벽걸이 세주형
[해설] W-H : 벽걸이 횡형, W-V : 벽걸이 종형

44. 주철제 방열기로 온수난방을 하는 사무실의 난방부하가 4200 kcal/h일 때, 방열면적은 약 몇 m² 인가?
㉮ 6.5 ㉯ 7.6 ㉰ 9.3 ㉱ 11.7
[해설] $\frac{4200}{450} = 9.3 \text{ m}^2$

45. 수관 보일러를 외부청소할 때 사용하는 작업방법에 속하지 않는 것은?
㉮ 에어쇼킹법 ㉯ 스팀쇼킹법
㉰ 워터쇼킹법 ㉱ 통풍쇼킹법
[해설] ① 에어쇼킹법(압축공기분무제거법)
② 스팀쇼킹법(증기분무제거법)
③ 워터쇼킹법(물분무제거법)
④ 샌드블로법(모래사용제거법)

46. 전열면적이 10 m² 이하의 보일러에서는 급수밸브 및 체크밸브의 크기는 호칭 몇 A 이상 이어야 하는가?
㉮ 10 ㉯ 15 ㉰ 5 ㉱ 20
[해설] 10 m² 이하 : 15 A 이상
10 m² 초과 : 20A 이상

47. 보일러의 과열방지 대책으로 틀린 것은?
㉮ 보일러 동 내면에 스케일 고착을 유도할 것

㉰ 보일러 수위를 너무 낮게 하지 말 것
㉱ 보일러 수를 농축시키지 말 것
㉲ 보일러 수의 순환을 좋게 할 것
[해설] 스케일 고착을 방지해야 한다.

48. 안전관리 목적과 가장 거리가 먼 것은?
㉮ 생산성의 향상
㉯ 경제성의 향상
㉰ 사회복지의 증진
㉱ 작업기준의 명확화

49. 다음 내용에서 (A)에 들어갈 적당한 용어는?

하트포드접속법이란 저압 증기난방의 습식 환수방식에서 보일러수위가 환수관의 누설로 인해 저수위 사고가 발생하는 것을 방지하기 위해 증기관과 환수관 사이에 (A)에서 50 mm 아래에 균형관을 설치하는 것을 말한다.

㉮ 표준수면　　㉯ 안전수면
㉰ 상용수면　　㉱ 안전저수면

50. 다음 중 배관용 탄소강관의 기호로 맞는 것은?
㉮ SPP　　㉯ SPPS
㉰ SPPH　　㉱ SPA
[해설] ① SPP(steel pipe piping) : 배관용 탄소강관
② SPPS(steel pipe pressure service) : 압력 배관용 탄소강관
③ SPPH(steel pipe pressure high) : 고압 배관용 탄소강관
④ SPA(steel pipe alloy) : 배관용 합금강관

51. 보일러의 연소 시 주의사항 중 급격한 연소가 되어서는 안 되는 이유로 가장 옳은 것은?
㉮ 보일러 수(水)의 순환을 해친다.
㉯ 급수탱크 파손의 원인이 된다.
㉰ 보일러와 벽돌 쌓은 접촉부에 틈을 증가시킨다.
㉱ 보일러 효율을 증가시킨다.
[해설] 급격한 연소를 한 경우에는 부동팽창에 의하여 접촉부에 틈을 증가시킨다.

52. 가스 보일러에서 역화가 일어나는 경우가 아닌 것은?
㉮ 버너가 과열된 경우
㉯ 1차 공기의 흡인이 너무 많은 경우
㉰ 가스 압이 낮아질 경우
㉱ 버너가 부식에 의해 염공이 없는 경우
[해설] 버너가 부식에 의해 염공이 있는 경우에 역화 일어난다.

53. 온수난방 설비의 밀폐식 팽창탱크에 설치되지 않는 것은?
㉮ 수위계　　㉯ 압력계
㉰ 배기관　　㉱ 안전밸브
[해설] 배기관 및 일수관은 개방식 팽창탱크에 설치되는 것이다.

54. 온수방열기의 입구 온수온도가 90 ℃, 출구온도가 70 ℃이고, 온수 공급량이 400 kg/h일 때 이 방열기의 방열량은 몇 kcal/h인가? (단, 온수의 비열은 1 kcal/kg℃이다.)
㉮ 36000　　㉯ 8000
㉰ 28000　　㉱ 24000
[해설] $400 \times 1 \times (90-70) = 8000$ kcal/h

55. 정부가 녹색국토를 조성하기 위하여

[정답] 48. ㉱　49. ㉮　50. ㉮　51. ㉰　52. ㉱　53. ㉰　54. ㉯　55. ㉱

마련하는 시책에 포함하는 사항을 틀리게 설명한 것은?
㉮ 산림·녹지의 확충 및 광역생태축 보전
㉯ 친환경 교통체계의 확충
㉰ 자연재해로 인한 국토 피해의 완화
㉱ 저탄소 항만의 건설 및 기존 항만의 고탄소 항만으로 전환

[해설] 저탄소 녹색성장 기본법 제51조 ②항 참조.

56. 열사용기자재인 축열식 전기 보일러는 정격소비전력은 몇 kW이하이며, 최고 사용압력은 몇 MPa 이하인 것인가?
㉮ 30 kW, 0.35 MPa
㉯ 40 kW, 0.5 MPa
㉰ 50 kW, 0.75 MPa
㉱ 100 kW, 0.1 MPa

[해설] 에너지이용합리화법 시행규칙 제1조의 2 별표 1 참조.

57. 녹색성장위원회의 위원장 2명 중 1명은 국무총리가 되고 또 다른 한명은 누가 지명하는 사람이 되는가?
㉮ 대통령
㉯ 국무총리
㉰ 지식경제부장관
㉱ 환경부장관

[해설] 저탄소 녹색성장 기본법 제14조 ③항 참조.

58. 특정열사용기자재 중 검사대상기기를 설치하거나 개조하여 사용하려는 자는 누구의 검사를 받아야 하는가?
㉮ 검사대상기기 제조업자
㉯ 시·도지사
㉰ 에너지관리공단 이사장
㉱ 시공업자단체의 장

[해설] 에너지이용합리화법 시행령 제51조 ②항 참조.

59. 효율관리기자재에 대한 에너지소비효율, 소비효율등급 등을 측정하는 효율관리시험기관은 누가 지정하는가?
㉮ 대통령
㉯ 시·도지사
㉰ 지식경제부장관
㉱ 에너지관리공단 이사장

[해설] 에너지이용합리화법 제15조 ②항 참조.

60. 에너지이용 합리화법 시행령에서 지식경제부장관은 에너지이용 합리화에 관한 기본계획을 몇 년마다 수립하여야 하는가?
㉮ 1년 ㉯ 2년
㉰ 3년 ㉱ 5년

[해설] 에너지이용합리화법 시행령 제3조 ①항 참조.

정답 56. ㉮ 57. ㉮ 58. ㉰ 59. ㉰ 60. ㉱

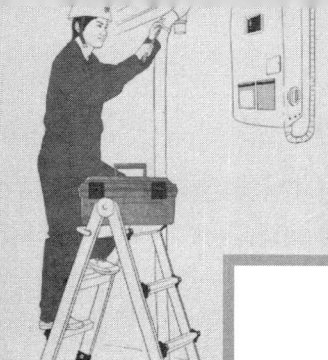

2012년도 출제 문제

● 에너지관리 기능사 　　　　　[2012년 2월 12일 시행]

1. 연료의 인화점에 대한 설명으로 가장 옳은 것은?
㉮ 가연물을 공기 중에서 가열했을 때 외부로부터 점화원 없이 발화하여 연소를 일으키는 최저온도
㉯ 가연성 물질이 공기 중의 산소와 혼합하여 연소할 경우에 필요한 혼합가스의 농도범위
㉰ 가연성 액체의 증기 등이 불씨에 의해 불이 붙는 최저온도
㉱ 연료의 연소를 계속시키기 위한 온도
[해설] ㉮항은 착화점(발화점), ㉯항은 연소범위, ㉰항은 인화점, ㉱항은 연소온도에 대한 설명이다.

2. 다음 중 파형 노통의 종류가 아닌 것은?
㉮ 모리슨형　　㉯ 아담슨형
㉰ 파브스형　　㉱ 브라운형
[해설] 파형 노통의 종류 : 모리슨형, 파브스형, 브라운형, 데이튼형, 리즈포즈형, 폭스형.

3. 주철제 보일러의 일반적인 특징 설명으로 틀린 것은?
㉮ 내열성과 내식성이 우수하다.
㉯ 대용량의 고압 보일러에 적합하다.
㉰ 열에 의한 부동팽창으로 균열이 발생하기 쉽다.
㉱ 쪽수의 증감에 따라 용량조절이 편리하다.
[해설] 주철제 보일러는 소용량의 저압 보일러에 적합하다.

4. 증기의 압력에너지를 이용하여 피스톤을 작동시켜 급수를 행하는 비동력 펌프는?
㉮ 워싱턴 펌프　　㉯ 기어 펌프
㉰ 벌류트 펌프　　㉱ 디퓨저 펌프
[해설] 워싱턴 펌프와 위어 펌프는 증기의 압력에너지를 이용한 비동력 펌프이다.

5. 보일러 효율을 올바르게 설명한 것은?
㉮ 증기 발생에 이용된 열량과 보일러에 공급한 연료가 완전연소할 때의 열량과의 비
㉯ 배기가스 열량과 연소실에서 발생한 열량과의 비
㉰ 연도에서 열량과 보일러에 공급한 연료가 완전연소할 때의 열량과의 비
㉱ 총 손실 열량과 연료의 연소 열량과의 비
[해설] 보일러 효율 = $\dfrac{\text{증기 발생에 이용된 열량}}{\text{보일러에 공급한 연료가 완전연소할 때의 열량}} \times 100\%$

6. 수관식 보일러의 종류에 속하지 않는

정답　1. ㉰　2. ㉯　3. ㉯　4. ㉮　5. ㉮　6. ㉱

것은?
㉮ 자연순환식   ㉯ 강제순환식
㉰ 관류식   ㉱ 노통연관식

[해설] 수관식 보일러를 물의 순환 방식에 따라 분류하면 자연순환식, 강제순환식, 관류식으로 구분한다.

7. 건포화 증기 100℃의 엔탈피는 얼마인가?
㉮ 639 kcal/kg   ㉯ 539 kcal/kg
㉰ 100 kcal/kg   ㉱ 439 kcal/kg

[해설] 표준대기압 하에서 건포화 증기의 엔탈피는 639 kcal/kg이며 증발 잠열은 539 kcal/kg이다.

8. 분사관을 이용해 선단에 노즐을 설치하여 청소하는 것으로 주로 고온의 전열면에 사용하는 수트 블로어(soot blower)의 형식은?
㉮ 롱 레트랙터블(long retractable) 형
㉯ 로터리(rotary) 형
㉰ 건(gun) 형
㉱ 에어히터클리너(air heater cleaner) 형

[해설] ① 롱 레트랙터블형: 보일러 고온부인 과열기나 수관용으로 고온의 열가스 통로에만 사용한다.
② 쇼트 레트랙터블형: 연소실 노벽에 부착되어 있는 그을음 제거에 사용한다.
③ 로터리형: 절탄기, 공기예열기, 보일러 전열면 등에 많이 사용한다.
④ 건형: 미분탄 및 폐열 보일러 같은 연재가 많은 보일러에 사용한다.
⑤ 에어히터 클리너형: 관형 공기예열기에 사용되는 특수형이다.

9. 공기 과잉계수(excess air coefficient)를 증가시킬 때, 연소가스 중의 성분 함량이 공기 과잉계수에 맞춰서 증가하는 것은?

㉮ CO_2 ㉯ SO_2
㉰ O_2 ㉱ CO

[해설] 공기 과잉계수를 증가시킬 때(과잉 공기량이 과다) 연소가스 중의 O_2 성분이 증가하고 CO_2 성분은 감소하며 공기 과잉계수를 감소시킬 때(공기량 부족) 연소가스 중의 CO 성분이 증가한다.

10. 보일러의 연소가스 폭발 시에 대비한 안전장치는?
㉮ 방폭문   ㉯ 안전밸브
㉰ 파괴판   ㉱ 맨홀

[해설] 방폭문(폭발문)은 연소가스 폭발 시에 생성되는 가스를 외부로 배출시켜 주는 안전장치이다.

11. 다음 중 매연 발생의 원인이 아닌 것은 어느 것인가?
㉮ 공기량이 부족할 때
㉯ 연료와 연소장치가 맞지 않을 때
㉰ 연소실의 온도가 낮을 때
㉱ 연소실의 용적이 클 때

[해설] 연소실의 용적이 작을 때 연료가 불완전연소하여 매연이 발생한다.

12. 절탄기에 대한 설명 중 옳은 것은?
㉮ 절탄기의 설치방식은 혼합식과 분배식이 있다.
㉯ 절탄기의 급수예열온도는 포화온도 이상으로 한다.
㉰ 연료의 절약과 증발량의 감소 및 열효율을 감소시킨다.
㉱ 급수와 보일러 수의 온도차 감소로 열응력을 줄여준다.

[해설] 절탄기의 급수예열온도는 포화온도 이하로 해야 하며 증발량 및 열효율을 증가시켜 주고 열응력을 줄여준다.

13. 어떤 고체연료의 저위발열량이 6940 kcal/kg이고 연소효율이 92%라 할 때 이 연료의 단위량의 실제 발열량을 계산하면 약 얼마인가?

㉮ 6385 kcal/kg ㉯ 6943 kcal/kg
㉰ 7543 kcal/kg ㉱ 8900 kcal/kg

[해설] $6940 \times 0.92 = 6384.8$ kcal/kg

14. 보일러의 마력을 옳게 나타낸 것은?

㉮ 보일러 마력 = 15.65 × 매시 상당증발량
㉯ 보일러 마력 = 15.65 × 매시 실제증발량
㉰ 보일러 마력 = 15.65 ÷ 매시 실제증발량
㉱ 보일러 마력 = 매시 상당증발량 ÷ 15.65

[해설] 1 보일러 마력의 상당증발량이 15.65 kg/h이므로

$$보일러 마력 = \frac{상당증발량(kg/h)}{15.65 \, kg/h}$$

15. 다음 중 비접촉식 온도계의 종류가 아닌 것은?

㉮ 광전관식 온도계
㉯ 방사 온도계
㉰ 광고 온도계
㉱ 열전대 온도계

[해설] 비접촉식 온도계의 종류에는 광전관식 온도계, 광고 온도계, 방사 온도계, 색 온도계가 있다.

16. 다음 중 보일러에서 연소가스의 배기가 잘 되는 경우는?

㉮ 연도의 단면적이 작을 때
㉯ 배기가스온도가 높을 때
㉰ 연도에 급한 굴곡이 있을 때
㉱ 연도에 공기가 많이 침입 될 때

[해설] 연소가스의 배기가 잘 되는 경우(통풍력이 증가되는 경우)
① 연도의 단면적이 클 때
② 배기가스온도가 높을 때(외기온도는 낮을 때)
③ 연도 길이가 짧고 굴곡이 없을 때
④ 연도 및 연돌로 냉기의 침입이 없을 때
⑤ 연돌 높이가 높을 때
⑥ 외기의 비중량이 크고 배기가스의 비중량이 작을수록

17. 일반적으로 보일러 패널 내부온도는 몇 ℃를 넘지 않도록 하는 것이 좋은가?

㉮ 70℃ ㉯ 60℃
㉰ 80℃ ㉱ 90℃

18. 수관식 보일러에서 건조증기를 얻기 위하여 설치하는 것은?

㉮ 급수내관 ㉯ 기수분리기
㉰ 수위경보기 ㉱ 과열저감기

[해설] 건조한 증기를 얻기 위하여 수관식 보일러에서는 기수분리기를 원통형 보일러에서는 비수방지관을 설치한다.

19. 온수 보일러의 수위계 설치 시 수위계의 최고 눈금은 보일러의 최고사용압력의 몇 배로 하여야 하는가?

㉮ 1배 이상 3배 이하
㉯ 3배 이상 4배 이하
㉰ 4배 이상 6배 이하
㉱ 7배 이상 8배 이하

[해설] 온수 보일러에 설치하는 수위계의 최고 눈금은 보일러 최고사용압력의 1배 이상 3배 이하로 해야 한다.
[참고] 압력계의 최고 눈금은 보일러 최고사용압력의 1.5배 이상 3배 이하로 해야 한다.

20. 액체연료의 연소용 공기 공급방식에서 1차 공기를 설명한 것으로 가장 적합한 것은?

[정답] 13. ㉮ 14. ㉱ 15. ㉱ 16. ㉯ 17. ㉯ 18. ㉯ 19. ㉮ 20. ㉮

㉮ 연료의 무화와 산화반응에 필요한 공기
㉯ 연료의 후열에 필요한 공기
㉰ 연료의 예열에 필요한 공기
㉱ 연료의 완전연소에 필요한 부족한 공기를 추가로 공급하는 공기

[해설] 연료의 무화 및 산화반응에 필요한 공기를 1차 공기라 하며 연료의 연소용 공기에 필요한 공기를 2차 공기라 한다.

21. 기체연료의 연소방식과 관계가 없는 것은?

㉮ 확산 연소방식
㉯ 예혼합 연소방식
㉰ 포트형과 버너형
㉱ 회전 분무식

[해설] 기체연료의 연소방식에는 확산 연소방식과 예혼합 연소방식이 있으며 확산 연소방식에 사용되는 연소장치에는 포트형과 버너형 버너가 있고 예혼합 연소방식에 사용되는 연소장치에는 고압 버너, 저압 버너, 송풍 버너가 있다.

22. 건도를 x라고 할 때 습증기는 어느 것인가?

㉮ $x=0$ ㉯ $0<x<1$
㉰ $x=1$ ㉱ $x>1$

[해설] ① 포화수 : $x=0$
② 건포화증기 : $x=1$
③ 습포화증기 : $0<x<1$

23. 보일러 급수펌프인 터빈 펌프의 일반적인 특징이 아닌 것은?

㉮ 효율이 높고 안정된 성능을 얻을 수 있다.
㉯ 구조가 간단하고 취급이 용이하므로 보수관리가 편리하다.
㉰ 토출 시 흐름이 고르고 운전상태가 조용하다.
㉱ 저속회전에 적합하며 소형이면서 경량이다.

[해설] 고속회전에 적합하며 소형이면서 경량이다.

24. 보일러 부속장치 설명 중 잘못된 것은?

㉮ 기수분리기 : 증기 중에 혼입된 수분을 분리하는 장치
㉯ 수트 블로어 : 보일러 동 저면의 스케일, 침전물 등을 밖으로 배출하는 장치
㉰ 오일스트레이너 : 연료 속의 불순물 방지 및 유량계 펌프 등의 고장을 방지하는 장치
㉱ 스팀 트랩 : 응축수를 자동으로 배출하는 장치

[해설] 수트 블로어(soot blower)는 전열면에 부착된 그을음을 제거하는 장치이다.

25. 고체 연료와 비교하여 액체 연료 사용 시의 장점을 잘못 설명한 것은?

㉮ 인화의 위험성이 없으며 역화가 발생하지 않는다.
㉯ 그을음이 적게 발생하고 연소효율도 높다.
㉰ 품질이 비교적 균일하며 발열량이 크다.
㉱ 저장 및 운반 취급이 용이하다.

[해설] 액체 연료는 인화의 위험성이 있으며 역화를 일으키기 쉽다.

26. 집진효율이 대단히 좋고, 0.5 µm 이하 정도의 미세한 입자도 처리할 수 있는 집진장치는?

㉮ 관성력 집진기
㉯ 전기식 집진기
㉰ 원심력 집진기

[정답] 21. ㉱ 22. ㉯ 23. ㉱ 24. ㉯ 25. ㉮ 26. ㉯

라 멀티사이클론식 집진기

27. 열정산의 방법에서 입열 항목에 속하지 않는 것은?
㉮ 발생증기의 흡수열
㉯ 연료의 연소열
㉰ 연료의 현열
㉱ 공기의 현열

[해설] 입열 항목에는 연료의 연소열(연료의 발열량), 연료의 현열, 공기의 현열, 노내 분입증기의 보유열이 있다.

28. 보일러의 자동제어장치로 쓰이지 않는 것은?
㉮ 화염검출기   ㉯ 안전밸브
㉰ 수위검출기   ㉱ 압력조절기

[해설] 안전밸브는 자동제어장치로 쓰이지 않는다.

29. 급수온도 30 ℃에서 압력 1 MPa 온도 180 ℃의 증기를 1시간당 10000 kg 발생시키는 보일러에서 효율은 약 몇 %인가? (단, 증기엔탈피는 664 kcal/kg, 표준상태에서 가스사용량은 500 m³/h, 이 연료의 저위 발열량은 15000 kcal/m³이다.)
㉮ 80.5 %   ㉯ 84.5 %
㉰ 87.65 %   ㉱ 91.65 %

[해설] $\dfrac{10000 \times (664 - 30)}{500 \times 15000} \times 100 = 84.5\,\%$

30. 보일러의 사고발생 원인 중 제작상의 원인에 해당되지 않는 것은?
㉮ 용접불량   ㉯ 가스폭발
㉰ 강도부족   ㉱ 부속장치 미비

[해설] 가스폭발, 부속장치 점검 및 정비 불충분 등은 취급상의 원인에 해당한다.

31. 그림 기호와 같은 밸브의 종류 명칭은?
㉮ 게이트밸브
㉯ 체크밸브
㉰ 볼밸브
㉱ 안전밸브

[해설] ① 게이트 밸브 : ⋈
② 글로브 밸브 : ⋈(●)
③ 볼 밸브 : ⋈
④ 안전밸브 : ⋈

32. 보일러의 검사기준에 관한 설명으로 틀린 것은?
㉮ 수압시험은 보일러의 최고사용압력이 15 kgf/cm²를 초과할 때에는 그 최고사용압력의 1.5배의 압력으로 한다.
㉯ 보일러 운전 중에 비눗물 시험 또는 가스누설검사기로 배관접속부위 및 밸브류 등의 누설 유무를 확인한다.
㉰ 시험수압은 규정된 압력의 8 % 이상을 초과하지 않도록 모든 경우에 대한 적절한 제어를 마련하여야 한다.
㉱ 화재, 천재지변 등 부득이한 사정으로 검사를 실시할 수 없는 경우에는 재신청 없이 다시 검사를 하여야 한다.

[해설] 시험수압은 규정된 압력의 6 % 이상을 초과하지 않도록 적절한 제어를 마련해야 한다.

33. 보일러 보존 시 건조제로 주로 쓰이는 것이 아닌 것은?
㉮ 실리카겔   ㉯ 활성알루미나
㉰ 염화마그네슘 ㉱ 염화칼슘

[해설] 건조제(흡습제)의 종류에는 생석회(산화칼슘), 실리카 겔, 염화칼슘, 오산화인, 활성알루미나, 기화성 방청제가 있다.

정답 27. ㉮ 28. ㉯ 29. ㉯ 30. ㉯ 31. ㉯ 32. ㉰ 33. ㉰

34. 배관의 신축이음 종류가 아닌 것은?
㉮ 슬리브형   ㉯ 벨로스형
㉰ 루프형   ㉱ 파이럿형

[해설] 신축이음 장치의 종류에는 만곡관형(루프형, 밴드형), 슬리브형, 벨로스형, 스위블형 등이 있다.

35. 진공환수식 증기 배관에서 리프트 피팅(lift fitting)으로 흡상할 수 있는 1단의 최고 흡상높이는 몇 m 이하로 하는 것이 좋은가?
㉮ 1 m   ㉯ 1.5 m
㉰ 2 m   ㉱ 2.5 m

[해설] 리프트 피팅 이음에서 1단의 흡상높이는 1.5 m 이하로 해야 한다.

36. 난방부하 계산과정에서 고려하지 않아도 되는 것은?
㉮ 난방형식
㉯ 주위환경 조건
㉰ 유리창의 크기 및 문의 크기
㉱ 실내와 외기의 온도

[해설] 난방부하 계산과정에서 고려해야 할 사항
 ① 주위환경 조건
 ② 유리창 및 창문의 크기 및 위치
 ③ 실내와 외기의 온도
 ④ 건물의 위치
 ⑤ 천장 높이
 ⑥ 건축 구조
 ⑦ 마루 등의 공간 난방 유무

37. 다음 보온재의 종류 중 안전사용(최고)온도(℃)가 가장 낮은 것은?
㉮ 펄라이트보온판·통
㉯ 탄화코르판
㉰ 글라스울 블랭킷
㉱ 내화단열벽돌

[해설] ① 펄라이트보온판·통 : 650℃ 정도
 ② 탄화코르판 : 130℃ 정도
 ③ 글라스울브랭킷 : 350℃ 정도
 ④ 내화단열벽돌 : 1300℃ 정도

38. 다음 중 보일러 손상의 하나인 압궤가 일어나기 쉬운 부분은?
㉮ 수관   ㉯ 노통
㉰ 동체   ㉱ 갤러웨이관

[해설] ① 압궤가 일어나기 쉬운 부분 : 노통, 연관
 ② 팽출이 일어나기 쉬운 부분 : 수관, 갤러웨이관, 드럼 저부

39. 다음 중 보일러의 안전장치에 해당되지 않는 것은?
㉮ 방출밸브   ㉯ 방폭문
㉰ 화염검출기   ㉱ 감압밸브

[해설] 감압밸브는 송기장치에 해당된다.

40. 열전도율이 다른 여러 층의 매체를 대상으로 정상상태에서 고온 측으로부터 저온 측으로 열이 이동할 때의 평균 열통과율을 의미하는 것은?
㉮ 엔탈피   ㉯ 열복사율
㉰ 열관류율   ㉱ 열용량

[해설] 열전달 → 열전도 → 열전달 과정을 거치는 열관류율을 열통과율이라고도 한다.

41. 엘보나 티와 같이 내경이 나사로 된 부품을 폐쇄할 필요가 있을 때 사용되는 것은?
㉮ 캡   ㉯ 니플
㉰ 소켓   ㉱ 플러그

[해설] 내경이 나사로 된 부품을 패쇄할 때는 플러그(Plug)가, 외경이 나사로 된 부품을 패쇄할 때는 캡(CAP)이 사용된다.

정답 34. ㉱ 35. ㉯ 36. ㉮ 37. ㉯ 38. ㉯ 39. ㉱ 40. ㉰ 41. ㉱

42. 사용 중인 보일러의 점화 전 주의사항으로 잘못된 것은?
  ㉮ 연료계통을 점검한다.
  ㉯ 각 밸브의 개폐상태를 확인한다.
  ㉰ 댐퍼를 닫고 프리퍼지를 한다.
  ㉱ 수면계의 수위를 확인한다.
  [해설] 보일러 점화 전에는 댐퍼를 열고 프리퍼지(Pre Purge)를 해야 한다.

43. 호칭지름 15 A의 강관을 굽힘 반지름 80 mm, 각도 90°로 굽힐 때 굽힘부의 필요한 중심 곡선부 길이는 약 몇 mm인가?
  ㉮ 126 ㉯ 135 ㉰ 182 ㉱ 251
  [해설] $80 \times 2 \times \pi \times \dfrac{90}{360} = 126$ mm

44. 난방부하가 2250 kcal/h인 경우 온수방열기의 방열면적은 몇 m²인가? (단, 방열기의 방열량은 표준방열량으로 한다.)
  ㉮ 3.5 ㉯ 4.5 ㉰ 5.0 ㉱ 8.3
  [해설] $\dfrac{2250}{450} = 5$ m²
  [참고] 온수방열기의 표준방열량은 450 kcal/m²h이며 증기 방열기의 표준방열량은 650 kcal/m²h이다.

45. 증기 트랩을 기계식 트랩(mechanical trap), 온도조절식 트랩(thermostatic trap), 열역학적 트랩(thermodynamic trap)으로 구분할 때 온도조절식 트랩에 해당하는 것은?
  ㉮ 버킷 트랩   ㉯ 플로트 트랩
  ㉰ 열동식 트랩 ㉱ 디스크형 트랩
  [해설] 열동식 트랩은 벨로스의 신축을 이용한 온도조절식 트랩이며 방열기에 사용되고 일명 실로폰 트랩이라고도 한다.

46. 철금속가열로란 단조가 가능하도록 가열하는 것을 주목적으로 하는 노로써 정격용량이 몇 kcal/h를 초과하는 것을 말하는가?
  ㉮ 200000 ㉯ 500000
  ㉰ 100000 ㉱ 300000
  [해설] 정격용량이 500000 kcal/h를 초과하는 것을 말한다.

47. 연소 시작 시 부속설비 관리에서 급수예열기에 대한 설명으로 틀린 것은?
  ㉮ 바이패스 연도가 있는 경우에는 연소가스를 바이패스시켜 물이 급수예열기 내를 유동하게 한 후 연소가스를 급수예열기 연도에 보낸다.
  ㉯ 댐퍼 조작은 급수예열기 연도의 입구 댐퍼를 열고 최후에 바이패스 연도 댐퍼를 닫는다.
  ㉰ 바이퍼스 연도가 없는 경우 순환관을 이용하여 급수예열기 내의 물을 유동시켜 급수예열기 내부에 증기가 발생하지 않도록 주의한다.
  ㉱ 순환관이 없는 경우는 보일러에 급수하면서 적량의 보일러 수 분출을 실시하여 급수예열기 내의 물을 정체시키지 않도록 하여야 한다.
  [해설] 댐퍼 조작은 급수예열기 출구 댐퍼를 먼저 열고 난 다음에 입구 댐퍼를 열고 최후에 바이패스 연도 댐퍼를 닫는다.

48. 급수탱크의 설치에 대한 설명 중 틀린 것은?
  ㉮ 급수탱크를 지하에 설치하는 경우에는 지하수, 하수, 침출수 등이 유입되지 않도록 하여야 한다.
  ㉯ 급수탱크의 크기는 용도에 따라 1~2

[정답] 42. ㉰ 43. ㉮ 44. ㉰ 45. ㉰ 46. ㉯ 47. ㉯ 48. ㉱

시간 정도 급수를 공급할 수 있는 크기로 한다.
㉰ 급수탱크는 얼지 않도록 보온 등 방호조치를 하여야 한다.
㉱ 탈기기가 없는 시스템의 경우 급수에 공기 용입 우려로 인해 가열장치를 설치해서는 안 된다.

49. 온수난방에서 역귀환방식을 채택하는 주된 이유는?

㉮ 각 방열기에 연결된 배관의 신축을 조정하기 위해서
㉯ 각 방열기에 연결된 배관 길이를 짧게 하기 위해서
㉰ 각 방열기에 공급되는 온수를 식지 않게 하기 위해서
㉱ 각 방열기에 공급되는 유량분배를 균등하게 하기 위해서

[해설] 유량분배를 균등하게 하기 위해서 역귀환방식을 채택한다.

50. 본래 배관의 회전을 제한하기 위하여 사용되어 왔으나 근래에는 배관계의 축 방향의 안내 역할을 하며 축과 직각 방향의 이동을 구속하는데 사용되는 리스트 레인트의 종류는?

㉮ 앵커(anchor)
㉯ 가이드(guide)
㉰ 스토퍼(stopper)
㉱ 이어(ear)

[해설] ① 스토퍼 : 일정한 방향의 이동과 관이 회전하는 것을 구속하고 나머지 방향은 자유롭게 이동할 수 있는 구조로 되어 있다.
② 앵커 : 배관의 이동 및 회전을 방지하는데 사용한다.
③ 가이드 : 배관 라인의 축 방향의 이동을 허용하는 안내 역할을 담당한다.

51. 다음 중 유기질 보온재에 속하지 않는 것은?

㉮ 펠트   ㉯ 세라크울
㉰ 코르크   ㉱ 기포성 수지

[해설] 유기질 보온재의 종류 : 펠트, 코르크, 기포성 수지, 우모, 양모, 면, 폼류, 펄프

52. 동관 작업용 공구의 사용목적이 바르게 설명된 것은?

㉮ 플레어링 툴 세트 : 관 끝을 소켓으로 만듦
㉯ 익스팬더 : 직관에서 분기관 성형 시 사용
㉰ 사이징 툴 : 관 끝을 원형으로 정형
㉱ 튜브 벤더 : 동관을 절단함

[해설] ① 플레어링 툴 세트 : 동관의 압축 접합에 사용
② 익스팬드 : 동관의 관 끝 확관에 사용
③ 사이징 틀 : 동관 끝을 원형으로 사용
④ 튜브 벤드 : 동관 벤딩용으로 사용
⑤ 튜브 커터 : 동관 절단용에 사용
⑥ 리머 : 동관 절단 후 거스러미 제거에 사용

53. 온수난방의 배관 시공법에 관한 설명으로 틀린 것은?

㉮ 배관 구배는 일반적으로 $\frac{1}{250}$ 이상으로 한다.
㉯ 운전 중에 온수에서 분리한 공기를 배제하기 위해 개방식 팽창탱크로 향하여 선상향 구배로 한다.
㉰ 수평 배관에서 관지름을 변경할 경우 동심 이음쇠를 사용한다.
㉱ 온수 보일러에서 팽창탱크에 이르는 팽창관에는 되도록 밸브를 달지 않는다.

[해설] 이경관을 연결할 때 리듀서, 부싱을 사용한다.

정답 49. ㉱ 50. ㉯ 51. ㉯ 52. ㉰ 53. ㉰

54. 환수관의 배관방식에 의한 분류 중 환수주관을 보일러의 표준수위보다 낮게 배관하여 환수하는 방식은 어떤 배관방식인가?

㉮ 건식환수　　㉯ 중력환수
㉰ 기계환수　　㉱ 습식환수

[해설] 환수주관을 보일러의 표준수위보다 낮게 배관하는 방식은 습식환수식이며 환수주관을 보일러의 표준수위보다 높게 배관하는 방식은 건식환수식이다.

55. 에너지이용 합리화법의 위반사항과 벌칙내용이 맞게 짝 지워진 것은?

㉮ 효율관리기자재 판매금지명령 위반 시 – 1천만원 이하의 벌금
㉯ 검사대상기기조종자를 선임하지 않을 시 – 5백만원 이하의 벌금
㉰ 검사대상기기 검사의무 위반 시 – 1년 이하의 징역 또는 1천만원 이하의 벌금
㉱ 효율관리기자재 생산명령 위반 시 – 5백만원 이하의 벌금

[해설] 에너지이용합리화법 제73조, 제74조, 제75조 참조.

56. 온실가스배출량 및 에너지사용량 등의 보고와 관련하여 관리업체는 해당연도 온실가스배출량 및 에너지소비량에 관한 명세서를 작성하고 이에 대한 검증기관의 검증결과를 언제까지 부문별 관장기관에게 제출하여야 하는가?

㉮ 해당 연도 12월 31일 까지
㉯ 다음 연도 1월 31일 까지
㉰ 다음 연도 3월 31일 까지
㉱ 다음 연도 6월 30일 까지

[해설] 저탄소 녹색성장 기본법 시행령 제34조 ①항 참조.

57. 에너지이용 합리화법의 목적이 아닌 것은?

㉮ 에너지의 수급 안정
㉯ 에너지의 합리적이고 효율적인 이용 증진
㉰ 에너지소비로 인한 환경피해를 줄임
㉱ 에너지 소비촉진 및 자원개발

[해설] 에너지이용합리화법 제1조 참조.

58. 정부는 국가전략을 효율적·체계적으로 이행하기 위하여 몇 년마다 저탄소 녹색성장 국가전략 5개년 계획을 수립하는가?

㉮ 2년　㉯ 3년　㉰ 4년　㉱ 5년

[해설] 저탄소 녹색성장 기본법 시행령 제4조 참조.

59. 에너지이용 합리화법상 효율관리기자재가 아닌 것은?

㉮ 삼상유도전동기　㉯ 선박
㉰ 조명기기　　　　㉱ 전기냉장고

[해설] 에너지이용합리화법 시행규칙 제7조 참조.

60. 신축 증축 또는 개축하는 건축물에 대하여 그 설계 시 산출된 예상 에너지사용량의 일정 비율 이상을 신·재생에너지를 이용하여 공급되는 에너지를 사용하도록 신·재생에너지 설비를 의무적으로 설치하게 할 수 있는 기관이 아닌 것은?

㉮ 공기업
㉯ 종교단체
㉰ 국가 및 지방자치단체
㉱ 특별법에 따라 설립된 법인

[해설] 신에너지 및 재생에너지 개발·이용·보급 촉진법 제12조 ②항 참조.

[정답] 54. ㉱　55. ㉰　56. ㉰　57. ㉱　58. ㉱　59. ㉯　60. ㉯

에너지관리 기능사

[2012년 4월 8일 시행]

1. 주철제 보일러의 특징에 관한 설명으로 틀린 것은?
㉮ 내식성이 우수하다.
㉯ 섹션의 증감으로 용량조절이 용이하다.
㉰ 주로 고압용으로 사용된다.
㉱ 전열 효율 및 연소 효율은 낮은 편이다.
[해설] 주철제 보일러는 인장 및 충격에 약하며 고압 대용량에 부적당하다.

2. 다음 중 확산연소방식에 의한 연소장치에 해당하는 것은?
㉮ 선회형 버너 ㉯ 저압 버너
㉰ 고압 버너   ㉱ 송풍 버너
[해설] ① 확산연소방식에 사용되는 연소장치 종류 : 포트형 버너, 선회형 버너, 방사형 버너
② 예혼합연소방식에 사용되는 연소장치 종류 : 저압 버너, 고압 버너, 송풍 버너

3. 수트 블로어 사용에 관한 주의사항으로 틀린 것은?
㉮ 분출기 내의 응축수를 배출시킨 후 사용할 것
㉯ 부하가 적거나 소화 후 사용하지 말 것
㉰ 원활한 분출을 위해 분출하기 전 연도 내 배풍기를 사용하지 말 것
㉱ 한 곳에 집중적으로 사용하여 전열면에 무리를 가하지 말 것
[해설] 분출하기 전 배풍기를 사용하여 통풍력을 크게 해야 한다.

4. 급수예열기(절탄기, economizer)의 형식 및 구조에 대한 설명으로 틀린 것은?

㉮ 설치 방식에 따라 부속식과 집중식으로 분류한다.
㉯ 급수의 가열도에 따라 증발식과 비증발식으로 구분하며, 일반적으로 증발식을 많이 사용한다.
㉰ 평관급수예열기는 부착하기 쉬운 먼지를 함유하는 배기가스에서도 사용할 수 있지만 설치공간이 넓어야 한다.
㉱ 핀튜브 급수예열기를 사용할 경우 배기가스의 먼지 성상에 주의할 필요가 있다.
[해설] 급수의 가열도에 따라 증발식과 비증발식으로 구분하며 일반적으로 비증발식이 많이 사용된다.

5. 가장 미세한 입자의 먼지를 집진할 수 있고, 압력손실이 작으며, 집진효율이 높은 집진장치 형식은?
㉮ 전기식   ㉯ 중력식
㉰ 세정식   ㉱ 사이클론식
[해설] 전기식 집진장치의 특징
① $0.1\mu m$ 이하의 미세입자도 포집할 수 있다.
② 집진효율이 90~99.5%로 높고 압력손실이 10~20mmH_2O로 작다.
③ 처리용량이 커서 대형 보일러에 이용된다.
④ 고온가스(약 500℃) 처리에 적합하다.

6. 원통형 보일러에 관한 설명으로 틀린 것은?
㉮ 입형 보일러는 설치면적이 적고 설치가 간단하다.
㉯ 노통이 2개인 횡형 보일러는 코르니시 보일러이다.

정답 1. ㉰ 2. ㉮ 3. ㉰ 4. ㉯ 5. ㉮ 6. ㉯

㈐ 패키지형 노통연관 보일러는 내분식이므로 방산 손실열량이 적다.
㈑ 기관본체를 둥글게 제작하여 이를 입형이나 횡형으로 설치 사용하는 보일러를 말한다.

[해설] 노통 보일러에는 노통이 1개인 코니시 보일러와 노통이 2개인 랭커셔 보일러가 있다.

7. 액화석유가스(LPG)의 일반적인 성질에 대한 설명으로 틀린 것은?

㈎ 기화 시 체적이 증가된다.
㈏ 액화 시 적은 용기에 충진이 가능하다.
㈐ 기체 상태에서 비중이 도시가스보다 가볍다.
㈑ 압력이나 온도의 변화에 따라 쉽게 액화, 기화시킬 수 있다.

[해설] 액화석유가스(LPG)는 액화천연가스(LNG)와 도시가스보다 무겁다.

8. 〈보기〉에서 설명한 송풍기의 종류는?

───〈보기〉───
- 경향 날개형이며 6~12매의 철판제 직선 날개를 보스에서 방사한 스포크에 리벳죔을 한 것이며, 측판이 있는 임펠러와 측판이 없는 것이 있다.
- 구조가 견고하며 내마모성이 크고 날개를 바꾸기도 쉬우며 회진이 많은 가스의 흡출통풍기, 미분탄 장치의 배탄기 등에 사용된다.

㈎ 터보 송풍기   ㈏ 다익 송풍기
㈐ 축류 송풍기   ㈑ 플레이트 송풍기

[해설] 〈보기〉에서 설명한 것은 플레이트형 송풍기의 특징이다.

[참고] ① 터보형 송풍기의 특징
㈎ 후향 날개(16~24매)로 되어 있고 적은 동력으로 사용이 가능하다.
㈏ 효율이 높고 풍압이 높아 고압, 대용량에 적당하다.

㈐ 압입 송풍기로 많이 사용된다.
② 다익형(시로코형) 송풍기의 특징
㈎ 전향 날개(60~90매)로 되어 있고 많은 동력이 필요하다.
㈏ 풍량은 많으나 풍압이 낮고 효율이 낮다.
㈐ 흡입 송풍기로 적당하나 고온 고압에는 부적당하다.

9. 다음 중 임계점에 대한 설명으로 틀린 것은?

㈎ 물의 임계온도는 374.15℃이다.
㈏ 물의 임계압력은 225.65 kgf/cm^{2}이다.
㈐ 물의 임계점에서의 증발잠열은 539 kcal/kg이다.
㈑ 포화수에서 증발의 현상이 없고 액체와 기체의 구별이 없어지는 지점을 말한다.

[해설] 물의 임계점에서의 증발잠열은 0 kcal/kg이다.

10. 미리 정해진 순서에 따라 순차적으로 제어의 각 단계가 진행되는 제어 방식으로 작동 명령이 타이머나 릴레이에 의해서 수행되는 제어는?

㈎ 시퀀스 제어   ㈏ 피드백 제어
㈐ 프로그램 제어   ㈑ 캐스케이드 제어

[해설] 시퀀스(순차)제어이다.

11. 안전밸브의 수동시험은 최고사용압력의 몇 % 이상의 압력으로 행하는가?

㈎ 50 %   ㈏ 55 %   ㈐ 65 %   ㈑ 75 %

[해설] ① 안전밸브의 수동 작동시험은 보일러 최고사용압력의 75 % 이상의 압력으로 시험한다.
② 보일러 동체에 부착하는 안전밸브는 보일러 최대증발량의 75 % 이상을 분출할 수 있는 것이어야 한다.

[정답] 7. ㈐   8. ㈑   9. ㈐   10. ㈎   11. ㈑

12. 액체연료 중 경질유에 주로 사용하는 기화연소 방식의 종류에 해당하지 않는 것은?
㉮ 포트식 ㉯ 심지식
㉰ 증발식 ㉱ 무화식

13. 연료유 탱크에 가열장치를 설치한 경우에 대한 설명으로 틀린 것은?
㉮ 열원에는 증기, 온수, 전기 등을 사용한다.
㉯ 전열식 가열장치에 있어서는 직접식 또는 저항밀봉 피복식의 구조로 한다.
㉰ 온수, 증기 등의 열매체가 동절기에 동결할 우려가 있는 경우에는 동결을 방지하는 조치를 취해야 한다.
㉱ 연료유 탱크의 기름 취출구 등에 온도계를 설치하여야 한다.
[해설] 전열식 가열장치에 있어서는 간접식 또는 저항 밀봉 피복식 구조로 하고 필요에 따라 과열방지조치를 해야 한다.

14. 플레임 아이에 대하여 옳게 설명한 것은?
㉮ 연도의 가스온도로 화염의 유무를 검출한다.
㉯ 화염의 도전성을 이용하여 화염의 유무를 검출한다.
㉰ 화염의 방사선을 감지하여 화염의 유무를 검출한다.
㉱ 화염의 이온화 현상을 이용하여 화염의 유무를 검출한다.
[해설] ㉮항은 스택 스위치, ㉱항은 플레임 로드에 대한 설명이다.

15. 제어장치의 제어동작 종류에 해당되지 않는 것은?
㉮ 비례 동작   ㉯ 온 오프 동작
㉰ 비례적분 동작 ㉱ 반응 동작
[해설] ① 연속 제어 동작 : 비례(P) 동작, 적분(I) 동작, 미분(D) 동작, 비례적분(PI) 동작, 비례미분(PD) 동작, 비례적분미분(PID) 동작
② 불연속 제어 동작 : 온 오프(2위치) 동작, 다위치 동작, 불연속 속도 동작

16. 10℃의 물 400 kg과 90℃의 더운물 100 kg을 혼합하면 혼합 후의 물의 온도는?
㉮ 26℃ ㉯ 36℃ ㉰ 54℃ ㉱ 78℃
[해설] ① 10℃ 물이 얻은 열량
$Q_1 = 400 \times 1 \times (x-10)$
② 90℃ 물이 빼앗긴 열량
$Q_2 = 100 \times 1 \times (90-x)$
$Q_1 = Q_2$ 이므로
$400 \times 1 \times (x-10) = 100 \times 1 \times (90-x)$
에서
$400x - 400 \times 10 = 100 \times 90 - 100x$ 이고
$400x + 100x = 100 \times 90 + 400 \times 10$
$\therefore x = \dfrac{13000}{500} = 26℃$
[참고] 위 문제를 다음과 같이 풀이할 수도 있다.
평균온도 $t_m[℃] = \dfrac{G_1 C_1 t_1 + G_2 C_2 t_2}{G_1 C_1 + G_2 C_2}$ 에서
$\dfrac{400 \times 1 \times 10 + 100 \times 1 \times 90}{400 \times 1 + 100 \times 1} = 26℃$

17. 급수탱크의 수위조절기에서 전극형만의 특징에 해당하는 것은?
㉮ 기계적으로 작동이 확실하다.
㉯ 내식성이 강하다.
㉰ 수면의 유동에서도 영향을 받는다.
㉱ on·off의 스팬이 긴 경우는 적합하지 않다.

정답 12. ㉱ 13. ㉯ 14. ㉰ 15. ㉱ 16. ㉮ 17. ㉱

[해설] ① 전극식 : on-off의 스팬이 긴 경우에는 적합하지 않고 스팬의 조절이 곤란하다.
② 수은 스위치 : 내식성은 있으나 수면의 유동에서 영향을 받는다.
③ 플로트식 : 기계적으로 작동이 확실하지만 플로트의 침수 가능성이 있다.
④ 부력형 : 내식성이 강하나 물의 움직임에 영향을 받는다.

18. 증기난방시공에서 관말 증기 트랩 장치에서 냉각 레그(cooling leg)의 길이는 일반적으로 몇 m 이상으로 해주어야 하는가?

㉮ 0.7 m ㉯ 1.2 m ㉰ 1.5 m ㉱ 2.0 m

[해설] ① 주증기관에서 응축수를 건식환수관에 배출하려면 주관과 같은 지름으로 100 mm 이상 내리고 하부로 150 mm 이상 연장해서 드레인 포켓을 설치해야 하며, 냉각관(cooling leg)은 트랩 앞에서 1.5 m 이상 떨어진 곳까지 나관 배관한다.
② 트랩이나 스트레이너 등의 고장·수리·교환 등에 대비하기 위해 바이패스관을 설치한다.

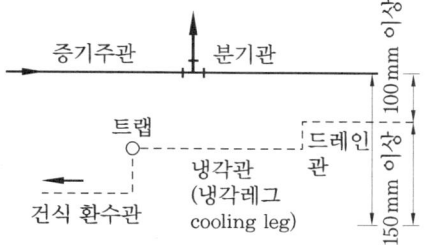

19. 가스버너에서 종류를 유도혼합식과 강제혼합식으로 구분할 때 유도혼합식에 속하는 것은?

㉮ 슬리트 버너
㉯ 리본 버너
㉰ 라디언트 튜브 버너
㉱ 혼소 버너

[해설] ① 유도 혼합식 버너의 종류 : 링(ring) 버너, 슬리트(slit) 버너, 파이프 버너, 어미식 버너, 충염 버너, 적외선 버너, 중압 분젠 버너
② 강제 혼합식 버너의 종류 : 고압 버너, 리본(ribbon) 버너, 표면연소 버너, 라디언트 튜브 버너, 고속 버너, 혼소 버너, 휘염 버너, 액중 연소 버너, 산업용 보일러 버너

20. 보일러의 열정산 목적이 아닌 것은?

㉮ 보일러의 성능 개선 자료를 얻을 수 있다.
㉯ 열의 행방을 파악할 수 있다.
㉰ 연소실의 구조를 알 수 있다.
㉱ 보일러 효율을 알 수 있다.

[해설] 보일러 열정산 목적은 ㉮, ㉯, ㉱항 외에 조업 방법을 개선하고 연료의 경제를 도모하기 위함이다.

21. 1보일러 마력에 대한 설명에서 괄호 안에 들어갈 숫자로 옳은 것은?

"표준상태에서 한 시간에 ( )kg의 상당 증발량을 나타낼 수 있는 능력이다."

㉮ 16.56 ㉯ 14.65 ㉰ 15.65 ㉱ 13.56

[해설] 1 보일러 마력의 상당증발량 값은 15.65 kg/h이며 열출력은 8435 kcal/h이다.

22. 상당증발량= Ge [kg/h], 보일러 효율 = η, 연료소비량= B [kg/h], 저위발열량 = H_l [kcal/kg], 증발잠열=539 kcal/kg 일 때 상당증발량(Ge)을 옳게 나타낸 것은 어느 것인가?

㉮ $Ge = \dfrac{539\eta H_l}{B}$ ㉯ $Ge = \dfrac{BH_l}{539\eta}$

㉰ $Ge = \dfrac{\eta B H_l}{539}$ ㉱ $Ge = \dfrac{539\eta B}{H_l}$

정답 18. ㉰ 19. ㉮ 20. ㉰ 21. ㉰ 22. ㉰

[해설] ① 상당증발량
={매시 실제증발량(발생증기의 엔탈피-급수의 엔탈피)/539}(kg/h)
② 보일러의 효율
={매시 실제증발량(발생증기의 엔탈피-급수의 엔탈피)/B×Hl}
∴ $Ge = \dfrac{\eta BHl}{539}$ 이다.

23. 급유장치에서 보일러 가동 중 연소의 소화, 압력초과 등 이상 현상 발생 시 긴급히 연료를 차단하는 것은?
㉮ 압력조절 스위치
㉯ 압력제한 스위치
㉰ 감압 밸브
㉱ 전자 밸브

24. 보일러 실제증발량이 7000 kg/h이고, 최대연속 증발량이 8 t/h일 때, 이 보일러 부하율은 몇 %인가?
㉮ 80.5 %　　㉯ 85 %
㉰ 87.5 %　　㉱ 90 %
[해설] 보일러 부하율
$= \dfrac{\text{실제 증발량(kg/h)(t/h)}}{\text{최대연속 증발량(kg/h)(t/h)}} \times 100\%$
$= \dfrac{7000}{8000} \times 100 = 87.5\%$

25. 보일러 본체에서 수부가 클 경우의 설명으로 틀린 것은?
㉮ 부하 변동에 대한 압력 변화가 크다.
㉯ 증기 발생시간이 길어진다.
㉰ 열효율이 낮아진다.
㉱ 보유 수량이 많으므로 파열 시 피해가 크다.
[해설] 수부가 클 경우(보유 수량이 많을 경우)에는 부하 변동에 대한 압력 변화가 작다.

26. 수소 15 %, 수분 0.5 %인 중유의 고위발열량이 10000 kcal/kg이다. 이 중유의 저위발열량은 몇 kcal/kg인가?
㉮ 8795　㉯ 8984　㉰ 9085　㉱ 9187
[해설] 저위발열량=고위발열량-600(9H+W)에서
10000-600×(9×0.15+0.005)=9187 kcal/kg

27. 버너에서 연료분사 후 소정의 시간이 경과하여도 착화를 볼 수 없을 때 전자밸브를 닫아서 연소를 저지하는 제어는?
㉮ 저수위 인터로크
㉯ 저연소 인터로크
㉰ 불착화 인터로크
㉱ 프리퍼지 인터로크

28. 과잉공기량에 관한 설명으로 옳은 것은 어느 것인가?
㉮ (과잉공기량)=(실제공기량)×(이론공기량)
㉯ (과잉공기량)=(실제공기량) / (이론공기량)
㉰ (과잉공기량)=(실제공기량) + (이론공기량)
㉱ (과잉공기량)=(실제공기량) - (이론공기량)
[해설] 과잉공기량 = 실제공기량 - 이론공기량
= (공기비-1)×이론공기량

29. 슈미트 보일러는 보일러 분류에서 어디에 속하는가?
㉮ 관류식　　㉯ 자연순환식
㉰ 강제순환식　㉱ 간접가열식
[해설] 슈미트 보일러와 레플러 보일러는 간접가열식 (2중 증발) 보일러이다.

정답 23. ㉱　24. ㉰　25. ㉮　26. ㉱　27. ㉰　28. ㉱　29. ㉱

30. 열팽창에 의한 배관의 이동을 구속 또는 제한하는 배관 지지구인 레스트레인트(restraint)의 종류가 아닌 것은?

㉮ 가이드 ㉯ 앵커
㉰ 스토퍼 ㉱ 행어

[해설] ① 레스트레인트의 종류 : 가이드(guide), 앵커(anchor), 스토퍼(stopper)
② 행어(hanger)의 종류 : 리지드 행어(rigid hanger), 스프링 행어(spring hanger), 콘스탄트 행어(constant hanger)
③ 서포트(support)의 종류 : 파이프 슈(pipe shoe), 롤러 서포트(roller support), 리지드 서포트(rigid support), 스프링 서포트(spring support)

31. 보일러의 옥내설치 시 보일러 동체 최상부로부터 천정, 배관 등 보일러 상부에 있는 구조물까지의 거리는 몇 m 이상이어야 하는가?

㉮ 0.5 ㉯ 0.8 ㉰ 1.0 ㉱ 1.2

[해설] 보일러 동체 최상부로부터 천정, 배관 등 보일러 상부에 있는 구조물까지의 거리는 1.2 m 이상이어야 한다. (단, 소형 보일러 및 주철제 보일러의 경우는 0.6 m 이상으로 할 수 있다.)

32. 온수난방 배관 방법에서 귀환관의 종류 중 직접귀환 방식의 특징 설명으로 옳은 것은?

㉮ 각 방열기에 이르는 배관길이가 다르므로 마찰저항에 의한 온수의 순환율이 다르다.
㉯ 배관 길이가 길어지고 마찰저항이 증가한다.
㉰ 건물 내 모든 실(室)의 온도를 동일하게 할 수 있다.
㉱ 동일층 및 각층 방열기의 순환율이 동일하다.

[해설] ① 직접 귀환 방식 : 귀환 온수를 가장 짧은 거리로 순환할 수 있게 한 방식이며 각 방열기에 이르는 배관길이가 다르므로 마찰저항에 의한 온수의 순환율이 다르다.
② 역귀환 방식 : 동일층 및 각층 방열기의 순환율이 동일하도록 하기 위한 방식이며 (대부분 채택) 배관길이가 길어지고 마찰저항이 증가하지만 건물 내 모든 실의 온도를 동일하게 할 수 있는 장점이 있다.

33. 보온재를 유기질 보온재와 무기질 보온재로 구분할 때 무기질 보온재에 해당하는 것은?

㉮ 펠트 ㉯ 코르크
㉰ 글라스 폼 ㉱ 기포성 수지

[해설] ① 무기질 보온재의 종류 : 글라스 폼, 탄산마그네슘, 규조토, 글라스 울(유리섬유), 석면, 암면, 광재면
② 유기질 보온재의 종류 : 펠트, 코르크, 기포성 수지, 펄프, 염화비닐 폼, 우레탄 폼

34. 보일러의 유류배관의 일반사항에 대한 설명으로 틀린 것은?

㉮ 유류배관은 최대 공급압력 및 사용온도에 견디어야 한다.
㉯ 유류배관은 나사이음을 원칙으로 한다.
㉰ 유류배관에는 유류가 새는 것을 방지하기 위해 부식방지 등의 조치를 한다.
㉱ 유류배관은 모든 부분의 점검 및 보수할 수 있는 구조로 하는 것이 바람직하다.

[해설] 유류배관은 용접이음을 원칙으로 한다.

35. 온수난방 배관시공 시 배관 구배는 일반적으로 얼마 이상이어야 하는가?

㉮ $\frac{1}{100}$ ㉯ $\frac{1}{150}$ ㉰ $\frac{1}{200}$ ㉱ $\frac{1}{250}$

[정답] 30. ㉱ 31. ㉱ 32. ㉮ 33. ㉰ 34. ㉯ 35. ㉱

[해설] 온수난방 배관시공 시 배관 구배는 일반적으로 $\frac{1}{250}$ 이상이어야 하며 공기 밸브 또는 팽창탱크를 향하여 상향구배로 하고 배수 밸브 설치 때는 배수 밸브를 향하여 하향구배를 주어야 한다.

36. 보일러의 증기압력 상승 시의 운전관리에 관한 일반적 주의사항으로 거리가 먼 것은?
㉮ 보일러에 불을 붙일 때는 어떠한 이유가 있어도 급격한 연소를 시켜서는 안 된다.
㉯ 급격한 연소는 보일러 본체의 부동팽창을 일으켜 보일러와 벽돌 쌓은 접촉부에 틈을 증가시키고 벽돌 사이에 벌어짐이 생길 수 있다.
㉰ 특히 주철제 보일러는 급랭급열 시에 쉽게 갈라질 수 있다.
㉱ 찬물을 가열할 경우에는 일반적으로 최저 20분~30분 정도로 천천히 가열한다.
[해설] 찬물을 가열할 경우에는 일반적으로 최저 1~2시간 정도로 천천히 가열한다.

37. 사용 중인 보일러의 점화 전에 점검해야 될 사항으로 가장 거리가 먼 것은?
㉮ 급수장치, 급수계통 점검
㉯ 보일러 동내 물때 점검
㉰ 연소장치, 통풍장치의 점검
㉱ 수면계의 수위 확인 및 조정
[해설] 보일러 동내(드럼 내) 물때 점검은 사전 점검 사항이다.

38. 배관 이음 중 슬리브형 신축이음에 관한 설명으로 틀린 것은?
㉮ 슬리브 파이프를 이음쇠 본체 측과 슬라이드 시킴으로써 신축을 흡수하는 이음 방식이다.
㉯ 신축 흡수율이 크고 신축으로 인한 응력 발생이 적다.
㉰ 배관의 곡선부분이 있어도 그 비틀림을 슬리브에서 흡수하므로 파손의 우려가 적다.
㉱ 장기간 사용 시에는 패킹의 마모로 인한 누설이 우려된다.
[해설] 배관에 곡선부분이 있으면 신축이음에 비틀림이 생겨 파손의 원인이 된다.

39. 보일러의 보존법 중 장기보존법에 해당하지 않는 것은?
㉮ 가열건조법
㉯ 석회밀폐건조법
㉰ 질소가스봉입법
㉱ 소다만수보존법
[해설] 가열건조법과 만수보존법은 단기보존법이며 ㉯, ㉰, ㉱항은 장기보존법이다.

40. 보일러에서 포밍이 발생하는 경우로 거리가 먼 것은?
㉮ 증기의 부하가 너무 적을 때
㉯ 보일러 수가 너무 농축되었을 때
㉰ 수위가 너무 높을 때
㉱ 보일러 수 중에 유지분이 다량 함유되었을 때
[해설] 증기의 부하(負荷)가 너무 클 때에 포밍, 프라이밍이 발생한다.

41. 배관에서 바이패스관의 설치 목적으로 가장 적합한 것은?
㉮ 트랩이나 스트레이너 등의 고장 시 수리, 교환을 위해 설치한다.

㉯ 고압증기를 저압증기로 바꾸기 위해 사용한다.
㉰ 온수 공급관에서 온수의 신속한 공급을 위해 설치한다.
㉱ 고온의 유체를 중간과정 없이 직접 저온의 배관부로 전달하기 위해 설치한다.

[해설] ㉮항이 바이패스관의 설치 목적이다.

42. 보일러 사고를 제작상의 원인과 취급상의 원인으로 구별할 때 취급상의 원인에 해당하지 않는 것은?
㉮ 구조 불량
㉯ 압력 초과
㉰ 저수위 사고
㉱ 가스 폭발

[해설] 구조 불량, 설계 불량, 용접 불량, 재료 불량, 강도 부족, 부속기기 설비의 미비 등은 제작상의 원인이다.

43. 글랜드 패킹의 종류에 해당하지 않는 것은?
㉮ 편조 패킹
㉯ 액상 합성수지 패킹
㉰ 플라스틱 패킹
㉱ 메탈 패킹

[해설] 액상 합성수지, 일산화연, 페인트 등은 나사용 패킹제이다.

44. 다음 중 구상부식(grooving)의 발생 장소로 거리가 먼 것은?
㉮ 경판의 급수구멍
㉯ 노통의 플랜지 원형부
㉰ 접시형 경판의 구석 원통부
㉱ 보일러 수의 유속이 늦은 부분

[해설] 구상부식(구식=그루빙)이 발생하기 쉬운 장소는 ㉮, ㉯, ㉰항 외에 거싯 스테이 구석부, 스테이 볼트부 등이 있다.

45. 링겔만 농도표는 무엇을 계측하는데 사용되는가?
㉮ 배출가스의 매연 농도
㉯ 중유 중의 유황 농도
㉰ 미분탄의 입도
㉱ 보일러 수의 고형물 농도

[해설] 배출가스의 매연 농도 측정 장치에는 링겔만 농도표, 바카르크 스모그 테스터, 빛의 투과율 측정에 의한 매연 농도계, 매진량 자동 연속 측정 장치가 있다.

46. 난방부하 설계 시 고려하여야 할 사항으로 거리가 먼 것은?
㉮ 유리창 및 문
㉯ 천장 높이
㉰ 교통 여건
㉱ 건물의 위치(방위)

[해설] 난방부하 설계 시 고려하여야 할 사항은 ㉮, ㉰, ㉱항 외에 건축 구조, 주위 환경 조건, 마루 등의 공간이 있다.

47. 보일러를 비상 정지시키는 경우 일반적인 조치사항으로 잘못된 것은?
㉮ 압력은 자연히 떨어지게 기다린다.
㉯ 연소공기의 공급을 멈춘다.
㉰ 주증기 스톱 밸브를 열어 놓는다.
㉱ 연료 공급을 중단한다.

[해설] 주증기 스톱 밸브를 닫아 놓아야 한다.

48. 배관의 신축이음 중 지웰이음이라고도 불리며, 주로 증기 및 온수 난방용 배관에 사용되나, 신축량이 너무 큰 배관에서는 나사 이음부가 헐거워져 누설의 염려가 있는 신축이음 방식은?
㉮ 루프식
㉯ 벨로스식
㉰ 볼 조인트식
㉱ 스위블식

[정답] 42. ㉮ 43. ㉯ 44. ㉱ 45. ㉮ 46. ㉰ 47. ㉰ 48. ㉱

49. 합성수지 또는 고무질 재료를 사용하여 다공질 제품으로 만든 것이며 열전도율이 극히 낮고 가벼우며 흡수성은 좋지 않으나 굽힘성이 풍부한 보온재는?
㉮ 펠트 ㉯ 기포성 수지
㉰ 하이울 ㉱ 프리웨브

50. 다음 그림과 같은 동력 나사절삭기의 종류의 형식으로 맞는 것은?

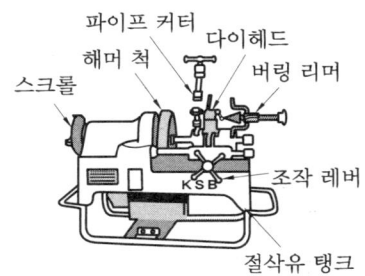

㉮ 오스터형 ㉯ 호브형
㉰ 다이헤드형 ㉱ 파이프형

[해설] 관의 절단, 거스러미(burr) 제거, 나사 가공을 연속으로 작업할 수 있는 다이헤드형이다.

51. 보일러 운전자가 송기 시 취할 사항으로 맞는 것은?
㉮ 증기헤더, 과열기 등의 응축수는 배출되지 않도록 한다.
㉯ 송기 후에는 응축수 밸브를 완전히 열어 둔다.
㉰ 기수공발이나 수격작용이 일어나지 않도록 주의한다.
㉱ 주증기관은 스톱 밸브를 신속히 열어 열 손실이 없도록 한다.

[해설] 응축수 밸브를 완전히 닫고 송기를 해야 하며 주증기관 스톱 밸브는 천천히 열어야 한다.

52. 저온 배관용 탄소강관의 종류의 기호로 맞는 것은?
㉮ SPPG ㉯ SPLT
㉰ SPPH ㉱ SPPS

[해설] ① SPLT : 저온 배관용 탄소강관
② SPHT : 고온 배관용 탄소강관
③ SPPH : 고압 배관용 탄소강관
④ SPPS : 압력 배관용 탄소강관
⑤ SPP : 배관용 탄소강관

53. 서비스 탱크는 자연압에 의하여 유류 연료가 잘 공급될 수 있도록 버너보다 몇 m 이상 높은 장소에 설치하여야 하는가?
㉮ 0.5 m ㉯ 1.0 m
㉰ 1.2 m ㉱ 1.5 m

[해설] 버너보다 1.5 m 이상 높게 설치해서 자연압에 의하여 급유펌프까지 유류가 공급될 수 있게 해야 한다.

54. 난방부하가 5600 kcal/h, 방열기 계수 7 kcal/m²·h·℃, 송수온도 80℃, 환수온도 60℃, 실내온도 20℃일 때 방열기의 소요 방열면적은 몇 m²인가?
㉮ 8 ㉯ 16 ㉰ 24 ㉱ 32

[해설] $7 \times \left(\dfrac{80+60}{2} - 20\right) \times x\,[\text{m}^2] = 5600$ 에서
$x = \dfrac{5600}{7 \times \left(\dfrac{80+60}{2} - 20\right)} = 16\,\text{m}^2$

55. 에너지법에서 사용하는 "에너지"의 정의를 가장 올바르게 나타낸 것은?
㉮ "에너지"라 함은 석유·가스 등 열을 발생하는 열원을 말한다.
㉯ "에너지"라 함은 제품의 원료로 사용되는 것을 말한다.

정답 49. ㉯ 50. ㉰ 51. ㉰ 52. ㉯ 53. ㉱ 54. ㉯ 55. ㉱

㉰ "에너지"라 함은 태양, 조파, 수력과 같이 일을 만들어낼 수 있는 힘이나 능력을 말한다.
㉱ "에너지"라 함은 연료·열 및 전기를 말한다.

[해설] 에너지법 제2조 1 참조.

56. 열사용기자재 관리규칙에서 용접검사가 면제될 수 있는 보일러의 대상 범위로 틀린 것은?

㉮ 강철제 보일러 중 전열면적이 5 m² 이하이고, 최고사용 압력이 0.35 MPa 이하인 것
㉯ 주철제 보일러
㉰ 제2종 관류보일러
㉱ 온수보일러 중 전열면적이 18 m² 이하이고, 최고사용 압력이 0.35 MPa 이하인 것

[해설] 에너지이용 합리화법 시행규칙 제31조의 13 별표 3의 6 참조(법 개정)

57. 관리업체(대통령령으로 정하는 기준량 이상의 온실가스 배출업체 및 에너지 소비업체)가 사업장별 명세서를 거짓으로 작성하여 정부에 보고하였을 경우 부과하는 과태료로 맞는 것은?

㉮ 300만원의 과태료 부과
㉯ 500만원의 과태료 부과
㉰ 700만원의 과태료 부과
㉱ 1천만원의 과태료 부과

[해설] 저탄소 녹색성장 기본법 제64조 ①항 참조.

58. 에너지이용 합리화법상 검사대상기기 조종자를 반드시 선임해야 함에도 불구하고 선임하지 아니 한 자에 대한 벌칙은?

㉮ 2천만원 이하의 벌금
㉯ 2년 이하의 징역 또는 2천만원 이하의 벌금
㉰ 1년 이하의 징역 또는 5백만원 이하의 벌금
㉱ 1천만원 이하의 벌금

[해설] 에너지이용합리화법 제75조 참조.

59. 에너지사용계획의 검토기준, 검토방법, 그 밖에 필요한 사항을 정하는 영은?

㉮ 지식경제부령
㉯ 국토해양부령
㉰ 대통령령
㉱ 고용노동부령

[해설] 에너지이용합리화법 제11조 ③항 참조.

60. 저탄소 녹색성장 기본법에서 국내 총소비에너지량에 대하여 신·재생에너지 등 국내 생산에너지량 및 우리나라가 국외에서 개발(지분 취득 포함한다)한 에너지량을 합한 양이 차지하는 비율을 무엇이라고 하는가?

㉮ 에너지원단위
㉯ 에너지생산도
㉰ 에너지비축도
㉱ 에너지자립도

[해설] 저탄소 녹색성장 기본법 제2조 15 참조.

정답 56. ㉰ 57. ㉱ 58. ㉱ 59. ㉮ 60. ㉱

● 에너지관리 기능사

[2012년 7월 22일 시행]

1. 보일러 연소실 열부하의 단위로 맞는 것은?
- ㉮ kcal/m³ · h
- ㉯ kcal/m²
- ㉰ kcal/h
- ㉱ kcal/kg

[해설] 연소실 열부하(연소실 열발생률)
= {매시 연료사용량(kg/h)×연료의 저위발열량(kcal/kg)/연소실 체적(m³)}kcal/m³h

2. 보일러 자동제어에서 신호전달방식이 아닌 것은?
- ㉮ 공기압식
- ㉯ 자석식
- ㉰ 유압식
- ㉱ 전기식

[해설] 신호전달방식에는 ㉮, ㉰, ㉱항 3가지가 있다.

3. 보일러 분출장치의 분출시기로 적절하지 않은 것은?
- ㉮ 보일러 가동 직전
- ㉯ 프라이밍, 포밍현상이 일어날 때
- ㉰ 연속가동 시 열부하가 가장 높을 때
- ㉱ 관수가 농축되어 있을 때

[해설] 연속가동 시 열부하(보일러부하)가 가장 낮을 때가 분출시기이다.

4. 보일러 자동제어를 의미하는 용어 중 급수제어를 뜻하는 것은?
- ㉮ A.B.C
- ㉯ F.W.C
- ㉰ S.T.C
- ㉱ A.C.C

[해설] ㉮ A.B.C : 보일러 자동제어
㉯ F.W.C : 급수제어
㉰ S.T.C : 증기온도제어
㉱ A.C.C : 연소제어

5. 수관 보일러에 설치하는 기수분리기의 종류가 아닌 것은?
- ㉮ 스크러버형
- ㉯ 사이클론형
- ㉰ 배플형
- ㉱ 벨로스형

[해설] 기수분리기의 종류에는 ㉮, ㉯, ㉰항 외에 건조 스크린형이 있다.

6. 물질의 온도는 변하지 않고 상(phase) 변화만 일으키는데 사용되는 열량은?
- ㉮ 잠열
- ㉯ 비열
- ㉰ 현열
- ㉱ 반응열

[해설] 잠열에 대한 문제이며 상(相)변화는 일으키지 않고 온도만을 높이는 데 사용되는 열량은 현열이다.

7. 보일러 급수제어 방식의 3요소식에서 검출 대상이 아닌 것은?
- ㉮ 수위
- ㉯ 증기유량
- ㉰ 급수유량
- ㉱ 공기압

[해설] 3요소식에서 검출대상 3가지는 ㉮, ㉯, ㉰항이며 수위와 증기유량은 2요소식에서 검출대상 2가지이다.

8. 절탄기(economizer) 및 공기 예열기에서 유황(S) 성분에 의해 주로 발생되는 부식은?
- ㉮ 고온부식
- ㉯ 저온부식
- ㉰ 산화부식
- ㉱ 점식

[해설] 과열기 및 재열기에서 바나듐(V) 성분에 의해 주로 발생되는 부식은 고온부식이다.

정답 1. ㉮ 2. ㉯ 3. ㉰ 4. ㉯ 5. ㉱ 6. ㉮ 7. ㉱ 8. ㉯

9. 급수온도 21℃에서 압력 14 kgf/cm², 온도 250℃의 증기를 1시간당 14000 kg을 발생하는 경우의 상당증발량은 약 몇 kg/h인가? (단, 발생증기의 엔탈피는 635 kcal/kg이다.)

㉮ 15948 ㉯ 25326
㉰ 3235   ㉱ 48159

[해설] $\dfrac{14000 \times (635-21)}{539} = 15948.05$ kg/h

10. 충전탑은 어떤 집진법에 해당되는가?

㉮ 여과식 집진법
㉯ 관성력식 집진법
㉰ 세정식 집진법
㉱ 중력식 집진법

[해설] 충전탑, 사이클론 스크러버, 벤투리 스크러버, 제트 스크러버는 가압수식 세정(습식) 집진장치이다.

11. 수관식 보일러 중에서 기수드럼 2~3개와 수드럼 1~2개를 갖는 것으로 관의 양단을 구부려서 각 드럼에 수직으로 결합하는 구조로 되어 있는 보일러는?

㉮ 타쿠마 보일러
㉯ 야로우 보일러
㉰ 스털링 보일러
㉱ 가르베 보일러

[해설] 곡관식 수관 보일러인 스털링 보일러에 대한 문제이다.

12. 보일러에서 사용하는 급유펌프에 대한 일반적인 설명으로 틀린 것은?

㉮ 급유펌프는 점성을 가진 기름을 이송하므로 기어펌프나 스크루펌프 등을 주로 사용한다.
㉯ 급유탱크에서 버너까지 연료를 공급하는 펌프를 수송펌프(supply pump)라 한다.
㉰ 급유펌프의 용량은 서비스 탱크를 1시간 내에 급유할 수 있는 것으로 한다.
㉱ 펌프 구동용 전동기는 작동유의 점도를 고려하여 30% 정도 여유를 주어 선정한다.

[해설] 급유탱크에서 버너까지 연료를 공급하는 펌프를 오일 압송펌프라 한다.

13. 수관식 보일러의 일반적인 장점에 해당하지 않는 것은?

㉮ 수관의 관경이 적어 고압에 잘 견디며 전열면적이 커서 증기 발생이 빠르다.
㉯ 용량에 비해 소요면적이 적으며 효율이 좋고 운반, 설치가 쉽다.
㉰ 급수의 순도가 나빠도 스케일이 잘 발생하지 않는다.
㉱ 과열기, 공기예열기 설치가 용이하다.

[해설] 수관식 보일러에서는 스케일 생성의 우려가 크다(水면적이 넓으므로).

14. 다음 중 물의 임계압력은 어느 정도인가?

㉮ 100.43 kgf/cm²
㉯ 225.65 kgf/cm²
㉰ 374.15 kgf/cm²
㉱ 539.15 kgf/cm²

[해설] 임계압력=225.65 kgf/cm², 임계온도=374.15℃, 임계점에서의 증발잠열=0 kcal/kg

15. 보일러를 본체 구조에 따라 분류하면 원통형 보일러와 수관식 보일러로 크게

[정답] 9. ㉮ 10. ㉰ 11. ㉰ 12. ㉯ 13. ㉰ 14. ㉯ 15. ㉮

나눌 수 있다. 수관식 보일러에 속하지 않는 것은?
㉮ 노통 보일러
㉯ 타쿠마 보일러
㉰ 라몬트 보일러
㉱ 슐처 보일러

[해설] 노통 보일러는 원통형(둥근형) 보일러에 속한다.

16. 연소에 있어서 환원염이란?
㉮ 과잉산소가 많이 포함되어 있는 화염
㉯ 공기비가 커서 완전 연소된 상태의 화염
㉰ 과잉공기가 많아 연소가스가 많은 상태의 화염
㉱ 산소 부족으로 불완전 연소하여 미연분이 포함된 화염

[해설] ㉮항은 산화염, ㉱항은 환원염에 대한 설명이다.

17. 육상용 보일러의 열정산 방식에서 환산 증발 배수에 대한 설명으로 맞는 것은?
㉮ 증기의 보유 열량을 실제연소열로 나눈 값이다.
㉯ 발생증기 엔탈피와 급수 엔탈피의 차를 539로 나눈 값이다.
㉰ 매시 환산증발량을 매시 연료소비량으로 나눈 값이다.
㉱ 매시 환산증발량을 전열면적으로 나눈 값이다.

[해설] ① 환산(상당) 증발 배수
$= \dfrac{환산(상당)증발량}{매시 연료소비량}$ (kg/kg)(kg/Nm^3)
② 실제 증발 배수
$= \dfrac{매시 실제증발량}{매시 연료소비량}$ (kg/kg)(kg/Nm^3)

18. 연소방식을 기화 연소방식과 무화 연소방식으로 구분할 때 일반적으로 무화 연소방식을 적용해야 하는 연료는?
㉮ 톨루엔   ㉯ 중유
㉰ 등유   ㉱ 경유

[해설] ① 기화 연소방식 : 등유, 경유와 같은 경질유 연소방식
② 무화 연소방식 : 중유와 같은 중질유 연소방식

19. 보일러의 인터로크제어 중 송풍기 작동 유무와 관련이 가장 큰 것은?
㉮ 저수위 인터로크
㉯ 불착화 인터로크
㉰ 저연소 인터로크
㉱ 프리퍼지 인터로크

[해설] 프리퍼지 인터로크(prepurge interlock) : 송풍기가 작동되지 않으면 전자 밸브가 열리지 않고 점화가 저지된다.

20. 증기 보일러에서 압력계 부착방법에 대한 설명으로 틀린 것은?
㉮ 압력계의 콕은 그 핸들을 수직인 증기관과 동일 방향에 놓은 경우에 열려 있어야 한다.
㉯ 압력계에는 안지름 12.7 mm 이상의 사이펀관 또는 동등한 작용을 하는 장치를 설치한다.
㉰ 압력계는 원칙적으로 보일러의 증기실에 눈금판의 눈금이 잘 보이는 위치에 부착한다.
㉱ 증기온도가 483K(210℃)를 넘을 때에는 황동관 또는 동관을 사용하여서는 안 된다.

[해설] 압력계에는 안지름 6.5 mm 이상의 사이펀관을 설치한다.

[정답] 16. ㉱ 17. ㉰ 18. ㉯ 19. ㉱ 20. ㉯

21. 다음 연료 중 단위 중량 당 발열량이 가장 큰 것은?

㉮ 등유 ㉯ 경유
㉰ 중유 ㉱ 석탄

[해설] ① 휘발유 : 11500 kcal/kg
② 등유 : 11000 kcal/kg
③ 경유 : 10500 kcal/kg
④ 중유 : 10000 kcal/kg
⑤ 석탄 : 4600 kcal/kg

22. 인젝터의 작동불량 원인과 관계가 먼 것은?

㉮ 부품이 마모되어 있는 경우
㉯ 내부 노즐에 이물질이 부착되어 있는 경우
㉰ 체크 밸브가 고장난 경우
㉱ 증기압력이 높은 경우

[해설] 증기압력이 너무 낮은 경우(0.2 MPa 이하)와 너무 높은 경우(1 MPa 이상)에 인젝터 작동불량의 원인이 된다.

23. 과열증기에서 과열도는 무엇인가?

㉮ 과열증기온도와 포화증기온도와의 차이다.
㉯ 과열증기온도에 증발열을 합한 것이다.
㉰ 과열증기의 압력과 포화증기의 압력 차이다.
㉱ 과열증기온도에 증발열을 뺀 것이다.

[해설] 과열도=과열증기온도−포화증기온도

24. 연소 시 공기비가 많은 경우 단점에 해당하는 것은?

㉮ 배기 가스량이 많아져서 배기가스에 의한 열손실이 증가한다.
㉯ 불완전연소가 되기 쉽다.
㉰ 미연소에 의한 열손실이 증가한다.
㉱ 미연소 가스에 의한 역화의 위험성이 있다.

[해설] 공기비가 많은 경우(과잉공기량이 많은 경우)에는 ㉮항과 같은 단점에 해당하며 공기비가 적은 경우(공기량이 부족한 경우)에는 ㉯, ㉰, ㉱항과 같은 단점에 해당한다.

25. 스프링식 안전밸브에서 저양정식인 경우는?

㉮ 밸브의 양정이 밸브시트 구경의 $\frac{1}{7}$ 이상 $\frac{1}{5}$ 미만인 것
㉯ 밸브의 양정이 밸브시트 구경의 $\frac{1}{15}$ 이상 $\frac{1}{7}$ 미만인 것
㉰ 밸브의 양정이 밸브시트 구경의 $\frac{1}{40}$ 이상 $\frac{1}{15}$ 미만인 것
㉱ 밸브의 양정이 밸브시트 구경의 $\frac{1}{45}$ 이상 $\frac{1}{40}$ 미만인 것

[해설] ㉰항은 저양정식, ㉯항은 고양정식인 경우이며 밸브의 양정이 밸브시트 구경의 $\frac{1}{7}$ 이상인 것은 전양정식이다.

26. 보일러에서 노통의 약한 단점을 보완하기 위해 설치하는 약 1m 정도의 노통 이음을 무엇이라고 하는가?

㉮ 아담슨 조인트
㉯ 보일러 조인트
㉰ 브리징 조인트
㉱ 라몬트 조인트

[해설] 노통의 원주이음은 아담슨 링을 사용하여 아담슨 조인트를 해야 한다.

정답 21. ㉮ 22. ㉱ 23. ㉮ 24. ㉮ 25. ㉰ 26. ㉮

27. 보일러의 오일버너 선정 시 고려해야 할 사항으로 틀린 것은?
- ㉮ 노의 구조에 적합할 것
- ㉯ 부하변동에 따른 유량조절 범위를 고려할 것
- ㉰ 버너용량이 보일러 용량보다 적을 것
- ㉱ 자동제어 시 버너의 형식과 관계를 고려할 것

[해설] 버너 용량은 보일러 용량에 적합할 것

28. 보일러용 가스 버너에서 외부혼합형 가스 버너의 대표적 형태가 아닌 것은?
- ㉮ 분젠형
- ㉯ 스크롤형
- ㉰ 센터파이어형
- ㉱ 다분기관형

[해설] 외부혼합형 가스 버너의 종류 : 링(ring)형, 스크롤형, 센터파이어(건)형, 다분기관(멀티스폿)형

29. 육상용 보일러 열정산 방식에서 증기의 건도는 몇 % 이상인 경우에 시험함을 원칙으로 하는가?
- ㉮ 98 % 이상
- ㉯ 93 % 이상
- ㉰ 88 % 이상
- ㉱ 83 % 이상

30. 철금속가열로 설치검사 기준에서 다음 괄호 안에 들어갈 항목으로 옳은 것은?

> 송풍기의 용량은 정격부하에서 필요한 이론공기량의 ( )를 공급할 수 있는 용량 이하이어야 한다.

- ㉮ 80 %
- ㉯ 100 %
- ㉰ 120 %
- ㉱ 140 %

31. 신설 보일러의 사용 전 점검사항으로 틀린 것은?

- ㉮ 노벽은 가동 시 열을 받아 과열 건조되므로 습기가 약간 남아 있도록 한다.
- ㉯ 연도의 배플, 그을음 제거기 상태, 댐퍼의 개폐상태를 점검한다.
- ㉰ 기수분리기와 기타 부속품의 부착상태와 공구나 볼트, 너트, 헝겊 조각 등이 남아있는가를 확인한다.
- ㉱ 압력계, 수위제어기, 급수장치 등 본체와의 접속부 풀림, 누설, 콕의 개폐 등을 확인한다.

32. 온수난방에는 고온수 난방과 저온수 난방으로 분류한다. 저온수 난방의 일반적인 온수온도는 몇 ℃ 정도를 많이 사용하는가?
- ㉮ 40~50℃
- ㉯ 60~90℃
- ㉰ 100~120℃
- ㉱ 130~150℃

[해설] 저온수 난방 : 60~90℃, 고온수 난방 : 100℃ 이상

33. 보일러의 용량을 나타내는 것으로 부적합한 것은?
- ㉮ 상당증발량
- ㉯ 보일러의 마력
- ㉰ 전열면적
- ㉱ 연료사용량

[해설] 보일러 용량 표시방법에는 ㉮, ㉯, ㉰항 외에, 최대 연속증발량, 매시 실제증발량, 최고 사용압력(제한압력), 과열증기온도 등이 있으며 온수 보일러 용량 표시방법은 매시 최대 열출력이다.

34. 신설 보일러의 설치 제작 시 부착된 페인트, 유지, 녹 등을 제거하기 위해 소다보링(soda boiling)할 때 주입하는 약액 조성에 포함되지 않는 것은?

정답 27. ㉰ 28. ㉮ 29. ㉮ 30. ㉱ 31. ㉮ 32. ㉯ 33. ㉱ 34. ㉰

㉮ 탄산나트륨
㉯ 수산화나트륨
㉰ 불화수소산
㉱ 제3인산나트륨

[해설] 소다보링(알칼리 세관)할 때 사용되는 청관제 약품에는 ㉮, ㉯, ㉱항 외에 제1인산나트륨이 사용되며 불화수소산(HF)은 산 세관 시 경질 스케일 제거에 사용된다.

35. 기름연소 보일러의 수동점화 시 5초 이내에 점화되지 않으면 어떻게 해야 하는가?

㉮ 연료 밸브를 더 많이 열어 연료공급을 증가시킨다.
㉯ 연료 분무용 증기 및 공기를 더 많이 분사시킨다.
㉰ 점화봉은 그대로 두고 프리퍼지를 행한다.
㉱ 불착화 원인을 완전히 제거한 후에 처음 단계부터 재점화 조작한다.

36. 배관의 높이를 표시할 때 포장된 지표면을 기준으로 하여 배관 장치의 높이를 표시하는 경우 기입하는 기호는?

㉮ BOP   ㉯ TOP
㉰ GL   ㉱ FL

[해설] ① EL : 배관의 높이를 관의 중심을 기준으로 표시
② GL : 포장된 지표면을 기준으로 표시
③ FL : 1층 바닥면을 기준으로 표시
④ BOP : 관바깥지름 아랫면을 기준으로 하여 표시
⑤ TOP : 관의 윗면을 기준으로 하여 표시

[참고] ① EL : elevation line
② GL : ground line
③ FL : floor line
④ BOP : bottom of pipe
⑤ TOP : top of pipe

37. 중유예열기(oil preheater)를 사용 시 가열온도가 낮을 경우 발생하는 현상이 아닌 것은?

㉮ 무화상태 불량
㉯ 그을음, 분진 발생
㉰ 기름의 분해
㉱ 불길의 치우침 발생

[해설] 가열온도가 높을 경우에는 ㉰항 외에 분사량 과다로 매연발생, 역화의 원인이 된다.

38. 다음 중 무기질 보온재에 속하는 것은?

㉮ 펠트(felt)   ㉯ 규조토
㉰ 코르크(cork) ㉱ 기포성 수지

[해설] 무기질 보온재의 종류에는 규조토, 석면, 암면, 유리섬유(글라스 울), 탄산마그네슘 등이 있다.

39. 보일러 과열의 요인 중 하나인 저수위의 발생 원인으로 거리가 먼 것은?

㉮ 분출 밸브의 이상으로 보일러 수가 누설
㉯ 급수장치가 증발능력에 비해 과소한 경우
㉰ 증기 토출량이 과소한 경우
㉱ 수면계의 막힘이나 고장

[해설] 증기 토출량이 과대한 경우에 저수위가 발생할 수 있다.

40. 빔에 턴버클을 연결하여 파이프를 아래 부분을 받쳐 달아 올린 것이며 수직방향에 변위가 없는 곳에 사용하는 것은?

㉮ 리지드 서포트
㉯ 리지드 행어
㉰ 스토퍼
㉱ 스프링 서포트

[정답] 35. ㉱ 36. ㉰ 37. ㉰ 38. ㉯ 39. ㉰ 40. ㉯

[해설] 리지드 행어(rigid hanger) 배관지지 기구에 대한 문제이다.
[참고] 행어(hanger)의 종류에는 리지드 행어, 스프링 행어, 콘스탄트 행어가 있다.

41. 회전이음, 지블이음이라고도 하며, 주로 증기 및 온수난방용 배관에 설치하는 신축이음 방식은?
㉮ 벨로스형   ㉯ 스위블형
㉰ 슬리브형   ㉱ 루프형

42. 증기난방을 고압증기난방과 저압증기난방으로 구분할 때 저압증기난방의 특징에 해당하지 않는 것은?
㉮ 증기의 압력은 약 0.15~0.35 kgf/cm² 이다.
㉯ 증기 누설의 염려가 적다.
㉰ 장거리 증기수송이 가능하다.
㉱ 방열기의 온도는 낮은 편이다.
[해설] 고압증기난방인 경우에 장거리 증기수송이 가능하다.

43. 다른 보온재에 비하여 단열 효과가 낮으며 500℃ 이하의 파이프, 탱크, 노벽 등에 사용하는 것은?
㉮ 규조토   ㉯ 암면
㉰ 글라스 울   ㉱ 펠트
[해설] 무기질 보온재인 규조토에 대한 문제이며 암면(로크 울)은 400℃ 이하의 파이프, 덕트, 탱크 등에 적합하며 글라스 울(유리섬유)은 300℃ 이하의 일반 건축의 벽체, 덕트 등에 적합하다.

44. 관속에 흐르는 유체의 화학적 성질에 따라 배관재료 선택 시 고려해야 할 사항으로 가장 관계가 먼 것은?

㉮ 수송 유체에 따른 관의 내식성
㉯ 수송 유체와 관의 화학반응으로 유체의 변질 여부
㉰ 지중 매설 배관할 때 토질과의 화학변화
㉱ 지리적 조건에 따른 수송 문제

45. 보일러 수처리에서 순환계통 외 처리에 관한 설명으로 틀린 것은?
㉮ 탁수를 침전지에 넣어서 침강분리 시키는 방법은 침전법이다.
㉯ 증류법은 경제적이며 양호한 급수를 얻을 수 있어 많이 사용한다.
㉰ 여과법은 침전속도가 느린 경우 주로 사용하며 여과기 내로 급수를 통과시켜 여과한다.
㉱ 침전이나 여과로 분리가 잘 되지 않는 미세한 입자들에 대해서는 응집법을 사용하는 것이 좋다.
[해설] 증류법은 양호한 급수를 얻을 수 있으나 비경제적이라 박용 보일러에서는 많이 사용되지만 일반적인 보일러에서는 사용되지 않고 있다.

46. 다음 중 복사난방의 일반적인 특징이 아닌 것은?
㉮ 외기온도의 급변화에 따른 온도조절이 곤란하다.
㉯ 배관 길이가 짧아도 되므로 설비비가 적게 든다.
㉰ 방열기가 없으므로 바닥면의 이용도가 높다.
㉱ 공기의 대류가 적으므로 바닥면의 먼지가 상승하지 않는다.
[해설] 복사난방법은 시공상 어려움이 많으며 설비비가 많이 든다.

정답 41. ㉯   42. ㉰   43. ㉮   44. ㉱   45. ㉯   46. ㉯

47. 강철제 증기 보일러의 최고사용압력이 4 kgf/cm²이면 수압 시험압력은 몇 kgf/cm²로 하는가?
 ㉮ 2.0 kgf/cm²
 ㉯ 5.2 kgf/cm²
 ㉰ 6.0 kgf/cm²
 ㉱ 8.0 kgf/cm²

[해설] 수압시험압력은 최고사용압력의 2배로 한다(강제 증기 보일러에서 최고사용압력이 4.3 kgf/cm²[0.43 MPa] 이하인 경우에는).

48. 보일러 송기 시 주증기 밸브 작동요령 설명으로 잘못된 것은?
 ㉮ 만개 후 조금 되돌려 놓는다.
 ㉯ 빨리 열고 만개 후 3분 이상 유지한다.
 ㉰ 주증기관 내에 소량의 증기를 공급하여 예열한다.
 ㉱ 송기하기 전 주증기 밸브 등의 드레인을 제거한다.

[해설] 3분 이상 지속되게 서서히 열어야 한다.

49. 증기난방 배관 시공에 관한 설명으로 틀린 것은?
 ㉮ 저압증기 난방에서 환수관을 보일러에 직접 연결할 경우 보일러 수의 역류현상을 방지하기 위하여 하트포드(hartford) 접속법을 사용한다.
 ㉯ 진공환수방식에서 방열기의 설치위치가 보일러보다 위쪽에 설치된 경우 리프트 피팅 이음방식을 적용하는 것이 좋다.
 ㉰ 증기가 식어서 발생하는 응축수를 증기와 분리하기 위하여 증기트랩을 설치한다.
 ㉱ 방열기에는 주로 열동식 트랩이 사용되고, 응축수량이 많이 발생하는 증기관에는 버킷트랩 등 다량 트랩을 장치한다.

[해설] 진공환수방식에서 방열기가 보일러보다 아래쪽에 설치된 경우에 리프트 피팅이음 방식을 적용한다.

50. 열사용기자재 검사기준에 따라 안전밸브 및 압력방출장치의 규격 기준에 관한 설명으로 옳지 않은 것은?
 ㉮ 소용량 강철제 보일러에서 안전밸브의 크기는 호칭지름 20 A로 할 수 있다.
 ㉯ 전열면적 50 m² 이하의 증기 보일러에서 안전밸브의 크기는 호칭지름 20 A로 할 수 있다.
 ㉰ 최대증발량 5 t/h 이하의 관류 보일러에서 안전밸브의 크기는 호칭지름 20 A로 할 수 있다.
 ㉱ 최고사용압력 0.1 MPa 이하의 보일러에서 안전밸브의 크기는 호칭지름 20 A로 할 수 있다.

[해설] 안전밸브 호칭지름을 20 A로 할 수 있는 경우는 ㉮, ㉰, ㉱항 외에
 ① 최고사용압력이 0.5 MPa 이하이고 전열면적이 2 m² 이하인 보일러
 ② 최고사용압력이 0.5 MPa 이하이고 동체의 안지름이 500 mm 이하이며 동체의 길이가 1000 mm 이하인 보일러

51. 동관의 이음 방법 중 압축이음에 대한 설명으로 틀린 것은?
 ㉮ 한쪽 동관의 끝을 나팔 모양으로 넓히고 압축 이음쇠를 이용하여 체결하는 이음 방법이다.
 ㉯ 진동 등으로 인한 풀림을 방지하기 위하여 더블너트(double nut)로 체결

한다.
㉰ 점검, 보수 등이 필요한 장소에 쉽게 분해, 조립하기 위하여 사용한다.
㉱ 압축이음을 플랜지 이음이라고도 한다.
[해설] 압축이음은 플레어(flare) 이음이라고도 한다.

52. 보일러의 정격출력이 7500 kcal/h, 보일러 효율이 85 %, 연료의 저위발열량이 9500 kcal/kg인 경우, 시간당 연료소모량은 약 얼마인가?
㉮ 1.49 kg/h ㉯ 0.93 kg/h
㉰ 1.38 kg/h ㉱ 0.67 kg/h

[해설] $x \times 9500 \times 0.85 = 7500$ 에서
$$x = \frac{7500}{9500 \times 0.85} = 0.93 \text{ kg/h}$$

[참고] 보일러 효율 = $\frac{\text{정격출력}}{\text{매시 연료사용량} \times \text{연료의 저위발열량}} \times 100(\%)$

53. 진공환수식 증기난방에 대한 설명으로 틀린 것은?
㉮ 환수관의 지름을 작게 할 수 있다.
㉯ 방열기의 설치장소에 제한을 받지 않는다.
㉰ 중력식이나 기계식보다 증기의 순환이 느리다.
㉱ 방열기의 방열량 조절을 광범위하게 할 수 있다.

[해설] 진공환수식은 중력식이나 기계식보다 증기의 순환이 빠르다.

54. 글라스 울 보온통의 안전사용(최고)온도는?
㉮ 100℃ ㉯ 200℃
㉰ 300℃ ㉱ 400℃

[해설] 글라스 울(유리섬유)의 안전사용온도는 약 300℃ 이하이다.

55. 저탄소 녹색성장 기본법에 따라 온실가스 감축 목표의 설정·관리 및 필요한 조치에 관하여 총괄·조정 기능은 누가 수행하는가?
㉮ 국토해양부 장관
㉯ 지식경제부 장관
㉰ 농림수산식품부 장관
㉱ 환경부 장관

[해설] 저탄소 녹색성장 기본법 시행령 제26조 ①항 참조

56. 에너지법에서 정의한 에너지가 아닌 것은?
㉮ 연료 ㉯ 열
㉰ 풍력 ㉱ 전기

[해설] 에너지법 제2조 1호 참조

57. 열사용기자재 관리규칙상 검사대상기기의 검사 종류 중 유효기간이 없는 것은?
㉮ 구조검사
㉯ 계속사용검사
㉰ 설치검사
㉱ 설치장소변경검사

[해설] 용접검사 및 구조검사는 유효기간이 없다.

58. 신에너지 및 재생에너지 개발·이용·보급 촉진법에서 규정하는 신·재생에너지 설비 중 "지열에너지 설비"의 설명으로 옳은 것은?
㉮ 바람의 에너지를 변환시켜 전기를 생산하는 설비

㉯ 물의 유동에너지를 변환시켜 전기를 생산하는 설비
㉰ 폐기물을 변환시켜 연료 및 에너지를 생산하는 설비
㉱ 물, 지하수 및 지하의 열 등의 온도차를 변환시켜 에너지를 생산하는 설비

[해설] 신에너지 및 재생에너지 개발·이용·보급 촉진법 시행규칙 제2조 9호 참조

59. 에너지이용 합리화법에 따라 고효율 에너지 인증대상 기자재에 포함하지 않는 것은?

㉮ 펌프
㉯ 전력용 변압기
㉰ LED 조명기기
㉱ 산업건물용 보일러

[해설] 에너지이용합리화법 시행규칙 제20조 ①항 참조.

60. 에너지이용 합리화법에 따라 에너지다소비업자가 지식경제부령으로 정하는 바에 따라 매년 1월 31일까지 시·도지사에게 신고해야 하는 사항과 관련이 없는 것은?

㉮ 전년도의 에너지사용량·제품생산량
㉯ 전년도의 에너지이용 합리화 실적 및 해당 연도의 계획
㉰ 에너지사용 기자재의 현황
㉱ 향후 5년간의 에너지사용예정량·제품생산예정량

[해설] 에너지이용합리화법 제31조 ①항 참조.

● 에너지관리 기능사 [2012년 10월 20일 시행]

1. 보일러 통풍에 대한 설명으로 틀린 것은?
㉮ 자연 통풍은 일반적으로 별도의 동력을 사용하지 않고 연돌로 인한 통풍을 말한다.
㉯ 압입 통풍은 연소용 공기를 송풍기로 노 입구에서 대기압보다 높은 압력으로 밀어 넣고 굴뚝의 통풍작용과 같이 통풍을 유지하는 방식이다.
㉰ 평형통풍은 통풍조절은 용이하나 통풍력이 약하여 주로 소용량 보일러에서 사용한다.
㉱ 흡입통풍은 크게 연소가스를 직접 통풍기에 빨아들이는 직접 흡입식과 통풍기로 대기를 빨아들이게 하고 이를 이젝터로 보내어 그 작용에 의해 연소가스를 빨아들이는 간접흡입식이 있다.
[해설] 평형통풍은 통풍력이 강하여 주로 대용량 보일러에서 사용한다.

2. 전기식 온수온도 제한기의 구성요소에 속하지 않는 것은?
㉮ 온도 설정 다이얼
㉯ 마이크로 스위치
㉰ 온도차 설정 다이얼
㉱ 확대용 링게이지
[해설] ㉮, ㉯, ㉰항 외에 온도 설정 지침, 도관, 감온체이다.

3. KS에서 규정하는 육상용 보일러의 열정산 조건과 관련된 설명으로 틀린 것은?
㉮ 보일러의 정상 조업상태에서 적어도 2시간 이상의 운전 결과에 따른다.
㉯ 발열량은 원칙적으로 사용 시 연료의 저발열량(진발열량)으로 하며, 고발열량(총발열량)으로 사용하는 경우에는 기준 발열량을 분명하게 명기해야 한다.
㉰ 최대 출열량을 시험할 경우에는 반드시 정격부하에서 시험을 한다.
㉱ 열정산과 관련한 시험 시 시험 보일러는 다른 보일러와 무관한 상태로 하여 실시한다.
[해설] 발열량은 원칙적으로 연료의 고발열량으로 한다.

4. 기체연료의 연소방식 중 버너의 연료노즐에서는 연료만을 분출하고 그 주위에서 공기를 별도로 연소실로 분출하여 연료가스와 공기가 혼합하면서 연소하는 방식으로 산업용 보일러의 대부분이 사용하는 방식은?
㉮ 예증발 연소방식 ㉯ 심지 연소방식
㉰ 예혼합 연소방식 ㉱ 확산 연소방식
[해설] 버너의 연료노즐에서 연료만을 분출하는 확산 연소방식에 대한 문제이다.

5. 고압과 저압 배관 사이에 부착하여 고압 측의 압력변화 및 증기 소비량 변화에 관계없이 저압 측의 압력을 일정하게 유지시켜 주는 밸브는?
㉮ 감압 밸브   ㉯ 온도조절 밸브
㉰ 안전밸브   ㉱ 플랩 밸브

6. 보일러 급수처리의 목적으로 거리가 먼 것은?

정답 1. ㉰ 2. ㉱ 3. ㉯ 4. ㉱ 5. ㉮ 6. ㉱

㉮ 스케일의 생성 방지
㉯ 점식 등의 내면 부식 방지
㉰ 캐리오버의 발생 방지
㉱ 황분 등에 의한 저온부식 방지

[해설] 저온부식 및 고온부식 방지는 연료의 전처리 목적이다.

7. 보일러의 분류 중 원통형 보일러에 속하지 않는 것은?

㉮ 타쿠마 보일러 ㉯ 랭커셔 보일러
㉰ 케와니 보일러 ㉱ 코니시 보일러

[해설] 타쿠마 보일러는 자연순환식 수관 보일러이다.

8. 보일러에서 C중유를 사용할 경우 중유 예열장치로 예열할 때 적정 예열범위는?

㉮ 40℃~45℃   ㉯ 80℃~105℃
㉰ 130℃~160℃ ㉱ 200℃~250℃

[해설] ① A중유 : 예열 불필요
② B중유 : 50℃~60℃

9. 어떤 액체 1200 kg을 30℃에서 100℃까지 온도를 상승시키는 데 필요한 열량은 몇 kcal인가?(단, 이 액체의 비열은 3 kcal/kg·℃이다.)

㉮ 35000   ㉯ 84000
㉰ 126000 ㉱ 252000

[해설] 1200×3×(100-30)=252000 kcal

10. 매시간 1000 kg의 LPG를 연소시켜 15000 kg/h의 증기를 발생하는 보일러의 효율(%)은 약 얼마인가?(단, LPG의 총발열량은 12980 kcal/kg, 발생증기엔탈피는 750 kcal/kg, 급수엔탈피는 18 kcal/kg이다.)

㉮ 79.8 ㉯ 84.6 ㉰ 88.4 ㉱ 94.2

[해설] $\frac{15000 \times (750-18)}{1000 \times 12980} \times 100 = 84.6\%$

11. 보일러 자동제어에서 3요소식 수위제어의 3가지 검출요소와 무관한 것은?

㉮ 노내 압력   ㉯ 수위
㉰ 증기유량   ㉱ 급수유량

[해설] 3요소식에서 검출요소 3가지는 ㉯, ㉰, ㉱항이다.

12. 다음 부품 중 전후에 바이패스를 설치해서는 안 되는 부품은?

㉮ 급수관
㉯ 연료차단 밸브
㉰ 감압 밸브
㉱ 유류배관의 유량계

[해설] 연료차단 밸브, 안전밸브 같은 안전장치에는 바이패스를 설치해서는 안 된다.

13. 피드백 제어를 가장 옳게 설명한 것은?

㉮ 일정하게 정해진 순서에 의해 행하는 제어
㉯ 모든 조건이 충족되지 않으면 정지되어 버리는 제어
㉰ 출력 측의 신호를 입력 측으로 되돌려 정정동작을 행하는 제어
㉱ 사람의 손에 의해 조작되는 제어

[해설] ㉮항은 시퀀스(순차) 제어, ㉰항은 피드백 제어, ㉱항은 수동제어에 대한 설명이다.

14. 매탄(CH_4) 1 Nm^3의 연소에 소요되는 이론공기량이 9.52 Nm^3이고, 실제공기량이 11.43 Nm^3일 때 공기비(m)는 얼마인가?

㉮ 1.5 ㉯ 1.4 ㉰ 1.3 ㉱ 1.2

[해설] $\frac{11.43}{9.52} = 1.2$

정답 7. ㉮ 8. ㉯ 9. ㉱ 10. ㉯ 11. ㉮ 12. ㉯ 13. ㉰ 14. ㉱

[참고] 공기비$(m) = \dfrac{\text{실제공기량}(A)}{\text{이론공기량}(A_0)}$

$= \dfrac{\text{이론공기량}(A_0) + \text{과잉공기량}}{\text{이론공기량}(A_0)}$

$= 1 + \dfrac{\text{과잉공기량}}{\text{이론공기량}(A_0)}$

15. 세정식 집진장치 중 하나인 회전식 집진장치의 특징에 관한 설명으로 틀린 것은?

㉮ 가동부분이 적고 구조가 간단하다.
㉯ 세정용수가 적게 들며, 급수 배관을 따로 설치할 필요가 없으므로 설치공간이 적게 든다.
㉰ 집진물을 회수할 때 탈수, 건조 등을 수행할 수 있는 별도의 장치가 필요하다.
㉱ 비교적 큰 압력손실을 견딜 수 있다.

[해설] 세정용수가 많이 들며 급수배관을 따로 설치할 필요가 있다.

16. 보일러 부속장치에 대한 설명 중 잘못된 것은?

㉮ 인젝터 : 증기를 이용한 급수장치
㉯ 기수분리기 : 증기 중에 혼입된 수분을 분리하는 장치
㉰ 스팀 트랩 : 응축수를 자동으로 배출하는 장치
㉱ 수트 블로어 : 보일러 동 저면의 스케일, 침전물을 밖으로 배출하는 장치

[해설] 수트 블로어(soot blower) : 전열면에 부착된 그을음을 제거하는 장치이다.

17. 저수위 등에 따른 이상온도의 상승으로 보일러가 과열되었을 때 작동하는 안전장치는?

㉮ 가용 마개 ㉯ 인젝터
㉰ 수위계 ㉱ 증기 헤더

[해설] 가용 마개(가용전, 용융 마개)에 대한 문제이다.

18. 보일러용 연료 중에서 고체연료의 일반적인 주성분은? (단, 중량 %를 기준으로 한 주성분을 구한다.)

㉮ 탄소 ㉯ 산소
㉰ 수소 ㉱ 질소

[해설] 고체연료의 주성분인 탄소(C) 함량은 약 50~90 % 정도이다.

19. 연소의 3대 조건이 아닌 것은?

㉮ 이산화탄소 공급원
㉯ 가연성 물질
㉰ 산소 공급원
㉱ 점화원

[해설] 연소의 3대 조건 : 가연성 물질, 산소 공급원(또는 공기), 점화원(불씨)

20. 주철제 보일러인 섹셔널 보일러의 일반적인 조합방법이 아닌 것은?

㉮ 전후조합 ㉯ 좌우조합
㉰ 맞세움조합 ㉱ 상하조합

[해설] 조합방법에는 ㉮, ㉯, ㉰항 3가지가 있으며 접합방법에는 니플 접합과 플랜지 접합이 있다.

21. 수관식 보일러의 일반적인 특징이 아닌 것은?

㉮ 구조상 저압으로 운용되어야 하며 소용량으로 제작해야 한다.
㉯ 전열면적을 크게 할 수 있으므로 열효율이 높은 편이다.
㉰ 급수처리에 주의가 필요하다.

라 연소실을 마음대로 크게 만들 수 있으므로 연소상태가 좋으며 또한 여러 종류의 연료 및 연소방식이 적용된다.

[해설] 수관식 보일러는 고압용으로 운용되어야 하며 대용량으로 제작해야 한다.

22. 다음 중 자동연료 차단장치가 작동하는 경우로 거리가 먼 것은?

가 버너가 연소상태가 아닌 경우(인터로크가 작동한 상태)
나 증기압력이 설정압력보다 높은 경우
다 송풍기 팬이 가동할 때
라 관류 보일러에 급수가 부족한 경우

[해설] 송풍기 가동이 중단될 때이다.

23. 섭씨온도(℃), 화씨온도(℉), 캘빈온도(K), 랭킨온도(℉R)와의 관계식으로 옳은 것은?

가 ℃ = 1.8 × (℉ − 32)
나 ℉ = $\frac{(℃ + 32)}{1.8}$
다 K = $\frac{5}{9}$ × ℉R
라 ℉R = K × $\frac{5}{9}$

[해설] 가 ℃ = $\frac{5}{9}$ × (℉ − 32)
나 ℉ = $\frac{9}{5}$ × ℃ + 32
라 ℉R = K × $\frac{9}{5}$

24. 환산 증발배수에 관한 설명으로 가장 적합한 것은?

가 연료 1 kg이 발생시킨 증발능력을 말한다.
나 보일러에서 발생한 순수 열량을 표준상태의 증발 잠열로 나눈 값이다.
다 보일러의 전열면적 1m² 당 1시간 동안의 실제증발량이다.
라 보일러 전열면적 1m² 당 1시간 동안의 보일러 열출력이다.

[해설] 환산 증발배수 = $\frac{환산증발량}{매시 연료사용량}$ (kg/kg)

25. 원통형 보일러의 일반적인 특징 설명으로 틀린 것은?

가 보일러 내 보유 수량이 많아 부하변동에 의한 압력변화가 적다.
나 고압 보일러나 대용량 보일러에는 부적당하다.
다 구조가 간단하고 정비, 취급이 용이하다.
라 전열면적이 커서 증기 발생시간이 짧다.

[해설] 수관 보일러에 비해 전열면적이 작아서 증기발생 시간이 길다.

26. 유류 보일러 시스템에서 중유를 사용할 때 흡입측의 여과망 눈 크기로 적합한 것은?

가 1~10 mesh   나 20~60 mesh
다 100~150 mesh   라 300~500 mesh

[해설] ① 중유용
 (가) 흡입측 20~60 mesh
 (나) 토출측 60~120 mesh
② 등유 및 경유용
 (가) 흡입측 80~120 mesh
 (나) 토출측 100~250 mesh

27. 다음 중 과열기에 관한 설명으로 틀린 것은?

가 연소방식에 따라 직접 연소식과 간접 연소식으로 구분된다.
나 전열방식에 따라 복사형, 대류형, 양

자 병용형으로 구분된다.
㈐ 복사형 과열기는 관열관을 연소실 내 또는 노벽에 설치하여 복사열을 이용하는 방식이다.
㈑ 과열기는 일반적으로 직접연소식이 널리 사용된다.

[해설] 직접연소식은 독립된 연소장치를 구비한 것이며 특수한 경우에 사용되며 간접연소식이 널리 사용된다.

28. 표준대기압 상태에서 0℃의 물 1 kg이 100℃ 증기로 만드는데 필요한 열량은 몇 kcal인가? (단, 물의 비열은 1 kcal/kg·℃이고, 증발잠열은 539 kcal/kg이다.)
㈎ 100 ㈏ 500 ㈐ 539 ㈑ 639

[해설] $1 \times 1 \times (100-0) + 539 = 639$ kcal

29. 다음 중 KS에서 규정하는 온수 보일러의 용량 단위는?
㈎ Nm^3/h ㈏ $kcal/m^2$
㈐ kg/h ㈑ kJ/h

[해설] 온수 보일러의 용량 표시방법은 매시 최대 열출력(kJ/h)이다.

30. 열사용기자재 검사기준에 따라 온수발생 보일러에 안전밸브를 설치해야 되는 경우는 온수온도 몇 ℃ 이상인 경우인가?
㈎ 60℃ ㈏ 80℃ ㈐ 100℃ ㈑ 120℃

[해설] ① 온수온도 120℃ 초과 : 안전밸브
② 온수온도 120℃ 이하 : 방출밸브

31. 보일러에서 발생하는 부식을 크게 습식과 건식으로 구분할 때 다음 중 건식에 속하는 것은?
㈎ 점식 ㈏ 황화부식
㈐ 알칼리부식 ㈑ 수소취화

[해설] 건식에 속하는 것 : 고온산화, 고온부식, 황화부식

32. 보일러의 점화조작 시 주의사항에 대한 설명으로 잘못된 것은?
㈎ 연료가스의 유출속도가 너무 빠르면 역화가 일어나고, 너무 늦으면 실화가 발생하기 쉽다.
㈏ 연료의 예열온도가 낮으면 무화불량, 화염의 편류, 그을음, 분진이 발생하기 쉽다.
㈐ 유압이 낮으면 점화 및 분사가 불량하고 유압이 높으면 그을음이 축적되기 쉽다.
㈑ 프리퍼지 시간이 너무 길면 연소실의 냉각을 초래하고, 너무 짧으면 역화를 일으키기 쉽다.

[해설] 연소가스의 유출속도가 너무 빠르면 실화가 일어나고 너무 늦으면 역화가 발생하기 쉽다.

33. 보일러 작업종료 시 주요점검 사항으로 틀린 것은?
㈎ 전기의 스위치가 내려져 있는지 점검한다.
㈏ 난방용 보일러에 대해서는 드레인의 회수를 확인하고 진공펌프를 가동시켜 놓는다.
㈐ 작업종료 시 증기압력이 어느 정도인지 점검한다.
㈑ 증기 밸브로부터 누설이 없는지 점검한다.

[해설] 드레인의 회수를 확인하고 진공펌프를 정지시킨다.

34. 보일러 급수 중의 현탁질 고형물을 제

[정답] 28. ㈑ 29. ㈑ 30. ㈑ 31. ㈏ 32. ㈎ 33. ㈏ 34. ㈏

거하기 위한 외처리 방법이 아닌 것은?
- ㉮ 여과법
- ㉯ 탈기법
- ㉰ 침강법
- ㉱ 응집법

[해설] 현탁질 제거법에는 ㉮, ㉰, ㉱항 3가지가 있으며 탈기법과 기폭법은 용존가스체 제거법이다.

35. 보일러설치기술규격(KBI)에 따라 열매체유 팽창탱크의 공간부에는 열매체의 노화를 방지하기 위해 N_2 가스를 봉입하는데 이 가스의 압력이 너무 높게 되지 않도록 설정하는 팽창탱크의 최소체적(V_T)을 구하는 식으로 옳은 것은? (단, V_E는 승온 시 시스템 내의 열매체유 팽창량(L)이고, V_M은 상온 시 탱크 내 열매체유 보유량(L)이다.)
- ㉮ $V_T = V_E + 2V_M$
- ㉯ $V_T = 2V_E + V_M$
- ㉰ $V_T = 2V_E + 2V_M$
- ㉱ $V_T = 3V_E + V_M$

36. 지역난방의 일반적인 장점으로 거리가 먼 것은?
- ㉮ 각 건물마다 보일러 시설이 필요 없고, 연료비와 인건비를 줄일 수 있다.
- ㉯ 시설이 대규모이므로 관리가 용이하고 열효율 면에서 유리하다.
- ㉰ 지역난방설비에서 배관의 길이가 짧아 배관에 의한 열손실이 적다.
- ㉱ 고압증기나 고온수를 사용하여 관의 지름을 작게 할 수 있다.

[해설] 배관의 길이가 길어 배관에 의한 열손실이 크다.

37. 다음 보온재 중 유기질 보온재에 속하는 것은?
- ㉮ 규조토
- ㉯ 탄산마그네슘
- ㉰ 유리섬유
- ㉱ 코르크

[해설] ㉮, ㉯, ㉰항은 무기질 보온재이다.

38. 수면측정장치 취급상의 주의사항에 대한 설명으로 틀린 것은?
- ㉮ 수주 연결관은 수측 연결관의 도중에 오물이 끼기 쉬우므로 하향경사하도록 배관한다.
- ㉯ 조명은 충분하게 하고 유리는 항상 청결하게 유지한다.
- ㉰ 수면계의 콕은 누설되기 쉬우므로 6개월 주기로 분해 정비하여 조작하기 쉬운 상태로 유지한다.
- ㉱ 수주관 하부의 분출관은 매일 1회 분출하여 수측 연결관의 찌꺼기를 배출한다.

[해설] 수즈 연결관은 굽힘이 없도록 배관을 해야 한다.

39. 보일러 수리 시의 안전사항으로 틀린 것은?
- ㉮ 부식부위의 해머작업 시에는 보호안경을 착용한다.
- ㉯ 파이프 나사절삭 시 나사 부는 맨손으로 만지지 않는다.
- ㉰ 토치램프 작업 시 소화기를 비치해 둔다.
- ㉱ 파이프렌치는 무거우므로 망치 대용으로 사용해도 된다.

40. 관이음쇠로 사용되는 홈 조인트(groove joint)의 장점에 관한 설명으로 틀린 것은?

정답 35. ㉯ 36. ㉰ 37. ㉱ 38. ㉮ 39. ㉱ 40. ㉰

㉮ 일반 용접식, 플랜지식, 나사식 관이음 방식에 비해 빨리 조립이 가능하다.
㉯ 배관 끝단 부분의 간격을 유지하여 온도변화 및 진동에 의한 신축, 유동성이 뛰어나다.
㉰ 홈 조인트의 사용 시 용접 효율성이 뛰어나서 배관 수명이 길어진다.
㉱ 플랜지식 관이음에 비해 볼트를 사용하는 수량이 적다.
[해설] 용접 효율성이 떨어진다.

41. 배관의 나사이음과 비교하여 용접이음의 장점이 아닌 것은?
㉮ 누수의 염려가 적다.
㉯ 관 두께에 불균일한 부분이 생기지 않는다.
㉰ 이음부의 강도가 크다.
㉱ 열에 의한 잔류응력 발생이 거의 일어나지 않는다.
[해설] 열에 의한 잔류응력 발생이 일어나기 쉽다.

42. 파이프 축에 대해서 직각방향으로 개폐되는 밸브로 유체의 흐름에 따른 마찰저항 손실이 적으며 난방배관 등에 주로 이용되나 절반만 개폐하면 디스크 뒷면에 와류가 발생되어 유량 조절용으로는 부적합한 밸브는?
㉮ 버터플라이 밸브 ㉯ 슬루스 밸브
㉰ 글로브 밸브   ㉱ 콕

43. 가동 중인 보일러를 정지시킬 때 일반적으로 가장 먼저 조치해야 할 사항은?
㉮ 증기 밸브를 닫고, 드레인 밸브를 연다.
㉯ 연료의 공급을 정지한다.
㉰ 공기의 공급을 정지한다.
㉱ 댐퍼를 닫는다.
[해설] 보일러의 일반적인 정지 순서
① 연소율(연료량과 공기량)을 낮춘다.
② 연료의 공급을 정지한다.
③ 포스트퍼지를 행한다.
④ 공기공급을 정지한다.
⑤ 증기밸브를 닫고 드레인 밸브를 연다.
⑥ 댐퍼를 닫는다.

44. 증기 보일러에서 수면계의 점검시기로 적절하지 않은 것은?
㉮ 2개의 수면계 수위가 다를 때 행한다.
㉯ 프라이밍, 포밍 등이 발생할 때 행한다.
㉰ 수면계 유리관을 교체하였을 때 행한다.
㉱ 보일러의 점화 후에 행한다.
[해설] 보일러의 점화 전에 행해야 한다.

45. 보일러 내처리로 사용되는 약제 중 가성취화 방지, 탈산소, 슬러지 조정 등의 작용을 하는 것은?
㉮ 수산화나트륨
㉯ 암모니아
㉰ 탄닌
㉱ 고급 지방산폴리알코올
[해설] ① 가성취화 방지제 : 탄닌, 리그린, 인산나트륨, 질산나트륨
② 탈산소제 : 아황산나트륨, 탄닌, 히드라진
③ 슬러지 조정제 : 탄닌, 리그린, 전분

46. 어떤 건물의 소요 난방부하가 54600 kcal/h이다. 주철제 방열기로 증기난방을 한다면 약 몇 쪽(section)의 방열기를 설치해야 하는가? (단, 표준방열량으로 계산하며, 주철제 방열기의 쪽당 방열면적은 0.24 m^2이다.)
㉮ 330쪽   ㉯ 350쪽
㉰ 380쪽   ㉱ 400쪽

정답 41. ㉱ 42. ㉯ 43. ㉯ 44. ㉱ 45. ㉰ 46. ㉯

[해설] $650 \times 0.24 \times x = 54600$에서
$x = 350$쪽

47. 관의 결합방식 표시방법 중 유니언식의 그림기호로 맞는 것은?
㉮ ─┼─   ㉯ ─●─
㉰ ─╫─   ㉱ ─╫─

[해설] ㉮항은 나사이음, ㉰항은 플랜지 이음

48. 보일러에서 팽창탱크의 설치 목적에 대한 설명으로 틀린 것은?
㉮ 체적팽창, 이상팽창에 의한 압력을 흡수한다.
㉯ 장치 내의 온도와 압력을 일정하게 유지한다.
㉰ 보충수를 공급하여 준다.
㉱ 관수를 배출하여 열손실을 방지한다.

49. 열사용기자재 검사기준에 따라 전열면적 12 m²인 보일러의 급수 밸브 크기는 호칭 몇 A 이상이어야 하는가?
㉮ 15   ㉯ 20   ㉰ 25   ㉱ 32
[해설] 전열면적 10 m² 초과 : 20 A 이상
전열면적 10 m² 이하 : 15 A 이상

50. 다음 보온재 중 안전사용(최고)온도가 가장 낮은 것은?
㉮ 탄산마그네슘 물 반죽 보온재
㉯ 규산칼슘 보온판
㉰ 경질 폼라버 보온통
㉱ 글라스 울 블랭킷
[해설] ㉮항 약 250℃, ㉯항 약 650℃, ㉰항 약 100℃ 이하, ㉱항 약 300℃

51. 다음 중 동관 이음의 종류에 해당하지 않는 것은?
㉮ 납땜 이음   ㉯ 기볼트 이음
㉰ 플레어 이음   ㉱ 플랜지 이음
[해설] 동관의 이음 방법에는 ㉮, ㉰, ㉱항 외에 용접 이음이 있다.

52. 〈보기〉와 같은 부하에 대해서 보일러의 "정격출력"을 올바르게 표시한 것은?

〈보기〉
H1 : 난방부하   H2 : 급탕부하
H3 : 배관부하   H4 : 시동부하

㉮ H1 + H2
㉯ H1 + H2 + H3
㉰ H1 + H2 + H4
㉱ H1 + H2 + H3 + H4
[해설] ① 온수 보일러 정격출력(정격용량)
=H1+H2+H3+H4
② 상용출력=H1+H2+H3

53. 다음 중 보온재의 일반적인 구비 요건으로 틀린 것은?
㉮ 비중이 크고 기계적 강도가 클 것
㉯ 장시간 사용에도 사용온도에 변질되지 않을 것
㉰ 시공이 용이하고 확실하게 할 수 있을 것
㉱ 열전도율이 적을 것
[해설] 비중이 작아야 한다(열전도율이 적으므로).

54. 상용 보일러의 점화 전 연소계통의 점검에 관한 설명으로 틀린 것은 어느 것인가?
㉮ 중유예열기를 가동하되 예열기가 증기가열식인 경우에는 드레인을 배출시키지 않은 상태에서 가열한다.

정답 47. ㉱ 48. ㉱ 49. ㉯ 50. ㉰ 51. ㉯ 52. ㉱ 53. ㉮ 54. ㉮

㉰ 연료배관, 스트레이너, 연료펌프 및 수동차단 밸브의 개폐상태를 확인한다.
㉱ 연소가스 통로가 긴 경우와 구부러진 부분이 많을 경우에는 완전한 환기가 필요하다.
㉲ 연소실 및 연도 내의 잔류가스를 배출하기 위하여 연도의 각 댐퍼를 전부 열어놓고 통풍기로 환기시킨다.
[해설] 증기가열식인 경우에는 드레인을 배출시킨 상태에서 가열한다.

55. 에너지이용 합리화법에 따라 연료·열 및 전력의 연간 사용량의 합계가 몇 티오이 이상인 자를 "에너지다소비사업자"라 하는가?
㉮ 5백
㉯ 1천
㉰ 1천 5백
㉱ 2천
[해설] 에너지이용합리화법 시행령 제35조 참조.

56. 에너지이용 합리화법에 따라 효율관리기자재 중 하나인 가정용 가스보일러의 제조업자 또는 수입업자는 소비효율 또는 소비효율등급을 라벨에 표시하여 나타내야 하는데 이때 표시해야 하는 항목에 해당하지 않는 것은?
㉮ 난방출력
㉯ 표시난방열효율
㉰ 1시간 사용 시 CO_2 배출량
㉱ 소비효율등급

57. 신에너지 및 재생에너지 개발·이용·보급 촉진법에 따라 신·재생에너지의 기술개발 및 이용보급을 촉진하기 위한 기본계획은 누가 수립하는가?
㉮ 교육과학기술부 장관
㉯ 환경부 장관
㉰ 국토해양부 장관
㉱ 지식경제부 장관
[해설] 신에너지 및 재생에너지 개발·이용·보급 촉진법 제5조 ①항 참조.

58. 에너지법에서 정의하는 "에너지 사용자"의 의미로 가장 옳은 것은?
㉮ 에너지 보급 계획을 세우는 자
㉯ 에너지를 생산, 수입하는 사업자
㉰ 에너지 사용시설의 소유자 또는 관리자
㉱ 에너지를 저장, 판매하는 자
[해설] 에너지법 제2조 5 참조.

59. 에너지이용 합리화법에 따라 국내외 에너지사정의 변동으로 에너지수급에 중대한 차질이 발생하거나 발생할 우려가 있다고 인정되면 에너지수급의 안정을 기하기 위하여 필요한 범위 내에 조치를 취할 수 있는데, 다음 중 그러한 조치에 해당하지 않는 것은?
㉮ 에너지의 비축과 저장
㉯ 에너지공급설비의 가동 및 조업
㉰ 에너지의 배급
㉱ 에너지 판매시설의 확충
[해설] 에너지이용 합리화법 제7조 ②항 참조.

60. 에너지이용 합리화법에 따라 보일러의 개조검사의 경우 검사 유효기간으로 옳은 것은?
㉮ 6개월 ㉯ 1년 ㉰ 2년 ㉱ 5년
[해설] 에너지이용합리화법 시행규칙 제31조의 8 별표 3의 5 참조.

정답 55. ㉱ 56. ㉰ 57. ㉱ 58. ㉰ 59. ㉱ 60. ㉯

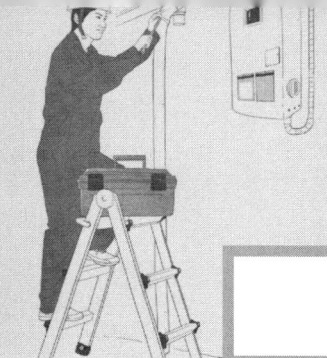

2013년도 출제 문제

● 에너지관리 기능사　　　[2013년 1월 27일 시행]

1. 오일 버너 종류 중 회전컵의 회전운동에 의한 원심력과 미립화용 1차공기의 운동에너지를 이용하여 연료를 분무시키는 버너는?
㉮ 건타입 버너
㉯ 로터리 버너
㉰ 유압식 버너
㉱ 기류 분무식 버너
[해설] 로터리(회전식) 버너는 회전컵(분무컵)의 원심력을 이용한 오일 버너이다.

2. 프라이밍의 발생 원인으로 거리가 먼 것은?
㉮ 보일러 수위가 높을 때
㉯ 보일러 수가 농축되어 있을 때
㉰ 송기 시 증기 밸브를 급개할 때
㉱ 증발능력에 비하여 보일러 수의 표면적이 클 때
[해설] 보일러 수의 표면적(증발부)이 작을 때이다.

3. 오일 여과기의 기능으로 거리가 먼 것은?
㉮ 펌프를 보호한다.
㉯ 유량계를 보호한다.
㉰ 연료노즐 및 연료조절 밸브를 보호한다.
㉱ 분무효과를 높여 연소를 양호하게 하고 연소생성물을 활성화시킨다.
[해설] 연소생성물을 활성화시키는 것과 관계없다.

4. 다음 중 목표값이 변화되어 목표값을 측정하면서 제어목표량을 목표량에 맞도록 하는 제어에 속하지 않는 것은?
㉮ 추종제어　　㉯ 비율제어
㉰ 정치제어　　㉱ 캐스케이드 제어
[해설] 정치제어는 목표값이 일정한 제어이다.

5. 노통 보일러에서 갤러웨이 관(galloway tube)을 설치하는 목적으로 가장 옳은 것은?
㉮ 스케일 부착을 방지하기 위하여
㉯ 노통의 보강과 양호한 물 순환을 위하여
㉰ 노통의 진동을 방지하기 위하여
㉱ 연료의 완전연소를 위하여
[해설] ㉯항 외에 전열면적을 증가시키기 위해서이다.

6. 다음 중 수트 블로어의 종류가 아닌 것은?
㉮ 장발형　　　㉯ 건타입형
㉰ 정치회전형　㉱ 콤버스터형

정답 1. ㉯　2. ㉱　3. ㉱　4. ㉰　5. ㉯　6. ㉱

[해설] 수트 블로어(soot blower)의 종류: 장발형(롱 레트랙터블형), 단발형(쇼트 레트랙터블형), 건타입형, 정치 회전형(로터리형), 공기예열기 클리너형

7. 건 배기가스 중의 이산화탄소분 최댓값이 15.7%이다. 공기비를 1.2로 할 경우 건 배기가스 중의 이산화탄소분은 몇 %인가?
㉮ 11.21 % ㉯ 12.07 %
㉰ 13.08 % ㉱ 17.58 %

[해설] 공기비 $= \dfrac{CO_2 max\%}{CO_2\%}$ 이다.

$1.2 = \dfrac{15.7}{x}$ 에서 $x = \dfrac{15.7}{1.2} = 13.08\%$

8. 보일러 급수펌프 중 비용적식 펌프로서 원심 펌프인 것은?
㉮ 워싱턴 펌프   ㉯ 웨어 펌프
㉰ 플런저 펌프   ㉱ 벌류트 펌프

[해설] 원심 펌프에는 가이드 베인(안내깃)이 있는 터빈 펌프와 가이드 베인이 없는 벌류트 펌프가 있다.

9. 다음 자동제어에 대한 설명에서 온-오프(on-off) 제어에 해당되는 것은?
㉮ 제어량이 목표값을 기준으로 열거나 닫는 2개의 조작량을 가진다.
㉯ 비교부의 출력이 조작량에 비례하여 변화한다.
㉰ 출력편차량의 시간 적분에 비례하는 속도로 조작량을 변화시킨다.
㉱ 어떤 출력편차의 시간 변화에 비례하여 조작량을 변화시킨다.

10. 다음 중 비열에 대한 설명으로 옳은 것은?
㉮ 비열은 물질 종류에 관계없이 1.4로 동일하다.
㉯ 질량이 동일할 때 열용량이 크면 비열이 크다.
㉰ 공기의 비열이 물보다 크다.
㉱ 기체의 비열비는 항상 1보다 작다.

[해설] 열용량=질량×비열

11. 통풍 방식에 있어서 소요 동력이 비교적 많으나 통풍력 조절이 용이하고 노내압을 정압 및 부압으로 임의로 조절이 가능한 방식은?
㉮ 흡인통풍   ㉯ 압입통풍
㉰ 평형통풍   ㉱ 자연통풍

12. 보일러 자동연소제어(A.C.C)의 조작량에 해당하지 않는 것은?
㉮ 연소가스량   ㉯ 공기량
㉰ 연료량   ㉱ 급수량

[해설] 급수량은 급수제어(F.W.C)의 조작량에 해당한다.

13. 다음 도시가스의 종류를 크게 천연가스와 석유계 가스, 석탄계 가스로 구분할 때 석유계 가스에 속하지 않는 것은?
㉮ 코르크 가스   ㉯ LPG 변성가스
㉰ 나프타 분해가스 ㉱ 정제소 가스

[해설] ㉯, ㉰, ㉱항 및 기름 가스는 석유계 가스이며 코르크 가스는 석탄계 가스이고 LNG는 천연가스에 속한다.

14. 다음 중 증기의 건도를 향상시키는 방법으로 틀린 것은?
㉮ 증기의 압력을 더욱 높여서 초고압

정답 7. ㉰ 8. ㉱ 9. ㉮ 10. ㉯ 11. ㉰ 12. ㉱ 13. ㉮ 14. ㉮

상태로 만든다.
㉯ 기수분리기를 사용한다.
㉰ 증기주관에서 효율적인 드레인 처리를 한다.
㉱ 증기 공간 내의 공기를 제거한다.

[해설] 고압의 증기를 저압의 증기로 감압시켜 사용해야 한다.

15. 다음 중 연소 시에 매연 등의 공해 물질이 가장 적게 발생되는 연료는?
㉮ 액화천연가스 ㉯ 석탄
㉰ 중유 ㉱ 경유

[해설] 기체연료가 공해 물질이 가장 적게 발생된다.

16. 다음 중 수관식 보일러에 해당되는 것은?
㉮ 스코치 보일러 ㉯ 배브콕 보일러
㉰ 코크란 보일러 ㉱ 케와니 보일러

[해설] 배브콕 보일러는 자연 순환식 수관 보일러이다.

17. 1 보일러 마력을 열량으로 환산하면 몇 kcal/h인가?
㉮ 8435 kcal/h ㉯ 9435 kcal/h
㉰ 7435 kcal/h ㉱ 10173 kcal/h

[해설] 1 보일러 마력의 열량(열출력)은 8435 kcal/h이다.

18. 보일러 열효율 향상을 위한 방안으로 잘못 설명한 것은?
㉮ 절탄기 또는 공기예열기를 설치하여 배기가스 열을 회수한다.
㉯ 버너 연소부하조건을 낮게 하거나 연속운전을 간헐운전으로 개선한다.
㉰ 급수온도가 높으면 연료가 절감되므로 고온의 응축수는 회수한다.
㉱ 온도가 높은 블로어 다운 수를 회수하여 급수 및 온수제조 열원으로 활용한다.

[해설] 간헐운전을 하면 열효율은 급격히 저하한다.

19. 석탄의 함유 성분에 대해서 그 성분이 많을수록 연소에 미치는 영향에 대한 설명으로 틀린 것은?
㉮ 수분 : 착화성이 저하된다.
㉯ 회분 : 연소효율이 증가한다.
㉰ 휘발분 : 검은 매연이 발생하기 쉽다.
㉱ 고정탄소 : 발열량이 증가한다.

[해설] 회분 : 연소효율이 감소하며 고온부식의 원인과 클링커 생성으로 통풍저항을 초래한다.

20. 시간당 100 kg의 중유를 사용하는 보일러에서 총손실열량이 200000 kcal/h일 때 보일러의 효율은 얼마인가? (단, 중유의 발열량은 10000 kcal/kg이다.)
㉮ 75 % ㉯ 80 % ㉰ 85 % ㉱ 90 %

[해설] $\left(1 - \dfrac{200000}{100 \times 10000}\right) \times 100 = 80\%$

[참고] 보일러 효율 =
$\left(1 - \dfrac{총손실열}{공급열(매시\ 연료사용량 \times 연료의\ 발열량)}\right) \times 100\%$

21. 보일러 부속장치에 관한 설명으로 틀린 것은?
㉮ 배기가스의 여열을 이용하여 급수를 예열하는 장치를 절탄기라 한다.
㉯ 배기가스의 열로 연소용 공기를 예열하는 것을 공기 예열기라 한다.

㉰ 고압증기 터빈에서 팽창되어 압력이 저하된 증기를 재가열하는 것을 과열기라 한다.
㉱ 오일 프리히터는 기름을 예열하여 점도를 낮추고, 연소를 원활히 하는데 목적이 있다.

[해설] ㉰항은 재열기에 대한 설명이다.

22. KS에서 규정하는 보일러의 열정산은 원칙적으로 정격부하 이상에서 정상상태(steady state)로 적어도 몇 시간 이상의 운전결과에 따라야 하는가?
㉮ 1시간 ㉯ 2시간
㉰ 3시간 ㉱ 5시간

23. 전기식 증기 압력조절기에서 증기가 벨로스 내에 직접 침입하지 않도록 설치하는 것으로 적합한 것은?
㉮ 신축 이음쇠 ㉯ 균압관
㉰ 사이펀관 ㉱ 안전밸브

24. 열사용기자재의 검사 및 검사의 면제에 관한 기준에 따라 온수 발생 보일러(액상식 열매체 보일러 포함)에서 사용하는 방출 밸브와 방출관의 설치기준에 관한 설명으로 옳은 것은?
㉮ 인화성 액체를 방출하는 열매체 보일러의 경우 방출 밸브 또는 방출관은 밀폐식 구조로 하든가 보일러 밖의 안전한 장소에 방출시킬 수 있는 구조이어야 한다.
㉯ 온수 발생 보일러에는 압력이 보일러의 최고사용압력에 달하면 즉시 작동하는 방출 밸브 또는 안전밸브를 2개 이상 갖추어야 한다.
㉰ 393 K의 온도를 초과하는 온수 발생 보일러에는 안전밸브를 설치하여야 하며, 그 크기는 호칭지름 10 mm 이상이어야 한다.
㉱ 액상식 열매체의 보일러 및 온도 393 K 이하의 온수 발생 보일러에는 방출밸브를 설치하여야 하며, 그 지름은 10 mm 이상으로 하고, 보일러의 압력이 보일러의 최고사용압력에 그 5 %(그 값이 0.035 MPa 미만인 경우에는 0.035 MPa로 한다.)를 더한 값을 초과하지 않도록 지름과 개수를 정하여야 한다.

[해설] 온수 발생 보일러에는 방출 밸브 또는 안전밸브를 1개 이상 갖추어야 하며 호칭지름은 20 mm 이상이어야 한다.

25. 외분식 보일러의 특징 설명으로 거리가 먼 것은?
㉮ 연소실 개조가 용이하다.
㉯ 노내 온도가 높다.
㉰ 연료의 선택 범위가 넓다.
㉱ 복사열의 흡수가 많다.

[해설] 내분식 보일러가 복사열의 흡수가 많다.

26. 보일러와 관련한 기초 열역학에서 사용하는 용어에 대한 설명으로 틀린 것은?
㉮ 절대압력 : 완전 진공상태를 0으로 기준하여 측정한 압력
㉯ 비체적 : 단위 체적당 질량으로 단위는 kg/m^3임
㉰ 현열 : 물질 상태의 변화 없이 온도가 변화하는데 필요한 열량
㉱ 잠열 : 온도의 변화 없이 물질 상태가 변화하는 데 필요한 열량

[정답] 22. ㉰ 23. ㉰ 24. ㉮ 25. ㉱ 26. ㉯

[해설] 비체적 : 단위 질량당 체적으로 단위는 m^3/kg이다.

27. 보일러에서 사용하는 안전밸브 구조의 일반사항에 대한 설명으로 틀린 것은?
㉮ 설정압력이 3 MPa를 초과하는 증기 또는 온도가 508 K를 초과하는 유체에 사용하는 안전밸브에는 스프링이 분출하는 유체에 직접 노출되지 않도록 하여야 한다.
㉯ 안전밸브는 그 일부가 파손하여도 충분한 분출량을 얻을 수 있는 것이어야 한다.
㉰ 안전밸브는 쉽게 조정이 가능하도록 잘 보이는 곳에 설치하고 봉인하지 않도록 한다.
㉱ 안전밸브의 부착부는 배기에 의한 반동력에 대하여 충분한 강도가 있어야 한다.
[해설] 안전밸브는 함부로 조정할 수 없도록 봉인할 수 있는 구조로 해야 한다.

28. 함진 배기가스를 액방울이나 액막에 충돌시켜 분진입자를 포집 분리하는 집진장치는?
㉮ 중력식 집진장치
㉯ 관성력식 집진장치
㉰ 원심력식 집진장치
㉱ 세정식 집진장치
[해설] 세정식(습식)집진장치의 집진원리 : 함진가스를 액방울이나 액막에 충돌시켜 분진을 포집한다.

29. 보일러 가동 중 실화(失火)가 되거나, 압력이 규정치를 초과하는 경우는 연료공급이 자동적으로 차단하는 장치는?

㉮ 광전관   ㉯ 화염검출기
㉰ 전자 밸브   ㉱ 체크 밸브

30. 보일러 내처리로 사용되는 약제의 종류에서 pH, 알칼리 조정 작용을 하는 내처리제에 해당하지 않는 것은?
㉮ 수산화나트륨   ㉯ 히드라진
㉰ 인산   ㉱ 암모니아
[해설] pH 및 알칼리 조정제 : 탄산나트륨, 인산나트륨, 수산화나트륨, 암모니아, 인산

31. 증기난방에서 응축수의 환수방법에 따른 분류 중 증기의 순환과 응축수의 배출이 빠르며, 방열량도 광범위하게 조절할 수 있어서 대규모 난방에서 많이 채택하는 방식은?
㉮ 진공 환수식 증기난방
㉯ 복관 중력 환수식 증기난방
㉰ 기계 환수식 증기난방
㉱ 단관 중력 환수식 증기난방

32. 보일러의 휴지(休止) 보존 시에 질소가스 봉입보존법을 사용할 경우 질소가스의 압력을 몇 MPa 정도로 보존하는가?
㉮ 0.2   ㉯ 0.6   ㉰ 0.02   ㉱ 0.06

33. 증기, 물, 기름 배관 등에 사용되며 관내의 이물질, 찌꺼기 등을 제거할 목적으로 사용되는 것은?
㉮ 플로트 밸브   ㉯ 스트레이너
㉰ 세정 밸브   ㉱ 분수 밸브

34. 보일러 저수위 사고의 원인으로 가장 거리가 먼 것은?

정답 27. ㉰ 28. ㉱ 29. ㉰ 30. ㉯ 31. ㉮ 32. ㉱ 33. ㉯ 34. ㉱

㉮ 보일러 이음부에서의 누설
㉯ 수면계 수위의 오판
㉰ 급수장치가 증발능력에 비해 과소
㉱ 연료공급 노즐의 막힘

[해설] 연료공급 노즐의 막힘은 점화 실패 및 실화의 원인이 된다.

35. 보일러에서 사용하는 수면계 설치기준에 관한 설명 중 잘못된 것은?
㉮ 유리 수면계는 보일러의 최고사용압력과 그에 상당하는 증기온도에서 원활히 작용하는 기능을 가져야 한다.
㉯ 소용량 및 소형 관류 보일러에는 2개 이상의 유리 수면계를 부착해야 한다.
㉰ 최고사용압력 1MPa 이하로서 동체 안지름이 750 mm 미만인 경우에 있어서는 수면계 중 1개는 다른 종류의 수면측정 장치로 할 수 있다.
㉱ 2개 이상의 원격지시 수면계를 시설하는 경우에 한하여 유리 수면계를 1개 이상으로 할 수 있다.

[해설] 소용량 및 소형 관류 보일러에는 1개 이상의 유리 수면계를 부착해야 하며 단관식 관류 보일러에는 수면계를 부착하지 않는다.

36. 보일러에서 발생하는 부식 형태가 아닌 것은?
㉮ 점식   ㉯ 수소취화
㉰ 알칼리 부식   ㉱ 래미네이션

[해설] 보일러 부식
① 습식 : 점식, 알칼리 부식, 수소취화
② 건식 : 고온산화, 고온부식, 황화부식

37. 온수난방을 하는 방열기의 표준 방열량은 몇 kcal/m²·h인가?
㉮ 440   ㉯ 450   ㉰ 460   ㉱ 470

[해설] ① 온수 방열기 표준방열량=450 kcal/m²h
② 증기 방열기 표준방열량=650 kcal/m²h

38. 증기난방과 비교하여 온수난방의 특징을 설명한 것으로 틀린 것은?
㉮ 난방부하의 변동에 따라서 열량 조절이 용이하다.
㉯ 예열시간이 짧고, 가열 후에 냉각시간도 짧다.
㉰ 방열기의 화상이나 공기 중의 먼지 등이 눌어붙어 생기는 나쁜 냄새가 적어 실내의 쾌적도가 높다.
㉱ 동일 발열량에 대하여 방열 면적이 커야 하고 관경도 굵어야 하기 때문에 설비비가 많이 드는 편이다.

[해설] 예열시간이 길고 가열 후에 냉각시간도 길다.

39. 배관 내에 흐르는 유체의 종류를 표시하는 기호 중 증기를 나타내는 것은?
㉮ A   ㉯ G   ㉰ S   ㉱ O

40. 보온시공 시 주의사항에 대한 설명으로 틀린 것은?
㉮ 보온재와 보온재의 틈새는 되도록 적게 한다.
㉯ 겹침부의 이음새는 동일선상을 피해서 부착한다.
㉰ 테이프 감기는 물, 먼지 등의 침입을 막기 위해 위에서 아래쪽으로 향하여 감아내리는 것이 좋다.
㉱ 보온의 끝 단면은 사용하는 보온재 및 보온 목적에 따라서 필요한 보호를 한다.

[해설] 테이프 감기는 물, 먼지 등의 침입을 막기 위해 배관의 아래쪽부터 위를 향해서 감아올리는 것이 좋다.

정답 35. ㉱ 36. ㉱ 37. ㉯ 38. ㉯ 39. ㉰ 40. ㉰

41. 부식억제제의 구비조건에 해당하지 않는 것은?
㉮ 스케일의 생성을 촉진할 것
㉯ 정지나 유동 시에도 부식억제 효과가 클 것
㉰ 방식 피막이 두꺼우며 열전도에 지장이 없을 것
㉱ 이종금속과의 접촉부식 및 이종금속에 대한 부식 촉진작용이 없을 것

42. 로터리 밸브의 일종으로 원통 또는 원뿔에 구멍을 뚫고 축을 회전함에 따라 개폐하는 것으로 플러그 밸브라고도 하며 0~90°사이에 임의의 각도로 회전함으로써 유량을 조절하는 밸브는?
㉮ 글로브 밸브   ㉯ 체크 밸브
㉰ 슬루스 밸브   ㉱ 콕(cock)

43. 열사용기자재 검사기준에 따라 수압시험을 할 때 강철제 보일러의 최고사용압력이 0.43 MPa를 초과, 1.5 MPa 이하인 보일러의 수압시험 압력은?
㉮ 최고사용압력의 2배 + 0.1 MPa
㉯ 최고사용압력의 1.5배 + 0.2 MPa
㉰ 최고사용압력의 1.3배 + 0.3 MPa
㉱ 최고사용압력의 2.5배 + 0.5 MPa
[해설] 강철제 보일러의 수압시험압력
① 최고사용압력(P)이 0.43 MPa 이하 : $P \times 2$배
② 최고사용압력(P)이 1.5 MPa 초과 : $P \times 1.5$배

44. 방열기의 종류 중 관과 핀으로 이루어지는 엘리먼트와 이것을 보호하기 위한 덮개로 이루어지며 실내 벽면 아랫부분의 나비나무 부분을 따라서 부착하여 방열하는 형식의 것은?
㉮ 컨벡터
㉯ 패널 라디에이터
㉰ 섹셔널 라디에이터
㉱ 베이스 보드 히터
[해설] 대류 작용을 촉진하기 위하여 철제 캐비넷 속에 핀 튜브를 넣은 것을 대류 방열기라 하며 높이가 낮은 것을 베이스 보드 히터(base board heater)라 한다.

45. 신축곡관이라고도 하며 고온, 고압용 증기관 등의 옥외 배관에 많이 쓰이는 신축이음은?
㉮ 벨로스형   ㉯ 슬리브형
㉰ 스위블형   ㉱ 루프형

46. 표준방열량을 가진 증기방열기가 설치된 실내의 난방부하가 20000 kcal/h일 때 방열면적은 몇 m^2인가?
㉮ 30.8   ㉯ 36.4
㉰ 44.4   ㉱ 57.1
[해설] $650 \text{ kcal/m}^2\text{h} \times x[\text{m}^2] = 20000 \text{ kcal/h}$에서 $x = 30.8 \text{ m}^2$

47. 보일러 배관 중에 신축이음을 하는 목적으로 가장 적합한 것은?
㉮ 증기 속의 이물질을 제거하기 위하여
㉯ 열팽창에 의한 관의 파열을 막기 위하여
㉰ 보일러 수의 누수를 막기 위하여
㉱ 증기 속의 수분을 분리하기 위하여

48. 가동 중인 보일러의 취급 시 주의사항으로 틀린 것은?

정답 41. ㉮ 42. ㉱ 43. ㉰ 44. ㉱ 45. ㉱ 46. ㉮ 47. ㉯ 48. ㉰

㉠ 보일러 수가 항시 일정수위(사용수위)가 되도록 한다.
㉡ 보일러 부하에 응해서 연소율을 가감한다.
㉢ 연소량을 증가시킬 경우에는 먼저 연료량을 증가시키고 난 후 통풍량을 증가시켜야 한다.
㉣ 보일러 수의 농축을 방지하기 위해 주기적으로 블로 다운을 실시한다.

[해설] 통풍량을 먼저 증가시킨 후 연료량을 증가시켜야 한다.

49. 증기 보일러에는 원칙적으로 2개 이상의 안전밸브를 부착해야 하는데 전열면적이 몇 m² 이하이면 안전밸브를 1개 이상 부착해도 되는가?
㉠ 50 m²   ㉡ 30 m²
㉢ 80 m²   ㉣ 100 m²

50. 배관의 나사이음과 비교한 용접이음의 특징으로 잘못 설명된 것은?
㉠ 나사이음부와 같이 관의 두께에 불균일한 부분이 없다.
㉡ 돌기부가 없어 배관상의 공간효율이 좋다.
㉢ 이음부의 강도가 적고, 누수의 우려가 크다.
㉣ 변형과 수축, 잔류응력이 발생할 수 있다.

[해설] 이음부의 강도가 크고 누수의 우려가 적다.

51. 온수 순환방법에서 순환이 빠르고 균일하게 급탕할 수 있는 방법은?
㉠ 단관 중력순환식 배관법
㉡ 복관 중력순환식 배관법
㉢ 건식순환식 배관법
㉣ 강제순환식 배관법

52. 연료(중유) 배관에서 연료 저장탱크와 버너 사이에 설치되지 않는 것은?
㉠ 오일펌프   ㉡ 여과기
㉢ 중유가열기 ㉣ 축열기

53. 보일러 점화조작 시 주의사항에 대한 설명으로 틀린 것은?
㉠ 연소실의 온도가 높으면 연료의 확산이 불량해져서 착화가 잘 안 된다.
㉡ 연료가스의 유출속도가 너무 빠르면 실화 등이 일어나고, 너무 늦으면 역화가 발생한다.
㉢ 연료의 유압이 낮으면 점화 및 분사가 불량하고 높으면 그을음이 축적된다.
㉣ 프리퍼지 시간이 너무 길면 연소실의 냉각을 초래하고 너무 늦으면 역화를 일으킬 수 있다.

[해설] 연소실의 온도가 낮으면 연료의 확산이 불량해져서 착화가 잘 안 된다.

54. 보일러 가동 시 맥동연소가 발생하지 않도록 하는 방법으로 틀린 것은?
㉠ 연료 속에 함유된 수분이나 공기를 제거한다.
㉡ 2차 연소를 촉진시킨다.
㉢ 무리한 연소를 하지 않는다.
㉣ 연소량의 급격한 변동을 피한다.

[해설] 연소속도를 빠르게 해야 하며 2차 연소가 일어나지 않도록 해야 한다.

55. 에너지이용 합리화법에서 정한 국가에너지절약추진위원회의 위원장은 누구

정답 49. ㉠ 50. ㉢ 51. ㉣ 52. ㉣ 53. ㉠ 54. ㉡ 55. ㉠

인가?
㉮ 지식경제부장관
㉯ 지방자치단체의 장
㉰ 국무총리
㉱ 대통령

[해설] 에너지이용합리화법 제5조 ③항 참조.

56. 신·재생에너지 설비 중 태양의 열에너지를 변환시켜 전기를 생산하거나 에너지원으로 이용하는 설비로 맞는 것은?
㉮ 태양열 설비
㉯ 태양광 설비
㉰ 바이오에너지 설비
㉱ 풍력 설비

[해설] 신·재생에너지 개발·이용·보급 촉진법 시행규칙 제2조 1호 참조.

57. 에너지이용 합리화법에 따라 에너지 사용계획을 수립하여 지식경제부 장관에게 제출하여야 하는 민간사업주관자의 시설규모로 맞는 것은?
㉮ 연간 2500 티·오·이 이상의 연료 및 열을 사용하는 시설
㉯ 연간 5000 티·오·이 이상의 연료 및 열을 사용하는 시설
㉰ 연간 1천만 킬로와트 이상의 전력을 사용하는 시설
㉱ 연간 500만 킬로와트 이상의 전력을 사용하는 시설

[해설] 에너지이용합리화법 시행령 제20조 ③항 참조.

58. 에너지이용 합리화법에 따라 지식경제부령으로 정하는 광고매체를 이용하여 효율관리기자재의 광고를 하는 경우에는 그 광고 내용에 에너지소비효율, 에너지소비효율등급을 포함시켜야 할 의무가 있는 자가 아닌 것은?
㉮ 효율관리기자재 제조업자
㉯ 효율관리기자재 광고업자
㉰ 효율관리기자재 수입업자
㉱ 효율관리기자재 판매업자

[해설] 에너지이용합리화법 제15조 ④항 참조.

59. 에너지이용 합리화법상 효율관리기자재에 해당하지 않는 것은?
㉮ 전기 냉장고
㉯ 전기 냉방기
㉰ 자동차
㉱ 범용선반

[해설] 에너지이용합리화법 시행규칙 제7조 ①항 참조.

60. 효율관리기자재 운용규정에 따라 가정용 가스보일러에서 시험성적서 기재 항목에 포함되지 않는 것은?
㉮ 난방열효율   ㉯ 가스소비량
㉰ 부하손실   ㉱ 대기전력

[정답] 56. ㉮ 57. ㉯ 58. ㉰ 59. ㉱ 60. ㉰

에너지관리 기능사

[2013년 4월 14일 시행]

1. 공기예열기에서 전열방법에 따른 분류에 속하지 않는 것은?
㉮ 전도식 ㉯ 재생식
㉰ 히트 파이프식 ㉱ 열팽창식

2. 다음 〈보기〉에서 그 연결이 잘못된 것은?

〈보기〉
① 관성력 집진장치 – 충돌식, 반전식
② 전기식 집진장치 – 코트렐 집진장치
③ 저유수식 집진장치 – 로터리 스크러버식
④ 가압수식 집진장치 – 임펄스 스크러버식

㉮ ① ㉯ ② ㉰ ③ ㉱ ④

[해설] 습식(세정) 집진장치 중 회전식에는 임펄스 스크러버식과 타이젠 와셔가 있다.

3. 보일러 자동제어에서 급수제어의 약호는 어느 것인가?
㉮ A.B.C ㉯ F.W.C
㉰ S.T.C ㉱ A.C.C

[해설] A.B.C : 보일러 자동제어, S.T.C : 증기온도제어, A.C.C : 연소제어

4. 외분식 보일러의 특징 설명으로 잘못된 것은?
㉮ 연소실의 크기나 형상을 자유롭게 할 수 있다.
㉯ 연소율이 좋다.
㉰ 사용연료의 선택이 자유롭다.
㉱ 방사 손실이 거의 없다.

[해설] 외분식 보일러에서 방사(복사) 손실이 크다.

5. 원통형 보일러와 비교할 때 수관식 보일러의 특징 설명으로 틀린 것은?
㉮ 수관의 관경이 적어 고압에 잘 견딘다.
㉯ 보유수가 적어서 부하변동 시 압력변화가 적다.
㉰ 보일러 수의 순환이 빠르고 효율이 높다.
㉱ 구조가 복잡하여 청소가 곤란하다.

[해설] 수관식 보일러는 보유수가 적어서 부하변동 시 압력 변화가 크다.

6. 절대온도 380 K를 섭씨온도로 환산하면 약 몇 ℃인가?
㉮ 107℃ ㉯ 380℃ ㉰ 653℃ ㉱ 926℃

[해설] 380−273=107℃

7. 연료의 연소 시 과잉공기계수(공기비)를 구하는 올바른 식은?
㉮ $\dfrac{연소가스량}{이론공기량}$ ㉯ $\dfrac{실제공기량}{이론공기량}$
㉰ $\dfrac{배기가스량}{사용공기량}$ ㉱ $\dfrac{사용공기량}{배기가스량}$

[해설] 과잉공기계수(공기비)는 이론공기량에 대한 실제공기량의 비를 말한다.

8. 증기 중에 수분이 많을 경우의 설명으로 잘못된 것은?
㉮ 건조도가 저하한다.
㉯ 증기의 손실이 많아진다.
㉰ 증기 엔탈피가 증가한다.
㉱ 수격작용이 발생할 수 있다.

[해설] 증기 엔탈피(kcal/kg)가 감소한다.

정답 1. ㉱ 2. ㉱ 3. ㉯ 4. ㉱ 5. ㉯ 6. ㉮ 7. ㉯ 8. ㉰

9. 다음 중 고체연료의 연소방식에 속하지 않는 것은?
㉮ 화격자 연소방식
㉯ 확산 연소방식
㉰ 미분탄 연소방식
㉱ 유동층 연소방식
[해설] 확산 연소방식과 예혼합 연소방식은 기체연료의 연소방식이다.

10. 보일러 열정산 시 증기의 건도는 몇 % 이상에서 시험함을 원칙적으로 하는가?
㉮ 96 % ㉯ 97 % ㉰ 98 % ㉱ 99 %
[해설] 증기의 건도 98 % 이상을 원칙으로 한다.

11. 엔탈피가 25 kcal/kg인 급수를 받아 1시간당 20000 kg의 증기를 발생하는 경우 이 보일러의 매시 환산증발량은 몇 kg/h인가? (단, 발생증기 엔탈피는 725 kcal/kg이다.)
㉮ 3246 kg/h   ㉯ 6493 kg/h
㉰ 12987 kg/h ㉱ 25974 kg/h
[해설] $\dfrac{20000 \times (725 - 25)}{539} = 25974 \text{ kg/h}$

12. 수트 블로어에 관한 설명으로 잘못된 것은?
㉮ 전열면 외측의 그을음 등을 제거하는 장치이다.
㉯ 분출기 내의 응축수를 배출시킨 후 사용한다.
㉰ 블로 시에는 댐퍼를 열고 흡입통풍을 증가시킨다.
㉱ 부하가 50 % 이하인 경우에만 블로 한다.
[해설] 부하가 50 % 이하인 경우에는 금물이다.

13. 보일러에 부착하는 압력계의 취급상 주의사항으로 틀린 것은?
㉮ 온도가 353 K 이상 올라가지 않도록 한다.
㉯ 압력계는 고장이 날 때까지 계속 사용하는 것이 아니라 일정사용 시간을 정하고 정기적으로 교체하여야 한다.
㉰ 압력계 사이펀관의 수직부에 콕을 설치하고 콕의 핸들이 축 방향과 일치할 때에 열린 것이어야 한다.
㉱ 부르동관 내에 직접 증기가 들어가면 고장이 나기 쉬우므로 사이펀관에 물이 가득차지 않도록 한다.
[해설] 사이펀관 내에는 항상 물이 차도록 해야 한다.

14. 보일러 저수위 경보장치 종류에 속하지 않는 것은?
㉮ 플로트식   ㉯ 전극식
㉰ 열팽창관식   ㉱ 압력제어식
[해설] 플로트식(맥도널식, 자석식), 전극식, 열팽창관식(금속 팽창식, 액체 팽창식)이 있다.

15. 고체연료에서 탄화가 많이 될수록 나타나는 현상으로 옳은 것은?
㉮ 고정탄소가 감소하고, 휘발분은 증가되어 연료비는 감소한다.
㉯ 고정탄소가 증가하고, 휘발분은 감소되어 연료비는 감소한다.
㉰ 고정탄소가 감소하고, 휘발분은 증가되어 연료비는 증가한다.
㉱ 고정탄소가 증가하고, 휘발분은 감소되어 연료비는 증가한다.
[해설] 탄화도가 클수록 수분, 회분, 휘발분은 감소하고 고정탄소가 증가하여 연료비는 증가한다.

정답 9. ㉯ 10. ㉰ 11. ㉱ 12. ㉱ 13. ㉱ 14. ㉱ 15. ㉱

16. 다음 각각의 자동제어에 관한 설명 중 맞는 것은?
㉮ 목표값이 일정한 자동제어를 추치제어라고 한다.
㉯ 어느 한쪽의 조건이 구비되지 않으면 다른 제어를 정지시키는 것은 피드백 제어이다.
㉰ 결과가 원인으로 되어 제어단계를 진행하는 것은 인터로크 제어라고 한다.
㉱ 미리 정해진 순서에 따라 제어의 각 단계를 차례로 진행하는 제어는 시퀀스 제어이다.
[해설] ㉮항은 정치제어, ㉰항은 인터로크를 의미한다.

17. 난방 및 온수 사용열량이 400000 kcal/h인 건물에, 효율 80 %인 보일러로서 저위발열량 10000 kcal/Nm³인 기체연료를 연소시키는 경우, 시간당 소요 연료량은 약 몇 Nm³/h인가?
㉮ 45 ㉯ 60 ㉰ 56 ㉱ 50
[해설] $\frac{400,000}{x \times 10000} \times 100 = 80$ 에서,
$x = \frac{400,000 \times 100}{10000 \times 80} = 50 \text{ Nm}^3/\text{h}$

18. 다음 중 여과식 집진장치의 분류가 아닌 것은?
㉮ 유수식   ㉯ 원통식
㉰ 평판식   ㉱ 역기류 분사식
[해설] 여과재의 형상에 따라 원통식, 평판식, 완전 자동형인 역기류 분사식이 있다.

19. 보일러의 안전장치와 거리가 먼 것은?
㉮ 과열기   ㉯ 안전밸브
㉰ 저수위 경보기 ㉱ 방폭문

[해설] 과열기는 폐열회수(열교환) 장치이다.

20. 보일러 마력(boiler horsepower)에 대한 정의로 가장 옳은 것은?
㉮ 0℃ 물 15.65 kg을 1시간에 증기로 만들 수 있는 능력
㉯ 100℃ 물 15.65 kg을 1시간에 증기로 만들 수 있는 능력
㉰ 0℃ 물 15.65 kg을 10분에 증기로 만들 수 있는 능력
㉱ 100℃ 물 15.65 kg을 10분에 증기로 만들 수 있는 능력
[해설] 1 보일러 마력은 1 atm 하에서 100℃ 물 15.65 kg을 1시간 동안 증기로 만들 수 있는 능력을 갖는 보일러

21. 다음 중 수면계의 기능시험을 실시해야 할 시기로 옳지 않은 것은?
㉮ 보일러를 가동하기 전
㉯ 2개의 수면계의 수위가 동일할 때
㉰ 수면계 유리의 교체 또는 보수를 행하였을 때
㉱ 프라이밍, 포밍 등이 생길 때
[해설] 수면계 수위에 의심이 갈 때와 2개의 수면계 수위가 다를 때 기능시험을 해야 한다.

22. 보일러 자동제어에서 신호전달 방식 종류에 해당되지 않는 것은?
㉮ 팽창식   ㉯ 유압식
㉰ 전기식   ㉱ 공기압식

23. 액체연료의 일반적인 특징에 관한 설명으로 틀린 것은?
㉮ 유황분이 없어서 기기 부식의 염려가 거의 없다.

[정답] 16. ㉱ 17. ㉱ 18. ㉮ 19. ㉮ 20. ㉯ 21. ㉯ 22. ㉮ 23. ㉮

㉯ 고체연료에 비해서 단위 중량당 발열량이 높다.
㉰ 연소효율이 높고 연소조절이 용이하다.
㉱ 수송과 저장 및 취급이 용이하다.
[해설] 액체연료 중의 유황(S) 성분으로 저온 부식을 일으키기 쉽다.

24. 다음 중 보일러 스테이(stay)의 종류에 해당되지 않는 것은?
㉮ 거싯(gusset) 스테이
㉯ 바(bar) 스테이
㉰ 튜브(tube) 스테이
㉱ 너트(nut) 스테이
[해설] ㉮, ㉯, ㉰항 외에 볼트 스테이, 거더 스테이 등이 있다.

25. 어떤 물질의 단위질량(1 kg)에서 온도를 1℃ 높이는 데 소요되는 열량을 무엇이라고 하는가?
㉮ 열용량   ㉯ 비열
㉰ 잠열   ㉱ 엔탈피
[해설] 비열(kcal/kg℃)에 대한 문제이다.

26. 보일러에서 카본이 생성되는 원인으로 거리가 먼 것은?
㉮ 유류의 분무상태 또는 공기와의 혼합이 불량할 때
㉯ 버너 타일공의 각도가 버너의 화염각도보다 작은 경우
㉰ 노통 보일러와 같이 가느다란 노통을 연소실로 하는 것에서 화염각도가 현저하게 작은 버너를 설치하고 있는 경우
㉱ 직립 보일러와 같이 연소실의 길이가 짧은 노에다가 화염의 길이가 매우 긴 버너를 설치하고 있는 경우

[해설] 가느다란 노통을 연소실로 하는 경우에 화염각도가 큰 버너를 설치하는 경우에 카본이 생성하기 쉽다.

27. 다음 보일러 중 특수열매체 보일러에 해당되는 것은?
㉮ 타쿠마 보일러
㉯ 카네크롤 보일러
㉰ 슐처 브일러
㉱ 하우덴 존슨 보일러
[해설] 특수열매체 보일러의 종류 : 수은 보일러, 다우섬 보일러, 카네크롤 보일러, 세큐리티 보일러, 에스섬 보일러 등

28. 유류 보일러의 자동장치 점화방법의 순서가 맞는 것은?
㉮ 송풍기 기동 → 연료펌프 기동 → 프리퍼지 → 점화용 버너 착화 → 주버너 착화
㉯ 송풍기 기동 → 프리퍼지 → 점화용 버너 착화 → 연료펌프 기동 → 주버너 착화
㉰ 연료펌프 기동 → 점화용 버너 착화 → 프리퍼지 → 주버너 착화 → 송풍기 기동
㉱ 연료펌프 기동 → 주버너 착화 → 점화용 버너 착화 → 프리퍼지 → 송풍기 기동
[해설] ① 송풍기 기동
② 연료펌프 기동
③ 프리퍼지
④ 노내압 조정
⑤ 점화버너 착화
⑥ 화염검출기 작동
⑦ 주버너 착화

29. 보일러의 기수분리기를 가장 옳게 설명한 것은?
㉮ 보일러에서 발생한 증기 중에 포함되어 있는 수분을 제거하는 장치
㉯ 증기 사용처에서 증기 사용 후 물과

정답 24. ㉱   25. ㉯   26. ㉰   27. ㉯   28. ㉮   29. ㉮

증기를 분리하는 장치
㉰ 보일러에 투입되는 연소용 공기 중의 수분을 제거하는 장치
㉱ 보일러 급수 중에 포함되어 있는 공기를 제거하는 장치

30. 액상 열매체 보일러시스템에서 열매체유의 액팽창을 흡수하기 위한 팽창탱크의 최소 체적(V_T)을 구하는 식으로 옳은 것은? (단, V_E는 승온 시 시스템 내의 열매체유 팽창량, V_M은 상온 시 탱크 내의 열매체유 보유량이다.)
㉮ $V_T = V_E + V_M$
㉯ $V_T = V_E + 2V_M$
㉰ $V_T = 2V_E + V_M$
㉱ $V_T = 2V_E + 2V_M$

31. 어떤 거실의 난방부하가 5000 kcal/h이고, 주철제 온수 방열기로 난방할 때 필요한 방열기의 쪽수(절수)는? (단, 방열기 1쪽당 방열면적은 0.26 m²이고, 방열량은 표준방열량으로 한다.)
㉮ 11 ㉯ 21 ㉰ 30 ㉱ 43
[해설] $450 \times 0.26 \times x = 5000$에서
$x = \dfrac{5000}{450 \times 0.26} = 43$쪽

32. 점화장치로 이용되는 파일럿 버너는 화염을 안정시키기 위해 보염식 버너가 이용되고 있는데 이 보염식 버너의 구조에 관한 설명으로 가장 옳은 것은?
㉮ 동일한 화염 구멍이 8~9개 내외로 나뉘어져 있다.
㉯ 화염 구멍이 가느다란 타원형으로 되어 있다.
㉰ 중앙의 화염 구멍 주변으로 여러 개의 작은 화염 구멍이 설치되어 있다.
㉱ 화염 구멍부 구조가 원뿔 형태와 같이 되어 있다.

33. 압축기 진동과 서징, 관의 수격작용, 지진 등에서 발생하는 진동을 억제하는 데 사용되는 지지장치는?
㉮ 벤드벤   ㉯ 플랩 밸브
㉰ 그랜드 패킹 ㉱ 브레이스
[해설] 브레이스는 각종 펌프류, 압축기 등에서 발생하는 진동에 따른 진동현상을 제한하는 지지대이다.

34. 관의 결합방식 표시방법 중 플랜지식의 그림기호로 맞는 것은?
㉮ ─┼─   ㉯ ─●─
㉰ ─╂─   ㉱ ─╫─
[해설] ㉮항은 나사 이음, ㉯항은 땜 이음, ㉱항은 유니언 이음이다.

35. 평소 사용하고 있는 보일러의 가동 전 준비사항으로 틀린 것은?
㉮ 각종 기기의 기능을 검사하고 급수계통의 이상 유무를 확인한다.
㉯ 댐퍼를 닫고 프리퍼지를 행한다.
㉰ 각 밸브의 개폐상태를 확인한다.
㉱ 보일러 수의 물의 높이는 상용 수위로 하여 수면계로 확인한다.
[해설] 댐퍼를 열고 프리퍼지(pre purge)를 행한다.

36. 다음 〈보기〉 중에서 보일러의 운전정지 순서를 올바르게 나열한 것은?

정답 30. ㉰ 31. ㉱ 32. ㉰ 33. ㉱ 34. ㉰ 35. ㉯ 36. ㉰

〈보기〉
① 증기 밸브를 닫고, 드레인 밸브를 연다.
② 공기의 공급을 정지시킨다.
③ 댐퍼를 닫는다.
④ 연료의 공급을 정지시킨다.

㉮ ②→④→①→③
㉯ ④→②→①→③
㉰ ③→④→①→②
㉱ ①→④→②→③

[해설] 연소율을 낮춘다 → ④ → 포스트퍼지 → ②→①→③

37. 증기 트랩의 설치 시 주의사항에 관한 설명으로 틀린 것은?

㉮ 응축수 배출점이 여러 개가 있을 경우 응축수 배출점을 묶어서 그룹 트래핑을 하는 것이 좋다.
㉯ 증기가 트랩에 유입되면 즉시 배출시켜 운전에 영향을 미치지 않도록 하는 것이 필요하다.
㉰ 트랩에서의 배출관은 응축수 회수주관의 상부에 연결하는 것이 필수적으로 요구되며, 특히 회수주관이 고가 배관으로 되어있을 때에는 더욱 주의하여 연결하여야 한다.
㉱ 증기트랩에서 배출되는 응축수를 회수하여 재활용하는 경우에 응축수 회수관 내에는 원하지 않는 배압이 형성되어 증기트랩의 용량에 영향을 미칠 수 있다.

[해설] 응축수 배출점마다 각각 트랩을 설치해야 하며 그룹 트래핑은 하지 말아야 한다.

38. 보일러의 자동 연료차단장치가 작동하는 경우가 아닌 것은?

㉮ 최고사용압력이 0.1 MPa 미만인 주철제 온수보일러의 경우 온수온도가 105℃인 경우
㉯ 최고사용압력이 0.1 MPa를 초과하는 증기보일러에서 보일러의 저수위 안전장치가 동작할 때
㉰ 관류보일러에 공급하는 급수량이 부족한 경우
㉱ 증기압력이 설정압력보다 높은 경우

[해설] 최고사용압력이 0.1 MPa 초과하는 주철제 온수보일러인 경우 온수온도가 115℃ 초과인 경우

39. 회전이음, 지블이음 등으로 불리며, 증기 및 온수난방 배관용으로 사용하고 현장에서 2개 이상의 엘보를 조립해서 설치하는 신축이음은?

㉮ 벨로스형 신축이음
㉯ 루프형 신축이음
㉰ 스위블형 신축이음
㉱ 슬리브형 신축이음

40. 파이프 또는 이음쇠의 나사이음 분해 조립 시, 파이프 등을 회전시키는 데 사용되는 공구는?

㉮ 파이프 리머   ㉯ 파이프 익스팬더
㉰ 파이프 렌치   ㉱ 파이프 커터

41. 증기난방의 분류 중 응축수 환수방식에 의한 분류에 해당되지 않는 것은?

㉮ 중력환수방식   ㉯ 기계환수방식
㉰ 진공환수방식   ㉱ 상향환수방식

42. 그림과 같이 개방된 표면에서 구멍 형태로 깊게 침식하는 부식을 무엇이라고 하는가?

[정답] 37. ㉮ 38. ㉮ 39. ㉰ 40. ㉰ 41. ㉱ 42. ㉱

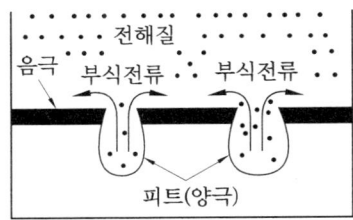

㉮ 국부 부식
㉯ 그루빙(grooving)
㉰ 저온 부식
㉱ 점식(pitting)

[해설] 내부 부식의 대표적인 점식 형태이다.

43. 가스 폭발에 대한 방지대책으로 거리가 먼 것은?

㉮ 점화 조작 시에는 연료를 먼저 분무시킨 후 무화용 증기나 공기를 공급한다.
㉯ 점화할 때에는 미리 충분한 프리퍼지를 한다.
㉰ 연료 속의 수분이나 슬러지 등은 충분히 배출한다.
㉱ 점화전에는 중유를 가열하여 필요한 점도로 해둔다.

[해설] 점화 조작 시 공기를 먼저 공급한 후 연료를 분무시켜야 한다.

44. 주증기관에서 증기의 건도를 향상시키는 방법으로 적당하지 않은 것은?

㉮ 가압하여 증기의 압력을 높인다.
㉯ 드레인 포켓을 설치한다.
㉰ 증기 공간 내에 공기를 제거한다.
㉱ 기수분리기를 사용한다.

[해설] 증기의 압력을 감압시켜 사용해야 한다.

45. 보온재 선정 시 고려해야 할 조건이 아닌 것은?

㉮ 부피, 비중이 작을 것
㉯ 보온능력이 클 것
㉰ 열전도율이 클 것
㉱ 기계적 강도가 클 것

[해설] 열전도율이 작고 흡습성, 흡수성이 없어야 한다.

46. 진공환수식 증기난방 배관시공에 관한 설명 중 맞지 않는 것은?

㉮ 증기주관은 흐름 방향에 $\dfrac{1}{200} \sim \dfrac{1}{300}$의 앞내림 기울기로 하고 도중에 수직 상향부가 필요할 때 트랩장치를 한다.
㉯ 방열기 분기관 등에서 앞단에 트랩장치가 없을 때는 $\dfrac{1}{50} \sim \dfrac{1}{100}$의 앞올림 기울기로 하여 응축수를 주관에 역류시킨다.
㉰ 환수관에 수직 상향부가 필요할 때는 리프트 피팅을 써서 응축수가 위쪽으로 배출하게 한다.
㉱ 리프트 피팅은 될 수 있으면 사용개소를 많게 하고 1단을 2.5 m 이내로 한다.

[해설] 리프트 피팅 이음에서 1단 흡상 높이는 1.5 m 이내로 한다.

47. 보일러 사고의 원인 중 보일러 취급상의 사고원인이 아닌 것은?

㉮ 재료 및 설계불량
㉯ 사용압력초과 운전
㉰ 저수위 운전
㉱ 급수처리 불량

[해설] 재료 및 설계불량은 제작상의 원인이다.

48. 연료의 완전연소를 위한 구비조건으로 틀린 것은?

㉮ 연소실 내의 온도는 낮게 유지할 것
㉯ 연료와 공기의 혼합이 잘 이루어지도록 할 것
㉰ 연료와 연소장치가 맞을 것
㉱ 공급 공기를 충분히 예열시킬 것

[해설] 연소실 온도를 고온으로 유지해야 한다.

49. 천연고무와 비슷한 성질을 가진 합성 고무로서 내유성, 내후성, 내산화성, 내열성 등이 우수하며, 석유용매에 대한 저항성이 크고 내열도는 −46℃~121℃ 범위에서 안정한 패킹 재료는?

㉮ 과열 석면 ㉯ 네오플렌
㉰ 테프론 ㉱ 하스텔로이

[해설] 플랜지 패킹제로 사용되는 네오플렌에 대한 문제이다.

50. 파이프 커터로 관을 절단하면 안으로 거스러미(burr)가 생기는데 이것을 능률적으로 제거하는데 사용되는 공구는?

㉮ 다이 스토크
㉯ 사각줄
㉰ 파이프 리머
㉱ 체인 파이프렌치

51. 증기난방과 비교하여 온수난방의 특징에 대한 설명으로 틀린 것은?

㉮ 물의 현열을 이용하여 난방하는 방식이다.
㉯ 예열에 시간이 걸리지만 쉽게 냉각되지 않는다.
㉰ 동일 방열량에 대하여 방열 면적이 크고 관경도 굵어야 한다.
㉱ 실내 쾌감도가 증기난방에 비해 낮다.

[해설] 실내 쾌감도가 증기난방에 비해 높다.

52. 다음 열역학과 관계된 용어 중 그 단위가 다른 것은?

㉮ 열전달계수 ㉯ 열전도율
㉰ 열관류율 ㉱ 열통과율

[해설] ① 열전달계수, 열관류율(열통과율) : kcal/$m^2 h℃$
② 열전도율 : kcal/$mh℃$

53. 스케일의 종류 중 보일러 급수 중의 칼슘 성분과 결합하여 규산칼슘을 생성하기도 하며, 이 성분이 많은 스케일은 대단히 경질이기 때문에 기계적, 화학적으로 제거하기 힘든 스케일 성분은?

㉮ 실리카 ㉯ 황산마그네슘
㉰ 염화마그네슘 ㉱ 유지

[해설] 실리카(SiO_2) : 급수 중의 칼슘 성분과 결합하여 규산칼슘을 생성해 경질 스케일을 만든다.

54. 다음 관 이음 중 진동이 있는 곳에 가장 적합한 이음은?

㉮ MR 조인트 이음
㉯ 용접 이음
㉰ 나사 이음
㉱ 플렉시블 이음

[해설] 펌프 입구 및 출구와 같은 진동이 있는 곳에는 플렉시블 이음이 적당하다.

55. 에너지 이용 합리화법에 따라 검사대상 기기의 용량이 15 t/h인 보일러일 경우 조종자의 자격 기준으로 가장 옳은 것은?

㉮ 보일러기능장 자격 소지자만이 가능하다.
㉯ 보일러기능장, 에너지관리기사 자격 소지자만이 가능하다.

정답 49.㉯ 50.㉰ 51.㉱ 52.㉯ 53.㉮ 54.㉱ 55.㉯

㉓ 보일러기능장, 에너지관리기사, 보일러산업기사, 에너지관리산업기사 자격 소지자만이 가능하다.
㉔ 보일러기능장, 에너지관리기사, 보일러산업기사, 에너지관리산업기사, 보일러기능사 자격 소지자만이 가능하다.

[해설] 에너지이용합리화법 시행규칙 제31조의 26 별표 3의 9 참조.

56. 신·재생에너지 설비인증 심사기준을 일반 심사기준과 설비 심사기준으로 나눌 때 다음 중 일반 심사기준에 해당되지 않는 것은?

㉮ 신·재생에너지 설비의 제조 및 생산 능력의 적정성
㉯ 신·재생에너지 설비의 품질유지·관리능력의 적정성
㉰ 신·재생에너지 설비의 에너지효율의 적정성
㉱ 신·재생에너지 설비의 사후관리의 적정성

[해설] 신·재생에너지 개발·이용·보급 촉진법 시행규칙 제7조 ①항 별표 2 참조.

57. 다음 ( ) 안의 A, B에 각각 들어갈 용어로 옳은 것은?

> 에너지이용 합리화법은 에너지의 수급을 안정시키고 에너지의 합리적이고 효율적인 이용을 증진하며 에너지소비로 인한 (A)을(를) 줄임으로써 국민 경제의 건전한 발전 및 국민복지의 증진과 (B)의 최소화에 이바지함을 목적으로 한다.

㉮ A : 환경파괴, B : 온실가스
㉯ A : 자연파괴, B : 환경피해
㉰ A : 환경피해, B : 지구온난화
㉱ A : 온실가스배출, B : 환경파괴

[해설] 에너지이용합리화법 제1조 참조.

58. 제3자로부터 위탁을 받아 에너지사용시설의 에너지절약을 위한 관리·용역 사업을 하는 자로서 산업통상자원부 장관에게 등록을 한 자를 지칭하는 기업은?

㉮ 에너지진단기업
㉯ 수요관리투자기업
㉰ 에너지절약전문기업
㉱ 에너지기술개발전담기업

[해설] 에너지이용합리화법 제25조 ①항 참조.

59. 에너지법상 지역에너지계획에 포함되어야 할 사항이 아닌 것은?

㉮ 에너지 수급의 추이와 전망에 관한 사항
㉯ 에너지이용 합리화와 이를 통한 온실가스 배출감소를 위한 대책에 관한 사항
㉰ 미활용에너지원의 개발·사용을 위한 대책에 관한 사항
㉱ 에너지 소비촉진 대책에 관한 사항

[해설] 에너지법 제7조 ②항 참조.

60. 에너지이용 합리화법에 따라 에너지다소비사업자에게 개선명령을 하는 경우는 에너지관리지도 결과 몇 % 이상의 에너지효율개선이 기대되고 효율개선을 위한 투자의 경제성이 인정되는 경우인가?

㉮ 5 % ㉯ 10 %
㉰ 15 % ㉱ 20 %

[해설] 에너지이용합리화법 시행령 제40조 ①항 참조.

[정답] 56. ㉰ 57. ㉰ 58. ㉰ 59. ㉱ 60. ㉯

에너지관리 기능사 [2013년 7월 21일 시행]

1. 과열기의 형식 중 증기와 열가스 흐름의 방향이 서로 반대인 과열기의 형식은?
㉮ 병류식 ㉯ 대향류식
㉰ 증류식 ㉱ 역류식
[해설] 증기와 열가스의 흐름의 방향이 같으면 병류식이며 서로 반대인 경우에는 대향류식(향류식)이다.

2. 보일러에서 사용하는 화염검출기에 관한 설명 중 틀린 것은?
㉮ 화염검출기는 검출이 확실하고 검출에 요구되는 응답시간이 길어야 한다.
㉯ 사용하는 연료의 화염을 검출하는 것에 적합한 종류를 적용해야 한다.
㉰ 보일러용 화염검출기에는 주로 광학식 검출기와 화염검출봉식(flame rod) 검출기가 사용된다.
㉱ 광학식 화염검출기는 자회선식을 사용하는 것이 효율적이지만 유류 보일러에는 일반적으로 가시광선식 또는 적외선식 화염검출기를 사용한다.
[해설] 검출에 요구되는 응답시간이 짧아야 한다.

3. 다음 중 보일러의 안전장치로 볼 수 없는 것은?
㉮ 고저수위 경보장치
㉯ 화염검출기
㉰ 급수펌프
㉱ 압력조절기
[해설] 급수펌프는 급수장치에 해당된다.

4. 측정 장소의 대기 압력을 구하는 식으로 옳은 것은?
㉮ 절대압력 + 게이지 압력
㉯ 게이지 압력 – 절대압력
㉰ 절대압력 – 게이지 압력
㉱ 진공도 × 대기압력
[해설] 절대압력=대기압력+게이지 압력에서 대기압력=절대압력-게이지 압력

5. 원통형 보일러의 일반적인 특징에 관한 설명으로 틀린 것은?
㉮ 구조가 간단하고 취급이 용이하다.
㉯ 수부가 크므로 열 비축량이 크다.
㉰ 폭발 시에도 비산면적이 작아 재해가 크게 발생하지 않는다.
㉱ 사용 증기량의 변동에 따른 발생 증기의 압력변동이 작다.
[해설] 폭발사고 시 비산 면적이 많아 재해가 크게 발생한다.

6. 포화증기와 비교하여 과열증기가 가지는 특징 설명으로 틀린 것은?
㉮ 증기의 마찰 손실이 적다.
㉯ 같은 압력의 포화증기에 비해 보유열량이 많다.
㉰ 증기 스비량이 적어도 된다.
㉱ 가열 표면의 온도가 균일하다.
[해설] 과열증기는 가열 표면의 온도가 균일하지 못하다.

7. 대기압에서 동일한 무게의 물 또는 얼음을 다음과 같이 변화시키는 경우 가장 큰 열량이 필요한 것은?(단, 물과 얼음의 비

정답 1. ㉯ 2. ㉮ 3. ㉰ 4. ㉰ 5. ㉰ 6. ㉱ 7. ㉱

열은 각각 1 kcal/kg·℃, 0.48 kcal/kg·℃ 이고, 물의 증발잠열은 539 kcal/kg, 융해잠열은 80 kcal/kg이다.)
㉮ −20℃의 얼음을 0℃의 얼음으로 변화
㉯ 0℃의 얼음을 0℃의 물로 변화
㉰ 0℃의 물을 100℃의 물로 변화
㉱ 100℃의 물을 100℃의 증기로 변화

[해설] ㉮ : $1 \times 0.48 \times \{0-(-20)\} = 9.6$ kcal
㉯ : $80 \times 1 = 80$ kcal
㉰ : $1 \times 1 \times (100-0) = 100$ kcal
㉱ : $539 \times 1 = 539$ kcal

8. 보일러 효율이 85%, 실제증발량이 5 t/h 이고 발생증기의 엔탈피 656 kcal/kg, 급수의 엔탈피는 56 kcal/kg, 연료의 저위발열량 9750 kcal/kg일 때 연료소비량은 약 몇 kg/h인가?
㉮ 316   ㉯ 362   ㉰ 389   ㉱ 405

[해설] $\dfrac{5000(656-56)}{x \times 9750} \times 100 = 85$ 에서
$x = \dfrac{5000(656-56) \times 100}{85 \times 9750} = 362$ kg/h

9. 온수보일러에서 배플 플레이트(baffle plate)의 설치 목적으로 맞는 것은?
㉮ 급수를 예열하기 위하여
㉯ 연소효율을 감소시키기 위하여
㉰ 강도를 보강하기 위하여
㉱ 그을음 부착량을 감소시키기 위하여

[해설] 연관 내부에 배플 플레이트를 설치하는 목적은 전열효율을 증가시키고 그을음 부착량을 감소시키기 위함이다.

10. 보일러 통풍에 대한 설명으로 잘못된 것은?
㉮ 자연 통풍은 일반적으로 별도의 동력을 사용하지 않고 연돌로 인한 통풍을 말한다.
㉯ 평형 통풍은 통풍조절은 용이하나 통풍력이 약하여 주로 소용량 보일러에서 사용한다.
㉰ 압입 통풍은 연소용 공기를 송풍기로 노 입구에서 대기압보다 높은 압력으로 밀어 넣고 굴뚝의 통풍작용과 같이 통풍을 유지하는 방식이다.
㉱ 흡입통풍은 크게 연소가스를 직접 통풍기에 빨아들이는 직접 흡입식과 통풍기로 대기를 빨아들이게 하고 이를 이젝터로 보내어 그 작용에 의해 연소가스를 빨아들이는 간접 흡입식이 있다.

[해설] 평형 통풍은 통풍조절이 용이하며 통풍력이 강하여 주로 대용량 보일러에 사용한다.

11. 고압관과 저압관 사이에 설치하여 고압 측의 압력변화 및 증기 사용량 변화에 관계없이 저압 측의 압력을 일정하게 유지시켜 주는 밸브는?
㉮ 감압 밸브   ㉯ 온도조절 밸브
㉰ 안전 밸브   ㉱ 플로트 밸브

12. 보일러 2마력을 열량으로 환산하면 약 몇 kcal/h인가?
㉮ 10780   ㉯ 13000
㉰ 15650   ㉱ 16870

[해설] $8435 \times 2 = 16870$ kcal/h 또는
$15.65 \times 539 \times 2 = 16870$ kcal/h이다.

13. 자동제어의 신호전달방법에서 공기압식의 특징으로 맞는 것은?
㉮ 신호전달거리가 유압식에 비하여 길다.
㉯ 온도제어 등에 적합하고 화재의 위험이 많다.
㉰ 전송 시 시간지연이 생긴다.

[정답] 8. ㉯ 9. ㉱ 10. ㉯ 11. ㉮ 12. ㉱ 13. ㉰

라 배관이 용이하지 않고 보존이 어렵다.
[해설] 공기압식의 특징
① 신호전달거리가 유압식에 비해 짧다(100~150 m 정도).
② 온도제어에 적합하고 화재의 위험성이 있는 곳에 사용한다.
③ 전송 시 시간지연이 생긴다.
④ 배관이 용이하고 보존이 쉽다.

14. 보일러설치기술규격에서 보일러의 분류에 대한 설명 중 틀린 것은?
㉮ 주철제 보일러의 최고사용압력은 증기보일러일 경우 0.5 MPa까지, 온수온도는 373 K(100℃)까지로 국한된다.
㉯ 일반적으로 보일러는 사용매체에 따라 증기보일러, 온수보일러 및 열매체보일러로 분류한다.
㉰ 보일러의 재질에 따라 강철제 보일러와 주철제 보일러로 분류한다.
㉱ 연료에 따라 유류 보일러, 가스 보일러, 석탄 보일러, 목재 보일러, 폐열 보일러, 특수연료 보일러 등이 있다.
[해설] 주철제 온수보일러일 경우 최고사용압력은 0.5 MPa(50 mH$_2$O)까지, 온수온도는 393K(120℃)까지이다.

15. 연소 시 공기비가 적을 때 나타나는 현상으로 거리가 먼 것은?
㉮ 배기가스 중 NO 및 NO$_2$의 발생량이 많아진다.
㉯ 불완전연소가 되기 쉽다.
㉰ 미연소가스에 의한 가스 폭발이 일어나기 쉽다.
㉱ 미연소가스에 의한 열손실이 증가될 수 있다.
[해설] 공기비가 클 때(과잉공기량 과다)에 배기가스 중 NO 및 NO$_2$의 발생량이 많아진다.

16. 기체연료의 일반적인 특징을 설명한 것으로 잘못된 것은?
㉮ 적은 공기비로 완전연소가 가능하다.
㉯ 수송 및 저장이 편리하다.
㉰ 연소효율이 높고 자동제어가 용이하다.
㉱ 누설 시 화재 및 폭발의 위험이 크다.
[해설] 기체연료는 수송 및 저장이 불편하며 가격이 비싸다.

17. 보일러의 수면계와 관련된 설명 중 틀린 것은?
㉮ 증기 보일러에는 2개(소용량 및 소형 관류 보일러는 1개) 이상의 유리수면계를 부착하여야 한다. 다만, 단관식 관류보일러는 제외한다.
㉯ 유리수면계는 보일러 동체에만 부착하여야 하며 수주관에 부착하는 것은 금지하고 있다.
㉰ 2개 이상의 원격지시 수면계를 시설하는 경우에 한하여 유리수면계를 1개 이상으로 할 수 있다.
㉱ 유리수면계는 상·하에 밸브 또는 콕을 갖추어야 하며, 한눈에 그것의 개·폐 여부를 알 수 있는 구조이어야 한다. 다만, 소형관류보일러에서는 밸브 또는 콕을 갖추지 아니할 수 있다.
[해설] 유리수면계는 유리관을 보호하기 위하여 수주(水柱)에 부착해야 한다.

18. 전열면적이 30 m^{2}인 수직 연관보일러를 2시간 연소시킨 결과 3000 kg의 증기가 발생하였다. 이 보일러의 증발률은 약 몇 kg/m^2·h인가?
㉮ 20   ㉯ 30
㉰ 40   ㉱ 50

정답 14. ㉮ 15. ㉮ 16. ㉯ 17. ㉯ 18. ㉱

[해설] $\dfrac{\dfrac{3000}{2}}{30} = 50 \text{ kg/m}^2\text{h}$

19. 보일러의 부속설비 중 연료공급 계통에 해당하는 것은?
㉮ 콤버스터 ㉯ 버너 타일
㉰ 수트 블로어 ㉱ 오일 프리히터
[해설] 서비스 탱크, 급유량계, 오일 프리히터(유예열기), 버너 등은 연료공급 장치이다.

20. 노내에 분사된 연료에 연소용 공기를 유효하게 공급 확산시켜 연소를 유효하게 하고 확실한 착화와 화염의 안정을 도모하기 위하여 설치하는 것은?
㉮ 화염검출기
㉯ 연료 차단 밸브
㉰ 버너 정지 인터로크
㉱ 보염 장치
[해설] 보염 장치(스태빌라이저, 윈드 박스, 콤버스터, 버너 타일)를 설치한다.

21. 노통이 하나인 코니시 보일러에서 노통을 편심으로 설치하는 가장 큰 이유는?
㉮ 연소장치의 설치를 쉽게 하기 위함이다.
㉯ 보일러 수의 순환을 좋게 하기 위함이다.
㉰ 보일러의 강도를 크게 하기 위함이다.
㉱ 온도 변화에 따른 신축량을 흡수하기 위함이다.
[해설] 보일러 수의 순환을 좋게 하기 위하여 노통을 편심으로 설치한다.

22. 보일러 부속장치에 대한 설명 중 잘못된 것은?

㉮ 인젝터 : 증기를 이용한 급수장치
㉯ 기수분리기 : 증기 중에 혼입된 수분을 분리하는 장치
㉰ 스팀 트랩 : 응축수를 자동으로 배출하는 장치
㉱ 절탄기 : 보일러 동 저면의 스케일, 침전물을 밖으로 배출하는 장치
[해설] 절탄기(급수예열기)는 연소가스의 폐열을 이용하여 급수를 예열하는 장치이다.

23. 어떤 보일러의 3시간 동안 증발량이 4500 kg이고, 그때의 급수 엔탈피 25 kcal/kg, 증기 엔탈피가 680 kcal/kg이라면 상당증발량은 약 몇 kg/h인가?
㉮ 551 ㉯ 1684
㉰ 1823 ㉱ 3051
[해설] 상당(환산)증발량 $= \dfrac{1500 \times (680-25)}{539}$
$= 1823 \text{ kg/h}$

24. 보일러 연료의 구비조건으로 틀린 것은 어느 것인가?
㉮ 공기 중에 쉽게 연소할 것
㉯ 단위중량당 발열량이 클 것
㉰ 연소 시 회분 배출량이 많을 것
㉱ 저장이나 운반, 취급이 용이할 것
[해설] 연소 시 회분 등 공해물질 배출량이 적어야 한다.

25. 운전 중 화염이 블로 오프(blow-off)된 경우 특정한 경우에 한하여 재점화 및 재시동을 할 수 있다. 이 때 재점화와 재시동의 기준에 관한 설명으로 틀린 것은?
㉮ 재점화에서의 점화장치는 화염의 소화 직후, 1초 이내에 자동으로 작동할 것

정답 19. ㉱ 20. ㉱ 21. ㉯ 22. ㉱ 23. ㉰ 24. ㉰ 25. ㉯

㉯ 강제 혼합식 버너의 경우 재점화 동작 시 화염감시장치가 부착된 버너에는 가스가 공급되지 아니할 것
㉰ 재점화에 실패한 경우에는 지정된 안전차단시간 내에 버너가 작동 폐쇄될 것
㉱ 재시동은 가스의 공급이 차단된 후 즉시 표준연속 프로그램에 의하여 자동으로 이루어질 것

[해설] 강제 혼합식 버너의 경우 재점화 동작 시 화염감시장치가 부착된 버너 이외의 버너에는 가스가 공급되지 아니할 것
[참고] 보일러 설치기술 규격 KBI-5123

26. 보일러의 급수장치에 해당되지 않는 것은?
㉮ 비수방지관   ㉯ 급수내관
㉰ 원심펌프   ㉱ 인젝터

[해설] 비수방지관은 송기장치에 해당된다.

27. 전자 밸브가 작동하여 연료공급을 차단하는 경우로 거리가 먼 것은?
㉮ 보일러 수의 이상 감수 시
㉯ 증기압력 초과 시
㉰ 배기가스온도의 이상 저하 시
㉱ 점화 중 불착화 시

[해설] 배기가스온도의 이상 상승 시 배기가스온도 상한 스위치에 의해 전자 밸브가 작동하여 연료공급을 차단한다.

28. 다음 집진장치 중 가압수를 이용한 집진장치는?
㉮ 포켓식
㉯ 임펠러식
㉰ 벤투리 스크러버식
㉱ 타이젠 와셔식

[해설] 가압수식 세정(습식) 집진장치의 종류
① 벤투리 스크러버
② 사이클론 스크러버
③ 제트 스크러버
④ 충전탑

29. 연소가 이루어지기 위한 필수 요건에 속하지 않는 것은?
㉮ 가연물   ㉯ 수소 공급원
㉰ 점화원   ㉱ 산소 공급원

[해설] 연료의 연소 3대 조건은 ㉮, ㉰, ㉱항 3가지이다.

30. 동관 이음에서 한쪽 동관의 끝을 나팔형으로 넓히고 압축 이음쇠를 이용하여 체결하는 이음 방법은?
㉮ 플레어 이음
㉯ 플랜지 이음
㉰ 플라스턴 이음
㉱ 몰코 이음

31. 〈보기〉와 같은 부하에 대해서 보일러의 "정격출력"을 올바르게 표시한 것은?

―〈보기〉―
H1 : 난방부하   H2 : 급탕부하
H3 : 배관부하   H4 : 예열부하

㉮ H1 + H2 + H3
㉯ H2 + H3 + H4
㉰ H1 + H2 + H4
㉱ H1 + H2 + H3 + H4

[해설] ① 정격출력=H1+H2+H3+H4
② 상용출력=H1+H2+H3

32. 보일러에서 이상고수위를 초래한 경우 나타나는 현상과 그 조치에 관한 설명으로 옳지 않은 것은?

정답 26. ㉮ 27. ㉰ 28. ㉰ 29. ㉯ 30. ㉮ 31. ㉱ 32. ㉯

㉮ 이상고수위를 확인한 경우에는 즉시 연소를 정지시킴과 동시에 급수 펌프를 멈추고 급수를 정지시킨다.
㉯ 이상고수위를 넘어 만수상태가 되면 보일러 파손이 일어날 수 있으므로 동체 하부에 분출 밸브(콕)를 전개하여 보일러 수를 전부 재빨리 방출하는 것이 좋다.
㉰ 이상고수위나 증기의 취출량이 많은 경우에는 캐리오버나 프라이밍 등을 일으켜 증기 속에 물방울이나 수분이 포함되며, 심할 경우 수격작용을 일으킬 수 있다.
㉱ 수위가 유리수면계의 상단에 달했거나 조금 초과한 경우에는 급수를 정지시켜야 하지만, 연소는 정지시키지 말고 저연소율로 계속 유지하여 송기를 계속한 후 보일러 수위가 정상적으로 회복하며 원래 운전 상태로 돌아오는 것이 좋다.

[해설] 고수위를 넘어 만수상태가 되면 단번에 분출밸브를 전개하여 보일러 수를 일시에 방출하는 것은 위험하다.

33. 보일러가 최고사용압력 이하에서 파손되는 이유로 가장 옳은 것은?
㉮ 안전장치가 작동하지 않기 때문에
㉯ 안전밸브가 작동하지 않기 때문에
㉰ 안전장치가 불완전하기 때문에
㉱ 구조상 결함이 있기 때문에

[해설] ㉮, ㉯, ㉰항은 최고사용압력 초과 시 파손되는 이유이다.

34. 손실 열량 3000 kcal/h의 사무실에 온수 방열기를 설치할 때 방열기의 소요 섹션 수는 몇 쪽인가? (단, 방열기 방열량은 표준방열량으로 하며, 1섹션의 방열면적은 0.26 m²이다.)
㉮ 12쪽   ㉯ 15쪽
㉰ 26쪽   ㉱ 32쪽

[해설] $450 \text{ kcal/m}^2\text{h} \times 0.26 \text{ m}^2 \times x [쪽]$
$= 3000 \text{ kcal/h}$에서 $x = 26$쪽

35. 보일러를 옥내에 설치할 때의 설치 시공 기준 설명으로 틀린 것은?
㉮ 보일러에 설치된 계기들을 육안으로 관찰하는데 지장이 없도록 충분한 조명시설이 있어야 한다.
㉯ 보일러 동체에서 벽, 배관, 기타 보일러 측부에 있는 구조물(검사 및 청소에 지장이 없는 것은 제외)까지 거리는 0.6 m 이상이어야 한다. 다만, 소형 보일러는 0.45 m 이상으로 할 수 있다.
㉰ 보일러실은 연소 및 환경을 유지하기에 충분한 급기구 및 환기구가 있어야 하며 급기구는 보일러 배기가스 덕트의 유효단면적 이상이어야 하고 도시가스를 사용하는 경우에는 환기구를 가능한 한 높이 설치하여 가스가 누설되었을 때 체류하지 않는 구조이어야 한다.
㉱ 연료를 저장할 때에는 보일러 외측으로부터 2 m 이상 거리를 두거나 방화 격벽을 설치하여야 한다. 다만, 소형 보일러의 경우에는 1 m 이상 거리를 두거나 반격벽으로 할 수 있다.

[해설] 보일러 동체에서 벽, 배관, 기타 측부에 있는 구조물까지 거리는 0.45 m 이상이어야 한다. 다만, 소형 보일러는 0.3 m 이상으로 할 수 있다.

36. 점화조작 시 주의사항에 관한 설명으로 틀린 것은?

[정답] 33. ㉱   34. ㉰   35. ㉯   36. ㉱

㉮ 연료가스의 유출속도가 너무 빠르면 실화 등이 일어날 수 있고, 너무 늦으면 역화가 발생할 수 있다.
㉯ 연소실의 온도가 낮으면 연료의 확산이 불량해지며 착화가 잘 안 된다.
㉰ 연료의 예열온도가 너무 높으면 기름이 분해되고, 분사각도가 흐트러져 분무상태가 불량해지며, 탄화물이 생성될 수 있다.
㉱ 유압이 너무 낮으면 그을음이 축적될 수 있고, 너무 높으면 점화 및 분사가 불량해 질 수 있다.
[해설] 유압이 너무 낮으면 점화 및 분사가 불량하고 너무 높으면 그을음이 축적되기 쉽다.

37. 보일러에서 연소조작 중의 역화의 원인으로 거리가 먼 것은?
㉮ 불완전 연소의 상태가 두드러진 경우
㉯ 흡입통풍이 부족한 경우
㉰ 연도댐퍼의 개도를 너무 넓힌 경우
㉱ 압입통풍이 너무 강한 경우
[해설] 연도댐퍼의 개도를 너무 좁힌 경우에 역화가 발생한다.

38. 보온재가 갖추어야 할 조건 설명으로 틀린 것은?
㉮ 열전도율이 작아야 한다.
㉯ 부피, 비중이 커야 한다.
㉰ 적합한 기계적 강도를 가져야 한다.
㉱ 흡수성이 낮아야 한다.
[해설] 부피·비중이 크면 열전도율이 증가하므로 부피·비중이 작아야 한다.

39. 관의 접속 상태·결합방식의 표시방법에서 용접이음을 나타내는 그림 기호로 맞는 것은?

[해설] ㉮: 나사이음, ㉯: 유니언 이음, ㉰: 땜용접 이음, ㉱: 플랜지 이음

40. 어떤 주철제 방열기 내의 증기의 평균온도가 110℃이고, 실내온도가 18℃일 때, 방열기의 방열량은? (단, 방열기의 방열계수는 7.2 kcal/m²·h·℃이다.)
㉮ 236.4 kcal/m²·h
㉯ 478.8 kcal/m²·h
㉰ 521.6 kcal/m²·h
㉱ 662.4 kcal/m²·h
[해설] $7.2 \times (110-18) = 662.4$ kcal/m²h
[참고] 방열계수 7.2kcal/m²h℃란 증기온도와 실내온도 차가 1℃일 때 방열기 면적 1m²당 방열량이 1시간 동안 7.2kcal임을 의미한다.

41. 원통 보일러에서 급수의 pH 범위(25℃ 기준)로 가장 적합한 것은?
㉮ pH3~pH5
㉯ pH7~pH9
㉰ pH11~pH12
㉱ pH14~pH15

[해설]

구분 \ 보일러 종류	원통형 보일러	수관 보일러
보일러 급수 pH	7~9	8~9
보일러 수 pH	11~11.8	10.5~11.5

42. 가스 보일러에서 가스폭발의 예방을 위한 유의사항 중 틀린 것은?
㉮ 가스압력이 적당하고 안정되어 있는지 점검한다.
㉯ 화로 및 굴뚝의 통풍, 환기를 완벽하게 하는 것이 필요하다.
㉰ 점화용 가스의 종류는 가급적 화력이 낮은 것을 사용한다.

[정답] 37. ㉰ 38. ㉯ 39. ㉰ 40. ㉱ 41. ㉯ 42. ㉰

라 착화 후 연소가 불안정할 때는 즉시 가스공급을 중단한다.
[해설] 화력이 큰 것을 사용하여 5초 이내에 신속히 점화시켜야 한다.

43. 보일러를 계획적으로 관리하기 위해서는 연간계획 및 일상보전계획을 세워 이에 따라 관리를 하는데 연간 계획에 포함할 사항과 가장 거리가 먼 것은?
㉮ 급수계획 ㉯ 점검계획
㉰ 정비계획 ㉱ 운전계획
[해설] 보일러 본체 점검계획, 연소계획, 급수계획 등은 일상보전계획에 포함된다.

44. 구상흑연 주철관이라고도 하며, 땅속 또는 지상에 배관하여 압력상태 또는 무압력 상태에서 물의 수송 등에 주로 사용되는 주철관은?
㉮ 덕타일 주철관
㉯ 수도용 이형 주철관
㉰ 원심력 모르타르 라이닝 주철관
㉱ 수도용 원심력 금형 주철관
[해설] 구상흑연 주철은 노듈러(nodular) 또는 덕타일(ductile) 주철이라고도 불리며 흑연의 모양이 구상으로 되어 있기 때문에 연성이 매우 큰 고급 주철이다.

45. 다음 중 보온재의 종류가 아닌 것은?
㉮ 코르크 ㉯ 규조토
㉰ 기포성수지 ㉱ 제게르콘
[해설] 제게르콘은 내화도 측정에 사용되는 온도계이다.

46. 보일러 운전 중 연도 내에서 폭발이 발생하면 제일 먼저 해야 할 일은?
㉮ 급수를 중단한다.

㉯ 증기 밸브를 잠근다.
㉰ 송풍기 가동을 중지한다.
㉱ 연료공급을 차단하고 가동을 중지한다.
[해설] 보일러 운전 중 이상 현상 발생 시에는 연료공급을 차단하고 가동을 중지해야 한다.

47. 강철제 보일러의 최고사용압력이 0.43 MPa를 초과 1.5 MPa 이하일 때 수압시험 압력 기준으로 옳은 것은?
㉮ 0.2 MPa로 한다.
㉯ 최고사용압력의 1.3배에 0.3 MPa를 더한 압력으로 한다.
㉰ 최고사용압력의 1.5배로 한다.
㉱ 최고사용압력의 2배에 0.5 MPa를 더한 압력으로 한다.
[해설] ㉰항은 최고사용압력이 1.5 MPa 초과일 때 수압시험압력 기준이다.

48. 신축곡관이라고 하며 강관 또는 동관 등을 구부려서 구부림에 따른 신축을 흡수하는 이음쇠는?
㉮ 루프형 신축 이음쇠
㉯ 슬리브형 신축 이음쇠
㉰ 스위블형 신축 이음쇠
㉱ 벨로스형 신축 이음쇠
[해설] 신축곡관(만곡관)에는 루프형과 밴드형 신축 이음쇠가 있다.

49. 증기난방 방식에서 응축수 환수 방법에 의한 분류가 아닌 것은?
㉮ 진공 환수식 ㉯ 세정 환수식
㉰ 기계 환수식 ㉱ 중력 환수식

50. 온수온돌의 방수처리에 대한 설명으로 적절하지 않은 것은?

[정답] 43. ㉮ 44. ㉮ 45. ㉱ 46. ㉱ 47. ㉯ 48. ㉮ 49. ㉯ 50. ㉮

㉮ 다층건물에 있어서도 전층의 온수온돌에 방수처리를 하는 것이 좋다.
㉯ 방수처리는 내식성이 있는 루핑, 비닐, 방수 모르타르로 하며, 습기가 스며들지 않도록 완전히 밀봉한다.
㉰ 벽면으로 습기가 올라오는 것을 대비하여 온돌바닥보다 약 10 cm 이상 위까지 방수처리를 하는 것이 좋다.
㉱ 방수처리를 함으로써 열손실을 감소시킬 수 있다.
[해설] 지하실이 있는 바닥이나 2층 바닥에는 방수처리를 하지 않아도 좋다.

51. 배관의 하중을 위에서 끌어당겨 지지할 목적으로 사용되는 지지구가 아닌 것은 어느 것인가?
㉮ 리지드 행어(rigid hanger)
㉯ 앵커(anchor)
㉰ 콘스턴트 행어(constant hanger)
㉱ 스프링 행어(spring hanger)
[해설] 행어의 종류에는 ㉮, ㉰, ㉱항 3가지가 있다.
[참고] 리스트레인트의 종류 : 앵커, 스토퍼, 가이드

52. 보일러 휴지기간이 1개월 이하인 단기보존에 적합한 방법은?
㉮ 석회밀폐건조법 ㉯ 소다만수보존법
㉰ 가열건조법   ㉱ 질소가스봉입법
[해설] 가열건조법과 만수보존법은 단기 보존법이며 ㉮, ㉰, ㉱항은 장기보존법이다.

53. 온수난방에서 팽창탱크의 용량 및 구조에 대한 설명으로 틀린 것은?
㉮ 개방식 팽창탱크는 저 온수난방 배관에 주로 사용된다.
㉯ 밀폐식 팽창탱크는 고 온수난방 배관에 주로 사용된다.
㉰ 밀폐스 팽창탱크에는 수면계를 설치한다.
㉱ 개방스 팽창탱크에는 압력계를 설치한다.
[해설] 밀폐식 팽창탱크에는 수면계, 압력계, 안전밸브(방출밸브) 등을 설치한다.

54. 난방설비와 관련된 설명 중 잘못된 것은?
㉮ 증기난방의 표준방열량은 650 kcal/$m^2 \cdot h$이다.
㉯ 방열기는 증기 또는 온수 등의 열매를 유입하여 열을 방산하는 기구로 난방의 목적을 달성하는 장치이다.
㉰ 하트포드 접속법(Hartford connection)은 고압증기 난방에 필요한 접속법이다.
㉱ 온수난방에서 온수순환 방식에 따라 크게 중력 순환식과 강제 순환식으로 구분 한다.
[해설] 하트포드 접속법은 저압증기 난방에 필요한 접속법이다.

55. 에너지이용 합리화법에 따라 주철제 보일러에서 설치검사를 면제 받을 수 있는 기준으로 옳은 것은?
㉮ 전열면적 30제곱미터 이하의 유류용 주철제 증기보일러
㉯ 전열면적 40제곱미터 이하의 유류용 주철제 온수보일러
㉰ 전열면적 50제곱미터 이하의 유류용 주철제 증기보일러
㉱ 전열면적 60제곱미터 이하의 유류용 주철제 온수보일러

[해설] 에너지이용합리화법 시행규칙 제31조의 13 별표 3의 6 참조.

56. 신·재생에너지 설비의 인증을 위한 심사기준 항목으로 거리가 먼 것은?
㉮ 국제 또는 국내의 성능 및 규격에의 적합성
㉯ 설비의 효율성
㉰ 설비의 우수성
㉱ 설비의 내구성
[해설] 신에너지 및 재생에너지 개발·이용·보급 촉진법 시행규칙 제7조 ①항 별표 2 참조.

57. 에너지이용 합리화법의 목적이 아닌 것은?
㉮ 에너지의 수급안정을 기함
㉯ 에너지의 합리적이고 비효율적인 이용을 증진함
㉰ 에너지소비로 인한 환경피해를 줄임
㉱ 지구온난화의 최소화에 이바지함
[해설] 에너지이용합리화법 제1조 참조.

58. 에너지이용 합리화법에 따라 에너지이용 합리화 기본계획에 포함될 사항으로 거리가 먼 것은?
㉮ 에너지절약형 경제구조로의 전환
㉯ 에너지이용 효율의 증대
㉰ 에너지이용 합리화를 위한 홍보 및 교육
㉱ 열사용기자재의 품질관리
[해설] 에너지이용합리화법 제4조 ②항 참조.

59. 에너지이용 합리화법 시행령 상 에너지저장의무 부과대상자에 해당되는 자는?
㉮ 연간 2만 석유환산톤 이상의 에너지를 사용하는 자
㉯ 연간 1만 5천 석유환산톤 이상의 에너지를 사용하는 자
㉰ 연간 1만 석유환산톤 이상의 에너지를 사용하는 자
㉱ 연간 5천 석유환산톤 이상의 에너지를 사용하는 자
[해설] 에너지이용합리화법 시행령 제12조 ①항 5 참조.

60. 저탄소 녹색성장 기본법에 따라 대통령령으로 정하는 기준량 이상의 에너지 소비업체를 지정하는 기준으로 옳은 것은? (단, 기준일은 2013년 7월 21일을 기준으로 한다.)
㉮ 해당 연도 1월 1일을 기준으로 최근 3년간 업체의 모든 사업체에서 소비한 에너지의 연평균 총량이 650 terajoules 이상
㉯ 해당 연도 1월 1일을 기준으로 최근 3년간 업체의 모든 사업체에서 소비한 에너지의 연평균 총량이 550 terajoules 이상
㉰ 해당 연도 1월 1일을 기준으로 최근 3년간 업체의 모든 사업체에서 소비한 에너지의 연평균 총량이 450 terajoules 이상
㉱ 해당 연도 1월 1일을 기준으로 최근 3년간 업체의 모든 사업체에서 소비한 에너지의 연평균 총량이 350 terajoules 이상
[해설] 저탄소 녹색성장 기본법 시행령 제29조 ①항 및 별표 3 참조.

정답 56. ㉰ 57. ㉯ 58. ㉱ 59. ㉮ 60. ㉱

● 에너지관리 기능사
[2013년 10월 12일 시행]

1. 보일러의 부속장치 중 축열기에 대한 설명으로 가장 옳은 것은?
㉮ 통풍이 잘 이루어지게 하는 장치이다.
㉯ 폭발방지를 위한 안전장치이다.
㉰ 보일러의 부하 변동에 대비하기 위한 장치이다.
㉱ 증기를 한 번 더 가열시키는 장치이다.
[해설] ① 증기 축열기(스팀 어큐뮬레이터 : steam accumulator) : 저부하 시에 잉여 증기를 저장하였다가 과부하 시에 증기를 방출하여 보일러의 부하 변동에 대비하기 위한 장치
② 플래시 탱크(flash tank) : 탱크 외부로부터 탱크 내부보다 높은 압력 또는 온수보다 높은 열수를 받아들여 증기를 발생하는 제2종 압력용기

2. 증기보일러에 설치하는 압력계의 최고 눈금은 보일러 최고사용압력의 몇 배가 되어야 하는가?
㉮ 0.5~0.8배   ㉯ 1.0~1.4배
㉰ 1.5~3.0배   ㉱ 5.0~10.0배
[해설] 압력계의 최고 눈금은 보일러 최고사용압력의 1.5배 이상 3배 이하가 되어야 한다(3배 이하이며 1.5배보다 작아서는 안 된다).
[참고] 온수보일러 수위계의 최고 눈금은 보일러 최고사용압력의 1배 이상 3배 이하가 되어야 한다.

3. 보일러의 연소장치에서 통풍력을 크게 하는 조건으로 틀린 것은?
㉮ 연돌의 높이를 높인다.
㉯ 배기가스의 온도를 높인다.
㉰ 연도의 굴곡부를 줄인다.
㉱ 연돌의 단면적을 줄인다.
[해설] 연돌의 단면적을 크게 해야 통풍력을 증대시킬 수 있다.

4. 보일러 액체연료의 특징 설명으로 틀린 것은?
㉮ 품질이 균일하여 발열량이 높다.
㉯ 운반 및 저장, 취급이 용이하다.
㉰ 회분이 많고 연소조절이 쉽다.
㉱ 연소온도가 높아 국부과열 위험성이 높다.
[해설] 액체연료는 고체연료에 비하여 회분이 적고 매연 발생을 적게 일으킨다.

5. 벽체 면적이 24 m², 열관류율이 0.5 kcal/m²·h·℃, 벽체 내부의 온도가 40℃, 벽체 외부의 온도가 8℃일 경우 시간당 손실열량은 약 몇 kcal/h인가?
㉮ 294 kcal/h   ㉯ 380 kcal/h
㉰ 384 kcal/h   ㉱ 394 kcal/h
[해설] $24 \times 0.5 \times (40-8) = 384$ kcal/h
[참고] 열관류량(열통과량=열손실량)=열관류율×면적×온도차

6. 증기공급 시 과열증기를 사용함에 따른 장점이 아닌 것은?
㉮ 부식 발생 저감
㉯ 열효율 증대
㉰ 가열장치의 열응력 저하
㉱ 증기소비량 감소
[해설] 과열증기 사용 시 단점
① 가열장치의 열응력을 일으키기 쉽다.

[정답] 1. ㉰   2. ㉰   3. ㉱   4. ㉰   5. ㉰   6. ㉰

② 가열 표면온도를 일정하게 유지하기 어렵다.
③ 제품에 손상을 줄 우려가 있다.

7. 화염검출기의 종류 중 화염의 발열을 이용한 것으로 바이메탈에 의하여 작동되며, 주로 소용량 온수 보일러의 연도에 설치되는 것은?
㉮ 플레임 아이 ㉯ 스택 스위치
㉰ 플레임 로드 ㉱ 적외선 광전관

[해설] ① 플레임 아이 : 화염의 발광을 이용한 것
② 플레임 로드 : 화염의 이온화를 이용한 것
③ 스택 스위치 : 화염의 발열을 이용한 것(감열소자는 바이메탈)

8. 수위경보기의 종류에 속하지 않은 것은?
㉮ 맥도널식 ㉯ 전극식
㉰ 배플식   ㉱ 마그네틱식

[해설] 수위 경보기의 종류 : 맥도널식, 전극식, 자석식, 마그네틱식 등이 있다.

9. 보일러의 3대 구성요소 중 부속장치에 속하지 않는 것은?
㉮ 통풍장치 ㉯ 급수장치
㉰ 여열장치 ㉱ 연소장치

[해설] 보일러의 3대 구성요소
① 보일러 본체 : 동(드럼), 수관 등
② 연소장치 : 연소실, 화격자, 버너 등
③ 부속장치(부속설비) : 안전장치, 급유장치, 급수장치, 송기장치, 통풍장치, 분출장치, 제어장치, 여열(폐열회수)장치 등

10. 연소안전장치 중 플레임 아이(flame eye)로 사용되지 않는 것은?
㉮ 광전관   ㉯ CdS cell
㉰ PbS cell ㉱ CdP cell

[해설] 플레임 아이 회염검출기의 검출 소자의 종류
① 적외선 광전관
② 자외선 광전관
③ CdS cell(황화카드뮴 셀)
④ PbS cell(황화납 셀)

[참고] ① 자외선 광전관, 황화납 셀 → 가스 연료 전용
② 적외선 광전관, 황화카드뮴 셀 → 가스 및 기름연료 겸용

11. 연료 발열량은 9750 kcal/kg, 연료의 시간당 사용량은 300 kg/h인 보일러의 상당증발량이 5000 kg/h일 때 보일러 효율은 약 몇 %인가?
㉮ 83 ㉯ 85 ㉰ 87 ㉱ 92

[해설] $\dfrac{5000 \times 539}{300 \times 9750} \times 100 = 92\,\%$

[참고] 상당(환산)증발량 값(kg/h)으로 보일러 효율(η) 구하는 식

$\eta = \dfrac{\text{상당(환산)증발량} \times 539}{\text{매시 연료사용량} \times \text{연료의 발열량}} \times 100\,\%$

12. 보일러 예비 급수장치인 인젝터의 특징을 설명한 것으로 틀린 것은?
㉮ 구조가 간단하다.
㉯ 설치장소를 많이 차지하지 않는다.
㉰ 증기압이 낮아도 급수가 잘 이루어진다.
㉱ 급수 온도가 높으면 급수가 곤란하다.

[해설] 증기압이 낮거나(0.2 MPa 이하) 높아도(1 MPa 이상) 급수 불능의 원인이 된다.

13. 다음 중 액화천연가스(LNG)의 주성분은 어느 것인가?
㉮ CH_4 ㉯ C_2H_6 ㉰ C_3H_8 ㉱ C_4H_{10}

[해설] ① 액화천연가스(LNG)의 주성분 : CH_4 (메탄)

정답 7. ㉯ 8. ㉰ 9. ㉱ 10. ㉱ 11. ㉱ 12. ㉰ 13. ㉮

② 액화석유가스(LPG)의 주성분 : C_3H_8(프로판), C_4H_{10}(부탄), C_3H_6(프로필렌)

14. 보일러의 세정식 집진방법은 유수식과 가압수식, 회전식으로 분류할 수 있는데, 다음 중 가압수식 집진장치의 종류가 아닌 것은?

㉮ 타이젠 와셔
㉯ 벤투리 스크러버
㉰ 제트 스크러버
㉱ 충전탑

[해설] ① 가압수식 세정 집진장치의 종류 : 벤투리 스크러버, 제트 스크러버, 사이클론 스크러버, 충전탑
② 회전식 세정 집진장치의 종류 : 타이젠 와셔, 임펄스 스크러버
③ 유수식 세정 집진장치의 종류 : 전류형 스크러버, 에어 텀블러, 피보디(로터리) 스크러버

15. 중유 연소에서 버너에 공급되는 중유의 예열온도가 너무 높을 때 발생되는 이상 현상으로 거리가 먼 것은?

㉮ 카본(탄화물) 생성이 잘 일어날 수 있다.
㉯ 분무상태가 고르지 못할 수 있다.
㉰ 역화를 일으키기 쉽다.
㉱ 무화 불량이 발생하기 쉽다.

[해설] 중유의 예열온도가 너무 낮을 때 점도가 높아서 무화상태 및 분무상태가 불량해진다.

16. 1 보일러 마력은 몇 kg/h의 상당증발량의 값을 가지는가?

㉮ 15.65 ㉯ 79.8 ㉰ 539 ㉱ 860

[해설] 1 보일러 마력일 때 상당(환산)증발량 값은 15.65 kg/h이며 열출력(열량)은 8435 kcal/h이다.

17. 보일러 증발률이 80 kg/m²·h이고, 실제증발량이 40 t/h일 때, 전열면적은 약 몇 m²인가?

㉮ 200 ㉯ 320 ㉰ 450 ㉱ 500

[해설] $80 = \dfrac{40 \times 1000}{x}$ 에서,

$x = \dfrac{40 \times 1000}{80} = 500 \, \text{m}^2$

[참고] 증발률(전열면 증발률)
$= \dfrac{\text{매시 실제증발량(kg/h)}}{\text{전열면적(m}^2)} \, [\text{kg/m}^2\text{h}]$

18. 보일러 자동제어에서 시퀀스(sequence) 제어를 가장 옳게 설명한 것은?

㉮ 결과가 원인으로 되어 제어단계를 진행하는 제어이다.
㉯ 목표값이 시간적으로 변화하는 제어이다.
㉰ 목표값이 변화하지 않고 일정한 값을 갖는 제어이다.
㉱ 제어의 각 단계를 미리 정해진 순서에 따라 진행하는 제어이다.

[해설] ㉮ : 피드백 제어
㉯ : 추종제어
㉰ : 정치제어
㉱ : 시퀀스(순차) 제어

19. 수관 보일러 중 자연순환식 보일러와 강제순환식 보일러에 관한 설명으로 틀린 것은?

㉮ 강제순환식은 압력이 적어질수록 물과 증기와의 비중차가 적어서 물의 순환이 원활하지 않은 경우 순환력이 약해지는 결점을 보완하기 위해 강제로 순환시키는 방식이다.
㉯ 자연순환식 수관 보일러는 드럼과 다수의 수관으로 보일러 물의 순환회로를

정답 14. ㉮ 15. ㉱ 16. ㉮ 17. ㉱ 18. ㉱ 19. ㉮

만들 수 있도록 구성된 보일러이다.
- 대 자연순환식 수관 보일러는 곡관을 사용하는 형식이 널리 사용되고 있다.
- 라 강제순환식 수관 보일러의 순환펌프는 보일러 수의 순환회로 중에 설치한다.

[해설] 강제순환식은 압력이 높아질수록 물과 증기와의 비중차가 적어져서 물의 순환력이 약해지는 결점을 보완하기 위해 순환펌프를 보일러 수의 순환회로 중에 설치한다.

20. 공기예열기에서 발생되는 부식에 관한 설명으로 틀린 것은?
- 가 중유연소 보일러의 배기가스 노점은 연료유 중의 유황성분과 배기가스의 산소농도에 의해 좌우된다.
- 나 공기예열기에 가장 주의를 요하는 것은 공기 입구와 출구부의 고온 부식이다.
- 대 보일러에 사용되는 액체연료 중에는 유황 성분이 함유되어 있으며 공기예열기 배기가스 출구온도가 노점 이상인 경우에도 공기 입구온도가 낮으면 전열관 온도가 배기가스의 노점 이하가 되어 전열관에 부식을 초래한다.
- 라 노점에 영향을 주는 SO_2에서 SO_3로의 변환율은 배기가스 중의 O_2에 영향을 크게 받는다.

[해설] 공기예열기에 가장 주의를 요하는 것은 공기 입구와 출구부의 저온 부식이다.

[참고] ① 폐열회수장치 중 연료 중의 황(S) 성분으로 인하여 저온 부식의 피해가 가장 큰 것은 공기예열기이며 그 다음에 절탄기(급수예열기)이다.

② $S + O_2 \rightarrow SO_2$, $SO_2 + \frac{1}{2}O_2 \rightarrow SO_3$

21. 프로판 가스가 완전 연소될 때 생성되는 것은?

- 가 CO와 C_3H_8
- 나 C_4H_{10}와 CO_2
- 대 CO_2와 H_2O
- 라 CO와 CO_2

[해설] 프로판 가스의 연소반응식 $C_3H_8 + 5O_2 \rightarrow 3CO_2 + 4H_2O$에서 생성물질은 CO_2와 H_2O이다.

22. 보일러 수위제어 방식인 2요소식에서 검출하는 요소로 옳게 짝지어진 것은?
- 가 수위와 온도
- 나 수위와 급수유량
- 대 수위와 압력
- 라 수위와 증기유량

[해설]

수위제어 방식	검출 요소
1요소식(단요소식)	수위
2요소식	수위, 증기유량
3요소식	수위, 증기유량, 급수유량

23. 일반적으로 보일러의 효율을 높이기 위한 방법으로 틀린 것은?
- 가 보일러 연소실 내의 온도를 낮춘다.
- 나 보일러 장치의 설계를 최대한 효율이 높도록 한다.
- 대 연소장치에 적합한 연료를 사용한다.
- 라 공기예열기 등을 사용한다.

[해설] 연소실 온도를 높여 고온으로 유지해야 보일러 효율이 높아진다.

24. 보일러 전열면의 그을음을 제거하는 장치는?
- 가 수저 분출장치
- 나 수트 블로어
- 대 절탄기
- 라 인젝터

[해설] 수트 블로어(soot blower)는 전열면의 그을음을 제거하는 그을음 제거기이다.

[정답] 20. 나 21. 대 22. 라 23. 가 24. 나

25. 주철제 보일러의 특징 설명으로 옳은 것은?
㉮ 내열성 및 내식성이 나쁘다.
㉯ 고압 및 대용량으로 적합하다.
㉰ 섹션의 증감으로 용량을 조절할 수 있다.
㉱ 인장 및 충격에 강하다.

[해설] 주철제 보일러의 특징
① 내열성 및 내식성이 우수하다.
② 고압, 대용량에는 부적합하다.
③ 섹션의 증감으로 용량을 조절할 수 있다.
④ 인장 및 충격에 약하다.

26. 고체연료의 고위발열량으로부터 저위발열량을 산출할 때 연료 속의 수분과 다른 한 성분의 함유율을 가지고 계산하여 산출할 수 있는데 이 성분은 무엇인가?
㉮ 산소   ㉯ 수소   ㉰ 유황   ㉱ 탄소

[해설] 저위발열량=고위발열량$-600(9H+W)$에서 연료 속의 수소(H)와 수분(W) 함유율을 가지고 산출한다.

27. 노통 보일러에서 노통에 직각으로 설치하여 노통의 전열면적을 증가시키고, 이로 인한 강도보강, 관수순환을 양호하게 하는 역할을 위해 설치하는 것은?
㉮ 갤로웨이 관
㉯ 아담슨 조인트(Adamson joint)
㉰ 브리징 스페이스(breathing space)
㉱ 반구형 경판

[해설] 노통에 직각으로 2~3개 정도 설치하는 갤로웨이 관에 대한 설명이다.

28. 다음 중 열량(에너지)의 단위가 아닌 것은?
㉮ J   ㉯ cal   ㉰ N   ㉱ BTU

[해설] 열량의 단위: kcal, cal, J, kJ, MJ, BTU, CHU 등
[참고] dyn 및 N(Newton)은 힘의 단위이다.

29. 연료유 저장탱크의 일반사항에 대한 설명으로 틀린 것은?
㉮ 연료유를 저장하는 저장탱크 및 서비스 탱크는 보일러의 운전에 지장을 주지 않는 용량의 것으로 하여야 한다.
㉯ 연료우 탱크에는 보기 쉬운 위치에 유면계를 설치하여야 한다.
㉰ 연료유 탱크에는 탱크 내의 유량이 정상적인 양보다 초과, 또는 부족한 경우에 경보를 발하는 경보장치를 설치하는 것이 바람직하다.
㉱ 연료유 탱크에 드레인을 설치할 경우 누유에 따른 화재 발생 소지가 있으므로 이물질을 배출할 수 있는 드레인은 탱크 상단에 설치하여야 한다.

[해설] 드레인(drain=분출장치)은 탱크 하단에 설치하여야 한다.

30. 강철제 증기 보일러의 안전밸브 부착에 관한 설명으로 잘못된 것은?
㉮ 쉽게 검사할 수 있는 곳에 부착한다.
㉯ 밸브 축을 수직으로 하여 부착한다.
㉰ 밸브의 부착은 플랜지, 용접 또는 나사 접합식으로 한다.
㉱ 가능한 한 보일러의 동체에 직접 부착시키지 않는다.

[해설] 안전밸브는 보일러 동체에 직접 부착시켜야 하며 바이패스(bypass)회로를 두어서는 안 된다.

31. 회전이음이라고도 하며 2개 이상의 엘보를 사용하여 이음부의 나사 회전을

정답 25. ㉰   26. ㉯   27. ㉮   28. ㉰   29. ㉱   30. ㉱   31. ㉯

이용해서 배관의 신축을 흡수하는 신축이음쇠는?

㋐ 루프형 신축이음쇠
㋑ 스위블형 신축이음쇠
㋒ 벨로스형 신축이음쇠
㋓ 슬리브형 신축이음쇠

해설 스위블형 신축이음의 특징
① 회전이음 또는 지블이음이라고도 한다.
② 2개 이상의 엘보를 사용하여 이음부의 나사회전을 이용한다.
③ 나사맞춤이 헐거워져 누설의 우려가 크다.
④ 방열기(라디에이터) 입구 측 배관에 설치 사용한다.

32. 단열재의 구비조건으로 맞는 것은?

㋐ 비중이 커야 한다.
㋑ 흡수성이 커야 한다.
㋒ 가연성이어야 한다.
㋓ 열전도율이 적어야 한다.

해설 단열재 및 보온재의 구비조건
① 비중이 작아야 한다.
② 흡습성, 흡수성이 없어야 한다.
③ 불연성이어야 하며 내구성이 있어야 한다.
④ 열전도율이 적어야 한다.

33. 보일러 사고 원인 중 취급 부주의가 아닌 것은?

㋐ 과열   ㋑ 부식
㋒ 압력 초과   ㋓ 재료 불량

해설 구조 불량, 재료 불량, 용접 불량, 설계 불량 등은 제작상의 부주의이다.

34. 보일러의 계속사용검사기준 중 내부검사에 관한 설명이 아닌 것은?

㋐ 관의 부식 등을 검사할 수 있도록 스케일은 제거되어야 하며, 관 끝부분의 손상, 취화 및 빠짐이 없어야 한다.
㋑ 노벽 보호부분은 벽체의 현저한 균열 및 파손 등 사용상 지장이 없어야 한다.
㋒ 내용물의 외부 유출 및 본체의 부식이 없어야 한다. 이때 본체의 부식 상태를 판별하기 위하여 보온재 등 피복물을 제거하게 할 수 있다.
㋓ 연소실 내부에는 부적당하거나 결함이 있는 버너 또는 스토커의 설치 운전에 의한 현저한 열의 국부적인 집중으로 인한 현상이 없어야 한다.

해설 ㋒항은 보일러 계속사용검사기준 중 내부검사에 포함되지 않는 내용이다.

35. 배관계에 설치한 밸브의 오작동 방지 및 배관계 취급의 적정화를 도모하기 위해 배관에 식별(識別) 표시를 하는데 관계가 없는 것은?

㋐ 지지하중   ㋑ 식별색
㋒ 상태표시   ㋓ 물질표시

36. 증기난방의 중력환수식에서 복관식인 경우 배관 기울기로 적당한 것은?

㋐ $\frac{1}{50}$ 정도의 순 기울기
㋑ $\frac{1}{100}$ 정도의 순 기울기
㋒ $\frac{1}{150}$ 정도의 순 기울기
㋓ $\frac{1}{200}$ 정도의 순 기울기

해설 복관식 중력환수식 난방에서 증기주관은 $\frac{1}{200}$ 정도의 선하향 구배로 한다(많이 사용되는 상향급기식에서).

37. 스테인리스강관의 특징 설명으로 옳은 것은?

정답 32. ㋓ 33. ㋓ 34. ㋒ 35. ㋐ 36. ㋓ 37. ㋐

㉮ 강관에 비해 두께가 얇고 가벼워 운반 및 시공이 쉽다.
㉯ 강관에 비해 내열성은 우수하나 내식성은 떨어진다.
㉰ 강관에 비해 기계적 성질이 떨어진다.
㉱ 한랭지 배관이 불가능하며 동결에 대한 저항이 적다.

[해설] 스테인리스강관은 강관에 비해
① 내식성, 내열성이 우수하다.
② 기계적 성질이 우수하다.
③ 저온에서 충격성이 크고 한랭지 배관이 가능하며 동결에 대한 저항이 크다.

38. 증기난방의 시공에서 환수배관에 리프트 피팅(lift fitting)을 적용하여 시공할 때 1단의 흡상 높이로 적당한 것은?

㉮ 1.5 m 이내 ㉯ 2 m 이내
㉰ 2.5 m 이내 ㉱ 3 m 이내

[해설] 진공환수식 증기난방에서 리프트 피팅 이음을 시공할 때 1단의 흡상 높이는 1.5 m 이내이다 (환수관 내의 진공도는 100~250 mmHg 정도).

39. 기름 보일러에서 연소 중 화염이 점멸하는 등 연소 불안정이 발생하는 경우가 있다. 그 원인으로 적당하지 않은 것은 어느 것인가?

㉮ 기름의 점도가 높을 때
㉯ 기름 속에 수분이 혼입되었을 때
㉰ 연료의 공급 상태가 불안정한 때
㉱ 노내가 부압(負壓)인 상태에서 연소했을 때

[해설] 노내가 부압인 상태(흡입통풍 방식)와는 관계가 없다.

40. 보일러의 가동 중 주의해야 할 사항으로 맞지 않는 것은?

㉮ 수위가 안전저수위 이하로 되지 않도록 수시로 점검한다.
㉯ 증기압력이 일정하도록 연료공급을 조절한다.
㉰ 과잉공기를 많이 공급하여 완전연소가 되도록 한다.
㉱ 연소량을 증가시킬 때는 통풍량을 먼저 증가시킨다.

[해설] 적정한 공기량으로 연료가 완전연소가 되도록 해야 한다.

41. 증기난방에서 환수관의 수평배관에서 관경이 가늘어지는 경우 편심 리듀서를 사용하는 이유로 적합한 것은?

㉮ 응축수의 순환을 억제하기 위해
㉯ 관의 열팽창을 방지하기 위해
㉰ 동심 리듀서보다 시공을 단축하기 위해
㉱ 응축수의 체류를 방지하기 위해

[해설] 응축수의 체류를 방지하기 위하여 편심 리듀서(편심 줄이개)를 사용한다.

42. 온수난방 설비에서 복관식 배관방식에 대한 특징으로 틀린 것은?

㉮ 단관식보다 배관 설비비가 적게 든다.
㉯ 역귀환 방식의 배관을 할 수 있다.
㉰ 발열량을 밸브에 의하여 임의로 조정할 수 있다.
㉱ 온도변화가 거의 없고 안정성이 높다.

[해설] 복관식은 단관식보다 배관 설비비가 많이 들며 큰 규모의 난방설비에 채택된다.

43. 개방식 팽창탱크에서 필요가 없는 것은?

㉮ 배기관 ㉯ 압력계
㉰ 급수관 ㉱ 팽창관

정답 38. ㉮ 39. ㉱ 40. ㉰ 41. ㉱ 42. ㉮ 43. ㉯

[해설] 밀폐식 팽창탱크에는 압력계, 수위계, 안전밸브(또는 방출밸브)가 설치된다.

44. 중앙식 급탕법에 대한 설명으로 틀린 것은?
㉮ 기구의 동시 이용률을 고려하여 가열장치의 총용량을 적게 할 수 있다.
㉯ 기계실 등에 다른 설비 기계와 함께 가열장치 등이 설치되기 때문에 관리가 용이하다.
㉰ 설비규모가 크고 복잡하기 때문에 초기 설비비가 비싸다.
㉱ 비교적 배관길이가 짧아 열손실이 적다.

[해설] 중앙식 급탕법은 개별식 급탕법에 비해 배관 길이가 길어 열손실이 크다.

45. 보일러의 손상에서 팽출(膨出)을 옳게 설명한 것은?
㉮ 보일러의 본체가 화염에 과열되어 외부로 볼록하게 튀어나오는 현상
㉯ 노통이나 화실이 외측의 압력에 의해 눌려 쭈그러져 찢어지는 현상
㉰ 강판에 가스가 포함된 것이 화염의 접촉으로 양쪽으로 오목하게 되는 현상
㉱ 고압 보일러 드럼 이음에 주로 생기는 응력 부식 균열의 일종

[해설] ㉮항은 팽출, ㉯항은 압궤에 대한 내용이다.

46. 방열기 내 온수의 평균온도 85℃, 실내온도 15℃, 방열계수 7.2 kcal/m²·h·℃인 경우 방열기 방열량은 얼마인가?
㉮ 450 kcal/m² · h
㉯ 504 kcal/m² · h
㉰ 509 kcal/m² · h
㉱ 515 kcal/m² · h

[해설] 7.2×(85−15)=504
[참고] 방열기 방열량(kcal/m²h)=방열계수×(방열기 내의 열매체 평균온도−실내온도)

47. 보일러 건식보존법에서 가스봉입 방식(기체보존법)에 사용되는 가스는?
㉮ O_2 ㉯ N_2 ㉰ CO ㉱ CO_2

[해설] 보일러 장기보존법 중에서 0.06 MPa 압력의 질소(N_2)가스를 채워두는 질소가스 봉입법이 있다.

48. 보일러 점화 전 수위 확인 및 조정에 대한 설명 중 틀린 것은?
㉮ 수면계의 기능 테스트가 가능한 정도의 증기압력이 보일러 내에 남아 있을 때는 수면계의 기능시험을 해서 정상인지 확인한다.
㉯ 2개의 수면계의 수위를 비교하고 동일수위인지 확인한다.
㉰ 수면계에 수주관이 설치되어 있을 때는 수주연락관의 체크 밸브가 바르게 닫혀 있는지 확인한다.
㉱ 유리관이 더러워졌을 때는 수위를 오인하는 경우가 있기 때문에 필히 청소하거나 또는 교환하여야 한다.

[해설] ① 수면계에 수주관이 설치되어 있을 때는 수면계와 수주연락관 차단 밸브가 열려 있는지 확인한다.
② 검수 콕이 있을 때는 검수 콕을 점검한다.

49. 온수난방에 대한 특징을 설명한 것으로 틀린 것은?
㉮ 증기난방에 비해 소요방열면적과 배관경이 적게 되므로 시설비가 적어진다.
㉯ 난방부하의 변동에 따라 온도 조절이 쉽다.

㉰ 실내온도의 쾌감도가 비교적 높다.
㉱ 밀폐식일 경우 배관의 부식이 적어 수명이 길다.

[해설] 온수난방은 방열기 방열면적과 배관경이 크게 되므로 시설비가 많아진다.

50. 보일러 운전 중 정전이 발생한 경우의 조치사항으로 적합하지 않은 것은?

㉮ 전원을 차단한다.
㉯ 연료 공급을 멈춘다.
㉰ 안전밸브를 열어 증기를 분출시킨다.
㉱ 주증기 밸브를 닫는다.

[해설] 안전밸브를 열어 증기를 분출시키면 안 된다.

51. 보일러 취급자가 주의하여 염두에 두어야 할 사항으로 틀린 것은?

㉮ 보일러 사용처의 작업환경에 따라 운전기준을 설정하여 둔다.
㉯ 사용처에 필요한 증기를 항상 발생, 공급할 수 있도록 한다.
㉰ 증기 수요에 따라 보일러 정격한도를 10 % 정도 초과하여 운전한다.
㉱ 보일러 제작사 취급설명서의 의도를 파악 숙지하여 그 지시에 따른다.

[해설] 정격 한도를 초과하여 운전하여서는 안 된다.

52. 캐리 오버(carry over)에 대한 방지대책이 아닌 것은?

㉮ 압력을 규정압력으로 유지해야 한다.
㉯ 수면이 비정상적으로 높게 유지되지 않도록 한다.
㉰ 부하를 급격히 증가시켜 증기실의 부하율을 높인다.
㉱ 보일러 수에 포함되어 있는 유지류나 용해고형물 등의 불순물을 제거한다.

[해설] ㉰항은 캐리 오버(기수공발) 발생 원인이 된다.

53. 보일러 수압시험 시의 시험수압은 규정된 압력의 몇 % 이상을 초과하지 않도록 해야 하는가?

㉮ 3 %   ㉯ 4 %
㉰ 5 %   ㉱ 6 %

[해설] 수압시험 압력은 규정된 압력의 6 % 이상을 초과하지 않도록 해야 하며 규정된 수압에 도달한 후 30분이 경과된 뒤에 검사를 실시해야 한다.

54. 증기배관 내에 응축수가 고여 있을 때 증기 밸브를 급격히 열어 증기를 빠른 속도로 보냈을 때 발생하는 현상으로 가장 적합한 것은?

㉮ 압궤가 발생한다.
㉯ 팽출이 발생한다.
㉰ 블리스터가 발생한다.
㉱ 수격작용이 발생한다.

[해설] 증기 밸브를 급개하면 수격작용(워터해머) 현상이 발생하므로 3분 이상 지속되도록 서서히 개방하여야 한다.

55. 에너지법에서 정한 에너지기술개발사업비로 사용될 수 없는 사항은?

㉮ 에너지에 관한 연구인력 양성
㉯ 온실가스 배출을 늘이기 위한 기술개발
㉰ 에너지사용에 따른 대기오염 저감을 위한 기술개발
㉱ 에너지기술개발 성과의 보급 및 홍보

[해설] 에너지법 제14조 ④항 참조.

56. 산업통상자원부 장관이 에너지저장의무를 부과할 수 있는 대상자로 맞는 것은?
- ㉮ 연간 5천 석유환산톤 이상의 에너지를 사용하는 자
- ㉯ 연간 6천 석유환산톤 이상의 에너지를 사용하는 자
- ㉰ 연간 1만 석유환산톤 이상의 에너지를 사용하는 자
- ㉱ 연간 2만 석유환산톤 이상의 에너지를 사용하는 자

[해설] 에너지이용합리화법 제12조 ①항 참조.

57. 신에너지 및 재생에너지 개발·이용·보급 촉진법에서 규정하는 신에너지 또는 재생에너지에 해당하지 않는 것은?
- ㉮ 태양에너지
- ㉯ 풍력
- ㉰ 수소에너지
- ㉱ 원자력에너지

[해설] 신에너지 및 재생에너지 개발·이용·보급 촉진법 제2조 참조.

58. 에너지이용 합리화법에 따라 에너지다소비사업자가 매년 1월 31일까지 신고해야 할 사항과 관계 없는 것은?
- ㉮ 전년도의 에너지 사용량
- ㉯ 전년도의 제품 생산량
- ㉰ 에너지사용 기자재의 현황
- ㉱ 해당 연도의 에너지관리진단 현황

[해설] 에너지이용합리화법 제31조 ①항 참조.

59. 에너지이용 합리화법의 목적과 거리가 먼 것은?
- ㉮ 에너지소비로 인한 환경피해 감소
- ㉯ 에너지 수급 안정
- ㉰ 에너지의 소비 촉진
- ㉱ 에너지의 효율적인 이용 증진

[해설] 에너지이용합리화법 제1조 참조.

60. 저탄소 녹색성장 기본법에 따라 2020년의 우리나라 온실가스 감축 목표로 옳은 것은?
- ㉮ 2020년의 온실가스 배출전망치 대비 100분의 20
- ㉯ 2020년의 온실가스 배출전망치 대비 100분의 30
- ㉰ 2000년 온실가스 배출량의 100분의 20
- ㉱ 2000년 온실가스 배출량의 100분의 30

[해설] 저탄소 녹색성장 기본법 시행령 제25조 ①항 참조.

정답 56. ㉱ 57. ㉱ 58. ㉱ 59. ㉰ 60. ㉯

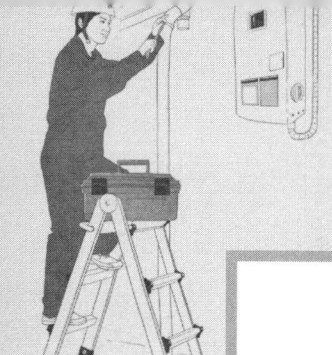

2014년도 출제 문제

● 에너지관리 기능사 　　　　　　　　[2014년 1월 26일 시행]

1. 절대온도 360K를 섭씨온도로 환산하면 약 몇 ℃인가?
㉮ 97 ℃　　㉯ 87 ℃
㉰ 67 ℃　　㉱ 57 ℃

[해설] 360 − 273 = 87 ℃
[참고] ① K = ℃ + 273
② °R = °F + 460

2. 보일러의 제어장치 중 연소용 공기를 제어하는 설비는 자동제어에서 어디에 속하는가?
㉮ F.W.C　　㉯ A.B.C
㉰ A.C.C　　㉱ A.F.C

[해설] 보일러 자동제어 (A.B.C)

종류와 약칭	제어대상	조작량
증기온도제어 (STC)	증기온도	전열량
급수제어 (FWC)	보일러 수위	급수량
연소제어 (ACC)	증기압력 노내압력	공기량 연료량 연소가스량

3. 수관식 보일러에 대한 설명으로 틀린 것은?
㉮ 고온, 고압에 적당하다.
㉯ 용량에 비해 소요면적이 적으며 효율이 좋다.
㉰ 보유수량이 많아 파열 시 피해가 크고, 부하변동에 응하기 쉽다.
㉱ 급수의 순도가 나쁘면 스케일이 발생하기 쉽다.

[해설] 수관식 보일러는 원통형 보일러에 비해 보유수량이 적어 파열 시 피해가 적고, 부하변동에 응하기 어렵다.

4. 기체연료의 발열량 단위로 옳은 것은?
㉮ kcal/㎡　　㉯ kcal/cm²
㉰ kcal/㎜²　　㉱ kcal/Nm³

[해설] 고체연료 및 액체연료의 발열량 단위는 kcal/kg이며, 기체연료의 발열량 단위는 kcal/Nm³이다.
[참고] N(normal) = 표준상태(0℃, 760 mmHg)

5. 제어계를 구성하는 요소 중 전송기의 종류에 해당되지 않는 것은?
㉮ 전기스 전송기　　㉯ 증기식 전송기
㉰ 유압스 전송기　　㉱ 공기압식 전송기

[해설] 전송기의 종류 : 전기식, 유압식, 공기압식

6. 액체연료의 유압분무식 버너의 종류에 해당되지 않는 것은?
㉮ 플런저형　　㉯ 외측 반환유형

[정답] 1. ㉯　2. ㉰　3. ㉰　4. ㉱　5. ㉯　6. ㉱

㉰ 직접 분사형   ㉱ 간접 분사형

[해설] 유압(압력) 분무식 버너에는 노즐에 공급된 연료가 전부 분사되는 비환류형 (외측 반환유형과 내측 반환유형이 있음)과 노즐에 공급된 연료가 일부 환류되는 환류형 (플런저형과 직접 분사형이 있음) 버너가 있다.

7. 입형(직립) 보일러에 대한 설명으로 틀린 것은?

㉮ 동체를 바로 세워 연소실을 그 하부에 둔 보일러이다.
㉯ 전열면적을 넓게 할 수 있어 대용량에 적당하다.
㉰ 다관식은 전열면적을 보강하기 위하여 다수의 연관을 설치한 것이다.
㉱ 횡관식은 횡관의 설치로 전열면을 증가시킨다.

[해설] 입형 (직립, 버티컬) 보일러 소형이므로 전열면적을 넓게 할 수 없어 대용량에 부적당하다.

8. 공기예열기에 대한 설명으로 틀린 것은?

㉮ 보일러의 열효율을 향상시킨다.
㉯ 불완전 연소를 감소시킨다.
㉰ 배기가스의 열손실을 감소시킨다.
㉱ 통풍저항이 작아진다.

[해설] 연도에 공기예열기, 절탄기, 과열기 등을 설치하면 통풍저항이 증대하여 통풍력을 감소시키는 단점이 있다.

9. 보일러 1마력을 상당증발량으로 환산하면 약 얼마인가?

㉮ 13.65 kg/h   ㉯ 15.65 kg/h
㉰ 18.65 kg/h   ㉱ 21.65 kg/h

[해설] 보일러 1마력의 상당(환산)증발량은 15.65 kg/h이며, 열출력 (열량)은 8435 kcal/h이다.

10. 다음 중 LPG의 주성분이 아닌 것은?

㉮ 부탄   ㉯ 프로판
㉰ 프로필렌   ㉱ 메탄

[해설] ① LPG(액화석유가스)의 주성분 : 프로판(C_3H_8), 부탄(C_4H_{10}), 프로필렌 (C_3H_6)
② LNG (액화천연가스)의 주성분 : 메탄 (CH_4)

[참고] NG (천연가스)의 주성분
① 건성가스 : 메탄(CH_4)
② 습성가스 : 메탄(CH_4), 에탄(C_2H_6) 및 약간의 프로판(C_3H_8), 부탄(C_4H_{10})

11. 수면계의 기능시험의 시기에 대한 설명으로 틀린 것은?

㉮ 가마울림 현상이 나타날 때
㉯ 2개 수면계의 수위에 차이가 있을 때
㉰ 보일러를 가동하여 압력이 상승하기 시작했을 때
㉱ 프라이밍, 포밍 등이 생길 때

[해설] 수면계의 기능시험 시기는 ㉯, ㉰, ㉱ 항 외에 수면계 수위에 의심이 갈 때, 수면계를 수리 및 교체를 한 후, 수면계 수위가 둔할 때이다.

12. 특수보일러 중 간접가열 보일러에 해당되는 것은?

㉮ 슈미트 보일러   ㉯ 벨록스 보일러
㉰ 벤슨 보일러   ㉱ 코니시 보일러

[해설] 간접가열식(2중 증발) 보일러의 종류에는 슈미트 보일러와 뢰플러 보일러가 있다.

13. 오일 프리히터의 사용 목적이 아닌 것은?

㉮ 연료의 점도를 높여 준다.
㉯ 연료의 유동성을 증가시켜 준다.
㉰ 완전연소에 도움을 준다.

정답 7. ㉯ 8. ㉱ 9. ㉯ 10. ㉱ 11. ㉮ 12. ㉮ 13. ㉮

㉣ 분무상태를 양호하게 한다.

[해설] 오일 프리히터(유 예열기, 기름 가열기)의 사용 목적은 연료의 점도(액체의 끈적거리는 성질의 정도)를 낮추어 주는 데 있다.

14. 보일러의 안전 저수면에 대한 설명으로 적당한 것은?
㉠ 보일러의 보안상, 운전 중에 보일러 전열면이 화염에 노출되는 최저 수면의 위치
㉡ 보일러의 보안상, 운전 중에 급수하였을 때의 최초 수면의 위치
㉢ 보일러의 보안상, 운전 중에 유지해야 하는 일상적인 가동시의 표준 수면의 위치
㉣ 보일러의 보안상, 운전 중에 유지해야 하는 보일러 드럼 내 최저 수면의 위치

[해설] ㉢항은 정상(상용)수면, ㉣항은 안전 저수면에 대한 설명이다.

15. 가스 버너에서 리프팅(lifting) 현상이 발생하는 경우는?
㉠ 가스압이 너무 높은 경우
㉡ 버너부식으로 염공이 커진 경우
㉢ 버너가 과열된 경우
㉣ 1차 공기의 흡인이 많은 경우

[해설] 가스압이 너무 높거나 1차 공기 과다로 분출속도가 높은 경우에 리프팅 현상이 발생하며 버너가 과열된 경우와 염공이 커진 경우에는 역화(back fire)가 발생한다.

16. 보일러 급수처리의 목적으로 볼 수 없는 것은?
㉠ 부식의 방지
㉡ 보일러수의 농축방지
㉢ 스케일 생성 방지
㉣ 역화(back fire) 방지

[해설] 급수처리의 목적은 ㉠, ㉡, ㉢항 외에 가성취화 현상 방지, 포밍, 프라이밍, 캐리오버 현상을 방지하기 위함이다.

17. 보일러 효율 시험방법에 관한 설명으로 틀린 것은?
㉠ 급수온도는 절탄기가 있는 것은 절탄기 입구에서 측정한다.
㉡ 배기가스의 온도는 전열면의 최종 출구에서 측정한다.
㉢ 포화증기의 압력은 보일러 출구의 압력으로 부르동관식 압력계로 측정한다.
㉣ 증기온도의 경우 과열기가 있을 때는 과열기 입구에서 측정한다.

[해설] 과열기 및 재열기의 출구 온도는 과열기 및 재열기 출구에 근접한 위치에서 측정하며 출구에 온도조절장치가 있는 경우에는 그 뒤에서 측정한다.

18. 증기보일러에서 감압밸브 사용의 필요성에 대한 설명으로 가장 적합한 것은?
㉠ 고압증기를 감압시키면 잠열이 감소하여 이용 열이 감소된다.
㉡ 고압증기는 저압증기에 비해 관경을 크게 해야 하므로 배관설비비가 증가한다.
㉢ 감압을 하면 열교환 속도가 불규칙하나 열전달이 균일하여 생산성이 향상된다.
㉣ 감압을 하면 증기의 건도가 향상되어 생산성 향상과 에너지 절감이 이루어진다.

[해설] 감압을 하면 포화수 온도가 내려가며 증기의 건도가 향상(증가)되어 생산성 향상 및 에너지 절감이 가능하다.

정답 14. ㉣ 15. ㉠ 16. ㉣ 17. ㉣ 18. ㉣

19. 자연통풍에 대한 설명으로 가장 옳은 것은?
- ㉮ 연소에 필요한 공기를 압입 송풍기에 의해 통풍하는 방식이다.
- ㉯ 연돌로 인한 통풍방식이며 소형 보일러에 적합하다.
- ㉰ 축류형 송풍기를 이용하여 연도에서 열 가스를 배출하는 방식이다.
- ㉱ 송·배풍기를 보일러 전·후면에 부착하여 통풍하는 방식이다.

[해설] ㉮항 : 압입(가압)통풍, ㉯항 : 자연통풍, ㉰항 : 흡입(흡인)통풍, ㉱항 : 평형통풍

20. 육상용 보일러의 열정산은 원칙적으로 정격부하 이상에서 정상 상태로 적어도 몇 시간 이상의 운전 결과에 따라 하는가? (단, 액체 또는 기체연료를 사용하는 소형 보일러에서 인수·인도 당사자 간의 협정이 있는 경우는 제외)
- ㉮ 0.5시간
- ㉯ 1.5시간
- ㉰ 1시간
- ㉱ 2시간

[해설] 열정산은 정상 조업상태에 있어서 적어도 2시간 이상의 운전 결과에 따르며 시험 부하는 원칙적으로 정격부하로 한다.

21. 과열기를 연소가스 흐름 상태에 의해 분류할 때 해당되지 않는 것은?
- ㉮ 복사형
- ㉯ 병류형
- ㉰ 향류형
- ㉱ 혼류형

[해설] ① 연소가스 흐름 상태에 따라 : 병류형, 향류형(대향류형), 혼류형
② 전열방식(설치장소)에 따라 : 접촉(대류)형, 복사형, 복사접촉(대류)형

22. 공기량이 지나치게 많을 때 나타나는 현상 중 틀린 것은?
- ㉮ 연소실 온도가 떨어진다.
- ㉯ 열효율이 저하한다.
- ㉰ 연료소비량이 증가한다.
- ㉱ 배기가스 온도가 높아진다.

[해설] 연소용 공기량이 과대하면 배기가스 온도가 낮아지며 통풍력을 감소시킨다.

23. 보일러 연소장치의 선정기준에 대한 설명으로 틀린 것은?
- ㉮ 사용 연료의 종류와 형태를 고려한다.
- ㉯ 연소 효율이 높은 장치를 선택한다.
- ㉰ 과잉공기를 많이 사용할 수 있는 장치를 선택한다.
- ㉱ 내구성 및 가격 등을 고려한다.

[해설] 가능한 한 과잉공기를 적게 사용할 수 있는 장치를 선택해야 한다.

24. 열전달의 기본 형식에 해당되지 않는 것은?
- ㉮ 대류
- ㉯ 복사
- ㉰ 발산
- ㉱ 전도

25. 보일러의 출열 항목에 속하지 않는 것은?
- ㉮ 불완전 연소에 의한 열손실
- ㉯ 연소 잔재물 중의 미연소분에 의한 열손실
- ㉰ 공기의 현열손실
- ㉱ 방산에 의한 손실열

[해설] ① 입열 항목 : 연료의 연소열(연료의 발열량), 연료의 현열, 공기의 현열, 노내 분입 증기의 보유열
② 출열 항목 : 불완전 연소에 의한 열손실, 미연소분에 의한 열손실, 방산에 의한 손실열과 배기가스 보유열과 같은 손실 출열 항목이 있으며 발생 증기의 보유열과 같은 유효 출열 항목이 있다.

정답 19. ㉯ 20. ㉱ 21. ㉮ 22. ㉱ 23. ㉰ 24. ㉰ 25. ㉰

26. 보일러의 압력이 8kgf/cm²이고, 안전밸브 입구 구멍의 단면적이 20cm²라면 안전밸브에 작용하는 힘은 얼마인가?

㉮ 140 kgf ㉯ 160 kgf
㉰ 170 kgf ㉱ 180 kgf

[해설] $8\ kgf/cm^2 \times 20\ cm^2 = 160\ kgf$

[참고] 압력 = $\dfrac{\text{힘}}{\text{면적}}$, 힘 = 압력 × 면적

27. 어떤 보일러의 5시간 동안 증발량이 5000 kg이고, 그때의 급수 엔탈피가 25 kcal/kg, 증기엔탈피가 675 kcal/kg이라면 상당증발량은 약 몇 kg/h인가?

㉮ 1106 ㉯ 1206
㉰ 1304 ㉱ 1451

[해설] $\dfrac{\dfrac{5000}{5} \times (675-25)}{539} = 1206\ kg/h$

[참고] 상당(환산)증발량
= $\dfrac{\text{매시증발량(증기엔탈피 - 급수엔탈피)}}{539}\ kg/h$

28. 보일러 동 내부 안전저수위보다 약간 높게 설치하여 유지분, 부유물 등을 제거하는 장치로서 연속분출장치에 해당되는 것은?

㉮ 수면 분출장치 ㉯ 수저 분출장치
㉰ 수중 분출장치 ㉱ 압력 분출장치

[해설] ① 수면(연속) 분출장치 : 안전저수위보다 약간 낮게 설치(유지분 등 제거)
② 수저(단속) 분출장치 : 동 저부에 설치(침전물, 농축물 제거)

29. 1기압 하에서 20℃의 물 10 kg을 100℃의 증기로 변화시킬 때 필요한 열량은 얼마인가? (단, 물의 비열은 1 kcal/kg·℃이다.)

㉮ 6190 kcal ㉯ 6390 kcal
㉰ 7380 kcal ㉱ 7480 kcal

[해설] $10 \times 1 \times (100-20) + 539 \times 10 = 6190\ kcal$

[참고] ① 20℃ 물 10 kg을 100℃까지 변화
= $10 \times 1 \times (100-20)$
② 100℃ 물 10 kg을 100℃ 증기로 변화
= 539×10

30. 최고사용압력이 16 kgf/cm²인 강철제 보일러의 수압시험압력으로 맞는 것은?

㉮ 8 kgf/cm² ㉯ 16 kgf/cm²
㉰ 24 kgf/cm² ㉱ 32 kgf/cm²

[해설] 최고사용압력을 $P\ [kgf/cm^2]$라고 할 때 강철제 보일러 수압시험압력
① P가 4.3 kgf/cm² 이하 : $P \times 2$배 (2배 해도 2 kgf/cm² 미만 시 2 kgf/cm²)
② P가 4.3 kgf/cm² 초과 : 15 kgf/cm² 이하 : $P \times 1.3$배 + 3 kgf/cm²
③ P가 15 kgf/cm² 초과 : $P \times 1.5$배

31. 강관제 루프형 신축이음은 고압에 견디고 고장이 적어 고온·고압용 배관에 이용되는데 이 신축이음의 곡률반경은 관지름의 몇 배 이상으로 하는 것이 좋은가?

㉮ 2배 ㉯ 3배 ㉰ 4배 ㉱ 6배

[해설] 만곡관형(루프형과 밴드형) 신축이음에서 루프형 신축이음의 곡률 내 반경은 관지름의 6바 이상으로 해야 한다.

32. 단관 중력 순환식 온수난방의 배관은 주관을 앞내림 기울기로 하여 공기가 모두 어느 곳으로 빠지게 하는가?

㉮ 드레인 밸브 ㉯ 팽창 탱크
㉰ 에어벤트 밸브 ㉱ 체크 밸브

[해설] 온수주관을 하향 기울기로 하여 공기가 모두 팽창탱크로 빠지도록 해야 한다.

정답 26. ㉯ 27. ㉯ 28. ㉮ 29. ㉮ 30. ㉰ 31. ㉱ 32. ㉯

33. 보일러에서 발생하는 고온 부식의 원인물질로 거리가 먼 것은?

㉮ 나트륨   ㉯ 유황
㉰ 철   ㉱ 바나듐

[해설] 중유의 회분 속에 함유되어 있는 바나듐(V)은 연소에 의해서 오산화바나듐(V_2O_5)을 생성하여 고온부식을 일으키며, 다시 유황(S) 성분(저온부식의 주 원인)에 의해 생성된 아황산가스(SO_2)와 작용해서 고온부식을 현저하게 촉진시킨다.

34. 두께가 13cm, 면적이 $10m^2$인 벽이 있다. 벽 내부온도는 200℃, 외부의 온도가 20℃일 때 벽을 통한 전도되는 열량은 약 몇 kcal/h인가? (단, 열전도율은 0.02 kcal/m·h·℃이다.)

㉮ 234.2   ㉯ 259.6
㉰ 276.9   ㉱ 312.3

[해설] $0.02 \times \dfrac{(200-20)}{0.13} \times 10 = 276.9$ kcal/h

[참고] 열전도율 λ[kcal/m·h·℃], 벽 두께 b[m], 고온측 온도 t_1[℃], 저온측 온도 t_2[℃], 면적 F[m^2]라면

열전도량 $= \lambda \times \dfrac{(t_1-t_2)}{b} \times F$ 이다.

35. 배관 지지 장치의 명칭과 용도가 잘못 연결된 것은?

㉮ 파이프 슈 - 관의 수평부, 곡관부 지지
㉯ 리지드 서포트 - 빔 등으로 만든 지지대
㉰ 롤러 서포트 - 방진을 위해 변위가 적은 곳에 사용
㉱ 행어 - 배관계의 중량을 위에서 달아매는 장치

[해설] 롤러 서포트(roller support) : 관을 지지하면서 신축을 자유롭게 하는 것으로 롤러가 관을 받치고 있다.

[참고] 브레이스(brace) : 진동방지용으로 사용되는 방진기와 충격완화용으로 사용되는 완충기가 있다.

36. 다음 중 보일러에서 실화가 발생하는 원인으로 거리가 먼 것은?

㉮ 버너의 팁이나 노즐이 카본이나 소손 등으로 막혀 있다.
㉯ 분사용 증기 또는 공기의 공급량이 연료량에 비해 과다 또는 과소하다.
㉰ 중유를 과열하여 중유가 유관 내나 가열기 내에서 가스화하여 중유의 흐름이 중단되었다.
㉱ 연료 속의 수분이나 공기가 거의 없다.

[해설] 연료 속에 수분이나 공기가 함유되면 실화가 발생한다.

37. 포화온도 105℃인 증기난방 방열기의 상당 방열면적이 20 m^2일 경우 시간당 발생하는 응축수량은 약 몇 kg/h인가? (단, 105℃ 증기의 증발잠열은 535.6 kcal/kg이다.)

㉮ 10.37   ㉯ 20.57
㉰ 12.17   ㉱ 24.27

[해설] $\dfrac{650 \text{kcal/}m^2 \cdot h \times 20m^2}{535.6 \text{kcal/kg}} = 24.27$ kg/h

[참고] 방열기의 방열량 Q[kcal/m^2·h], 그 증기 압력에서의 증발잠열 L[kcal/kg]이라면, 응축수량 $= \dfrac{Q}{L}$[kg/h]이며, 증기방열기의 표준방열량은 650kcal/m^2·h 이다.

38. 가동 보일러에 스케일과 부식물 제거를 위한 산세척 처리 순서로 올바른 것은?

㉮ 잔처리 → 수세 → 산액처리 → 수세 → 중화·방청처리

정답 33. ㉰ 34. ㉰ 35. ㉰ 36. ㉱ 37. ㉱ 38. ㉮

㉯ 수세 → 산액처리 → 전처리 → 수세 → 중화·방청처리
㉰ 전처리 → 중화·방청처리 → 수세 → 산액처리 → 수세
㉱ 전처리 → 수세 → 중화·방청처리 → 수세 → 산액처리

[해설] 산세척(산세관, 산세정) 순서
① 전처리 ② 수세 ③ 산세척 ④ 산액처리 ⑤ 수세 ⑥ 중화·방청처리

[참고] 전처리 : 실리카 분이 많은 경질 스케일을 약액으로 스케일을 팽창시켜 다음의 산액 처리를 효과적으로 하기 위한 처리를 말한다.

39. 다음 중 난방부하의 단위로 옳은 것은?
㉮ kcal/kg   ㉯ kcal/h
㉰ kg/h   ㉱ kcal/m² · h

[해설] 난방부하란 난방을 목적으로 실내온도를 보전하기 위해 공급되는 열량(즉, 손실되는 열량)이며, 단위는 kcal/h이다.

40. 보일러수 처리에서 순환계통의 처리방법 중 용해 고형물 제거 방법이 아닌 것은?
㉮ 약제 첨가법   ㉯ 이온교환법
㉰ 증류법   ㉱ 여과법

[해설] ① 용해 고형물 제거법 : 약품 첨가법, 이온교환법, 증류법
② 고형 협잡물 제거법 : 여과법, 침전법(침강법), 응집법
③ 용존 가스체 제거법 : 탈기법, 기폭법

41. 보일러 운전이 끝난 후의 조치사항으로 잘못된 것은?
㉮ 유류 사용 보일러의 경우 연료 계통의 스톱밸브를 닫고 버너를 청소한다.
㉯ 연소실 내의 잔류여열로 보일러 내부의 압력이 상승하는지 확인한다.
㉰ 압력계 지시압력과 수면계의 표준 수위를 확인해 둔다.
㉱ 예열용 연료를 노 내에 약간 넣어 둔다.

[해설] 노 내에 연료를 넣어두면 역화 및 가스 폭발사고를 일으킨다.

42. 강관에 대한 용접이음의 장점으로 거리가 먼 것은?
㉮ 열에 의한 잔류응력이 거의 발생하지 않는다.
㉯ 접합부의 강도가 강하다.
㉰ 접합부의 누수의 염려가 없다.
㉱ 유체의 압력손실이 적다.

[해설] 용접이음의 장점
① 유체의 저항 손실이 적다.
② 접합부의 강도가 강하며 누수의 염려도 없다.
③ 보온 및 피복 시공이 용이하다.
④ 중량이 가볍다.
⑤ 시설의 유지 보수비가 절감된다.

[참고] 용접이음은 모재에 열에 의한 잔류응력이 발생하는 단점이 있다.

43. 다음 보일러의 휴지보존법 중 단기보존법에 속하는 것은?
㉮ 석회밀폐건조법   ㉯ 질소가스 봉입법
㉰ 소다만수보존법   ㉱ 가열건조법

[해설] ① 단기 보존법 : 보통 만수보존법, 가열건조법
② 장기 보존법 : 소다만수보존법, 석회밀폐건조법, 질소가스 봉입법

[참고] ① 석회(CaO)밀폐건조법이 최장기 보존법이다.
② 질소가스 봉입법에서 질소가스 압력은 0.06 MPa이다.

44. 보일러 본체나 수관, 연관 등에 발생하는 블리스터(blister)를 옳게 설명한 것은?

정답 39. ㉯ 40. ㉱ 41. ㉱ 42. ㉮ 43. ㉱ 44. ㉯

㉮ 강판이나 관의 제조 시 두 장의 층을 형성하는 것
㉯ 래미네이션된 강판이 열에 의해 혹처럼 부풀어 나오는 현상
㉰ 노통이 외부압력에 의해 내부로 짓눌리는 현상
㉱ 리벳 조인트나 리벳 구멍 등의 응력이 집중하는 곳에 물리적 작용과 더불어 화학적 작용에 의해 발생하는 균열

[해설] ㉮항 : 래미네이션, ㉯항 : 블리스터,
㉰항 : 압궤, ㉱항 : 구식(그루빙, 구상부식)

45. 보온재 선정 시 고려하여야 할 사항으로 틀린 것은?
㉮ 안전사용 온도범위에 적합해야 한다.
㉯ 흡수성이 크고 가공이 용이해야 한다.
㉰ 물리적, 화학적 강도가 커야 한다.
㉱ 열전도율이 가능한 적어야 한다.

[해설] 흡수성이나 흡습성이 없어야 한다 (보온재가 흡수성이 있으면 열전도율이 증가하여 보온효율이 떨어진다).

46. 무기질 보온재 중 하나로 안산암, 현무암에 석회석을 섞어 용융하여 섬유모양으로 만든 것은?
㉮ 코르크   ㉯ 암면
㉰ 규조토   ㉱ 유리섬유

[해설] ① 암면(rock wool) : 안산암이나 현무암, 석회석 등의 원료 암석을 전기로에서 500~2000℃ 정도로 용융시켜 원심력 압축공기 또는 압축 수증기로 날려 무기질 분자 구조로만 형성하여 섬유상으로 만든 것이며 안전사용온도는 500℃ 정도이다.
② 규조토 : 규조토 건조 분말에 석면 또는 삼여물을 혼합한 것으로 물반죽 시공을 한 것으로 안전사용온도는 500℃ 정도이다.
③ 유리섬유(glass wool) : 용융유리를 압축공기나 원심력을 이용하여 섬유형태로

제조한 것으로 안전사용온도는 350℃ 이하이다.

47. 방열기의 구조에 관한 설명으로 옳지 않은 것은?
㉮ 주요 구조 부분은 금속재료나 그 밖의 강괴와 내구성을 가지는 적절한 재질의 것을 사용해야 한다.
㉯ 엘리먼트 부분은 사용하는 온수 또는 증기의 온도 및 압력을 충분히 견디어 낼 수 있는 것으로 한다.
㉰ 온수를 사용하는 것에는 보온을 위해 엘리먼트 내에 공기를 빼는 구조가 없도록 한다.
㉱ 배관 접속부는 시공이 쉽고 점검이 용이해야 한다.

[해설] 온수를 사용하는 것에는 보온을 위해 엘리먼트 내에 공기를 빼는 구조가 있도록 한다.

48. 콘크리트 벽이나 바닥 등에 배관이 관통하는 곳에 관의 보호를 위하여 사용하는 것은?
㉮ 슬리브   ㉯ 보온재료
㉰ 행어   ㉱ 신축곡관

[해설] 매설 배관을 할 때는 표면에 내산 도료를 바르거나 관의 보호를 위하여 납 파이프제의 슬리브를 사용한다.

49. 보일러에서 수면계 기능시험을 해야 할 시기로 가장 거리가 먼 것은?
㉮ 수위의 변화에 수면계가 빠르게 반응할 때
㉯ 보일러를 가동하기 전
㉰ 2개의 수면계 수위가 서로 다를 때
㉱ 프라이밍, 포밍 등이 발생할 때

[해설] 수위의 변화에 수면계가 둔하게 반응할 때에 수면계 기능 시험을 한다.

정답 45. ㉯ 46. ㉯ 47. ㉰ 48. ㉮ 49. ㉮

50. 액상 열매체 보일러 시스템에서 사용하는 팽창탱크에 관한 설명으로 틀린 것은?

㉮ 액상 열매체 보일러 시스템에는 열매체유의 액팽창을 흡수하기 위한 팽창탱크가 필요하다.
㉯ 열매체유 팽창탱크에는 액면계와 압력계가 부착되어야 한다.
㉰ 열매체유 팽창탱크의 설치장소는 통상 열매체유 보일러 시스템에서 가장 낮은 위치에 설치한다.
㉱ 열매체유의 노화방지를 위해 팽창탱크의 공간부에는 N₂가스를 봉입한다.

[해설] 열매체유 팽창탱크의 설치장소는 통상 열매체유 보일러 시스템의 최고 위치에 설치한다.

[참고] 열매체유의 열팽창에 의해 N₂(질소)가스의 압력이 너무 높지 않도록 팽창탱크의 최소 체적 $V_T = 2V_E + V_m$ 식에 의한다.
여기서, V_E : 상온 시 열매체 팽창량
V_m : 상온 시 탱크 내 열매체유 보유량

51. 일반 보일러(소용량 보일러 및 가스용 온수보일러 제외)에서 온도계를 설치할 필요가 없는 곳은?

㉮ 절탄기가 있는 경우 절탄기 입구 및 출구
㉯ 보일러 본체의 급수 입구
㉰ 버너 급유 입구(예열을 필요로 할 때)
㉱ 과열기가 있는 경우 과열기 입구

[해설] 온도계를 설치해야 할 필요가 있는 곳
① 급수 입구의 급수온도계
② 버너의 급유 입구의 온도계(예열을 필요로 하지 않는 것은 제외)
③ 절탄기 또는 공기예열기가 설치된 경우에는 각 유체의 전후 온도를 측정할 수 있는 온도계 (단, 포화증기의 경우에는 압력계로 대신할 수 있다.)
④ 보일러 본체 배기가스 온도계(다만, 위의 ③항의 규정에 의한 온도계가 있는 경우에는 생략할 수 있다.)
⑤ 과열기 또는 재열기가 있는 경우에는 그 출구 온도계
⑥ 유량계를 통과하는 온도를 측정할 수 있는 온도계

52. 배관용접 작업 시 안전사항 중 산소용기는 일반적으로 몇 ℃ 이하의 온도로 보관하여야 하는가?

㉮ 100℃ 이하 ㉯ 80℃ 이하
㉰ 60℃ 이하   ㉱ 40℃ 이하

[해설] 고압가스 충전 용기는 40℃ 이하의 온도에서 보관해야 한다.

53. 수격작용을 방지하기 위한 조치로 거리가 먼 것은?

㉮ 송기에 앞서서 관을 충분히 데운다.
㉯ 송기할 때 주증기 밸브는 급히 열지 않고 천천히 연다.
㉰ 증기관은 증기가 흐르는 방향으로 경사가 지도록 한다.
㉱ 증기관에 드레인이 고이도록 중간을 낮게 배관한다.

[해설] 증기관에 드레인(drain : 응축수)이 고이지 않도록 해야 한다.

54. 열사용기자재의 검사 및 검사면제에 관한 기준에 따라 급수장치를 필요로 하는 보일러에는 기준을 만족시키는 주펌프 세트와 보조펌프 세트를 갖춘 급수장치가 있어야 하는데, 특정 조건에 따라 보조펌프 세트를 생략할 수 있다. 다음 중 보조펌프 세트를 생략할 수 없는 경우는?

㉮ 전열면적이 10 m² 인 보일러
㉯ 전열면적이 8 m² 인 가스용 온수보일러

[정답] 50. ㉰ 51. ㉱ 52. ㉱ 53. ㉱ 54. ㉰

㉰ 전열면적이 16 m² 인 가스용 온수보일러
㉱ 전열면적이 50 m² 인 관류보일러
[해설] 보조펌프 세트를 생략할 수 있는 경우는 다음과 같다.
① 전열면적 12 m² 이하의 보일러
② 전열면적 14 m² 이하의 가스용 온수보일러
③ 전열면적 100 m² 이하의 관류 보일러

55. 에너지 수급안정을 위하여 산업통상자원부 장관이 필요한 조치를 취할 수 있는 사항이 아닌 것은?
㉮ 에너지의 배급
㉯ 산업별 · 주요공급자별 에너지 할당
㉰ 에너지의 비축과 저장
㉱ 에너지의 양도 · 양수의 제한 또는 금지
[해설] 에너지이용합리화법 제7조 ②항 참조.
[참고] 지역별 · 주요공급자별 에너지 할당

56. 에너지이용합리화법에서 정한 검사대상기기 조종자의 자격에서 에너지관리기능사가 조정할 수 있는 조종범위로서 옳지 않은 것은?
㉮ 용량이 15 t/h 이하인 보일러
㉯ 온수 발생 및 열매체를 가열하는 보일러로서 용량이 581.5킬로와트 이하인 것
㉰ 최고사용압력이 1 MPa 이하이고, 전열면적이 10 m² 이하인 증기보일러
㉱ 압력용기
[해설] 에너지이용합리화법 시행규칙 제31조의 26 별표 3의 9 참조.

57. 저탄소녹색성장 기본법에 의거 온실가스 감축목표 등의 설정·관리 및 필요한 조치에 관한 사항을 관장하는 기관으로 옳은 것은?
㉮ 농림축산식품부 : 건물 · 교통 분야
㉯ 환경부 : 농업 · 축산 분야
㉰ 국토교통부 : 폐기물 분야
㉱ 산업통상자원부 : 산업 · 발전 분야
[해설] 저탄소 녹색성장 기본법 시행령 제26조 ③항 참조.

58. 에너지법에 의거 지역에너지계획을 수립한 시·도지사는 이를 누구에게 제출하여야 하는가?
㉮ 대통령
㉯ 산업통상자원부 장관
㉰ 국토교통부 장관
㉱ 에너지관리공단 이사장
[해설] 에너지법 제7조 ③항 참조.

59. 신 · 재생에너지 정책심의회의 구성으로 맞는 것은?
㉮ 위원장 1명을 포함한 10명 이내의 위원
㉯ 위원장 1명을 포함한 20명 이내의 위원
㉰ 위원장 2명을 포함한 10명 이내의 위원
㉱ 위원장 2명을 포함한 20명 이내의 위원
[해설] 신에너지 및 재생에너지 개발 · 이용 · 보급 촉진법 시행령 제4조 ①항 참조.

60. 에너지이용합리화법상 검사대상기기 조종자가 퇴직하는 경우 퇴직 이전에 다른 검사대상기기조종자를 선임하지 아니한 자에 대한 벌칙으로 맞는 것은?
㉮ 1천만원 이하의 벌금
㉯ 2천만원 이하의 벌금
㉰ 5백만원 이하의 벌금
㉱ 2년 이하의 징역
[해설] 에너지이용합리화법 제75조 참조.

정답 55. ㉯ 56. ㉮ 57. ㉱ 58. ㉯ 59. ㉯ 60. ㉮

에너지관리 기능사
과년도 출제문제 해설

2014년 2월 20일 인쇄
2014년 2월 25일 발행

저　자 : 김영배
펴낸이 : 이정일

펴낸곳 : 도서출판 **일진사**
　　　　　www.iljinsa.com
140-896 서울시 용산구 효창원로 64길 6
전화 : 704-1616 / 팩스 : 715-3536
등록 : 제1979-000009호 (1979.4.2)

값 14,000 원

ISBN : 978-89-429-1386-2

● 불법복사는 지적재산을 훔치는 범죄행위입니다.
　저작권법 제97조의 5 (권리의 침해죄)에 따라 위반자는 5년 이하의 징역 또는 5천만원 이하의 벌금에 처하거나 이를 병과할 수 있습니다.